Practical Calculation Method for Mass Concrete
Temperature Stress and
Crack Control Engineering Examples

大体积混凝土
温度应力实用计算方法
及控裂工程实例

王新刚 编著

人民交通出版社股份有限公司
China Communications Press Co.,Ltd.

内 容 提 要

本书分为上下两篇。上篇阐述了大体积混凝土的基本知识及混凝土的物理学性能,介绍了大体积混凝土温度应力手工估算及Midas有限元仿真计算的实用方法。下篇通过典型的大体积混凝土裂缝控制工程案例,为读者提供参考。本书可供从事土建工程设计、施工的技术人员参考,也可供高校相关专业本科生及研究生学习。

图书在版编目(CIP)数据

大体积混凝土温度应力实用计算方法及控裂工程实例/王新刚编著. —北京:人民交通出版社股份有限公司,2017.2

ISBN 978-7-114-13579-8

Ⅰ.①大… Ⅱ.①王… Ⅲ.①大体积混凝土施工-温度变化-应力-计算方法 ②大体积混凝土施工-裂缝-控制 Ⅳ.①TU755.6

中国版本图书馆CIP数据核字(2017)第002104号

书　　名:大体积混凝土温度应力实用计算方法及控裂工程实例
著 作 者:王新刚
责任编辑:王　霞　张江成
出版发行:人民交通出版社股份有限公司
地　　址:(100011)北京市朝阳区安定门外外馆斜街3号
网　　址:http://www.ccpress.com.cn
销售电话:(010)59757973
总 经 销:人民交通出版社股份有限公司发行部
经　　销:各地新华书店
印　　刷:北京市密东印刷有限公司
开　　本:787×1092　1/16
印　　张:17
字　　数:407千
版　　次:2017年2月　第1版
印　　次:2018年8月　第2次印刷
书　　号:ISBN 978-7-114-13579-8
定　　价:80.00元

前　言

目前，我国正处于基础设施建设的高峰期，大部分建筑结构以钢筋混凝土结构为主，其中不乏大体积混凝土结构，比如船坞、船闸、大型桥梁的墩台以及一些大型建筑物的基础等。大体积混凝土结构具有不同于一般混凝土结构的典型特征，即必须考虑由于胶凝材料水化放热引起的结构变形和温度应力，需要采取相应的技术措施来解决水化热引起的温度应力问题，从而达到尽可能减少混凝土开裂的目的。据统计，为防止裂缝的温控措施费大约为工程造价的3%左右，而处理裂缝的费用却高达5%～10%，甚至更多，还可能拖延工期。如某工程施工仅用了一年，治理裂缝、堵漏竟用了两年，费用超过了原始造价。

随着建设规模的扩大和工程进度的加快，大体积混凝土裂缝问题日益严重。目前国内处理这类裂缝问题的专家较少，远远不能满足实际工程的需要，而一个没有经验的新手，需要长期在实际工程中积累经验、不断实践，才能达到专家的水平。

为了使广大技术人员快速掌握大体积混凝土温度应力计算实用方法及裂缝控制技术，特撰写本书。本书上篇首先深入浅出地阐述了大体积混凝土的基本知识及混凝土的物理学性能，然后略去复杂的温度场及应力场求解公式推导过程，介绍了大体积混凝土温度应力手工估算及Midas有限元仿真计算的实用方法；下篇介绍了经作者咨询、处理过的一些典型工程案例，为读者提供参考。

在撰写过程中，作者对提供工程资料的单位表示感谢。本书获中交第一航务工程局有限公司科技研发项目资金资助。另外，在本书的撰写过程中，力求内容实用、完善、无误，但由于时间紧迫，难免有不足之处，希望相关专家和读者批评指正。

王新刚

2018年8月8日

前言

目　录

上篇　大体积混凝土温度应力实用计算方法

下篇 大体积混凝土控裂工程实例

上篇
大体积混凝土温度应力实用计算方法

第1章

绪　论

1.1 基本概念

1）大体积混凝土

关于大体积混凝土目前还没有统一的定义。

美国混凝土学会（ACI）对大体积混凝土的定义为：任何就地浇筑的大体积混凝土，其尺寸之大，必须要求采取措施解决水化热及随之引起的体积变形问题，才能尽量减少开裂的一类混凝土。

日本建筑学会标准（JASSS）的定义为：结构端面最小尺寸在80cm以上，水化热引起的混凝土内最高温度与外界气温之差，预计超过25℃的混凝土，称为大体积混凝土。

苏联规范中定义：当混凝土在施工期间被分成若干独立的混凝土构件时，要确定单独构件在水化热作用下的温度问题的混凝土。

我国《大体积混凝土工程施工规范》（GB 50496—2009）中规定：混凝土结构物实体最小几何尺寸不小于1m的大体量混凝土，或预计会因混凝土中胶凝材料水化引起的温度变化和收缩而导致有害裂缝的混凝土。虽然没有对大体积混凝土做出明确的定义，但对于大体积混凝土结构设计与施工，均做出了较为明确的规定。由此可见，大体积混凝土是一个相对概念。

大体积混凝土的特点，除体积较大外，更主要是由于混凝土的胶凝材料水化热不易散发，在内外约束作用下，极易产生温度裂缝。因此仅用混凝土的几何尺寸大小来定义大体积混凝土，就容易忽视温度裂缝及为防止裂缝而采取的施工措施。至于用混凝土结构可能出现的最高温度与外界气温之差达到某规定值来定义大体积混凝土，也是不够严谨的，因为各种温差只有在“约束”条件下才能产生温度应力及随之而来的温度裂缝，避免出现裂缝的允许温差还需由约束的大小来决定，当内外约束较小时，混凝土的允许温差就大，反之则小。

因此，大体积混凝土的定义应该更能反映大体积混凝土的工程性质：现场浇筑混凝土结构的几何尺寸较大，且必须采取技术措施解决水泥水化热及随之引起的体积变形问题，以最大的限度减少开裂，这类结构称为大体积混凝土。

2)胶凝材料

用于配制混凝土的水泥、粉煤灰、粒化高炉矿渣粉等火山灰质或潜在水硬性矿物掺合料的总称。

3)水胶比

混凝土拌和物中用水量与胶凝材料总量的质量比。

4)水化热

水化热是指混凝土在凝结硬化过程中,胶凝材料发生水化反应时放出的热量。

5)绝热温升

胶凝材料在绝热环境下由水化反应放热使混凝土温度上升的数值。

6)出机温度

混凝土拌和均匀后,搅拌机出料口处的混凝土温度。

7)浇筑温度

混凝土拌和物浇筑入模后,距离上表面100mm 处的混凝土温度。

8)内部最高温度

混凝土浇筑体内部最高的温度峰值。

9)内表温差

混凝土浇筑体中心与同一时刻距表面50mm 处的表层温度之差。

10)混凝土表面与环境温差

混凝土浇筑体表层与同一时刻环境温度的温度之差。

11)养护水与混凝土表面温差

混凝土浇筑体表层与同一时刻养护水温度的温度之差。

12)降温速率

混凝土浇筑体内部温度到达峰值后,单位时间内的温度下降值。

13)最大温升

混凝土浇筑体内部最高温度与混凝土浇筑温度之差。

14)气温突降

日平均气温在3d 内连续下降累计6℃以上。

15)抗裂安全系数

混凝土抗拉强度与计算温度应力之比。

1.2 大体积混凝土的温度应力

1.2.1 大体积混凝土的约束

约束是指当结构产生相对变形时,不同结构之间、结构内部各质点之间,可能产生的相互影响、相互牵制作用。

大体积混凝土可能受到的约束包括外约束和内约束。

1)外约束

一个物体的变形可能受到其他物体的阻碍、一个结构的变形可能受到另一结构的限制,这种物体与物体之间、结构与结构之间的相互牵制作用称为“外约束”。

按约束程度的大小,外约束可分为:全约束、无约束和弹性约束。

(1)全约束:结构或构件的变形受到其他物体或构件的完全约束,致使物体或构件完全不能变形,这种约束称之为全约束。在全约束中,物体相当于嵌固在其他刚度极大的物体中,几乎完全不能变形,会在物体中引起很大的约束应力。

(2)无约束:结构或构件的变形不受其他物体或构件的约束,可以实现完全自由的变形,称之为无约束。在无约束中,物体的变形不受阻碍,所以在物体中不会引起应力,不会引起裂缝出现。

(3)弹性约束:在实际工程中,物体或构件既不可能是无约束,也不可能是全约束,而是处于两者之间,即约束和被约束结构都会产生弹性变形,被约束构件只可以产生部分变形,即不完全变形。外约束产生的约束应力可能使构件或结构产生局部裂缝,也可能产生贯穿性裂缝。

对于大体积混凝土而言,地基土、基础等对混凝土膨胀或收缩变形的阻碍是外约束的主要来源。地基和基础的这种阻碍能力的大小可以用地基水平阻力系数 C_x 来衡量。在土力学中,作为某种近似,假定某点的剪应力 τ 与该点的水平位移 u 成正比,其比例系数便是引起单位位移的剪应力[1]:

$$\tau = -C_x u \tag{1-1}$$

负号表示剪应力方向与水平位移相反。但严格来讲,C_x 值并不是常数,相对各种建筑材料以及土质,剪应力与位移与也不是线性关系。但采用线性关系的简化假定,已经能够满足解决工程问题的需要。

整理相关试验资料,C_x 值推荐如下定量数据,具体见表1-1。

各种地基及基础约束下的 C_x 值 表1-1

土质名称	承载力[R](10^2kN/m^2)	C_x(10^3kN/m^3)	C_x推荐值(10^{-2}kN/mm^3)	附 注
软黏土	0.8~1.5	9.8~24.5	1~3	见注①
硬质黏土	2.5~4.0	28.7~52.5	3~6	
坚硬碎石土	5.0~8.0	61.6~94.5	6~10	
岩石混凝土	50~100	616~1232	60~100~150	见注②

注:①本表中 C_x 的下限值(较低值)用于基础埋深等于或小于5m,上限值(较高值)用于基础埋深大于5m。

②在岩石上、大块钢筋混凝土上浇筑新混凝土时,C_x 取(100~150)×10^{-2}N/mm^3。

从地基水平阻力系数 C_x 的取值可较容易看出,为什么浇筑在土壤上的大体积混凝土底板的裂缝要远远轻于底板上的长墙,为什么浇筑在基岩上的大体积混凝土更容易开裂了。

2)内约束

“内约束”或“自约束”是指一个物体或构件本身各质点之间的相互牵制作用。一个物体或构件的不同部位如果有不同的温度和收缩变形,从而产生自约束及自约束应力。但是由于这种自约束应力是由非线性的不均匀变形引起的,所以只会使构件产生局部裂缝(表面或中部)。

由于混凝土是热的不良导体,大体积混凝土尺寸厚大,这样就会使混凝土外部的温度始终小于内部的温度,即混凝土整体无法做到同步升温和同步降温,而且从混凝土内部到外部的温度变化又是非线性的,这使得混凝土内外部分之间存在着互相的约束关系。在升温阶段,外部混凝土限制着内部混凝土的膨胀;到了降温阶段,内部混凝土的收缩又会受到外部混凝土的限制,即混凝土自身产生了约束(自约束)。

1.2.2 温度应力的概念

当结构物由于温度变化产生的变形受到约束时产生的应力叫作温度应力。温度应力其实是一种约束应力。对于一个处于自由状态的结构物来说,无论外界环境如何变化,它都能自由的伸缩变形,因此就不会产生各种应力,而当这个自由的物体受到约束的时候,情况就不同了,对于混凝土结构来说,温度发生变化会引起热胀冷缩变形,而这种变形如果受到约束,就会因此产生相应的约束应力,这种约束应力就是温度应力。温度变化和约束是温度应力产生的两个必要条件,温度变化的大小和约束程度会直接影响到温度应力的大小。一般情况下,温度变化越大,温度应力越大,如果在温度变化相同的条件下,一个物体不受约束,则不会产生约束应力;另一个物体被完全约束,那这个物体就不会发生任何变形,此时的约束应力达到最大值。

如果约束情况介于两者之间,温度应力的大小则随约束条件的变化而变化。混凝土的降温过程是缓慢的,在降温过程中,随着龄期的增长,混凝土弹性模量亦发生变化,收缩变形亦随时间逐渐增大,混凝土内部温降产生的温度应力在各龄期也就不尽相同。

1.2.3 温度应力产生的原因

混凝土温度应力产生的原因主要有以下两类。

1)自约束应力

由于混凝土的导热性能较差,结构内部温度场是非线性分布的。当混凝土在升温过程中,表面温度较低,内部温度升高较快时,混凝土内部膨胀会受到表面混凝土的约束,从而在表面出现拉应力,在内部出现压应力。这种混凝土结构在边界上没有受到任何约束(或者是完全静定的)、由于结构本身的互相约束而产生的应力,称为自约束应力,如图 1-1 所示。

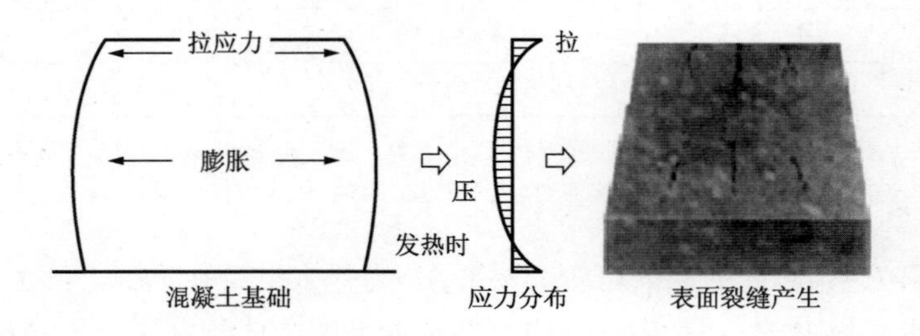

图 1-1　自约束应力产生示意图

2)外约束应力

当混凝土结构的全部或部分边界受到外界约束时,比如在降温冷却的过程中,混凝土结构收缩会受到基础的约束,从而产生的应力称之为外约束应力,如图1-2所示。

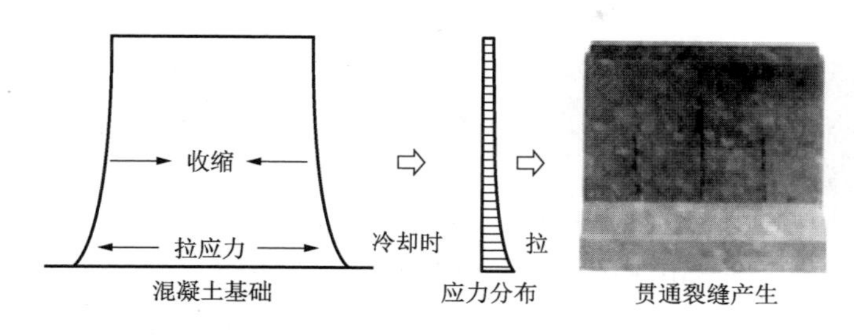

图1-2 外约束应力产生示意图

1.2.4 温度应力的发展变化

大体积混凝土浇筑完毕之后,考虑到混凝土结构在浇筑早期处于升温膨胀阶段,后期处于降温收缩阶段。在这个过程当中,混凝土的弹性模量也随着浇筑时间的变化而变化,温度应力的发展变化情况如下:

(1)在混凝土浇筑早期,水泥水化放出大量的热量,由于这个热量引起的混凝土体积膨胀受到各种约束条件的约束,将产生压应力。该时间段混凝土龄期较短,因此弹性模量相对较低,徐变相对不大,产生的压应力数值相对较小。

(2)当混凝土内部达到最高温度后,混凝土结构将逐渐进入时间较长的降温时期。由于压应力主要是由于混凝土温升引起膨胀受到约束造成,因此在降温阶段压应力逐渐减小,并逐渐被拉应力所代替,由于降温阶段较长,而且拉应力要比升温阶段的压应力大得多,增长速率也比压应力快得多,逐渐达到峰值。一旦产生的拉应力大于同期混凝土的抗拉强度,混凝土结构就会出现裂缝。

(3)经过降温阶段,混凝土的温度逐渐趋于稳定,其主要影响因素开始转变为外界环境温度的变化,温度应力也随着环境温度的变化发生微小变化。一般情况下,后期的温度应力远远小于混凝土开始降温的温度应力。但是也不能排除结构长期暴露于空气中产生的干缩应力的影响或外荷载产生的应力与温度应力叠加引起裂缝的可能性。

1.2.5 混凝土温度应力的特点及影响因素

1)混凝土温度应力的特点

混凝土结构的温度应力与钢结构的温度应力有所不同,其原因在于钢材的弹性模量 E_S 为常数,而混凝土材料的弹性模量 E_C 随龄期而变化,并且也会受到混凝土徐变的影响。在早期升温阶段,混凝土弹性模量较小,徐变也较小,升温体积膨胀所引起的压应力也较小;到了后期降温阶段,混凝土弹性模量较大,徐变也相对大一些。单位温差产生的应力增量比较大,因此,随着混凝土内温度的逐步降低,不但早期压应力被抵消,而且在混凝土结构中还会产生很大的拉应力。

由于混凝土弹性模量随着龄期而变化,在大体积混凝土结构中温度应力的变化可分为以下三个阶段:

(1)初期应力:从浇筑混凝土开始,至水泥放热基本结束为止。此阶段有两个特点:一是因水泥水化作用而放出大量水化热，引起温度场的较大变化；二是混凝土弹性模量随时间的较大变化。

(2)中期应力：从水泥放热作用基本结束至混凝土冷却到稳定温度时为止，这阶段温度应力是由于混凝土冷却及外界温度变化所引起的，这些应力与早期产生的温度应力相叠加。在此阶段混凝土弹性模量还有一些增加，但变化幅度较小。

(3)晚期应力：混凝土完全冷却后的运行时期，温度应力主要是由于外界气温和水温的变化所引起。这些应力与早期和中期的残余应力叠加形成了混凝土的晚期应力。

2)影响混凝土温度应力的主要因素

受完全约束混凝土结构的温度应力与长度无关，即与伸缩缝间距无关，而与混凝土材料弹性模量和温度变化等因素有关。

(1)混凝土弹性模量：混凝土温度应力的数值与弹性模量成正比，而混凝土的弹性模量是随龄期发生变化的。同时水泥水化的散热和混凝土内的温度也是弹性模量的影响因素。

(2)结构的约束程度：在其他条件既定的情况下，约束条件不同，结构的温度应力不同。如果结构没有内外约束，则温度变化只会使得结构发生变形变化，不引起应力。一般情况下，完全自由、弹性约束条件下和完全约束下结构的温度应力依次变大。

(3)温度变化程度：混凝土内部温度变化引起的变形是温度应力产生关键因素。温度变化程度与温度应力大小直接相关。

(4)混凝土的徐变：当结构承受某一固定约束变形时，由于徐变其约束应力将随时间略有降低。应力松弛对于研究结构物由变形变化引起的应力状态是很重要的，是必须加以考虑的因素。对于大体积混凝土及低配筋混凝土可应用线性徐变理论，这里用“松弛系数”以考虑混凝土徐变对温度应力的影响。

(5)湿度的变化：混凝土湿度的变化会引起温度的变化，温度的变化也会引起湿度的变化。同时两者也会引起混凝土发生收缩变形。

1.3 大体积混凝土的裂缝

1.3.1 大体积混凝土裂缝产生的机理

随着科学技术的发展和试验技术的完善，特别是有关混凝土的现代试验设备的出现，已经证实了尚未受荷的混凝土和钢筋混凝土结构中存在着肉眼不可见的微观裂缝。不少学者考虑混凝土的实际结构，建立了构造模型如集料和水泥石组成的“层构模型”、“壳－核模型”和“组合盘体模型”等。混凝土微裂缝主要三种：

(1)黏着裂缝：指骨料与水泥石粘接面上的裂缝，主要沿集料周围出现；

(2)水泥石裂缝：指水泥浆中的裂缝，主要出现在集料与集料之间；

(3)集料裂缝：指集料本身的裂缝。

混凝土微裂缝及三种计算模型如图1-3所示。

在这三种微裂缝中，前两种较多，集料裂缝较少。混凝土的微观裂缝主要指黏着裂缝和水泥石裂缝。混凝土中微裂缝的存在，对于混凝土的基本物理力学性质，如弹塑性、各种强度、变

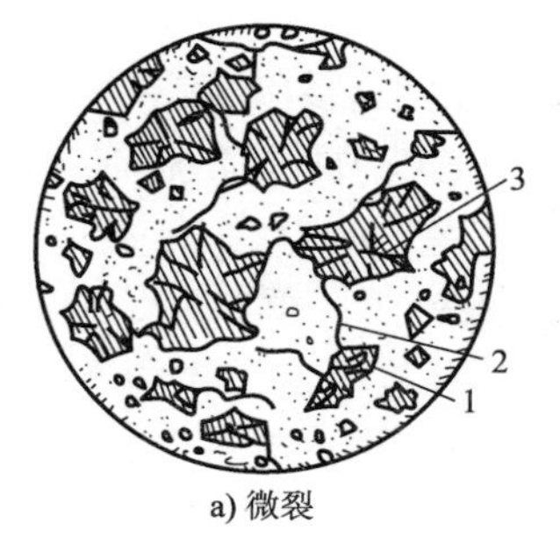

a) 微裂

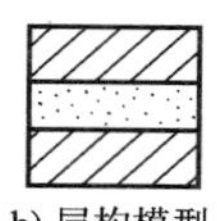

b) 层构模型

c) 壳-核模型

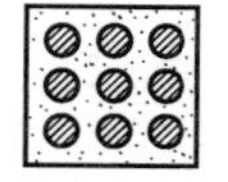

d) 组合盘体模型

图 1-3 混凝土微裂缝及三种计算模型

1-黏着裂缝;2-水泥石裂缝;3-集料裂缝

形、泊松比、结构刚度、化学反应等有着重要影响。

当混凝土受压,荷载在 30% 极限强度以下时,微裂缝几乎不发生变动;到 30% ~70% 荷载时,微裂缝开始扩展并增加;到 70% ~90% 荷载时,微裂缝显著地扩展并迅速增多,且微裂缝之间相互串联起来,直至完全破坏。

由于微裂缝的分布是不规则的,沿截面是非贯穿的,故具有微裂缝的混凝土是可以承受拉应力的。但是,在结构的某些受拉应力较大的薄弱环节,微裂缝在拉应力的作用下很容易扩展并串联全截面,从而较早地导致断裂。另外,混凝土材料的非均匀性对混凝土的抗拉十分敏感,故抗拉强度的离散程度远较抗压强度大。实际工程结构的裂缝,绝大多数由抗拉强度和抗拉变形(极限拉伸)不足而引起。但以往的科研和技术工作,在这方面大部分只是围绕抗压强度方面进行,在抗拉强度方面研究工作却很少,这使得在目前条件下很难找到准确的计算理论。

当混凝土抗剪,微裂缝扩展串联之前,混凝土截面有良好的抗剪能力,即使微裂缝扩展并串联横贯截面时,尚可靠摩擦力及咬合维持工作,进一步扩展将失去抗剪能力,欲维持继续工作必须配置钢筋。结构物纯剪破坏是很少的,而剪拉破坏(主拉应力)是常见的。

混凝土微观裂缝产生的原因,可按混凝土的构造理论加以解释,即把混凝土看作是由集料、水泥石、气体、水分等组成的非均质材料,在温度、湿度和其他条件变化下,混凝土逐步硬化,同时产生体积变形,这种变形是不均匀的,水泥石热膨胀系数较大导致收缩较大,集料热膨胀系数较小导致收缩很小,它们之间的相互变形引起约束应力。在构造理论中提出了一种简单的计算模型,即假定圆形集料不变形且均匀分布于均质弹性水泥石中,当水泥石产生收缩时引起内应力,这种应力可引起黏着微裂缝和水泥石微观裂缝。

混凝土微裂缝的存在、扩展、增加,使应力 - 应变曲线向水平线倾斜,应力滞后于应变,泊松比增加,刚度下降,持久强度降低,徐变增加。

混凝土的微观裂缝肉眼是看不见的,肉眼可见裂缝范围一般以 0.05mm 为界(实际最佳视力可见 0.02mm),大于等于 0.05mm 的裂缝称为“宏观裂缝”,小于 0.05mm 的则称为“微观裂缝”。宏观裂缝是微观裂缝扩展的结果。

一般工业及民用建筑中,宽度小于 0.05mm 的裂缝对使用(防水、防腐、承重等)都无危险性,故假定具有小于 0.05mm 裂缝的结构为无裂缝结构,所谓不允许裂缝设计,也只能是相对的无大于0.05mm初始裂缝的结构。

可以认为,混凝土有裂缝是绝对的,无裂缝是相对的,只是把裂缝控制在一定的范围内而已。近代混凝土亚微观的研究认为,微裂缝的扩展程度就是其破损程度的标志,同时微裂缝的存在也是其本身固有的一种物理性质。

大体积混凝土由于其特有的水化性质使得混凝土结构在施工期就经历了升温和降温两个过程。混凝土中由于水泥石与集料热膨胀系数的不同,在升温过程中温度荷载作用下水泥石与集料所形成的界面首先产生损伤,并随温度增加而发展,因此形成界面裂纹,当继续增加的温差达到某一数值后,界面裂纹便向水泥石中延伸。在以后的降温过程中界面裂纹与水泥石中的微裂纹继续发展,以致发展成宏观裂缝,并可能导致混凝土结构发生断裂破坏,由于损伤是不可恢复的,故在以后的降温过程中,所形成的界面裂缝不会消失,而且降温过程中不仅原有的微裂纹会发展,同时也会产生新的微裂纹。

1.3.2 大体积混凝土裂缝的危害

大体积混凝土中可能出现的温度裂缝有表面裂缝、深层裂缝和贯穿性裂缝三种,主要有如下危害:

(1)影响建筑结构物的功能。大体积混凝土结构多为墙体、地下连续墙、筏板、箱形基础等,所以开裂后的主要问题之一就是防渗漏问题,给结构物的使用带来不利影响。结构的裂缝修补、堵漏,不仅花费巨大,而且延长了工程的交付使用时间,极大地降低了结构的使用功能。

(2)降低了建筑结构的刚度。裂缝尤其是贯穿性裂缝的出现会使结构的刚度降低,从而影响到结构物功能的正常发挥。

(3)影响混凝土的耐久性。裂缝的出现使侵蚀性介质容易进入混凝土内部,使钢筋锈蚀,混凝土腐蚀、碳化,从而损坏混凝土的表面,使混凝土的强度降低,进而影响混凝土的耐久性。

1.3.3 大体积混凝土温度裂缝控制标准

大体积混凝土裂缝的控制标准,可归结为对裂缝宽度的限制。目前各国规范中对最大允许裂缝宽度的规定基本一致。例如,在正常的空气环境中为0.3mm;在有轻微腐蚀性的介质中为0.2mm;在有严重腐蚀性的介质中为0.1mm等。规范中对裂缝宽度做严格规定的最终目的,基本都是为了保证钢筋不会锈蚀。但是大量的调查及试验表明,裂缝宽度与钢筋锈蚀程度没有直接关系。一些室内工程裂缝宽度超过规范规定30多倍钢筋也没有锈蚀。在潮湿环境中只引起钢筋局部锈蚀且锈蚀程度不大。调查还表明,锈蚀程度和时间也不成线性关系,特殊情况如高温、高湿、酸碱化学侵蚀等环境除外。

施工中对大体积混凝土的要求是不裂,但是大量工程实践所提供的经验都证明,结构物不可能不出现裂缝,裂缝是材料的一种固有缺陷、固有特征。如果对大体积混凝土裂缝的限制过于严格,就会大大增加施工控制难度,所付出的代价也就越高。大体积混凝土出现的裂缝几乎都是变形裂缝,一般不影响结构的承载力。因此,对大体积混凝土裂缝的控制,应该根据防水、防渗、防气、防辐射、美观及使用要求等实际情况来确定。

按混凝土结构所处的环境条件可分为如下四个类别[2]:

(1)一类:室内正常环境;

(2)二类:露天环境,长期处于地下或水下的环境;

(3)三类:水位变动区或有侵蚀性地下水的地下环境;

(4)四类:海水浪溅区及盐雾作用区潮湿并有严重侵蚀性介质作用的环境。

针对上述四类环境条件,并按荷载效应的短期组合和长期组合两种情况,表1-2给出了钢筋混凝土结构构件最大裂缝宽度允许值。

钢筋混凝土结构构件最大裂缝宽度允许值(mm) 表1-2

环境条件类别	最大裂缝宽度允许值	
	短期组合	长期组合
一	0.40	0.35
二	0.30	0.25
三	0.25	0.20
四	0.15	0.10

1.4 混凝土裂缝的模箍现象

具有连续式约束的结构物,如地基上的长墙,承受温度或收缩变化时,最大的约束应力在约束边,因此裂缝应该由约束边出发向上发展,但是实际观察到的裂缝并不是完全由约束边出发,而是离约束边有一定距离逐渐向上发展,如图1-4所示。

形成这种裂缝现象的机理:裂缝是由于被约束体的变形受到约束作用而形成,在裂缝形成过程中,在裂缝位置必然会产生相应的变形,而这种变形又受到约束体的约束作用,推迟了裂缝的出现和限制了裂缝的扩展。所以可以认为,由于约束的作用引起裂缝,又由于同样的约束作用约束了裂缝的扩展。

此外,长墙与地基的接触面虽是地基对长墙约束最大的地方,但由于在水化热温升过程中,接近地基的长墙底部不仅通过两侧面向空气散热,而且还通过与地基的接触面向地基散热,底部的最高温度和随后的降温幅度,要比上部小,使最大拉应力不发生在长墙底部,而发生在墙底以上的某一受约束的范围内,即由均匀温差 ΔT_1 引起的基础约束最大应力 σ_1 发生在墙底,而实际上由不均匀温差 ΔT_2 引起的基础约束最大应力 σ_2 发生在地基以上某一低高度上,如图1-5所示[3]。

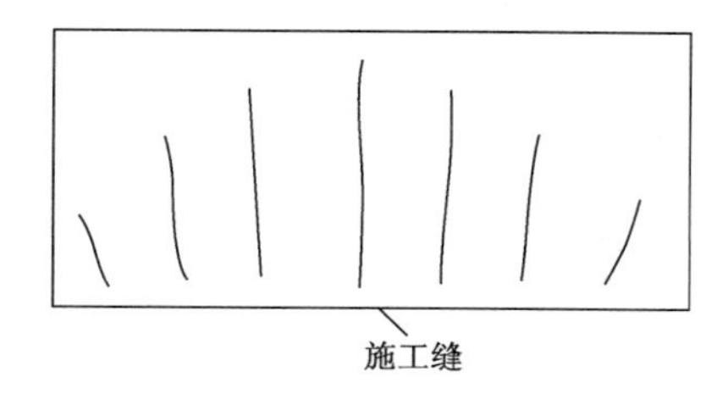

图1-4 裂缝的模箍现象

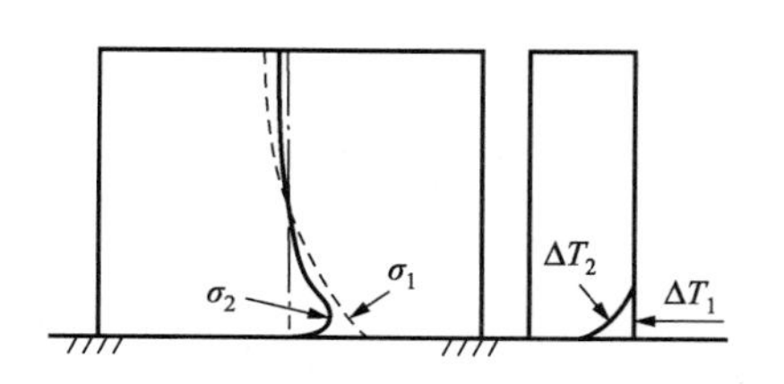

图1-5 基础约束应力分布

注:ΔT_1 均匀温差,ΔT_2 不均匀温差。

本章参考文献

[1] 王铁梦. 工程结构裂缝控制[M]. 北京:中国建筑工业出版社,1997.
[2] 电力工业部西北勘测设计研究院. SL/T 191—1996 水工混凝土结构设计规范[S]. 北京:中国水利水电出版社,1997.
[3] 王同生. 涵闸混凝土的温度应力与温度控制[M]. 北京:中国环境科学出版社,2010.

第 2 章

混凝土的基本物理学性能

2.1　混凝土的基本热学性能

2.1.1　混凝土的比热容和导热系数

混凝土的基本热学性能可分为两类：一类是影响混凝土内温度传导和变化的性能参数，包括混凝土的比热容 C、导热系数 λ、导温系数 α 和密度 ρ；另一类是影响其温度变形的性能参数，包括线热膨胀系数 α_0。

混凝土的比热容是指单位质量的混凝土在温度升高或者降低 1℃时所吸收或释放的热量，用符号 C 表示，单位为 kJ/(kg · ℃)。影响混凝土比热容的因素较多，主要是集料的种类、数量和温度的高低；混凝土的比热容一般在 0.84 ~ 1.05kJ/(kg · ℃)范围内。

混凝土的导热系数是反映热量在混凝土内传导难易程度的一个系数。其物理意义是在单位温度梯度作用下，在单位时间内，经由单位面积上传导的热量。影响混凝土导热系数的主要因素有集料的用量、集料的热学性能、混凝土温度及其含水状态等。试验表明，潮湿状态的混凝土比干燥状态混凝土的导热系数要大。新浇混凝土由于含水量大，它的导热系数可达干燥时的 1.5 ~ 2 倍。导热系数还随混凝土的密度和温度的增大而增大。导热系数用符号 λ 来表示，单位为 kJ/(m · h · ℃)，普通混凝土的导热系数一般在 8.39 ~ 12.56kJ/(m · h · ℃)范围内，可用式(2-1)来表示：

$$\lambda = \frac{Q\delta}{(T_1 - T_2)At} \tag{2-1}$$

式中：λ——混凝土导热系数，kJ/(m · h · ℃)；

Q——通过混凝土厚度为 δ 的热量，kJ；

δ——混凝土厚度，m；

$T_1 - T_2$——温度差，℃；

A——面积，m^2；

t——时间，h。

混凝土组成成分的热性能系数见表 2-1。

混凝土组成成分的热性能系数　　表 2-1

材料	密度 ρ (kg/m^3)	λ[kJ/(m·h·℃)]				C[kJ/(kg·℃)]			
		21℃	32℃	43℃	54℃	21℃	32℃	43℃	54℃
水	1000	2.16	2.16	2.16	2.16	4.187	4.187	4.187	4.187
普通水泥	3100	4.446	4.593	4.735	4.865	0.456	0.536	0.662	0.825
石英砂	2660	11.129	11.099	11.053	11.036	0.699	0.745	0.796	0.867
玄武岩	2660	6.891	6.871	6.858	6.837	0.766	0.758	0.783	0.837
白云岩	2660	15.533	15.261	15.014	14.336	0.804	0.821	0.854	0.888
花岗岩	2680	10.505	10.467	10.442	10.379	0.716	0.708	0.733	0.775
石灰岩	2670	14.528	14.193	13.917	13.657	0.749	0.758	0.783	0.821
石英岩	2660	16.910	16.777	16.638	16.475	0.691	0.724	0.758	0.791
流纹岩	2660	6.770	6.812	6.862	6.887	0.766	0.775	0.800	0.808

混凝土的热学性能参数主要取决于混凝土使用的集料、胶凝材料以及水等的热学性能。对于重要工程项目，混凝土比热容以及导热系数应该由试验来确定；而对于普通工程项目或在初步设计阶段尚未取得混凝土热性能的试验值时，可根据混凝土各组成成分的质量百分比，利用表 2-1 所列出的组成成分的比热容和导热系数，按式(2-2)和式(2-3)加权平均的方法进行估算[1]：

$$C = \frac{\sum W_i C_i}{\sum W_i} \tag{2-2}$$

$$\lambda = \frac{\sum W_i \lambda_i}{\sum W_i} \tag{2-3}$$

式中：W_i——混凝土各组成成分的质量，kg；

λ_i——混凝土各组成成分的导热系数，kJ/(m·h·℃)；

C_i——混凝土各组成成分的比热容，kJ/(kg·℃)。

2.1.2 混凝土的导温系数

混凝土的导温系数是反映混凝土在单位时间内热量扩散的一项综合指标，用符号 α 表示。混凝土导温系数越大，越有利于热量的扩散。普通混凝土的导温系数一般在 0.003 ~ 0.006 m^2/h。对于重要工程导温系数应该由试验方法测定，对于普通工程可以由式(2-4)计算得出，也可由表 2-2 中直接查用。

$$\alpha = \frac{\lambda}{C\rho} \tag{2-4}$$

混凝土的热学特性指标　表 2-2

序号	名称		符号	数值	单位
1	线热膨胀系数	石英岩混凝土	α_0	11×10^{-6}	1/℃
		砂岩混凝土		10×10^{-6}	
		花岗岩混凝土		9×10^{-6}	
		玄武岩混凝土		8×10^{-6}	
		石灰岩混凝土		7×10^{-6}	
2	导热系数	—	λ	10.6	kJ/(m·h·℃)
3	比热容	—	C	0.96	kJ/(kg·℃)
4	导温系数	—	α	0.0045	m^2/h
5	放热系数	散至空气(风速 2~5m/s)	β	50~90	$kJ/(m^2\cdot h\cdot ℃)$
		散至宽缝、竖井等(风速 0~2m/s)		25~50	
		散至流水		∞	

【算例 2-1】某混凝土配合比见表 2-3，试求 32℃时的热学性能。

C50 混凝土配合比(kg/m^3)　表 2-3

项目	胶材总量	水泥	粉煤灰	矿粉	砂	碎/卵石(大)	碎/卵石(小)	水	外加剂
单位体积用量	429	198	105	126	775	733	314	147	4.2

【解】根据表 2-1 和式(2-3)、式(2-4)，分别计算如下：

$$\rho = 429 + 775 + 733 + 314 + 147 + 4.2 = 2402.2(kg/m^3)$$

$$C = [429\times0.536 + 775\times0.745 + (733+314)\times0.758 + 147\times4.18]/2402.2$$
$$= 0.900[kJ/(kg\cdot ℃)]$$

$$\lambda = [429\times4.593 + 775\times11.099 + (733+314)\times10.467 + 147\times2.160]/2402.2$$
$$= 9.095[kJ/(m\cdot h\cdot ℃)]$$

$$\alpha = \frac{\lambda}{C\rho}$$
$$= 9.095/(0.900\times2402.2) = 0.00421(m^2/h)$$

2.1.3　混凝土的线热膨胀系数

混凝土的线热膨胀系数是指混凝土在单位温度变化时混凝土单位长度的伸缩值，用符号 α_0 表示，单位为 1/℃；线热膨胀系数是一个变幅较大的物理量，一般混凝土的线热膨胀系数在 $(6\sim13)\times10^{-6}$/℃范围内，它的大小直接影响到混凝土的温度变形，在完全相同的温度和约束条件作用下，线热膨胀系数值小则温度应力就小，反之则相反。

线热胀系数与集料本身的性质有关；集料品种的不同线热膨胀系数的变化也就比较大；对于重要的工程混凝土的线热膨胀系数应该由试验来确定，而对于普通的混凝土工程或做可行性研究时，可根据混凝土集料种类由表 2-2 直接查出。

2.1.4 混凝土表面对流系数

在大体积混凝土的水化热计算中，有三种重要的散热渠道，一是表面散热，二是冷却水管散热，三是地基散热。因此，混凝土的表面对流系数是一个重要的影响参数。其计算根据上海同济大学试验研究结果，按式(2-5)取值：

$$a = 5.46v + 6 \tag{2-5}$$

式中：a——混凝土表面对流系数，$W/(m^2 \cdot K)$；

v——风速，m/s。

通常情况下，计算中使用的单位是 $kcal/(m^2 \cdot h \cdot ℃)$，因此可以进行单位换算：$1kcal/(m^2 \cdot h \cdot ℃) = 1.16279[W/(m^2 \cdot K)]$。

2.2 混凝土的基本力学性能

混凝土是一种非均质的复合材料，其物理力学性能与组成材料的各自性能有关。计算混凝土的温度及收缩应力时，常涉及混凝土各龄期的抗压强度、抗拉强度、弹性模量、极限拉伸值等几个相关的性能。

2.2.1 混凝土各龄期的抗压强度

混凝土抗压强度 f_c 是指标准试件在压力作用下直到破坏时单位面积上所能承受的最大应力。结构物通常以抗压强度为基本参数来进行设计，这是因为抗压强度的试验方法最简单，而且与其他强度和变形性能有很好的相关性。

混凝土抗压强度受混凝土质量的影响，包括使用的材料、配合比、施工方法、养护方式等。混凝土的抗压强度是随龄期 τ 增长的，可由式(2-6)来表示[1]：

$$f_c(\tau) = f_{C28}[1 + m\ln(\tau/28)] \tag{2-6}$$

式中：$f_c(\tau)$——龄期 τ 的混凝土抗压强度，MPa；

f_{C28}——28d 龄期混凝土抗压强度，MPa；

τ——龄期，d；

m——系数，与水泥品种有关。

根据中国水利水电科学研究院的试验结果（$\tau = 7 \sim 365d$），m 取值如下：

(1)矿渣硅酸盐水泥：$m = 0.2471$；

(2)普通硅酸盐水泥：$m = 0.1727$；

(3)普通硅酸盐水泥，掺 60% 粉煤灰：$m = 0.3817$。

2.2.2 混凝土各龄期的抗拉强度

混凝土的抗拉强度，根据测定方法的不同，有劈裂抗拉强度和轴向抗拉强度两种。劈裂试验简单易行，测试结果的变异性小，但是这种方法属于间接测定混凝土的抗拉强度，试验结果并不是混凝土的实际抗拉强度。劈裂试验中，混凝土的断裂面位置固定，而在轴向抗拉试验中，断裂面随机出现在试件的最薄弱部位，因此测得的轴向抗拉强度相对较低。

大体积混凝土的抗裂计算，主要涉及混凝土的温度应力，控制混凝土开裂主要是利用其抗拉强度始终大于其中出现的拉应力。当混凝土龄期较短时，混凝土的抗拉强度很低，对温度应力很敏感，所以用劈裂抗拉强度作为混凝土的抗拉强度来控制大体积混凝土裂缝的形成、扩展是不够安全的。但劈裂抗拉强度用于一般普通钢筋混凝土结构选定设计抗拉强度和施工管理中检测混凝土质量则是方便省时的。轴向抗拉强度，在一定情况下是混凝土的真实抗拉强度，虽然试验复杂，却可以得到抗拉强度的真实指标，控制混凝土开裂应以轴向抗拉强度为依据，它对控制大体积混凝土温度裂缝及计算温度应力都具有相当大的实用价值。

混凝土轴心抗拉强度标准值$f_{tk}(\tau)$可按式(2-7)来计算：

$$f_{tk}(\tau)=f_{tk}(1-e^{-\gamma\tau}) \tag{2-7}$$

式中：$f_{tk}(\tau)$——混凝土龄期为τ时的轴心抗拉强度标准值，MPa；

f_{tk}——混凝土轴心抗拉强度标准值，可按表2-4取值；

γ——系数，应根据混凝土试验确定，当无试验数据时，可取0.3。

混凝土轴心抗拉强度标准值和设计值(MPa) 表2-4

符号	混凝土强度等级													
	C15	C20	C25	C30	C35	C40	C45	C50	C55	C60	C65	C70	C75	C80
f_{tk}	1.27	1.54	1.78	2.01	2.20	2.39	2.51	2.64	2.74	2.85	2.93	2.99	3.05	3.11
f_t	0.91	1.10	1.27	1.43	1.57	1.71	1.80	1.89	1.96	2.04	2.09	2.14	2.18	2.22

2.2.3 混凝土的弹性模量

在一般的钢筋混凝土结构设计中，混凝土弹性模量主要用于结构变形的计算，其数值对结构的应力影响不大，而且当结构承受设计荷载时，混凝土龄期通常已较晚，所以在一般的钢筋混凝土结构设计中，对混凝土弹性模量的数值及其与龄期的关系，在精度上要求不是太高。

大体积混凝土结构有所不同，在浇筑初期是升温阶段，处于塑性状态，混凝土的弹性模量很小，由变形变化引起的温度应力也很小，一般可忽略不计。但随着龄期的增长，混凝土的弹性模量迅速上升，此时由于变形变化引起的温度应力也随着弹性模量的上升而显著增大，因此在大体积混凝土温度应力计算中，必须考虑弹性模量随时间的变化规律。

(1)混凝土弹性模量与抗压强度的关系

混凝土弹性模量E(MPa)与标准立方体抗压强度R(MPa)的关系可用式(2-8)来表示：

$$E=\frac{10^5}{A+B/R} \tag{2-8}$$

式中：A、B——由试验资料整理的常数。

①混凝土基本力学性能研究组给出$A=2.2$，$B=33.0$；②铁道建筑研究所给出$A=2.3$，$B=27.5$；③苏联给出$A=1.7$，$B=36.0$。根据上述常数算出的弹性模量见表2-5。

混凝土弹性模量 E(GPa)　　表 2-5

序号	A	B	抗压强度(MPa)							
			5	10	15	20	25	30	35	40
1	2.2	33.0	11.36	18.2	22.7	26.0	28.4	30.3	31.8	33.1
2	2.3	27.5	12.80	19.8	24.2	27.2	29.4	31.1	32.4	33.5
3	1.7	36.0	11.24	18.9	24.4	28.6	31.9	34.5	36.7	38.5

(2)混凝土弹性模量的表达式

大量试验资料表明,混凝土抗拉弹性模量 E_t 与抗压弹性模量 E_c 很接近,比值 $E_t/E_c \approx$ 0.96 ~0.97,工程计算中可取 $E_t = E_c$。

根据相关规范的规定[2],混凝土的弹性模量可按式(2-9)进行计算:

$$E(\tau) = \beta E_0 (1 - e^{-a\tau^b}) \tag{2-9}$$

式中:$E(\tau)$——龄期 τ 时的混凝土弹性模量,MPa;

E_0——$\tau \to \infty$ 时的混凝土最终弹性模量,MPa,一般近似取标准条件下养护 28d 的弹性模量,可按表 2-7 取值;

τ——计算时的混凝土龄期,d;

a——系数,应通过试验确定,当无试验数据时,可近似地取 0.40;

b——系数,应通过试验确定,当无试验数据时,可近似地取 0.60;

β——混凝土中掺合料对弹性模量的修正系数,取值应以现场试验数据为准,在施工准备阶段无试验数据时,可按式(2-10)进行计算:

$$\beta = \beta_1 \cdot \beta_2 \tag{2-10}$$

式中:β_1——混凝土中粉煤灰掺量对应的弹性模量修正系数,可按表 2-6 取值;

β_2——混凝土中矿粉掺量对应的弹性模量修正系数,可按表 2-6 取值。

不同掺量掺合料对应的弹性模量调整系数　　表 2-6

掺量	0	20%	30%	40%
粉煤灰(β_1)	1	0.99	0.98	0.96
矿粉(β_2)	1	1.02	1.03	1.04

不同强度等级混凝土的弹性模量见表 2-7。

不同强度等级混凝土的弹性模量　　表 2-7

强 度 等 级	弹性模量(MPa)	强 度 等 级	弹性模量(MPa)
C7.5	1.45×10^4	C35	3.15×10^4
C10	1.75×10^4	C40	3.25×10^4
C15	2.20×10^4	C45	3.35×10^4
C20	2.55×10^4	C50	3.45×10^4
C25	2.80×10^4	C55	3.55×10^4
C30	3.00×10^4	C60	3.60×10^4

注:表中数据为混凝土 28d 弹性模量。

2.3　混凝土各龄期的收缩

2.3.1　混凝土的收缩

(1)水泥水化放热引起的温度收缩

从国内外大量的实践资料及实测数据来看,均表明大体积混凝土产生裂缝的主要原因是由于受水泥水化时释放的水化热影响,导致混凝土浇筑块内部温度和温度应力的剧烈变化。

当混凝土构件厚度达到或超过2m时,混凝土的中心部位已接近绝热状态,其最高温度可达70~80℃。这时混凝土会因温度的升高而产生较大的体积膨胀。在此后的降温阶段,混凝土体积会因自身温度不断降低而逐渐收缩。此时,由于地基或结构其他部分的约束,混凝土的收缩受到限制,便会在混凝土中产生很大的温度收缩应力。当混凝土中的温度收缩应力超过了混凝土当时龄期的抗拉强度,可能会在混凝土中产生贯穿整个截面的裂缝,使结构的抗渗性、整体性、耐久性等性能急剧下降,带来严重的后果。

此外,大体积混凝土还会因为内部散热慢而温度较高,表面部分散热快而温度较低,使混凝土内部与表面之间的收缩差过大,从而产生过大的表面拉应力,使混凝土表面产生裂缝。如果混凝土浇筑时,外界环境气温高,混凝土的浇筑温度也高,当遇到气温骤降时,混凝土温度梯度太大,则更容易产生裂缝。

(2)混凝土的自身收缩

混凝土自身收缩主要包括:塑性收缩、硬化收缩、干燥收缩、碳化收缩等。

①塑性收缩。混凝土从浇筑到终凝所需时间一般在4~15h,此段时期内,水泥水化反应激烈,会出现泌水和水分急剧蒸发现象,从而引起混凝土失水收缩。同时,混凝土集料和水泥浆之间也会产生不均匀的沉降收缩变形。由于上述变形均发生在混凝土终凝之前的塑性阶段,故称之为“塑性收缩”。塑性收缩量可达1%左右,会使混凝土表面出现无规则的表面裂缝,特别是养护不良的部位在浇筑后的4~15h内更容易出现。这些表面裂缝常常沿着钢筋分布,宽度可达1~2mm,间距较小。混凝土水灰比过大、胶凝材料用量大、振捣不良、环境温度高、养护条件差等,都可能导致这种裂缝的出现,而且在厚度较薄的混凝土构件中出现的可能性更大。

②硬化收缩。混凝土中胶凝材料的水化过程是一系列的物理、化学过程,在此过程中混凝土会产生一定量收缩,即硬化收缩。硬化收缩可能是正的收缩,也可能是负的(膨胀)。普通硅酸盐水泥及大坝水泥混凝土的硬化收缩是正的,即是缩小变形;矿渣水泥混凝土的硬化收缩是负的,即为膨胀变形。掺用粉煤灰的混凝土硬化收缩也膨胀变形,尽管硬化收缩的变形不大,约为$(40\sim100)\times10^{-6}$,但对混凝土的抗裂是有益的。

③干燥收缩。水泥石是混凝土中发生干燥收缩的主要组分。根据相关理论计算,混凝土中的水泥完全水化所需要的水量是水泥质量的23%(即$W/C=0.23$)。但是为了保证混凝土具有足够的流动性,在水利工程实际施工中,混凝土的水灰比一般常在0.3~0.6之间,都远远大于0.23。而且研究表明,水泥水化时所消耗的水分很少,原因在于混凝土中的水泥颗粒并不会完全水化。因此,会有大量的自由水分存在于硬化后的混凝土中。这些水分所占据的位

置就是相应的孔隙,包括气孔和毛细孔。在接下来的一段时间里,这些水分会逐渐向空气中蒸发,随着孔隙中水分,尤其是毛细孔中的水分的蒸发,毛细孔内水面后退,使水面的曲率变大。受表面张力作用影响,水的内部压力小于外部压力,从而使毛细孔中产生负压。这种负压使水泥石产生收缩力,从而使混凝土产生了收缩,当这种收缩受到阻碍或者约束时,混凝土可能产生开裂。混凝土的这种收缩会持续很长的时间,但是其收缩速度则随着时间的延长而迅速减慢。试验结果表明,混凝土浇筑后 2 个星期内的收缩量约占 20 年收缩量的 14% ~34%,前 3 个月内的收缩量约占 40% ~80%,前 1 年内的收缩量约占 66% ~85%。而对于大体积混凝土来说,控制混凝土收缩裂缝的关键是浇筑后 2 个星期到 1 个月之间。在实际的大体积混凝土裂缝计算中,常常将混凝土在某一时刻相应的这种收缩值换算成引起同样温度变形所需的温度值,即"收缩当量温差",然后再按温度来计算在混凝土中产生的相应的拉应力。混凝土的干燥收缩引起的应力值不容忽视,实践证明其值可达温度应力值的 30% 以上。如果处理不当的话,干燥收缩可能使混凝土结构产生危害很大的贯穿性裂缝,从而影响混凝土的整体性能。

④碳化收缩。大气中的二氧化碳与水泥水化产物发生化学反应引起的收缩变形称为碳化收缩。由于各种水化产物不同的碱度,结晶水及水分子数量的不等,碳化收缩量也大不相同。碳化作用只有在适中的湿度,约 50% 左右才发生。碳化速度随二氧化碳浓度的增加而加快,碳化收缩与干燥收缩共同作用,导致表面开裂和面层碳化。干湿交替作用,并在 CO_2 存在的空气中混凝土收缩更加显著。碳化收缩在一般环境中不作专门的计算,在特定环境中的表面裂缝分析中应当加以考虑。

2.3.2 各龄期混凝土收缩值的计算

混凝土收缩机理比较复杂,随着许多具体条件的差异而变化。根据相关规范的规定[2],对于大体积混凝土可以采用式(2-11)进行收缩值的计算:

$$\varepsilon_y(\tau) = 3.24 \times 10^{-4}(1 - e^{-0.01\tau})\prod_{i=1}^{11} M_i \tag{2-11}$$

式中: $\varepsilon_y(\tau)$——龄期为 τ 时混凝土收缩引起的相对变形值,mm/mm;

τ——混凝土龄期,d;

M_1、M_2、M_3、…、M_{11}——考虑各种非标准状态下的修正系数,M_1 为水泥品种修正系数、M_2 为水泥细度修正系数、M_3 水胶比修正系数、M_4 为胶浆量修正系数、M_5 为养护时间修正系数、M_6 为环境相对湿度修正系数、M_7 为水力半径的倒数修正系数、M_8 为配筋率修正系数、M_9 为减水剂修正系数、M_{10} 为粉煤灰掺量修正系数、M_{11} 为矿粉掺量修正系数。各修正系数具体数值见表 2-8 和表 2-9。

各种非标准状态下的修正系数 表 2-8

水泥品种	M_1	水泥细度(m^2/kg)	M_2	水胶比	M_3	胶浆量(%)	M_4
矿渣水泥	1.25	300	1.00	0.2	0.65	20	1.00
快硬水泥	1.12	400	1.13	0.3	0.85	25	1.20
低热水泥	1.10	500	1.35	0.4	1.00	30	1.45
石灰矿渣水泥	1.00	600	1.68	0.5	1.21	35	1.75

续上表

水泥品种	M_1	水泥细度(m^2/kg)	M_2	水胶比	M_3	胶浆量(%)	M_4
普通水泥	1.00	—	—	0.6	1.42	40	2.10
火山灰水泥	1.00	—	—	0.7	1.62	45	2.55
抗硫酸盐水泥	0.78	—	—	0.8	1.80	50	3.03
矾土水泥	0.52	—	—	—	—	—	—
养护时间(d)	M_5	环境相对湿度	M_6	水力半径的倒数	M_7	$E_sF_s/(E_cF_c)$	M_8
1	1.11	25	1.25	0	0.54	0.00	1.00
2	1.11	30	1.18	0.1	0.76	0.05	0.85
3	1.09	40	1.10	0.2	1.00	0.10	0.76
4	1.07	50	1.00	0.3	1.03	0.15	0.68
5	1.04	60	0.88	0.4	1.20	0.20	0.61
7	1.00	70	0.77	0.5	1.31	0.25	0.55
10	0.96	80	0.70	0.6	1.40		
14~180	0.93	90	0.54	0.7	1.43		
				0.8	1.44		

各种非标准状态下的修正系数　　表2-9

减水剂	M_9	粉煤灰掺量(%)	M_{10}	矿粉掺量(%)	M_{11}
无	1.00	0	1	0	1
有	1.30	20	0.86	20	1.01
		30	0.89	30	1.02
		40	0.90	40	1.05

注:1. $\bar{r}$—水力半径的倒数,为构件截面周长(L)与截面积(F)之比,$\bar{r}=100L/F(m^{-1})$。

2. E_sF_s/E_cF_c—配筋率;E_s、E_c—钢筋、混凝土的弹性模量,N/mm^2;F_s、F_c—钢筋、混凝土的截面积,mm^2。

3. 粉煤灰(矿粉)掺量—指粉煤灰(矿粉)掺合料质量占胶凝材料总质量的百分数。

2.3.3 混凝土收缩的当量温差

混凝土的收缩,同样可以在混凝土内部引起相当大的应力,从而导致混凝土的开裂。因此,在温度应力计算中必须将这个收缩因素考虑进去。为了计算工作的方便,可将收缩变形值换算成“收缩当量温差”,即收缩产生的变形相当于引起同样变形所需要的温度,可用式(2-12)进行计算:

$$T_y(\tau)=\frac{\varepsilon_y(\tau)}{\alpha_0} \tag{2-12}$$

式中:$T_y(\tau)$——混凝土龄期为 τ 时的收缩当量温差,℃;

$\varepsilon_y(\tau)$——混凝土龄期为 τ 时的混凝土收缩;

α_0——混凝土的线膨胀系数,取 1.0×10^{-5}。

2.4 混凝土的极限拉伸

混凝土结构的裂缝一般是由拉应力，如轴拉、弯拉、剪拉引起，即使是轴向受压荷载的结构物，其内部也存在劈拉应力区，容易引起裂缝。但就混凝土材料自身来说，“抗拉强度不足引起开裂”这种说法不够确切。对由于变形引起的裂缝问题，仅仅看到抗拉强度是不全面的，更重要的是应该看到的是材料最终的可变形能力，即材料的极限拉伸。试想，如果某一结构虽由抗拉强度不太高的材料组成，但它却有良好的可变形能力，也就是说有较大的极限拉伸，能适应结构温度变形的需要，那么它就不会开裂。

研究表明，混凝土的极限拉伸值 ε_{pa} 与加荷速度和粗集料的种类有明显关系。在快速加荷的条件下，混凝土的极限拉伸在 $(0.6\sim1.1)\times10^{-4}$ 左右，与混凝土的强度有关，见表 2-10。

混凝土的极限拉伸与强度等级的关系 表 2-10

混凝土的强度等级	C20	C25	C30
混凝土的极限拉伸 ε_{pa}	0.7×10^{-4}	0.8×10^{-4}	0.9×10^{-4}

混凝土的极限拉伸与粗集料有明显关系，在慢速荷载条件下，即考虑到徐变特性时，其极限拉伸见表 2-11。快速荷载（瞬时荷载）条件下，其极限拉伸取慢速荷载条件下数值的一半。

慢速荷载条件下的极限拉伸 表 2-11

粗集料种类	极限拉伸 ε_{pa}	粗集料种类	极限拉伸 ε_{pa}	粗集料种类	极限拉伸 ε_{pa}
卵石	1.3×10^{-4}	碎石	1.8×10^{-4}	轻质集料	4.0×10^{-4}

混凝土材料结构是非均质的，承受拉力作用时，截面中各质点受力是不均匀的、有大量不规则的应力集中点。这些点由于应力首先达到抗拉强度极限，引起了局部塑性变形，如无钢筋，继续受力，便在应力集中处出现裂缝。如进行适当配筋，钢筋将约束混凝土的塑性变形，从而分担混凝土的内应力，推迟混凝土裂缝的出现，也即提高了混凝土的极限拉伸值。大量工程实践证明了适当配置钢筋能提高混凝土的瞬时极限拉伸值，其关键在于“适当”两字。所谓“适当”，即配筋应该做到细而密。反映这一关系的混凝土瞬时极限拉伸可采用经验公式(2-13)计算：

$$\varepsilon_{pa}=0.5f_t\left(1+\frac{\rho}{d}\right)\times10^{-4} \tag{2-13}$$

式中：ε_{pa}——混凝土瞬时极限拉伸值；

f_t——混凝土的抗拉强度设计值，MPa；

ρ——配筋率（不加百分数，如 0.3%，则 $\rho=0.3$）；

d——钢筋的直径，cm。

【算例 2-2】某钢筋混凝土底板采用的混凝土强度等级为 C30，抗拉强度设计值 $f_t=1.43$MPa，配筋率 $\rho=0.35$，钢筋直径为 16mm，试求此钢筋混凝土底板的极限拉伸值。

【**解**】由式(2-13),底板的极限拉伸为:

$$\varepsilon_{pa}=0.5f_t\left(1+\frac{\rho}{d}\right)\times10^{-4}=0.5\times1.43\left(1+\frac{0.35}{1.6}\right)\times10^{-4}=0.87\times10^{-4}$$

2.5　混凝土的徐变和应力松弛

2.5.1　混凝土的徐变

结构在外荷载作用下产生变形,一般建筑力学中,采用简单的胡克定律描绘应力-应变关系,即所谓"线性关系",去掉荷载后,变形立刻全部恢复。实际上,建筑材料都不能严格地遵从胡克定律,其应力-应变关系不是严格的线性关系,即当应力保持不变时,应变还将随时间的增加而有所增加,这种现象称为混凝土的徐变。混凝土的徐变是由于混凝土中水泥石的变形引起的,而水泥石的变形则产生于水泥石中胶凝体在长期荷载下的黏性流动,混凝土中的砂、石料和水泥中的结晶体本身可认为是不产生徐变的,而且它们的存在还能阻碍胶凝体的流动,从而减少混凝土的徐变。由于徐变的存在,混凝土结构内部的应力和应变都会不断产生重分布,对建筑物的受力状态影响很大,考虑混凝土徐变,对混凝土结构设计的合理性、经济性和可靠性都具有重大的意义。

影响混凝土徐变的因素很多,也很复杂,主要有以下八种:

(1)加荷龄期和持荷时间

加荷龄期越晚,混凝土的成熟度越高,徐变也越小。持荷时间越长徐变越大。但随时间的增长,混凝土中徐变增长率降低,一般持荷2~5年后徐变增长很小。

(2)加荷应力比

加荷应力比是指所施加的应力与混凝土强度的比值。对于混凝土此比值不超过0.4时,徐变与应力之间保持线性关系;超过0.4后,徐变将随应力的增加急剧增加,两者之间是非线性关系;再超过0.75时,发生不稳定徐变,直至破坏。

(3)水泥品种

在配合比、加载龄期和加载应力都相同的条件下,矿渣水泥混凝土的徐变大于普通水泥混凝土的徐变。水泥熟料矿物成分对混凝土徐变也有影响,随着C_2S含量的增加和C_3S含量的减少,混凝土徐变有所增加。

(4)集料品种

混凝土中产生徐变的主要物质是水泥石,集料本身徐变极小,而且还会对水泥石徐变起约束作用。因此,在相同水灰比条件下,集料含量越多,也即水泥石含量少,徐变就越小。

集料岩质越疏松的弹性模量越小,徐变越大。混凝土的徐变按所采用的集料品种,按以下顺序减小:砂岩、玄武岩、砾岩、花岗岩、石英岩和石灰岩。砂岩集料混凝土的徐变约为石灰岩集料混凝土徐变的3倍。

(5)水灰比

水灰比对混凝土强度是最重要的一个影响因素,同样,它对混凝土徐变也是最重要的一个影响因素。水灰比越大，则混凝土强度越低，徐变越大。

（6）外加剂

外加剂品种很多，大体上，外加剂对混凝土徐变的影响与它对混凝土强度的影响成反比。掺用外加剂后，如混凝土的强度提高，则混凝土徐变减少，反之亦然。如强度变化不大，则徐变变化也不大。

（7）粉煤灰

粉煤灰对混凝土徐变有较大的影响。通常粉煤灰混凝土的早期强度比不掺的低，因此早龄期加载的徐变较大；后期强度比不掺的高，所以龄期长加载的徐变较小。

（8）试件尺寸

对于不密封的试件，通常试件尺寸越小，徐变越大。一方面是由于试件尺寸小，水分损失快，引起了较大的干燥徐变；另一方面是由于试件尺寸小，容纳不了较大的集料，使试件的灰浆率增加。

混凝土由于配合比、所处环境等因素的不同，而具有不同的徐变特性。标准状态下，单位应力引起的最终徐变变形称为徐变度，以 C_0 表示，它是混凝土加荷龄期和持荷时间的函数。常见混凝土强度等级的标准极限徐变度见表 2-12 所列。

标准极限徐变度　　表 2-12

混凝土强度等级	$C_0(10^{-6})$	混凝土强度等级	$C_0(10^{-6})$
C10	8.84	C40	7.40
C15	8.28	C50	6.44
C20	8.04	C60 ~ C90	6.03
C30	7.40	C100	6.03

当结构的使用应力为 σ 时，最终徐变变形 $C_n^0(\infty)$ 为：

$$C_n^0(\infty) = C_0 \cdot \sigma \tag{2-14}$$

式中：$C_n^0(\infty)$——混凝土最终徐变变形；

C_0——标准极限徐变度，按表 2-12 取值；

σ——结构的使用应力，MPa。

若无法预先得到使用应力的具体数值，则可假定使用应力为混凝土抗拉或抗压强度的 1/2 来计算最终徐变变形 $C_n^0(\infty)$，即：

$$C_n^0(\infty) = \frac{1}{2} \cdot f \cdot C^0 \tag{2-15}$$

式中：f——混凝土的抗拉强度或抗压强度，MPa；

其余符号意义同前。

2.5.2　混凝土的应力松弛

混凝土的徐变性质在结构中能引起两种现象：一种是应力不变，但变形随时间的增加而增加，称为“徐变变形”；另外一种现象是变形不变，但由于徐变作用，其内力随时间的延长而减少，称为“应力松弛”。徐变提高了混凝土的极限变形能力，因此在混凝土的抗裂计算时，必须将应力松弛这个因素考虑进去。应力松弛程度与加荷时的混凝土龄期 τ 有关，龄期越早，徐变引起的应力松弛也越大；其次，还与应力作用时间 t 的长短有关，时间越长则应力松弛也越大。在温度应力简化计算时，徐变所导致温度应力的松弛程度，用混凝土的应力松弛系数 $K(t,\tau)$ 表示。应力松弛系数应由试验求得，在粗略计算时可用如下方法来计算[3]。

标准状态下混凝土的应力松弛系数 $K_0(t,\tau)$ 为：

$$K_0(t,\tau)=1-(0.2125+0.3786\tau^{-0.4158})\times\{1-\exp[-0.5464(t-\tau)]\}-(0.0495+0.2558\tau^{-0.0727})\times\{1-\exp[-0.0156(t-\tau)]\} \tag{2-16}$$

式中：t——计算时刻的混凝土龄期，d；

τ——混凝土受荷时的龄期，d；

$(t-\tau)$——持荷时间，d。

式(2-16)的计算结果见表 2-13。

标准状态下的混凝土应力的松弛系数 $K_0(t,\tau)$　　表 2-13

加荷龄期 τ_i (d)	持荷时间$(t-\tau)$(d)									
	2	3	5	10	15	30	50	100	200	≥500
2	0.661	0.587	0.515	0.465	0.445	0.398	0.349	0.276	0.226	0.211
3	0.691	0.623	0.556	0.510	0.490	0.444	0.397	0.326	0.276	0.262
7	0.739	0.681	0.624	0.583	0565	0.521	0.476	0.408	0.361	0.348
14	0.767	0.716	0.664	0.627	0.609	0.567	0.524	0.459	0.414	0.401
28	0.788	0.742	0.695	0.659	0.643	0.602	0.561	0.498	0.455	0.443
60	0.806	0.763	0.720	0.687	0.671	0.632	0.592	0.533	0.491	0.479
90	0.813	0.772	0.730	0.698	0.682	0.644	0.606	0.547	0.507	0.495
180	0.823	0.784	0.744	0.714	0.699	0.662	0.625	0.569	0.522	0.519
360	0.830	0.793	0.754	0.726	0.711	0.676	0.640	0.587	0.549	0.538

对于非标准状态下的混凝土应力松弛系数 $K(t,\tau)$ 可按式(2-17)来计算：

$$K(t,\tau)=(\varepsilon_1+\varepsilon_2\ln\tau)[\varepsilon_3+\varepsilon_4\ln(t-\tau)]K_0(t,\tau) \tag{2-17}$$

式中：ε_1、ε_2、ε_3、ε_4——非标准状态下的混凝土应力松弛系数的计算系数，可根据修正系数 δ 值，查表 2-14 取用。

非标准状态下混凝土应力松弛系数的计算系数　　表 2-14

δ	ε_1	ε_2	ε_3	ε_4	δ	ε_1	ε_2	ε_3	ε_4
0.4	1.0614	0.0373	1.1790	0.0838	1.1	0.9830	0.0055	0.9780	-0.0067
0.5	1.0601	0.0307	1.1347	0.0606	1.2	0.9650	0.0103	0.9580	-0.00120
0.6	1.0590	0.0242	1.0988	0.0428	1.3	0.9560	0.0150	0.9310	-0.0166
0.7	1.0480	0.0178	1.0700	0.0284	1.4	0.9400	0.0202	0.9110	-0.0206
0.8	1.0350	0.0112	1.0440	0.0176	1.5	0.9285	0.0239	0.8877	-0.0237
0.9	1.0170	0.0055	1.0220	0.0079	1.6	0.9086	0.0284	0.8690	-0.0260
1.0	1.000	0.0000	1.0000	0.0000	1.7	0.8993	0.0315	0.8513	-0.0289

续上表

δ	ε_1	ε_2	ε_3	ε_4	δ	ε_1	ε_2	ε_3	ε_4
1.8	0.8833	0.0349	0.8354	0.0307	2.5	0.7683	0.0541	0.7543	-0.0391
1.9	0.8657	0.0383	0.8220	0.0325	2.6	0.7521	0.0555	0.7467	-0.0399
2.0	0.8333	0.0405	0.8090	0.0348	2.7	0.7442	0.0581	0.7308	-0.0402
2.1	0.8175	0.0435	0.7980	0.0363	2.8	0.7279	0.0602	0.7226	-0.0407
2.2	0.8033	0.0461	0.7882	0.0373	2.9	0.7169	0.0617	0.7120	-0.0409
2.3	0.7930	0.0489	0.7811	-0.0379	3.0	0.7028	0.0630	0.7048	-0.0411
2.4	0.7747	0.0510	0.7732	-0.0388					

修正系数 δ 值为各分项修正系数的乘积，即：

$$\delta = \delta_1\delta_2\delta_2\delta_3\delta_4\delta_5\delta_6 \tag{2-18}$$

式中：δ_1——水泥品种修正系数，见表2-15；

δ_2——集料品种修正系数，见表2-16；

δ_3——水灰比（W/C）修正系数，$\delta_3 = 2.6(W/C) - 0.69$；

δ_4——灰浆率修正系数，$\delta_4 = 0.05\left(\dfrac{V_w + V_c}{V_w + V_c + V_s}\right)$；

δ_5——外加剂修正系数，见表2-17；

δ_6——粉煤灰修正系数，见表2-18。

水泥品种修正系数 δ_1 表2-15

水泥品种	修正系数 δ_1	水泥品种	修正系数 δ_1	水泥品种	修正系数 δ_1
硅酸盐水泥	0.9	普通硅酸盐大坝水泥	1.1	粉煤灰硅酸盐水泥	1.2
普通硅酸盐水泥	1.0	矿渣硅酸盐水泥	1.2	矿渣硅酸盐大坝水泥	1.3
硅酸盐大坝水泥	1.0	火山灰质硅酸盐水泥	1.2		

集料品种修正系数 δ_2 表2-16

集料品种	修正系数 δ_2	集料品种	修正系数 δ_2	集料品种	修正系数 δ_2
砂岩	1.8	砾岩	1.2	石英岩	0.95
玄武岩	1.3	花岗岩	1.0	石灰岩	0.80

外加剂修正系数 δ_5 表2-17

外加剂类型	普通减水剂	高效减水剂	引气剂
品种掺量	木钙、糖蜜等 0.2% ~0.5%	FDN、DH3 等 0.5% ~1.5%	松香皂等 0.005% ~0.015%
δ_5	1.15 ~ 1.30	1.20 ~ 1.40	1.20 ~ 1.40

粉煤灰修正系数 δ_6　　表 2-18

加荷龄期(d)		2	7	14	28	60	90	180	360
掺量	20%	1.23	1.00	0.94	0.90	0.88	0.85	0.85	0.85
	40%	1.47	1.24	1.14	0.96	0.80	0.70	0.65	0.55
	50%	1.52	1.42	1.24	1.00	0.78	0.64	0.50	0.45

随着混凝土技术的发展,混凝土所用的原材料及掺合料多种多样,不同配合比的混凝土徐变特性会有较大差异。这样就会造成应用式(2-17)计算上述应力松弛系数,对不同的混凝土计算结果可能会有较大误差。因此,此方法仅适用于施工前无现场混凝土徐变特性试验数据时的粗略计算。

另外,应用式(2-17)计算应力松弛系数过程稍显复杂,一般条件下的松弛系数也可由表 2-19 查得。

一般条件下的松弛系数　　表 2-19

$\tau_1=2$d		$\tau_1=5$d		$\tau_1=10$d		$\tau_1=20$d	
t	$K(t,\tau)$	t	$K(t,\tau)$	t	$K(t,\tau)$	t	$K(t,\tau)$
2	1	5	1	10	1	20	1
2.25	0.426	5.25	0.51	10.25	0.551	20.25	0.592
2.5	0.342	5.5	0.433	10.5	0.499	20.5	0.549
2.75	0.304	5.75	0.41	10.75	0.476	20.75	0.534
3	0.278	6	0.383	11	0.457	21	0.521
4	0.225	7	0.296	12	0.392	22	0.473
5	0.199	8	0.262	14	0.36	25	0.367
10	0.187	10	0.228	18	0.251	30	0.301
20	0.186	20	0.215	20	0.238	40	0.253
30	0.168	30	0.208	30	0.214	50	0.252
∞	0.186	∞	0.2	∞	0.21	∞	0.251

注:表中 τ_1 表示产生约束应力时的龄期,t 表示约束应力延续时间。

本章参考文献

[1] 朱伯芳. 大体积混凝土温度应力与温度控制[M]. 北京:中国电力出版社,1999.

[2] 中交武汉港湾工程设计研究院有限公司. JTS 202-1—2010 水运工程大体积混凝土温度裂缝控制技术规程[S]. 北京:人民交通出版社,2010.

[3] 西北勘测设计研究院. SL/T 191—1996 水工混凝土结构设计规范[S]. 北京:中国水利水电出版社,1997.

第3章

大体积混凝土温度应力手工计算

3.1 温度应力计算的基本假定

在大体积混凝土温度应力计算过程中采用如下假定：

(1)混凝土为匀质体,在有限元模型中假设其为各向同性材料；

(2)由于大体积混凝土浇筑过程较长,在浇筑完毕时,同一浇筑层混凝土的弹性模量存在一定差别,但并不大,假设在同一浇筑层混凝土的弹性模量一致；

(3)混凝土各个面的约束不可能完全一样,在设置边界条件时,忽略这种影响,假设同一约束面的约束完全一致；

(4)忽略混凝土内部钢筋的影响。

3.2 边界条件的近似处理

大体积混凝土温度场计算的边界条件,可以按以下四种方式近似处理[1]。

3.2.1 第一类边界条件

混凝土表面温度 T 是时间 t 的已知函数。即：

$$T(t)=f(t) \tag{3-1}$$

混凝土的底面与地基接触,此时底面温度等于已知的地基温度,属于此类边界条件。

3.2.2 第二类边界条件

混凝土表面的热流量是时间的已知函数,即：

$$-\lambda\frac{\partial T}{\partial n}=f(t) \tag{3-2}$$

式中：λ——导热系数,kJ/(m·h·℃)；

n——为表面外法线方向。

若表面是绝热的,则有：

$$\frac{\partial T}{\partial n}=0 \tag{3-3}$$

即为绝热边界条件。

3.2.3　第三类边界条件

当混凝土与空气接触时，经过混凝土表面的热流量 q 是：

$$q=-\lambda\frac{\partial T}{\partial n} \tag{3-4}$$

第三类边界条件假定经过混凝土表面的热流量与混凝土表面温度 T 与气温 T_α 之差成正比，即：

$$-\lambda\frac{\partial T}{\partial n}=\beta(T-T_\alpha) \tag{3-5}$$

式中：λ——导热系数，kJ/(m·h·℃)；

β——表面放热系数，kJ/(m²·h·℃)；

n——为表面外法线方向。

当表面放热系数 β 趋于无限时，$T=T_\alpha$，即转化成第一类边界条件。当表面放热系数 $\beta=0$ 时，$\partial T/\partial n=0$，又转化为绝热条件。

3.2.4　第四类边界条件

当两种不同的固体接触时，如果接触良好，则在接触面上温度和热流量都是连续的，边界条件为：

$$T_1=T_2,\lambda_1\frac{\partial T_1}{\partial n}=\lambda_2\frac{\partial T_2}{\partial n} \tag{3-6}$$

式中：T_1、T_2——分别为两种不同固体接触面上的温度；

λ_1、λ_2——分别为两种不同固体的导热系数。

3.3　大体积混凝土表面保温层的计算

混凝土结构的表面保温层厚度受外界气温、养护方法、结构厚度及混凝土本身性能等许多因素的影响。可用下列步骤近似估算。

3.3.1　混凝土表面保温层厚度

$$\delta=\frac{0.5H\lambda_i(T_b-T_q)}{\lambda_0(T_{max}-T_b)}\cdot K_b \tag{3-7}$$

式中：δ——混凝土表面的保温层厚度，m；

λ_0——混凝土的导热系数，kJ/(m·h·℃)；

λ_i——第 i 层保温材料的导热系数，kJ/(m·h·℃)，常见保温材料的导热系数 λ 见表 3-1；

T_b——混凝土表面温度,℃;

T_q——混凝土达到最高温度时的大气平均温度,℃;

T_{max}——混凝土内部最高温度,℃;计算时可取 $T_b - T_q = 15 \sim 20$℃;$T_{max} - T_b = 20 \sim 25$℃;

H——混凝土结构的实际厚度,m;

K_b——传热系数修正值,取1.3~2.3,见表3-2。

常见保温材料的导热系数 λ 表3-1

材料名称	λ[kJ/(m·h·℃)]	材料名称	λ[kJ/(m·h·℃)]
泡沫塑料	0.1256	膨胀珍珠岩	0.1657
钢模板	208.8	沥青	0.938
木模板	0.837	干棉絮	0.1549
木屑	0.628	油毛毡	0.167
麦秆或稻草席	0.502	干砂	1.172
草袋	0.504	湿砂	4.06
空气	0.108	矿物棉	0.209
石棉毡	0.419	麻毡	0.188
泡沫混凝土	0.377	普通纸板	0.628

传热系数修正值 表3-2

保温层种类	K_1	K_2
由易透风材料组成,但在混凝土面层上再铺一层不透风材料	2.0	2.3
在易透风保温材料上铺一层不易透风材料	1.6	1.9
在易透风保温材料上下各铺一层不易透风材料	1.3	1.5
由不易透风的材料组成(如油布、帆布、棉麻毡、胶合板)	1.3	1.5

注:K_1 值为风速≤4m/s情况,K_2 值为风速>4m/s情况。

3.3.2 保温层相当于混凝土虚拟厚度的计算

(1)多种保温材料组成的保温层总热阻可按式(3-8)计算:

$$R_s = \sum_{i=1}^{n} \frac{\delta_i}{\lambda_i} + \frac{1}{\beta_\mu} \tag{3-8}$$

式中:R_s——保温层总热阻,$m^2 \cdot h \cdot ℃/kJ$;

δ_i——第 i 层保温材料厚度,m;

λ_i——第 i 层保材料的导热系数,kJ/(m·h·℃);

β_μ——固体在空气中的放热系数,kJ/(m^2·h·℃),可按表3-3取值。

不同风力等级的风速值见表3-4。

固体在空气中的放热系数 β_μ 值表　　表 3-3

风速 (m/s)	β_μ[kJ/(m² · h · ℃)]		风速 (m/s)	β_μ[kJ/(m² · h · ℃)]	
	光滑表面	粗糙表面		光滑表面	粗糙表面
0	18.4422	21.0350	5.0	90.0360	96.6019
0.5	28.6460	31.3224	6.0	103.1257	110.8622
1.0	35.7134	38.5989	7.0	115.9223	124.7461
2.0	49.3464	52.9429	8.0	128.4261	138.2954
3.0	63.0212	67.4959	9.0	140.5955	151.5521
4.0	76.6124	82.1325	10.0	172.5139	164.9341

注：放热系数与固体本身的材料性质无关。

风　速　值　　表 3-4

风力等级	0	1	2	3	4	5
风速(m/s)	0 ~ 0.2	0.3 ~ 1.5	1.6 ~ 3.3	3.4 ~ 5.4	5.5 ~ 7.9	8.0 ~ 10.7
风力等级	6	7	8	9	10	
风速(m/s)	10.8 ~ 13.8	13.9 ~ 17.1	17.2 ~ 20.7	20.8 ~ 24.4	24.5 ~ 28.4	

(2)凝土表面向保温介质放热的总放热系数(不考虑保温层的热容量),可按式(3-9)计算:

$$\beta_s = \frac{1}{R_s} \tag{3-9}$$

式中:β_s——总放热系数,kJ/(m² · h · ℃);

R_s——保温层总热阻,m² · h · ℃/kJ。

【算例 3-1】某混凝土采用木模板,厚 4cm,其导热系数 $\lambda = 0.837$kJ/(m · h · ℃),木板在空气中的放热系数 $\beta_\mu = 82.2$kJ/(m² · h · ℃),风力 3 级,由式(3-8)和式(3-9),可得等效表面放热系数为:

$$\beta_s = \frac{1}{1/82.2 + 0.04/0.837} = 16.68\text{kJ/(m}^2 \cdot \text{h} \cdot ℃)$$

【算例 3-2】某混凝土采用 5cm 厚聚苯板,其导热系数 $\lambda = 0.1256$kJ/(m · h · ℃),塑料板在空气中的放热系数 $\beta_\mu = 82.2$kJ/(m² · h · ℃),风力 3 级,由式(3-8)和式(3-9),可得等效表面放热系数为:

$$\beta_s = \frac{1}{1/82.2 + 0.05/0.1256} = 2.44\text{kJ/(m}^2 \cdot \text{h} \cdot ℃)$$

【算例 3-3】某混凝土采用钢模板,厚 2mm,其导热系数 $\lambda = 163.29$kJ/(m · h · ℃),钢板(光滑表面)在空气中的放热系数 $\beta_\mu = 76.7$kJ/(m² · h · ℃),风力 3 级,由式(3-8)和式(3-9),可得等效表面放热系数为:

$$\beta_s = \frac{1}{1/76.7 + 0.002/163.29} = 76.63\text{kJ/(m}^2 \cdot \text{h} \cdot ℃)$$

可见钢模板基本上没有保温作用。

(3)保温层相当于混凝土的虚厚度,可按式(3-10)计算:

$$h' = \frac{\lambda_0}{\beta_s} \tag{3-10}$$

式中:h'——虚的混凝土厚度,m;

β_s——总放热系数,kJ/(m^2·h·℃);

λ_0——混凝土的导热系数,可取9.0kJ/(m^2·h·℃)。

混凝土表面裸露、风力为3级时,在空气中的放热系数为82.2kJ/(m^2·h·℃),由式(3-10)得到以下四种情况的虚厚度h'如下:

①表面裸露,$h'=0.109$m;

②钢模板,$h'=0.117$m;

③4cm厚木板,$h'=0.539$m;

④5cm厚聚苯板,$h'=3.69$m;

按保温层相当于混凝土的虚厚度,进行大体积混凝土浇筑块体温度场及温度应力计算,验证保温层厚度是否满足温控指标的要求。

3.4 大体积混凝土浇筑温度的计算

3.4.1 混凝土出机温度的计算

由拌和前混凝土原材料总的热量与拌和后流态混凝土的总热量相等,可按式(3-11)得到混凝土的出机温度T_0:

$$T_0 = \frac{(C_s + C_w q_s)W_s T_s + (C_g + C_w q_g)W_g T_g + C_c W_c T_c + C_w(W_w - q_s W_s - q_g W_g)T_w}{C_s W_s + C_g W_g + C_c W_c + C_w W_w} \tag{3-11}$$

式中:C_s、C_g、C_c、C_w——砂、石、水泥和水的比热容;

q_s、q_g——砂,石的含水率,以百分比(%)计;

W_s、W_g、W_c、W_w——每立方米混凝土中,砂,石,水泥和水的质量;

T_s、T_g、T_c、T_w——砂、石、水泥和水的温度。

若取$C_s = C_g = C_c = 0.837$kJ/(kg·℃),$C_w = 4.19$kJ/(kg·℃),则

$$T_0 = \frac{(0.837 + 4.19q_s)W_s T_s + (0.837 + 4.19q_g)W_g T_g + 0.837W_c T_c + 4.19(W_w - q_s W_s - q_g W_g)T_w}{0.837(W_s + W_g + W_c) + 4.19W_w} \tag{3-12}$$

【算例3-4】某工程混凝土配合比为:水泥$W_c=360$kg,砂$W_s=756$kg,石子$W_g=1270$kg,水$W_w=170$kg,砂含水率$q_s=5\%$,石子含水率$q_g=1\%$,砂含水率$q_s=5\%$,现场测试水泥的温度$T_c=55$℃,水的温度$T_w=25$℃,砂的温度$T_s=30$℃,石子的温度$T_g=28$℃,试求混凝土的出机温度。

【解】由表2-1查得,水泥、砂、石子、水的比热分别为$C_c=0.852$kJ/(kg·℃)、$C_s=0.745$kJ/(kg·℃)、$C_g=0.758$kJ/(kg·℃)、$C_w=4.187$kJ/(kg/℃),根据式(3-11)得:

$$T_0=\frac{(C_s+C_wq_s)W_sT_s+(C_g+C_wq_g)W_gT_g+C_cW_cT_c+C_w(W_w-q_sW_s-q_gW_g)T_w}{C_sW_s+C_gW_g+C_cW_c+C_wW_w}$$

$$=[(0.745+4.187\times0.05)\times756\times30+(0.758+4.187\times0.01)\times1270\times28+0.852\times360\times55+4.187\times(170-756\times0.05-1270\times0.01)\times25)/(0.745\times756+0.758\times1270+0.852\times360+4.187\times170)$$

$$=31.2℃$$

若根据式(3-12),得:

$$T_0=\frac{(0.837+4.19q_s)W_sT_s+(0.837+4.19q_g)W_gT_g+0.837W_cT_c+4.19(W_w-q_sW_s-q_gW_g)T_w}{0.837(W_s+W_g+W_c)+4.19W_w}$$

$$=[(0.837+4.19\times0.05)\times756\times30+(0.837+4.19\times0.01)\times1270\times28+0.837\times360\times55+4.19\times(170-0.05\times756-0.01\times1270)\times25]/[0.837\times(756+1270+360)+4.19\times170]$$

$$=31.0℃$$

用式(3-12)计算结果与用式(3-11)相比,仅相差 0.6%,能够满足工程应用,且计算相对简单。

在大体积混凝土施工中,为了降低混凝土的浇筑温度,常常将一部分水以冰屑代替,由于冰屑融解时将吸收 335kJ/kg 的热量,从而可以降低混凝土的出机温度,此时可由式(3-13)计算:

$$T_0=\frac{(0.837+4.19q_s)W_sT_s+(0.837+4.19q_g)W_gT_g+0.837W_cT_c}{0.837(W_s+W_g+W_c)+4.19W_w}+\frac{4.19(1-p)(W_w-q_sW_s-q_gW_g)T_w-335\eta p(W_w-q_sW_s-q_gW_g)}{0.837(W_s+W_g+W_c)+4.19W_w}\tag{3-13}$$

式中:p——加冰率,实际加水量的百分数;

η——加冰的有效系数,通常 $\eta=0.75\sim0.85$。

将**【算例 3-5】**中 $W_c=360\text{kg}$、$W_s=756\text{kg}$、$W_g=1270\text{kg}$、$W_w=170\text{kg}$、$q_s=5\%$、$q_g=1\%$、$q_s=5\%$,代入式(3-14)可得:

$$T_0=0.292T_s+0.412T_g+0.111T_c+0.185(1-p)T_w-14.775\eta p\tag{3-14}$$

由式(3-14)可以看出各种原材料对混凝土出机温度的影响:石子温度的影响最大,其次是砂子和水的温度,水泥温度的影响最小。因此,降低混凝土出机温度,最有效的办法是降低石子的温度,石子的温度下降 1℃,出机温度约可降低 0.42℃。如不加冰,单纯降低拌和水温度 1℃,可使混凝土温度降低 0.18℃,这样就可以通过预冷各种原材料,以降低混凝土的出机温度。另外,由式(3-14)可知,将混凝土拌和水用部分冰屑代替,可有效降低混凝土的出机温度,加冰率一般不大于 80%。

【算例 3-6】基本条件同【算例 3-4】,在拌和水中分别加入 25%、50%、75% 的冰屑,分别计算混凝土出机温度。

【解】加冰的有效系数 η 取 0.8,由式(3-14),可得

(1)当加冰率 $p=25\%$ 时:

$$T_0=0.292T_s+0.412T_g+0.111T_c+0.185(1-p)T_w-14.775\eta p$$

$$=0.292\times30+0.412\times28+0.111\times55+0.185\times(1-0.25)\times25-14.775\times0.8\times0.25$$

$$=26.9℃$$

(2)当加冰率 $p=50\%$ 时:

$$T_0=0.292\times30+0.412\times28+0.111\times55+0.185\times(1-0.50)\times25-14.775\times0.8\times0.50=22.8℃$$

(3)当加冰率 $p=75\%$ 时:

$$T_0=0.292\times30+0.412\times28+0.111\times55+0.185\times(1-0.75)\times25-14.775\times0.8\times0.75=18.7℃$$

由以上计算可知,混凝土拌和水分别用25%、50%、75%的冰屑代替时,可使混凝土出机温度分别降低3.1℃、7.2℃和11.3℃。

混凝土拌和水加冰量可根据需要降低的温度,按式(3-15)进行计算:

$$X=\frac{(T_{w0}-T_w)\times1000}{80+T_w} \tag{3-15}$$

式中:X——加冰量,kg/m³;

T_{w0}——原水温,℃;

T_w——需降低至的温度,℃。

【算例3-7】已知水温为25℃,需要将降低至5℃,试计算每吨水需加冰量。

【解】根据式(3-15),每吨水的加冰量为:

$$X=\frac{(T_{w0}-T_w)\times1000}{80+T_w}=\frac{(25-5)\times1000}{80+5}=235.3\text{kg/m}^3$$

3.4.2 混凝土入仓温度的计算

混凝土出拌和机后,经运输,进入浇筑仓面时的温度称为入仓温度。在夏季施工时,外界气温高于出机温度,混凝土在运输过程中将吸收热量,入仓温度就比出机温度高;若为冬季施工,则相反。这种冷热量的损失,随混凝土运输工具类型、运输时间、转运次数及平仓振捣的时间而变。混凝土入仓温度可采用下面经验式(3-16)计算:

$$T_1=T_0+(T_a-T_0)(\theta_1+\theta_2+\theta_3+\cdots+\theta_n) \tag{3-16}$$

式中: T_1——混凝土的入仓温度,℃;

T_0——混凝土的出机温度,℃;

T_a——混凝土运输和浇筑时的气温,℃;

θ_1、θ_2、θ_3、…、θ_n——经验系数,应在施工过程中,通过实际测量来确定。

下面是一些经验系数的参考值:

(1)混凝土装、卸、转运,每次 $\theta=0.032$;

(2)混凝土运输时 $\theta=A\cdot t$,t 为运输时间(min),A 值见表3-5;

(3)混凝土浇筑过程中 $\theta=0.003t$,t 为浇捣时间以min计。

【算例3-8】夏季浇筑大体积混凝土底板,混凝土原材料经预冷后,出机温度 $T_0=25℃$,气温 $T_a=32℃$,装卸和运转5min,用开敞式2m³自卸车运输10min,用吊车起吊容积1.6m³长方形吊斗下料11min,试求混凝土入仓温度。

【解】根据式(3-16),先求出各项温度损失系数值:

(1)装卸和运转

$$\theta_1 = 0.032 \times 5 = 0.160$$

(2)自卸车运输

$$\theta_2 = 0.0030 \times 10 = 0.030$$

(3)用吊车起吊下料

$$\theta_3 = 0.0013 \times 11 = 0.0143$$

$$\sum_{i=1}^{3} \theta_i = 0.160 + 0.030 + 0.0143 = 0.2043$$

则,$T_1 = 25 + (32 - 25) \times 0.2043 = 26.4℃$

混凝土运输时热量的损失计算参数 *A* 值表　　表 3-5

运输工具	混凝土容积(m^3)	A
搅拌运输车	6.0	0.0042
自卸汽车(开敞式)	1.0	0.0040
自卸汽车(开敞式)	1.4	0.0037
自卸汽车(开敞式)	2.0	0.0030
自卸汽车(封闭式)	2.0	0.0017
长方形吊斗	0.3	0.0022
长方形吊斗	1.6	0.0013
圆柱形吊斗	1.6	0.0009
双轮手推车(保温、加盖)	0.15	0.0070
双轮手推车(本身不保温)	0.75	0.0100

3.4.3　混凝土浇筑温度的计算

大体积混凝土是分层浇筑的,每一浇筑层厚度为 1.5 ~ 3.0m,浇完一层后,间歇 5 ~ 15d,再浇筑第二层。实际施工时,1.5 ~ 3.0m 厚的浇筑层还要再分为若干铺筑薄层,逐层向上浇筑。铺筑薄层厚度取决于施工设备。例如,设铺筑层厚度为 0.3m,那么 1.5m 厚的浇筑层,要分为 5 个铺筑层,每个铺筑层所需的浇筑时间取决于仓面面积的大小和混凝土浇筑设备。设混凝土入仓温度为 T_j,经过平仓、振捣,铺筑层浇筑完毕,上面覆盖新混凝土时,老混凝土的温度为浇筑温度 T_p。

混凝土浇筑温度 T_p 可按式(3-17)计算:

$$T_p = T_1 + (T_a + R/\beta - T_1)(\varphi_1 + \varphi_2) \tag{3-17}$$

式中:T_p、T_1、T_a——浇筑温度、入仓温度、气温,℃;

R——太阳辐射系数;

β——表面放热系数;

φ_1——平仓以前的温度系数;

φ_2——平仓以后的温度系数。

系数 φ_1 按式(3-18)计算:

$$\varphi_1 = kt \tag{3-18}$$

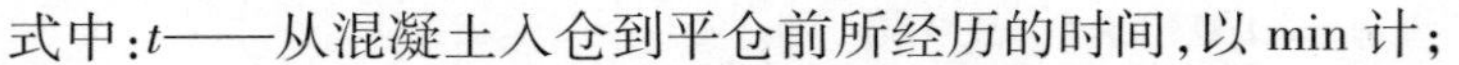

式中：t——从混凝土入仓到平仓前所经历的时间，以 min 计；

k——为经验系数，由现场测温结果得到，缺乏资料时取 $k=0.0030\text{min}^{-1}$。

φ_2 值可由图 3-1 查出，图中给出了 3 种厚度（$L=0.15\text{m}$、0.30m、0.50m），两种表面状态 $\lambda/\beta=0.10\text{m}$[图 3-1a)]、$\lambda/\beta=0.20\text{m}$[图 3-1b)]的 φ_2 值，计算中取导温系数 $\alpha=0.0040\text{m}^2/\text{h}$。

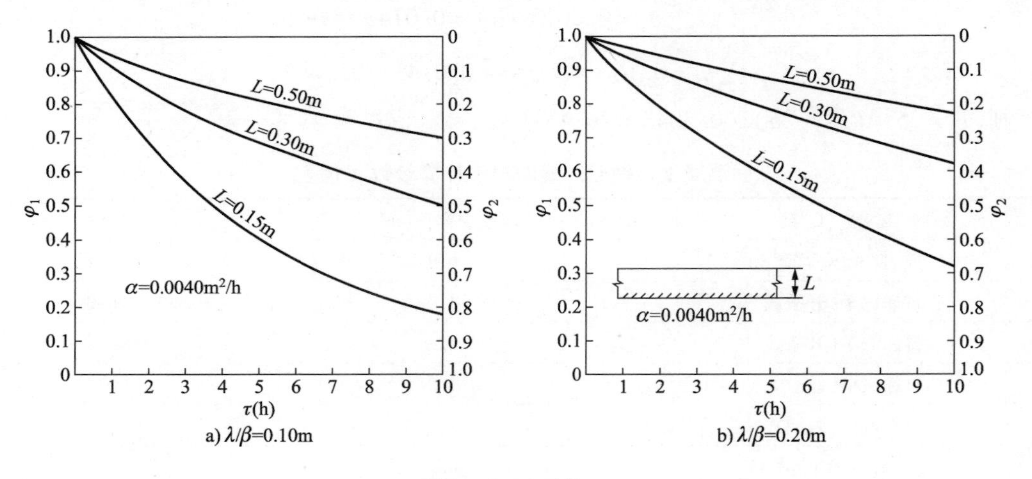

图 3-1　温度系数 φ_2

【算例 3-9】某隧道底板在夏季施工，白天气温 32℃，太阳辐射影响 $R/\beta=15$℃，混凝土入仓温度 $T_1=28$℃，浇筑层厚度 $L=0.50\text{m}$，$\lambda/\beta=0.20\text{m}$，$\alpha=0.0040\text{m}^2/\text{h}$，混凝土入仓后 10min 平仓。平仓后 2h 覆盖新混凝土，试计算新混凝土覆盖前浇筑层中的混凝土温度 T_p。

【解】由式(3-18)得：

$$\varphi_1=kt=0.0030\times10=0.03$$

根据 $\lambda/\beta=0.20\text{m}$、$L=0.50\text{m}$ 及 $t=2\text{h}$，由图 3-1 查出 $\varphi_2=0.05$。由式(3-17)可得：

$$\begin{aligned}T_\text{p}&=T_1+(T_\text{a}+R/\beta-T_1)(\varphi_1+\varphi_2)\\&=28+(32+15-28)\times(0.03+0.05)\\&=29.5℃\end{aligned}$$

3.5　大体积混凝土水化热温度的计算

在大体积混凝土施工过程中，为了防止大体积混凝土结构的开裂，继而采取相应的防裂措施，需对大体积混凝土结构的温度进行计算。温度计算，一般有下列五项。

3.5.1　水泥水化热的计算

水泥的水化热与水泥的矿物组成成分有关，单位质量矿物完全水化时，组成成分中释放热量值大小依次为铝酸三钙、硅酸三钙、铁铝酸四钙和硅酸二钙。水泥的水化热约等于其组成成分分别水化时的热量总和，若已知水泥的矿物组成成分时，就可以比较精确地计算出水泥的水化热。

水泥水化热 $Q(\tau)$ 是龄期 τ 的函数，常用式(3-19)进行计算：

$$Q(\tau)=Q_0(1-e^{-m\tau}) \tag{3-19}$$

$$Q_0=\frac{4}{7/Q_7-3/Q_3} \tag{3-20}$$

式中：$Q(\tau)$——在龄期 τ 时的累积水化热，kJ/kg；

τ——龄期，d；

Q_0——水泥的最终水化热，kJ/kg，可由表 3-6 查得，也可由根据 3d 及 7d 水化热由式(3-20)计算求得；

Q_3、Q_7——龄期分别为 3d 和 7d 时的累积水泥水化热，kJ/kg。

m——常数，随水泥品种、比表面积及浇筑温度不同而不同，估算时可按表 3-7 来选取。

常用水泥的水化热量 Q_0　　表 3-6

品　种	水化热量 Q_0(kJ/kg)				
	22.5	27.5	32.5	42.5	52.5
普通硅酸盐水泥	201	243	289	377	461
矿渣硅酸盐水泥	188	205	247	335	—

m 的取值表　　表 3-7

浇筑温度(℃)	5	10	15	20	25	30
m(1/d)	0.295	0.318	0.340	0.362	0.384	0.406

m 值也可由试验资料计算得到，将式(3-19)改写成：

$$e^{-m\tau}=1-\frac{Q}{Q_0} \tag{3-21}$$

对上式两边对数，得

$$m=-\frac{1}{\tau}\ln\left(1-\frac{Q}{Q_0}\right) \tag{3-22}$$

3.5.2　胶凝材料水化热总量的计算

实际工程中，在混凝土配合比设计时，往往要加入粉煤灰、矿渣粉等掺合料。掺合料在水化过程中也会放出一定的热量。因此，在计算水化热时，应与水泥一并考虑，来计算胶凝材料水化热总量。胶凝材料水化热总量应在水泥、掺合料用量确定后通过试验得出，无试验数据时，胶凝材料水化热总量可按式(3-23)计算：

$$Q=k_1k_2Q_0 \tag{3-23}$$

式中：Q——胶凝材料水化热总量，kJ/kg；

k_1——不同掺量粉煤灰水化热调整系数，可按表 3-8 进行取值；

k_2——不同掺量矿渣粉水化热调整系数，可按表 3-8 进行取值；

Q_0——水泥的最终水化热，kJ/kg。

不同掺量掺合料水化热调整系数 表 3-8

掺量(%)	0	10	20	30	40	50	60	70
粉煤灰(k_1)	1	0.92	0.90	0.85	0.82	0.76	—	—
矿渣粉(k_2)	1	0.98	0.92	0.90	0.88	0.84	0.72	0.66

3.5.3 绝热温升的计算

假设混凝土结构与外界不发生任何的热量交换、在没有任何热损失的前提下，胶凝材料水化热将全部转化为混凝土的温度值，称之为绝热温升。混凝土绝热温升最好由实验测定，在缺乏直接测定的资料时，可根据胶凝材料水化热按式(3-24)进行估算：

$$T(\tau)=\frac{WQ(1-e^{-m\tau})}{C\rho} \tag{3-24}$$

式中：$T(\tau)$——混凝土龄期为 τ 时的绝热温升，℃；

W——单位体积混凝土的胶凝材料用量，kg/m^3；

Q——单位质量胶凝材料水化热总量，kJ/kg；

C——混凝土比热容；

ρ——混凝土密度；

τ——混凝土龄期，d；

m——常数，随水泥品种、比表面积及浇筑温度不同而不同，估算时可按表 3-7 来选取值。

3.5.4 混凝土内部最高温度的计算

在实际工程中，混凝土结构并非处于绝热环境中，而是处于散热状态中。混凝土浇筑后，就有一个初始温度(即浇筑温度)。随后，一方面受胶凝材料水化热的影响，混凝土内部温度将逐渐上升；另一方面由于与周围介质进行热交换，热量又在不断向外散发。因此，在非绝热状态下，混凝土内部的实际温度是一个由低到高，又由高到低的变化过程。直至各种因素(水化热、环境温度等)的影响逐渐消失后，温度才趋于稳定。

由于结构物的散热边界条件较复杂，要精确地计算混凝土内部在不同龄期的实际温度较为困难。在实际工程中，混凝土内部温度 $T_0(\tau)$，可按式(3-25)计算：

$$T_0(\tau)=T_p+T_h\cdot\xi(\tau) \tag{3-25}$$

式中：T_p——混凝土的浇筑温度，℃；

T_h——混凝土最大绝热温升，℃；

$\xi(\tau)$——τ 龄期混凝土的降温系数，按图 3-2[2] 进行取值，计算混凝土内部最高温度时 ξ 取值见表 3-9，混凝土的降温系数与龄期、浇筑层厚度、水泥水化放热速度和气温等有关，具体取值按实际情况酌情而定。

计算混凝土内部最高温度时的 ξ 值 表 3-9

浇筑层厚度 h(m)	0.5	1.0	1.5	2.0	2.5	3.0	3.5	4.0	4.5	5.0
降温系数 ξ	0.28	0.46	0.55	0.62	0.68	0.74	0.80	0.85	0.90	0.95

注：本表适用于混凝土浇筑温度为 20 ~ 30℃的工程。

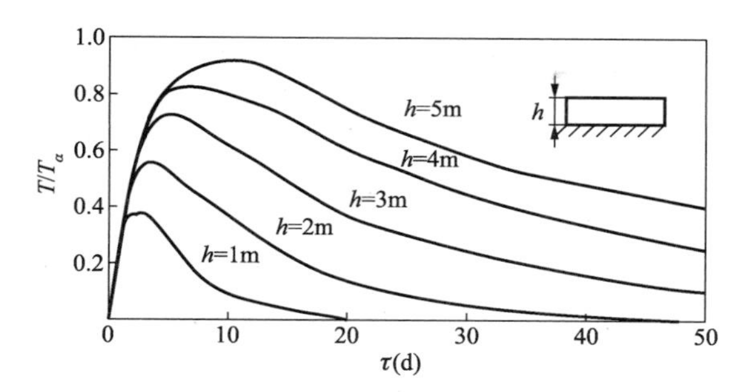

图3-2　水化热引起的混凝土浇筑块中心温度变化

注：$\alpha = 0.004\text{m}^2/\text{h}$；$\lambda = 9.04\text{kJ}/(\text{m}\cdot\text{h}\cdot℃)$；$\beta = 83.74\text{kJ}/(\text{m}^2\cdot\text{h}\cdot℃)$

【算例3-10】某隧道工程底板采用C50海工混凝土。水泥用量198kg/m³，粉煤灰用量105kg/m³，矿粉用量126kg/m³，水泥最终水化热$Q_0 = 377\text{kJ/kg}$，比热容$C = 0.96\text{kJ}/(\text{kg}\cdot℃)$，密度$\rho = 2402\text{kg/m}^3$，浇筑温度为28℃。试计算混凝土的最高绝热温升及1d、3d、7d、14d、28d的各龄期绝热水化热温升值。

【解】由式(3-20)、式(3-23)及表3-9～表3-11得：

$$T(\tau) = \frac{Wk_1k_2Q_0(1-\text{e}^{-m\tau})}{C\rho}$$

$$= \frac{(198+105+126)\times 0.85\times 0.91\times 377\times(1-\text{e}^{-0.406\tau})}{0.96\times 2402}$$

$$= 54.3\times(1-\text{e}^{-0.406\tau})$$

则，混凝土最高绝热温升为：

$$T = 54.3\times(1-\text{e}^{-\infty}) = 54.3℃$$

各龄期混凝土绝热温升为：

$$T(1) = 54.3\times(1-\text{e}^{-0.406\times 1}) = 18.1℃$$

$$T(3) = 54.3\times(1-\text{e}^{-0.406\times 3}) = 38.2℃$$

$$T(7) = 54.3\times(1-\text{e}^{-0.406\times 7}) = 51.1℃$$

$$T(14) = 54.3\times(1-\text{e}^{-0.406\times 14}) = 54.1℃$$

$$T(28) = 54.3\times(1-\text{e}^{-0.406\times 28}) = 54.3℃$$

【算例3-11】基本数据同【算例3-10】，底板最大厚度为3.15m，浇筑温度$T_p = 28℃$，试计算3d、5d、7d、9d、12d、15d、21d、28d的混凝土内部温度。

【解】由式(3-25)、表3-12、图3-2及【算例3-7】的结果，计算混凝土内部温度为：

$$T_0(\tau) = 28+54.3\times\xi(\tau)$$

$$T_0(3) = 28+54.3\times 0.758 = 69.2℃$$

$$T_0(5) = 28+54.3\times 0.711 = 66.6℃$$

$$T_0(7) = 28+54.3\times 0.701 = 66.1℃$$

$$T_0(9) = 28+54.3\times 0.682 = 65.0℃$$

$$T_0(12) = 28+54.3\times 0.605 = 60.8℃$$

$$T_0(15) = 28+54.3\times 0.502 = 55.3℃$$

$$T_0(21)=28+54.3\times0.385=48.9℃$$

$$T_0(28)=28+54.3\times0.308=44.7℃$$

3.5.5 混凝土表面温度的计算

混凝土的表面温度 $T_b(\tau)$ 按式(3-26)计算：

$$T_b(\tau)=T_a+\frac{4}{H^2}h'(H-h')\Delta T_\tau \tag{3-26}$$

式中：$T_b(\tau)$——龄期为 τ 时，混凝土表面温度，℃；

T_a——龄期为 τ 时，大气的平均温度，℃；

ΔT_τ——龄期为 τ 时，混凝土最高温度与大气平均气温之差，℃；

H——混凝土的计算厚度(m)，按式(3-27)计算。

$$H=h+2h' \tag{3-27}$$

式中：h——实际浇筑厚度，m；

h'——龄期为 τ 时混凝土的虚厚度，m。

【算例 3-12】基本数据同【算例 3-10】，大气平均温度为 28℃，采用 2mm 厚钢模板，试计算底板混凝土表面温度。

【解】根据前面算例的计算结果，$h'=0.117$m，混凝土内部最高温度 $T_{max}=69.2℃$，计算厚度 $H=3.15+2\times0.117=3.384$(m)，则底板混凝土表面温度为：

$$\begin{aligned}T_b(\tau)&=T_a+\frac{4}{H^2}h'(H-h')\Delta T_\tau\\&=28+\frac{4}{3.384^2}\times0.117\times(3.384-0.117)\times(69.2-28)\\&=33.5℃\end{aligned}$$

3.6 大体积混凝土的水管冷却计算

3.6.1 概述

大体积混凝土冷却水管技术，自 20 世纪 30 年代美国垦务局首先在胡佛坝应用以来，由于以其运用的灵活性、适应性及多用性等优点，目前被广泛应用在大体积混凝土人工冷却中。

根据混凝土降温的目的，冷却水管的整个运行过程可划分为三期，即：

(1)初期冷却。初期冷却在初凝之后，甚至常常在混凝土覆盖冷却水管后即开始通水冷却，目的在于削减混凝土水化热温度峰值，减小水化热引起的温差，从而降低水化热温差引起的应力，满足允许温差的要求。

(2)后期冷却。在接缝灌浆前进行，使混凝土温度降低到稳定温度。

(3)中期冷却。在初期与后期冷却之间进行，目的是分散温差以降低人工冷却所引起的温度应力。

冷却水管大多采用内径 25mm，壁厚 1.5～1.8mm 的铁管，在混凝土浇筑前埋入。冷却水管在水平层面上通常采用蛇形布置方式，如图 3-3 所示，由直段、接头、弯段等组成。水管铅直间距一般等于浇筑层厚度，水平间距通常在 1m 左右。但有特殊防裂要求时，水管间距应由温度应力计算来确定。

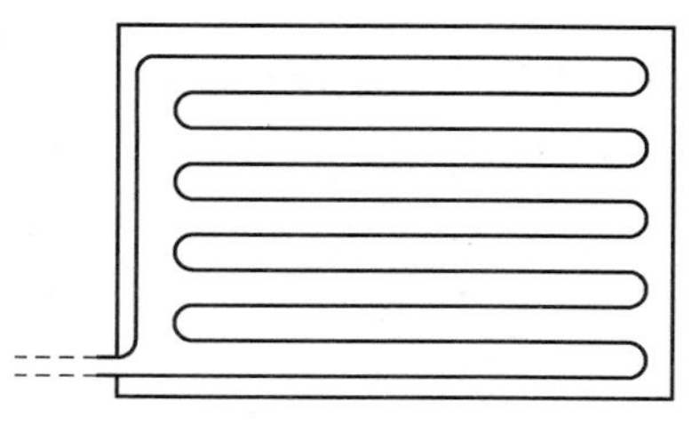

图 3-3　冷却水管平面布置

国外也有不少工程采用铝管，因为铝管材质，质地较软，可在现场变成蛇形管圈，减少了大量接头，简化了施工。近年来，国内有些工程采用高强度聚乙烯管，直径为 32 ~ 50mm，壁厚为 2mm，在现场直接铺成蛇形排列。

在铅直断面上，冷却水管通常采用梅花形布置形式，如图 3-4a）所示。

冷却水管的水平间距为 S_1，铅直间距为 S_2，显然 $S_2 = S_1\sin60°$，$S_1 = 1.1547S_2$。每根水管承担的冷却范围为一正六边棱柱，六边形边长为 $S_2/1.5$，六边形的面积为 S_1S_2。可根据面积相等原则，将将带水管的正六边棱柱简化为了空心圆柱体，如图 3-4b）所示。设圆柱体外径为 b，则有：

$$b = \sqrt{\frac{S_1S_2}{\pi}} \tag{3-28}$$

冷却水管在铅直断面上采用梅花形排列，冷却效果最好。但在实际施工时，在立面上往往采取矩形排列形式，如图 3-5 所示。

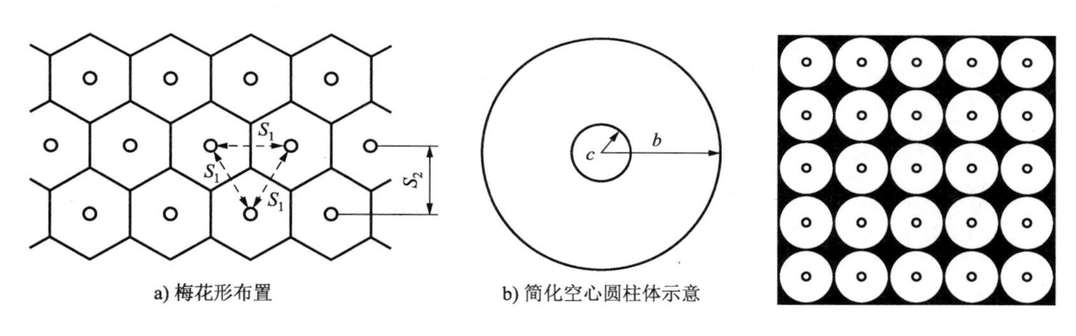

图 3-4　冷却水管的立面布置　　　图 3-5　冷却水管的矩形排列

冷却水管矩形排列冷却效果稍差，此时可以把冷却水管冷却面积适当加大，再计算圆柱体的外径，即：

$$b = \sqrt{\frac{1.07S_1S_2}{\pi}} \tag{3-29}$$

3.6.2　后期水管冷却计算

后期水管冷却，属于无热源传导问题，求解比较简单，故先行介绍。初期水管冷却，属有热源传导问题，要复杂一些，放在后面介绍。

1. 后期水管冷却平面温度场

后期冷却水泥水化热已基本释放完毕，计算模型简化为一个初温均匀分布、无热源的、外表绝热的圆柱体，按轴对称温度场求解。非金属管材的水管热阻较大，不能忽略，因此混凝土内表面温度不等于水温，水管内表面与水接触，温度等于水温，非金属冷却水管计算模型如图

3-6 所示。

以水温作为温度坐标的起点，故水管内表面温度为零，水管外表面温度等于混凝土内表面温度 T_c，因此水管的边界条件为：当 $r=r_0$ 时，$T=0$；当 $r=c$ 时，$T=T_c$。

在 $r=c$ 表面上，水管径向热流量 q 为：

$$q=-\frac{\lambda_1 T_c}{c\ln(c/r_0)}=-kT_c \tag{3-30}$$

$$k=\frac{\lambda_1}{c\ln(c/r_0)} \tag{3-31}$$

式中：λ_1——水管的导热系数；

c——水管外半径；

r_0——水管的内半径。

系数 k 按式(3-31)求解。

经用拉普拉斯变换法求解热传导方程，得到如下简化解：

$$T_m=T_0 e^{-\alpha_1^2 b^2 \alpha t/b^2} \tag{3-32}$$

特征根 $\alpha_1 b$ 与 b/c 及 $\lambda/(kb)$ 的值有关，见表 3-10 及图 3-7。

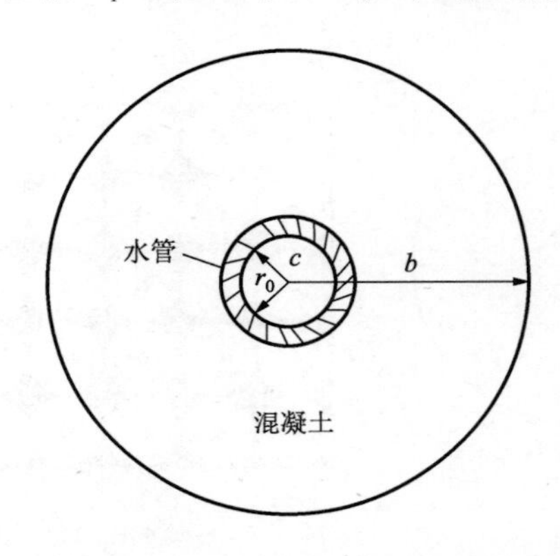

图 3-6　非金属冷却水管计算模型

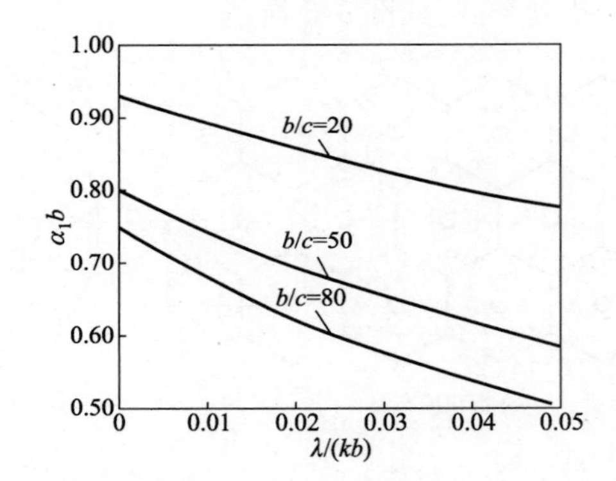

图 3-7　非金属冷却水管特征根 $\alpha_1 b$

非金属水管冷却问题特征根 $\alpha_1 b$　　表 3-10

b/c	$\lambda/(kb)$					
	0	0.010	0.020	0.030	0.040	0.050
20	0.926	0.888	0.857	0.827	0.800	0.778
50	0.787	0.734	0.690	0.652	0.620	0.592
80	0.738	0.668	0.617	0.576	0.542	0.512

设冷却水温为 T_w，混凝土初温为 T_0，则混凝土平均温度由式(3-33)计算：

$$T_m=T_w+(T_0-T_w)e^{-\alpha_1^2 b^2 \alpha t/b^2} \tag{3-33}$$

【算例 3-13】非金属水管冷却平面问题。某工程采用聚乙烯冷却水管，外半径 $c=1.60$cm，内半径 $r_0=1.40$cm，导热系数 $\lambda_1=1.66$kJ/(m·h·℃)，冷却水管矩形排列，水平间距和铅直间距均为1m。混凝土的导温系数 $\alpha=0.0040\text{m}^2/\text{h}$，导热系数 $\lambda=8.37\text{kJ}/(\text{m}\cdot\text{h}\cdot℃)$。混凝土初始温度 $T_0=28℃$，冷却水温度 $T_w=25℃$。试计算混凝土平均温度的变化。

由式(3-29)，$b=\sqrt{\dfrac{1.07S_1S_2}{\pi}}=\sqrt{\dfrac{1.07}{\pi}}=0.584(\text{m})$

由式(3-31)，$k=\dfrac{\lambda_1}{c\ln(c/r_0)}=\dfrac{1.66}{0.016\ln(0.016/0.014)}=777.0$

$$\frac{\lambda}{kb}=\frac{8.37}{777.0\times0.584}=0.01845$$

$$\frac{b}{c}=\frac{0.584}{0.0160}=36.5$$

由图3-7查得 $\alpha_1 b=0.776$，代入式(3-33)得到混凝土平均温度为

$$T_m=25+3e^{-0.007062t}$$

式中时间 t 的单位为 h。

当采用金属冷却水管时，可忽略水管本身的热阻，混凝土内边界温度等于水温。以水温作为温度计算的起点，同样经用拉普拉斯变换法求解热传导方程，得到如下简化解：

$$T_m=T_0e^{-a_1^2b^2\alpha t/b^2} \tag{3-34}$$

当 $b/c=100$ 时，$\alpha_1 b=0.7167$，于是

$$T_m=T_0e^{-0.5136\alpha t/b^2} \tag{3-35}$$

2. 后期水管冷却空间温度场

在上述平面问题的分析中，假定水温为常数，但实际上冷却水在水管中流动时会沿途吸收混凝土放出的热量，水温会沿冷却水管长度方向逐渐升高，出水口水温将高于进口。水管冷却计算要考虑水温沿途升高，这就是一个空间问题，要想精确求解十分困难。因此，在计算时需要适当简化。由于水管间距远小于其长度，在混凝土水管冷却过程中，热量的传导主要在垂直于水管轴线的平面内进行，假定混凝土中沿水管轴线方向的温度梯度可以忽略。即在空间问题分析计算过程中，混凝土温度场仍可按平面问题分析，但应考虑水温沿水管长度方向的变化。

水管冷却空间问题计算简图如图3-8所示，设混凝土初始温度为 T_0，进口水温为 T_w，在管长 L 处的水温为 T_{Lw}，在管长 L 处混凝土截面的平均温度为 T_{Lm}，在长度 L 范围内混凝土的平均温度为 T_m。定义三个变量如下：

$$X=\frac{T_m-T_w}{T_0-T_w},\ Y=\frac{T_{Lw}-T_w}{T_0-T_w},\ Z=\frac{T_{Lm}-T_w}{T_0-T_w} \tag{3-36}$$

则有

$$\left.\begin{aligned}T_m&=T_w+X(T_0-T_w)\\T_{Lw}&=T_w+Y(T_0-T_w)\\T_{Lm}&=T_w+Z(T_0-T_w)\end{aligned}\right\} \tag{3-37}$$

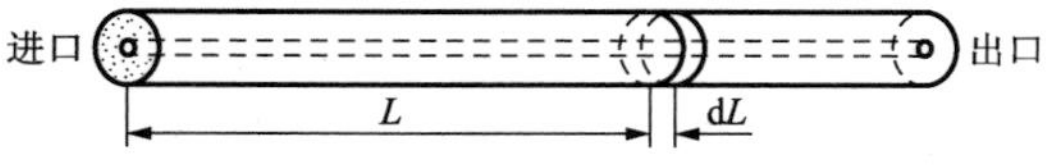

进口　L　dL　出口

图3-8　水管冷却空间问题计算简图

美国垦务局给出了金属水管后期冷却 $b/c=100$ 时的 X、Y、Z 值，如图 3-9 ~ 图 3-11 所示。

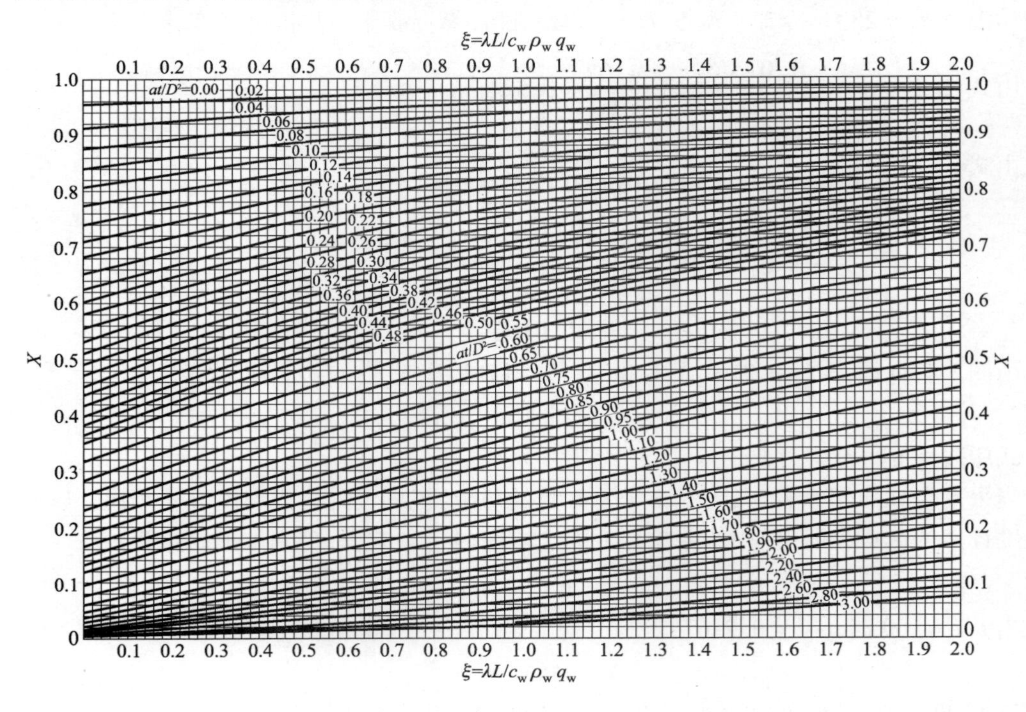

图 3-9　金属水管后期冷却 X 值（$b/c=100$）

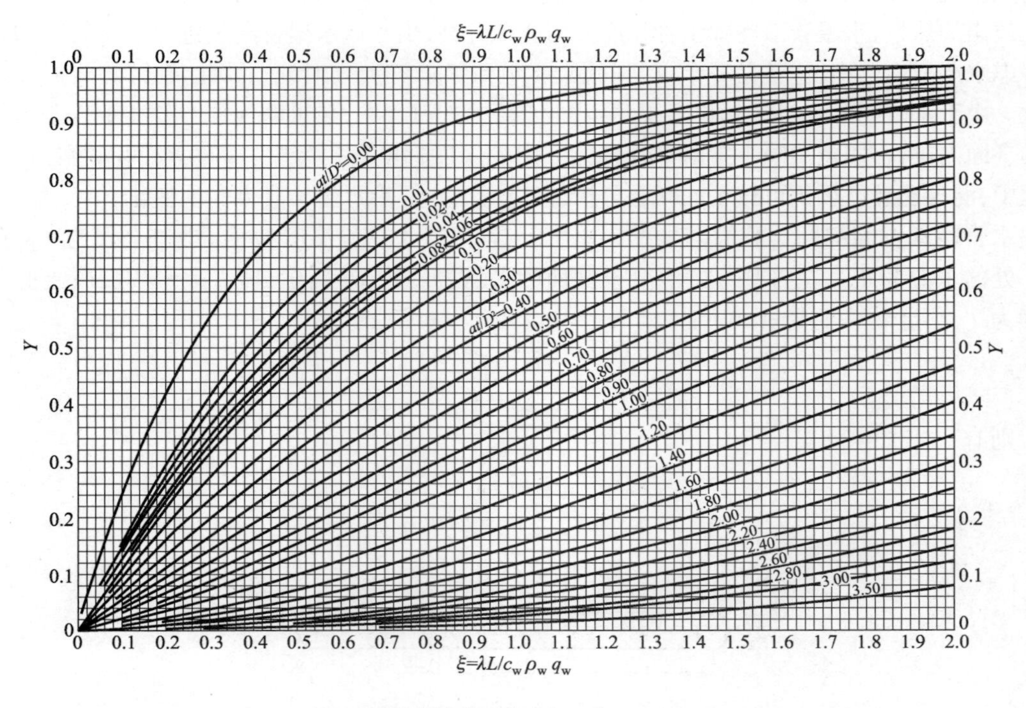

图 3-10　金属水管后期冷却 Y 值（$b/c=100$）

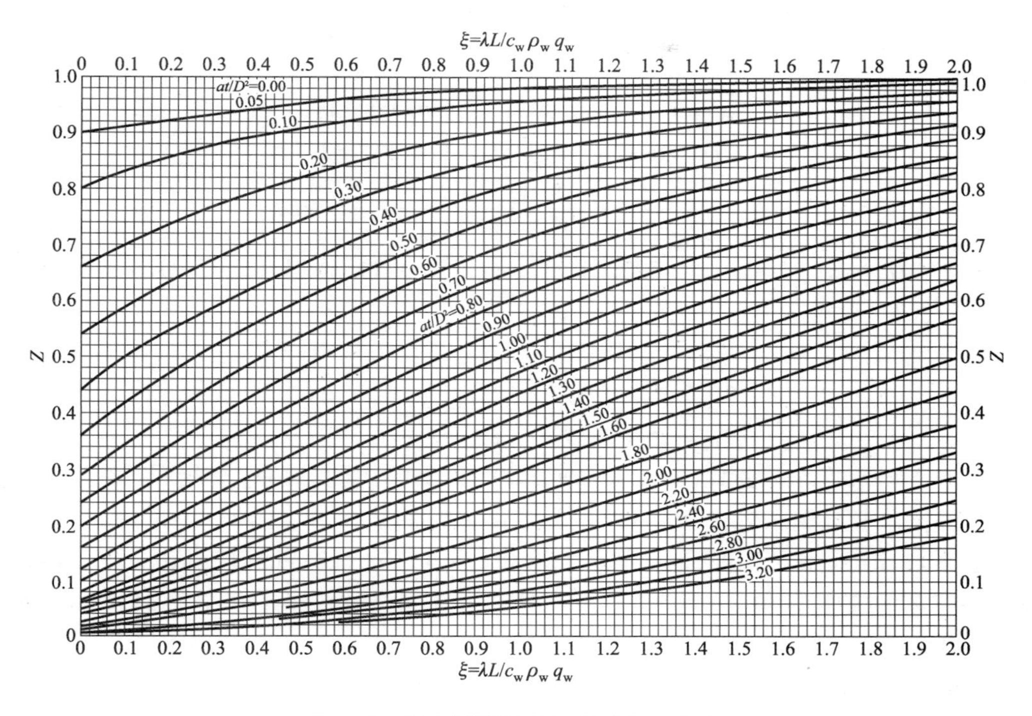

图 3-11　金属水管后期冷却 Z 值（$b/c=100$）

需要注意的是，图 3-9 ~ 图 3-11 所给出的 X、Y、Z 值，只适用于 $b/c=100$ 时，当 $b/c\neq 100$ 时，不能直接利用这些曲线。

假设有两个混凝土柱体，一个导温系数为 α'，$b/c=100$，特征根 $\alpha_1 b=0.7167$；另一个导温系数为 α，$b/c\neq 100$，特征根为 $\alpha_1 b$。只要 $\alpha_1^2 b^2\alpha=0.7167^2\alpha'$，它们的温度就相同。因此，当 $b/c\neq 100$ 时，可采用等效导温系数 α'：

$$\alpha'=\left(\frac{\alpha_1 b}{0.7167}\right)^2=1.947(\alpha_1 b)^2\alpha \tag{3-38}$$

然后就可得用 $b/c=100$ 的曲线，查得 X、Y、Z 值。对应于金属水管不同 b/c 值的特征根 $\alpha_1 b$，见式（3-39）。

$$\alpha_1 b=0.926\exp\left[-0.0314\left(\frac{b}{c}-20\right)^{0.48}\right],20\leqslant\frac{b}{c}\leqslant 130 \tag{3-39}$$

【算例 3-14】某工程采用黑铁冷却水管，外半径 $c=2.70\text{cm}$，冷却水管矩形排列，水平间距和铅直间距均为 1m。混凝土的导温系数 $\alpha=0.096\text{m}^2/\text{d}$，导热系数 $\lambda=8.37\text{kJ}/(\text{m}\cdot\text{h}\cdot℃)$，混凝土初始温度 $T_0=28℃$。冷却水初始温度 $T_w=25℃$，密度 $\rho_w=1000\text{kg/m}^3$，冷却水流量 $q_w=1.24\text{m}^3/\text{h}$，水的比热容 $C_w=4.187\text{kJ}/(\text{kg}\cdot℃)$，水管长度 $L=200\text{m}$。试计算冷却 20d 后的混凝土全长平均温度 T_m，出水温度 T_{Lw} 及出口处混凝土断面平均温度 T_{Lm}。

【解】由式（3-29），$b=\sqrt{1.07\times 1\times 1/3.14}=0.584\text{m}$

$$b/c=0.584/0.027=21.6$$

由式（3-39），特征根为

$$\alpha_1 b = 0.926\exp[-0.0314(21.6-20)^{0.48}] = 0.890$$

由式(3-37),等效导温系数为

$$\alpha' = 1.947 \times 0.890^2 \times 0.096 = 0.1481$$

$$\alpha' t/D^2 = 0.1481 \times 20/(0.584 \times 2)^2 = 2.171$$

$$\xi = \frac{\lambda L}{c_w \rho_w q_w} = \frac{8.37 \times 200}{4.187 \times 1000 \times 1.24} = 0.3222$$

根据 $\alpha' t/D^2 = 2.171$ 和 $\xi = 0.3222$,由图 3-9 ~ 图 3-11,查得 $X = 0.031$、$Y = 0.017$、$Z = 0.042$。由式(3-37)得:

$$T_m = 25 + 0.031 \times (28-25) = 25.1℃$$

$$T_{Lw} = 25 + 0.017 \times (28-25) = 25.1℃$$

$$T_{Lm} = 25 + 0.042 \times (28-25) = 25.1℃$$

计算非金属水管冷却的式(3-32)与金属水管冷却的式(3-34)完全相同,差别只在于特征值 $\alpha_1 b$ 的值。非金属水管冷却空间问题,不必另行制表,只要在计算中采用式(3-38)的等效导温系数 α',式中 0.7167 是金属水管冷却 $b/c = 100$ 时的特征值,而 $\alpha_1 b$ 是非金属水管冷却 $b/c \neq 100$ 时的特征值,由图 3-7 查得 $\alpha_1 b$,代入式(3-38)来计算等效导温系数 α',然后即可由图 3-9 ~ 图 3-11 查得 X、Y、Z 值。

【算例 3-15】非金属水管冷却空间问题。基本资料同【算例 3-14】,混凝土冷却柱体长度 200m。

【解】由【算例 3-14】的计算,$\lambda/kb = 0.01845$,由图 3-7 查得 $\alpha_1 b = 0.776$,再由式(3-38)计算采用聚乙烯冷却水管时的等效导温系数为

$$\alpha' = 1.947(\alpha_1 b)^2 \alpha = 1.947 \times 0.776^2 \times 0.0040 = 0.00469\text{m}^2/\text{h}$$

3.6.3 初期水管冷却计算

初期水管冷却是在混凝土浇筑后立即进行的,因此在计算时主要考虑水泥水化热的影响。设冷却水温为 T_w,混凝土初始温度为 T_0,混凝土绝热温升为 $\theta(t)$,计算中可以水温为温度计算的起点,即取 $T_w = 0℃$。由于问题是线性的,可分为两部分进行计算:第一部分是温差 $T_0 - T_w$ 的影响,可用前述后期冷却的方法进行计算;第二部分是绝热温升 $\theta(t)$ 的影响,其计算方法如下:

1. 初期水管冷却平面温度场

设混凝土初始温度和水温均为 0℃,混凝土绝热温升为:

$$\theta(t) = \theta_0(1 - e^{-mt}) \tag{3-40}$$

$$\frac{\partial \theta}{\partial t} = \theta_0 m e^{-mt} \tag{3-41}$$

式中:m——常数,随水泥品种,比表面积及浇筑温度不同而不同,估算时可按表 3-7 来选取。

热传导方程为:

$$\frac{\partial T}{\partial t} = a\left(\frac{\partial^2 T}{\partial r^2} + \frac{1}{r} \cdot \frac{\partial T}{\partial r}\right) + \theta_0 m e^{-mt} \tag{3-42}$$

考虑金属水管的冷却,边值条件为:

$$\left.\begin{array}{ll}\text{当}\ t=0,c\leqslant r\leqslant b\ \text{时} & T(r,0)=0\\ \text{当}\ t>0,r=c\ \text{时} & T(c,t)=0\\ \text{当}\ t>0,r=b\ \text{时} & \dfrac{\partial T}{\partial t}=0\end{array}\right\}\tag{3-43}$$

用拉普拉斯变换法求解热传导方程,可得到如下金属水管初期冷却平均温度的近似解:

$$T_{\mathrm{m}}=\frac{m\theta_0}{m-a\alpha_1^2}\left(\mathrm{e}^{-a\alpha_1^2 t}-\mathrm{e}^{-mt}\right)\tag{3-44}$$

不难看出,只要在式(3-44)中将 $\alpha_1 b$ 按非金属水管冷却的特征根取值,也同样是非金属水管初期冷却的近似解答,即 T_{m} 是在水泥水化热作用下,经非金属水管冷却后的混凝土平均温度。

【算例3-16】初期水管冷却平面问题。基本资料同【算例3-14】,混凝土的绝热温升为 $\theta(t)=25(1-\mathrm{e}^{-0.35t})$,即 $\theta_0=25℃$,$m=0.35(1/\mathrm{d})$。

【解】对于聚乙烯水管 $\alpha_1 b=0.776$,$\alpha_1=\alpha_1 b/b=0.776/0.584=1.3288$ 代入式(3-44),埋设聚乙烯水管的混凝土由水化热引起的平均温升为:

$$\begin{aligned}T_{\mathrm{m}}&=\frac{0.35\times 25}{0.35-0.096\times 1.3288^2}\left(\mathrm{e}^{-0.096\times 1.3288^2 t}-\mathrm{e}^{-0.35t}\right)\\&=48.48\left(\mathrm{e}^{-0.1695t}-\mathrm{e}^{-0.35t}\right)\end{aligned}$$

如采用半径相同的铁管,$\alpha_1 b=0.890$,$\alpha_1=\alpha_1 b/b=0.890/0.584=1.5240$ 代入式(3-44),则混凝土由水化热引起的平均温升为:

$$\begin{aligned}T_{\mathrm{m}}&=\frac{0.35\times 25}{0.35-0.096\times 1.5240^2}\left(\mathrm{e}^{-0.096\times 1.5240^2 t}-\mathrm{e}^{-0.35t}\right)\\&=68.88\left(\mathrm{e}^{-0.2230t}-\mathrm{e}^{-0.35t}\right)\end{aligned}$$

计算结果见图3-12。

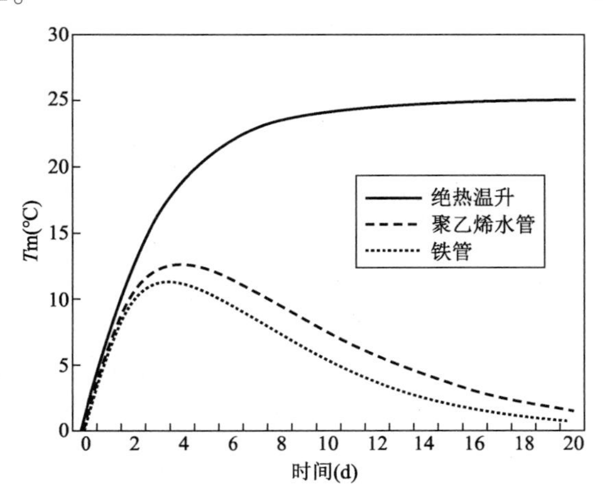

图3-12 有热源混凝土水管冷却平面问题算例

2. 初期水管冷却空间温度场

在初期水管冷却中,除了初始温差 T_0-T_{w} 外,还需要考虑混凝土绝热温升 $\theta(t)$,经求解热量平衡方程,可得到混凝土的平均温度为:

$$T_{\mathrm{m}}=X'\theta_0\tag{3-45}$$

对于金属水管 $b/c=100$，$b\sqrt{m/a}=1.5$ 及 $b\sqrt{m/a}=2.0$，系数 X' 按图 3-13 所示的曲线来计算。

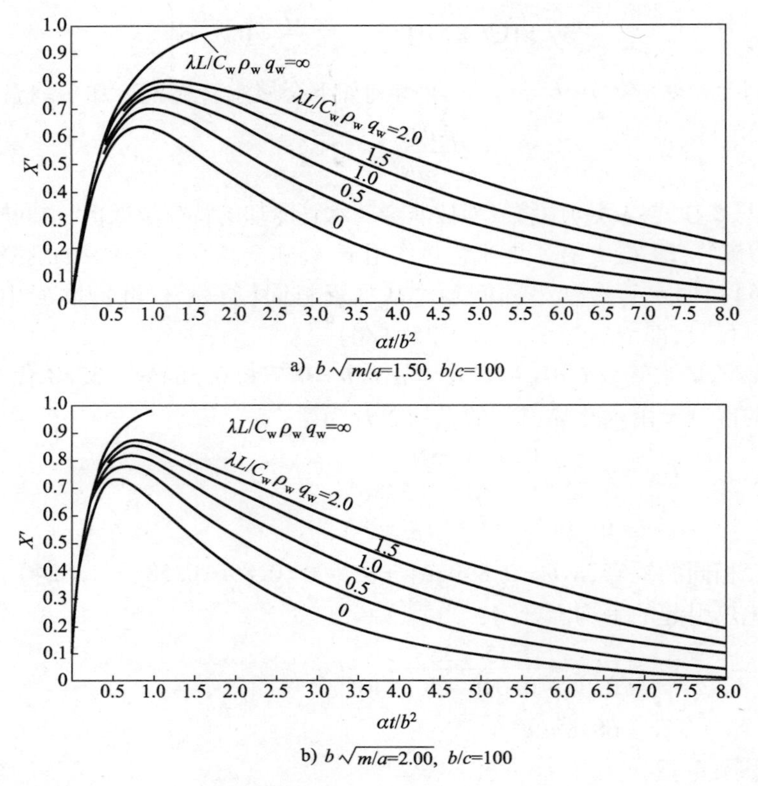

a) $b\sqrt{m/a}=1.50$, $b/c=100$

b) $b\sqrt{m/a}=2.00$, $b/c=100$

图 3-13　初期水管冷却的平均温度计算曲线

对于非金属水管，也只需按其特征根 $\alpha_1 b$ 取值，以及式(3-38)求出等效导温系数，即可利用图 3-12 中的曲线进行初期冷却空间问题的计算。

3.6.4　水管与层面共同冷却的计算方法

自基础向上分层浇筑的大体积混凝土，每层厚为 h，在层面上铺设冷却水管，长度为 L，间距等于层厚，每层间歇时间为 t_j，混凝土绝热温升为 $\theta=\theta_0 t/(t+n)$，n 分别取 0.5d、1.0d、2.0d。浇筑的混凝土第一、二层温度受基础的影响较大，第三层以后混凝土温度受基础的影响较小，每一层浇筑以后重复前一层的温度变化过程。第三层以后各浇筑层平均温度 T_m 可用式(3-46)进行计算：

$$T_m=T_w+X_1(T_p-T_w)+X_2\theta_0+X_3(T_a-T_w) \tag{3-46}$$

式中：T_w——冷却水初始温度；

T_p——混凝土浇筑温度；

T_a——现场环境温度；

θ_0——混凝土最终绝热温升。

X_1、X_2、X_3——系数，按图 3-14 ~ 图 3-16 进行取值。

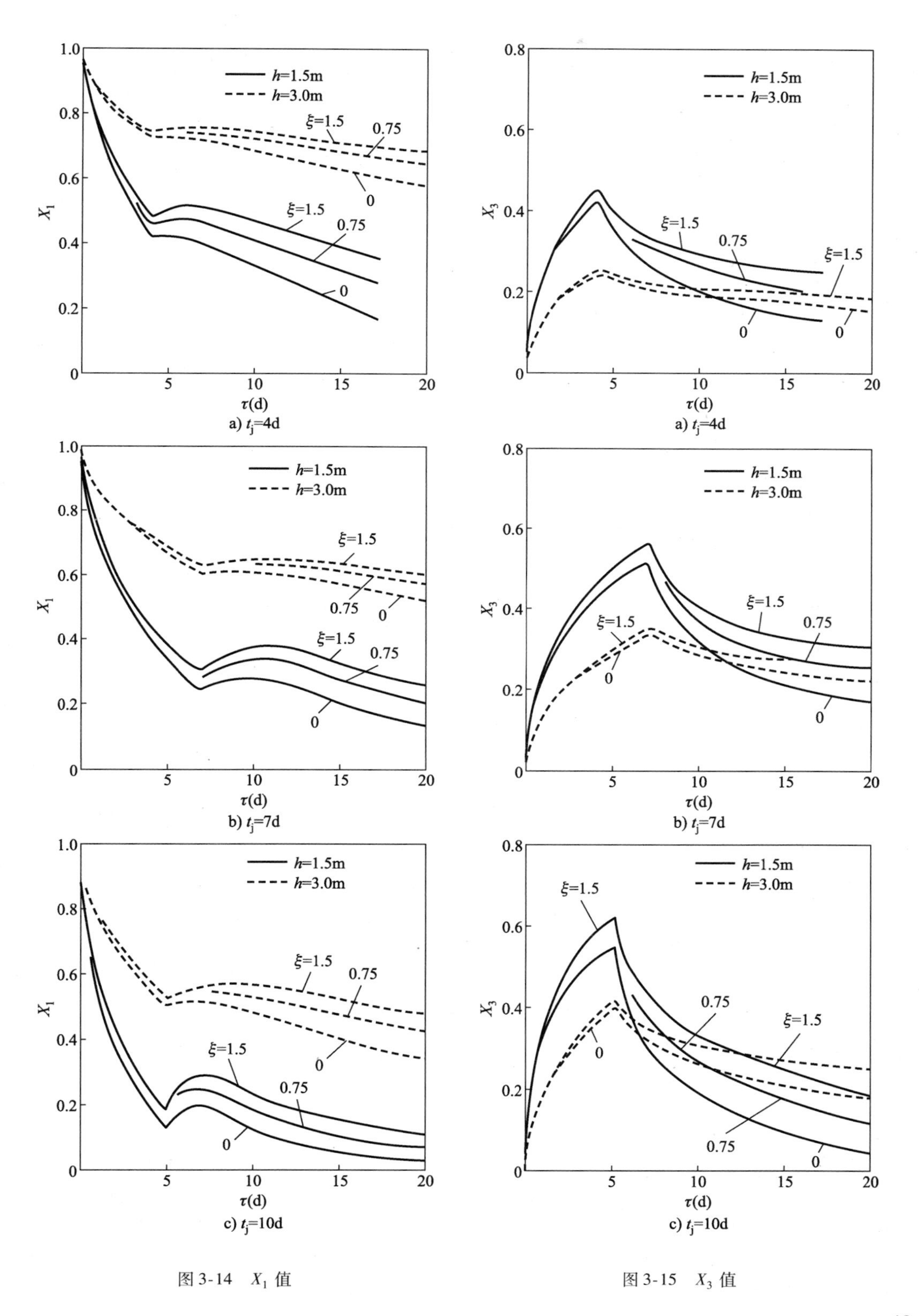

图 3-14 X_1 值

图 3-15 X_3 值

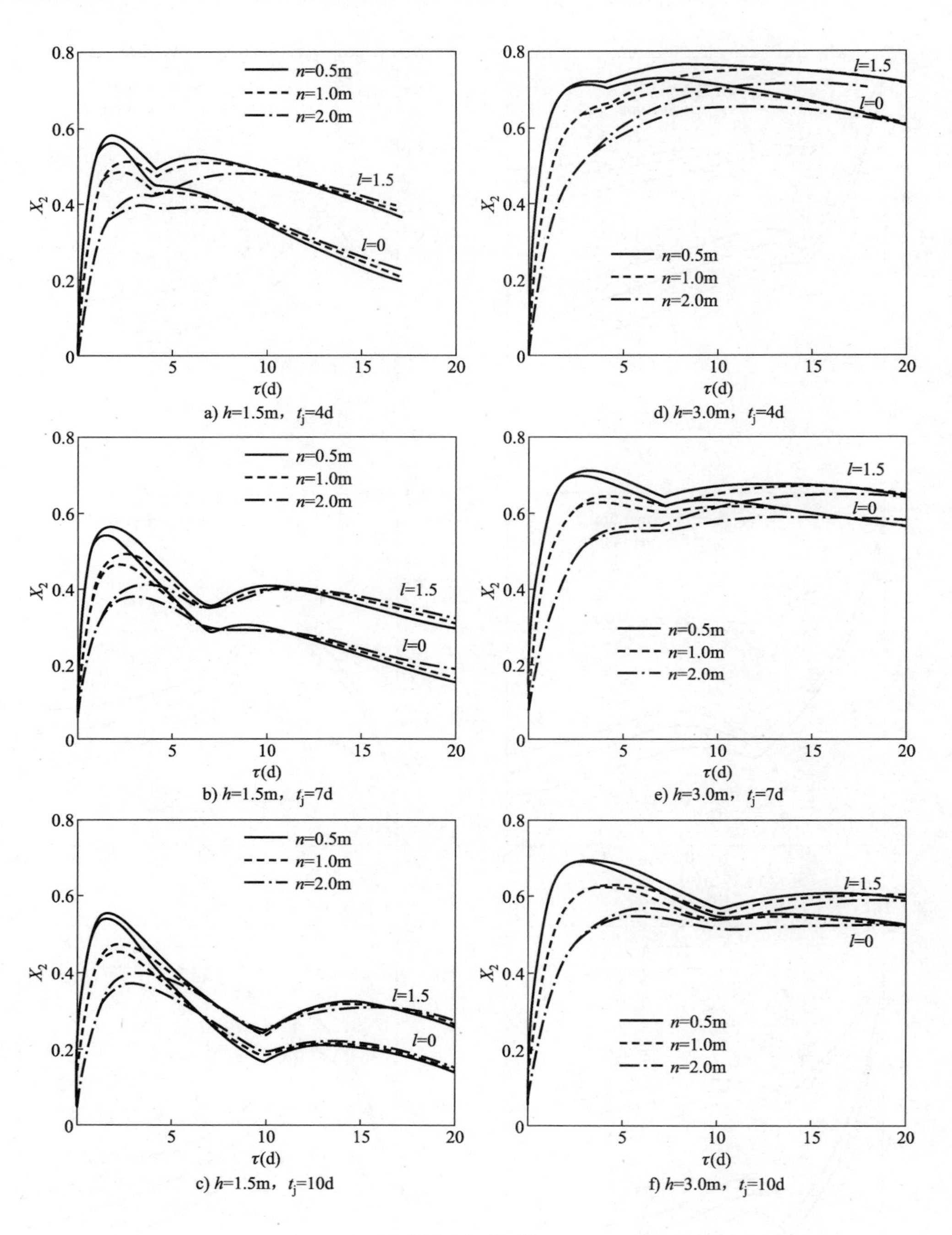

a) h=1.5m，t_j=4d

d) h=3.0m，t_j=4d

b) h=1.5m，t_j=7d

e) h=3.0m，t_j=7d

c) h=1.5m，t_j=10d

f) h=3.0m，t_j=10d

图 3-16　X_2 值

【算例 3-17】某大体积混凝土浇筑温度为 28℃，现在环境温度为 34℃，基础温度为 30℃，冷却水管进水温度为 26℃，混凝土最终绝热温度升为 50.9℃，$n=2\text{d}$，$\lambda=200.8\text{kJ/(m·d·℃)}$，$\alpha=0.096\text{m}^2/\text{d}$，$\lambda/\beta=0.20\text{m}$，间歇时间 $t_j=4\text{d}$，浇筑层厚 1.5m，$q_w=36\text{m}^3/\text{d}$，冷却水管长度$L=200\text{m}$，求浇筑后第 3d 混凝土平均温度。

【解】由 $\xi=\frac{\lambda L}{c_{w}\rho_{w}q_{w}}=\frac{200.8\times200}{4.187\times1000\times36}=0.266$，$t_{j}=4\mathrm{d}$，$h=1.5\mathrm{m}$，$t=3\mathrm{d}$，$n=2\mathrm{d}$，由图3-14～图3-16，查得 $X_{1}=0.485$、$X_{2}=0.425$、$X_{3}=0.396$，代入式(3-46)得：

$$T_{m}=26+0.485\times(28-26)+0.425\times50.9+0.396\times(34-26)=51.8℃$$

3.6.5　水管冷却效果的影响因素[3]

为了更加充分有效地发挥冷却水管的作用，有必要对水管冷却的各个影响因素进行敏感性研究。影响水管冷却效果的因素主要有：水管布置形式、管径、管厚、水管材料、通水流量、冷却时间、冷却水温、管距、水管长度等。

1. 冷却水管布置形式对冷却效果的影响

(1)冷却水管立面布置形式

冷却水管立面布置形式主要有菱形和矩形两种形式，如图3-17所示。

图3-17为冷却水管两种不同立面布置形式的有限元分析结果对比，从图中可以看出，水管菱形布置形式冷却效果要优于矩形布置形式。但菱形布置在施工时不太好控制，因此在实际工程中，大多采用用矩形布置形式。

(2)冷却水管平面布置形式

冷却水管平面布置形式主要有蛇形和环形两种形式，如图3-18所示。

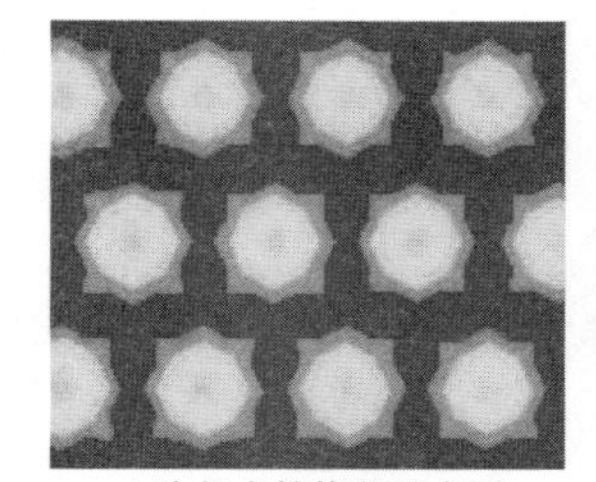

a) 冷却水管梅花形布置

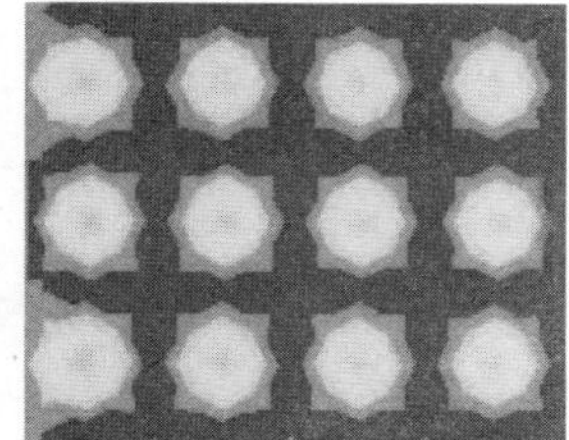

b) 冷却水管矩形布置

图3-17　冷却水管不同立面布置形式的冷却效果

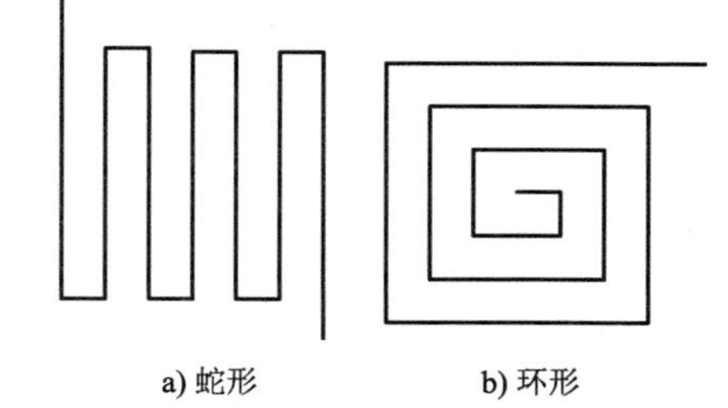

a) 蛇形　　b) 环形

图3-18　冷却水管平面布置形式

图3-19为冷却水管两种不同冷却水管平面布置形式的有限元分析结果对比。从图中可以看出，蛇形冷却水管布置3d最高温度为43.4℃；环形冷却水管布置3d最高温度为43.5℃。从两者的降温幅度来看没有明显差别，均为12.5℃左右。但从温度场分布情况来看，蛇形冷却水管中冷却水由左侧通入然后从右侧流出，冷却水通入时温度较低，流出时温度升高，因此左侧温度降低幅度较大，右侧温度降低幅度较小；而环形冷却水管中冷却水由中心通入，冷却水温度在环形水管中的分布是中心低、边缘高，这恰好与混凝土中心高边缘低的温度场分布相反，两者叠加使混凝土温度场分布更加均匀。

2. 冷却水管直径对冷却效果的影响

图3-20为冷却水管直径分别取9mm、18mm、27mm和36mm的铁管混凝土降温效果有限元计算结果对比。冷却水管平面布置形式采用环形，立面布置形式采用矩形布置。

从图3-20中可以看出，在冷却水管的通水流量、管间距等其他参数和条件不变时，冷却水管直径的变化对大体积混凝土的冷却效果影响很小。管径的增大势必会使管材消耗增加很多,增加施工成本。因此,通过增加管径的方式来提高冷却效果是非常不经济的。可是管径过小,水管的通水阻力将会增加,如果保持相同的流量,管内冷却水的流速也会变大,会增加供水设备的工作负荷。所以,对于冷却水管的管径基本可按照内直径 25 ~ 30mm 来考虑。

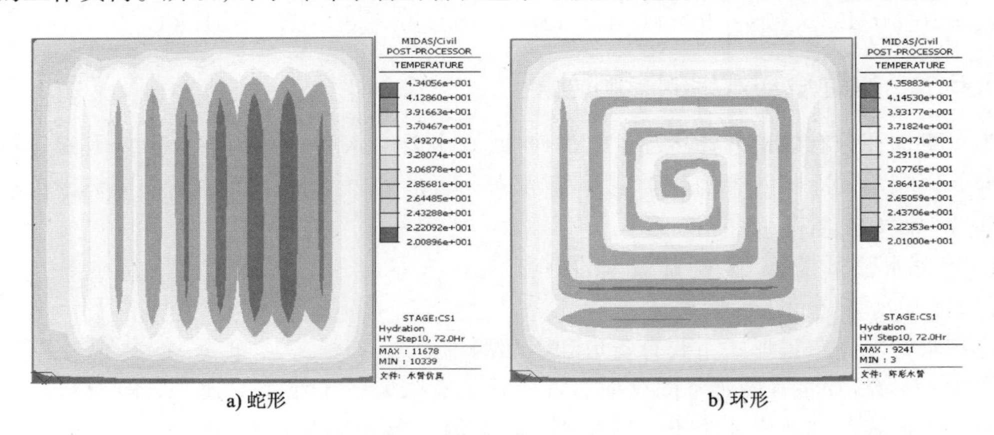

a) 蛇形　　b) 环形

图 3-19　两种布置形式 3d 温度场

3. 冷却水管的间距对冷却效果的影响

水管间距包括水平间距和竖直间距,在实际工程中一般取平间距和竖直间距为相同数值。图 3-21 为冷却水管间距分别取 0. 5m、1. 0m、1. 5m 的有限元计算结果。

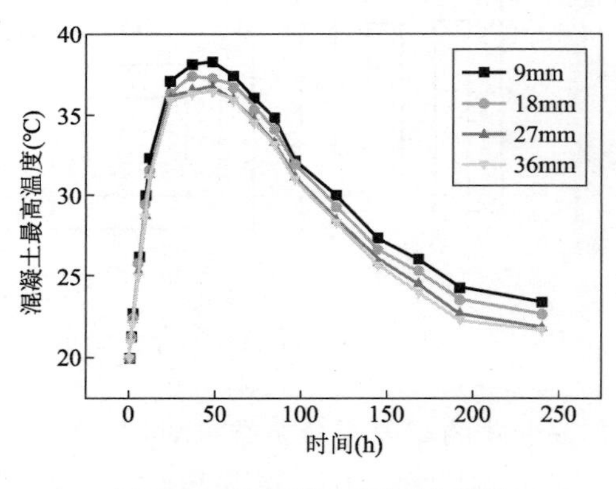

图 3-20　不同冷管直径的冷却效果

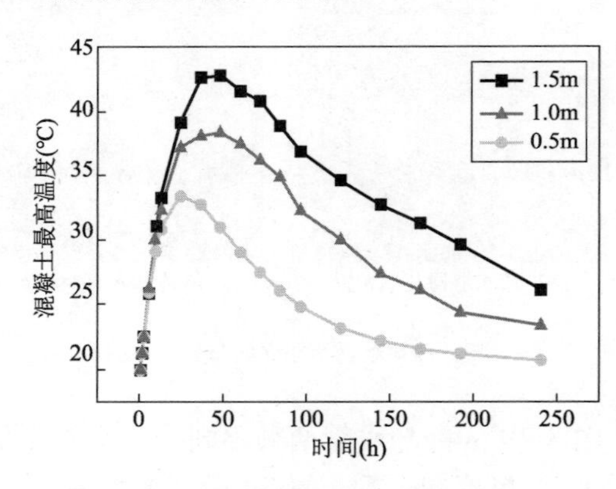

图 3-21　不同冷管间距的冷却效果

由图 3-21 可以看出,管间距减小可以大幅提高冷却效果。但减小管间距的同时用钢量也迅速增加,而且管间距过小也会增加施工难度,因此,冷却水管的间距不能无限制地缩小,实际工程中,水管的间距一般可取 1. 0 ~ 2. 0m,有特殊控裂要求时,水管间距根据温度应力计算结果来确定。

4. 冷却水温度对冷却效果的影响

冷却水管中的冷却水温度越低,与混凝土的温差就越大,降温效果就越好。但冷却水与混凝土的温差过大,由于混凝土的导热系数较小,就会导致水管附近的混凝土降温过快,从而可能使这部分混凝土产生内部裂缝,影响结构的整体强度。另外,在初期冷却中,在考虑新混凝土降温的同时,还要考虑到下层已经浇筑完成老混凝土与冷却水的温差。通常将冷却水与混凝土内部最高温度之差宜控制在20~25℃之间，同时还应控制混凝土冷却的速度，国内大体积混凝土降温速率一般控制在2℃/d以内，国外混凝土降温速率控制得更加严格，一般控制在1℃/d以内。此外，冷却水温越低，对制冷设备的要求也越高，施工成本越大。因此不能想当然地认为冷却水的水温越低越好，应根据工程的实际情况，具体问题具体分析，通过计算确定。

5. 冷却水流量对冷却效果的影响

冷却水在紊流的情况下，不同温度的流体质点产生整体混合，能增大水冷却面上的对流换热系数，从而提高冷却效果。因此管内水流的流速应充分大，以保证管内水流成紊流状。

为了研究不同冷却水流量对混凝土冷却效果的影响，冷却水管直径为25.4mm，冷却水流量分别为0.3m³/h、0.6m³/h、1.2m³/h和2.4m³/h，其有限元计算结果如图3-22所示。

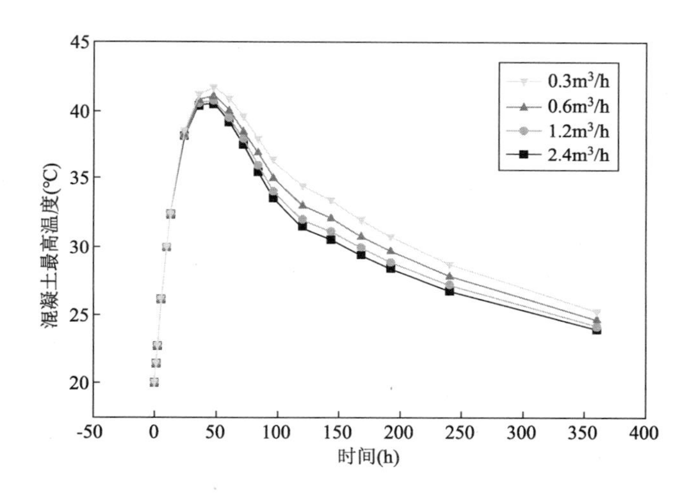

图3-22 不同冷却水流量的降温效果

由图3-22可以看出，在其他参数不变的情况下，增加冷却流量，混凝土降温效果并不明显。而流量加大后，出口水温将降低，造成提供冷却水的制冷设备利用效率降低；另外，流量加大后，水头损失随之加大，对供水系统的泵压要求也提高。因此，在实际工程中冷却水流速一般不小0.6m/s即可[3]。

6. 冷却水管长度

冷却水管中的水温是沿程变化的，沿水管离进水口越远，水温越高，单根水管越长，则水管进口水温与出口水温相差越大。为了保证冷却效果，同时考虑到管内的水头损失和水泵容量，水管长度一般控制在200m以内。

7. 冷却水管的通水时间

从前面计算可以看出，采取水管冷却后，混凝土最高温度显著下降，这说明冷却水管的降温效果非常明显。但并不是通水时间越长越好，通水时间太长，混凝土内部温降过大，可能会使水管周围的混凝土中引起较大的拉应力，甚至产生裂缝，同时通水时间过长会增加工程成本。因此通水时间应该根据施工实际具体的控制开裂需求来确定。

3.7 大体积混凝土温度应力计算

3.7.1 温度应力计算的基本原理

结构物可能会由于种温度湿度及其他原因而引起变形。图3-23所示的悬壁梁，当产生一个均匀的温度差 ΔT（升温为正，降温为负）时，梁端将产生自由自由伸长 ΔL，梁内不产生应力。

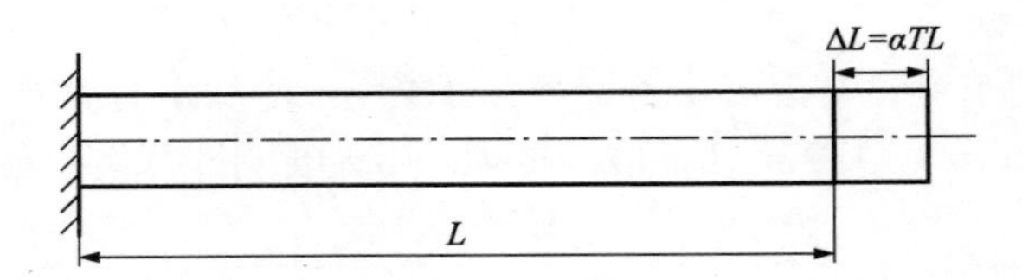

图3-23 悬壁梁自由变形示意图

梁端自由伸长可由式(3-47)来计算，相对自由变形可由式(3-48)来计算：

$$\Delta L = \alpha_0 \Delta T L \tag{3-47}$$

$$\varepsilon = \frac{\Delta L}{L} = \alpha_0 \Delta T \tag{3-48}$$

式中：α_0——线膨胀系数（温度每变化1℃时的相对变形），1/℃；

ΔT——温差，℃；

L——悬壁梁的长度，m；

ε——相对自由变形。

如果悬壁梁的右端呈嵌固状态，则梁的温度变形会受到约束，完全不能产生位移，梁内则会产生约束应力，其应力数值为：

$$\sigma = E\varepsilon = E\alpha_0 \Delta T \tag{3-49}$$

这就是结构物的变形完全被约束时产生的温度应力，其值与温差、线膨胀系数及弹性模量成正比，而与结构物的长度无关。

3.7.2 大体积混凝土温度应力的手工计算

如前所述，大体积混凝土温度应力按产生的原因主要分为两类。一类是自约束应力；另一类是外约束应力。下面分别介绍这两种温度应力的计算方法。

(1)自约束应力的计算方法

大体积混凝土的自约束应力可按式(3-50)来计算[4]：

$$\sigma_s(\tau) = \frac{2\alpha_0}{3(1-\mu)} \times E(\tau) \times \Delta T(\tau) \times K(\tau) \tag{3-50}$$

式中：$\sigma_s(\tau)$——龄期为 τ 时，混凝土内表温差产生的自约束应力的累计值，MPa；

$\Delta T(\tau)$——龄期为 τ 时，混凝土内表温差，℃；

$E(\tau)$——龄期为 τ 时，混凝土的弹性模量，MPa；

α_0——混凝土的线膨胀系数，℃$^{-1}$，一般可取 1.0×10^{-5}℃$^{-1}$；

$K(\tau)$——龄期为 τ 时，混凝土的应力松弛系数，无试验资料时可表2-19取用。

【算例3-18】某大体积混凝土工程，厚度为5m，采用C50混凝土，浇筑完成后3d龄期时，混凝土内部最高温度69.2℃，表面温度为33.5℃，试计算由混凝土内表温差引起的拉应力。

【解】由式(2-9)，混凝土3d龄期时的弹性模量为：

$$E(3)=1\times E_0(1-e^{-0.4\tau^{0.6}})$$
$$=1\times3.45\times10^4\times(1-e^{-0.4\times3^{0.6}})$$
$$=1.86\times10^4\text{MPa}$$

由式(3-50)，混凝土由内表温差引起的最大拉应力为：

$$\sigma_s(3)=\frac{2\times1.0\times10^{-5}}{3\times(1-0.15)}\times1.86\times10^4\times(69.2-33.5)\times0.342$$
$$=1.78\text{MPa}$$

(2)外约束应力的计算方法

外约束应力可按式(3-51)来计算：

$$\sigma_x(\tau)=\frac{\alpha_0}{1-\mu}\times E(\tau)\times K(\tau)\times R(\tau)\times\Delta T(\tau)\tag{3-51}$$

式中：$\sigma_x(\tau)$——龄期为 τ 时，因综合降温差，在外约束条件下产生的拉应力，MPa；

$E(\tau)$——龄期为 τ 时，混凝土弹性模量，MPa；

$\Delta T(\tau)$——龄期为 τ 时，混凝土的最大综合降温温差，℃；可按式(3-52)计算：

$$\Delta T=T_{max}+T_y(\tau)-T_w\tag{3-52}$$

T_{max}——混凝土内部最高温度，℃；

$T_y(\tau)$——龄期为 τ 时，混凝土收缩的当量温差，℃；

T_w——混凝土浇筑完成后达到稳定时的温度，一般根据历年气象资料取当年平均气温，℃；

μ——混凝土的泊松比，可取0.15～0.2；

$R(\tau)$——龄期为 τ 时，外约束的约束系数，可按式(3-53)计算：

$$R(\tau)=1-\frac{1}{\cosh\left(\sqrt{\frac{C_x}{H\cdot E(\tau)}}\times\frac{L}{2}\right)}\tag{3-53}$$

式中：L——混凝土浇筑体的长度，mm；

H——混凝土浇筑体的厚度，为虚厚度，mm；

C_x——地基水平阻力系数，N/mm^3，可根据表1-1取值。

3.8　大体积混凝土允许整体浇筑最大长度的计算

混凝土允许整体浇筑最大长度也即是混凝土的伸缩缝间距的计算。在设计中，它为最大伸缩缝间距和最小伸缩缝间距的平均值。

（1）最大伸缩缝间距 L_{max} 可按式（3-54）来计算：

$$L_{max}=2\sqrt{\frac{\overline{H}\cdot E(t)}{C_x}}\text{arch}\frac{|\alpha_0 T|}{|\alpha_0 T|-|\varepsilon_p|} \tag{3-54}$$

式中：L_{max}——最大伸缩缝间距；

$\overline{H}$——混凝土结构的计算厚度或计算高度，当实际厚度或高度 $H\leqslant 0.2L$ 时，取 $\overline{H}=H$，即实际厚度或高度；当 $H>0.2L$ 时，取 $\overline{H}=0.2L$；

L——混凝土结构的全长；

$E(t)$——混凝土的弹性模量，一般按表 2-7 取用；

C_x——地基水平阻力系数，可按表 1-1 取用；

T——结构相对地基的综合温差，包括水化热温差、气温差和收缩当量温差。当截面厚度小于 500mm 时，不考虑水化热的影响。

$$T=T_y(t)+T_2+T_3$$

T_2——水化热引起的温差；

T_3——气温差；

ε_p——混凝土最终极限拉伸值，可按式（3-55）计算：

$$\varepsilon_p=\varepsilon_{pa}+\varepsilon_n \tag{3-55}$$

式中：ε_{pa}——混凝土的极限拉伸；

ε_n——混凝土的徐变变形。

（2）当最大水平拉应力稍超过混凝土抗拉强度，则在结构的中部应力最大处开裂。此时伸缩缝的间距比最大伸缩缝间距小了一半，即为伸缩缝的最小间距 L_{min}，可按式（3-56）计算：

$$L_{min}=\frac{1}{2}L_{max}=\sqrt{\frac{\overline{H}\cdot E(t)}{C_x}}\text{arch}\frac{|\alpha_0 T|}{|\alpha_0 T|-|\varepsilon_p|} \tag{3-56}$$

（3）混凝土允许整浇最大长度 L_{cp} 可按式（3-57）计算：

$$L_{cp}=\frac{1}{2}(L_{max}+L_{min})=1.5\sqrt{\frac{\overline{H}\cdot E(t)}{C_x}}\text{arch}\frac{|\alpha T|}{|\alpha T|-|\varepsilon_p|} \tag{3-57}$$

【算例 3-19】基本数据同【算例 3-10】，沿底板横向配置受力筋，纵向配置 ϕ25mm 螺纹筋，间距 150mm，配筋率 0.215%；混凝土强度等级为 C50，底板垫层为 20cm 厚的 C20 混凝土，施工条件正常。试计算混凝土浇筑完成 21d 时不出现裂缝的最大允许浇筑长度。

【解】（1）计算 21d 混凝土收缩当量温差 $T_y(21)$

按正常施工条件，由表 2-8 和表 2-9 查得，M_1、M_2、M_8 均取 1，$M_3=0.92$、$M_4=1.14$、$M_5=0.93$、$M_6=0.7$、$M_7=0.83$、$M_9=1.3$、$M_{10}=0.87$、$M_{11}=1.02$。根据式（2-11）得混凝土 21d 收缩变形为：

$$\begin{aligned}\varepsilon_y(21)&=3.24\times10^{-4}(1-e^{-0.21})\times0.92\times1.14\times0.93\times0.7\times0.83\times1.3\times0.87\times1.02\\&=0.401\times10^{-4}\end{aligned}$$

则收缩当量温差为：

$$T_y(21)=\frac{\varepsilon_y(21)}{\alpha_0}=\frac{0.401\times10^{-4}}{1.0\times10^{-5}}=4.01℃$$

（2）计算水化热引起的温差 T_2

根据【算例 3-11】的计算结果，混凝土内部最高温度为 69.2℃，设浇筑完成 21d 时混凝土降到平均温度 34℃，则：

$$T_2 = (69.2 - 34) \times \frac{2}{3} = 23.5℃$$

（3）计算底板综合温差 T

$$T = T_y(21) + T_2 = 4 + 23.5 = 27.5℃$$

（4）计算混凝土的极限拉伸 ε_p

查表 2-4，C50 混凝土抗拉强度设计值 $f_t = 1.89\text{MPa}$，则根据式(2-13)有：

$$\begin{aligned}\varepsilon_{pa} &= 0.5f_t\left(1 + \frac{\rho}{d}\right) \times 10^{-4} \\ &= 0.5 \times 1.89 \times \left(1 + \frac{0.215}{2.5}\right) \times 10^{-4} \\ &= 1.026 \times 10^{-4}\end{aligned}$$

考虑 21d 时混凝土徐变变形为弹性变形的 1 倍，则：

$$\varepsilon_p = (1 + 1) \times 1.026 \times 10^{-4} = 2.052 \times 10^{-4}$$

（5）计算混凝土 21d 时的弹性模量

由式(2-9)，混凝土 21d 龄期时的弹性模量为：

$$\begin{aligned}E(21) &= 1 \times E_0(1 - e^{-0.4\tau^{0.6}}) \\ &= 1 \times 3.45 \times 10^4 \times (1 - e^{-0.4 \times 21^{0.6}}) \\ &= 3.16 \times 10^4\text{MPa}\end{aligned}$$

（6）允许最大浇筑长度计算

根据式(3-54) 最大伸缩缝间距 L_{max} 为：

$$\begin{aligned}L_{max} &= 2\sqrt{\frac{3150 \times 3.16 \times 10^4}{150 \times 10^{-2}}}\text{arch}\frac{1.0 \times 10^{-5} \times 27.5}{1.0 \times 10^{-5} \times 27.5 - 2.052 \times 10^{-4}} \\ &= 2 \times 8.15 \times \text{arch}3.940 \\ &= 2 \times 8.15 \times 2.05 \\ &= 33.4\text{m}\end{aligned}$$

根据式(3-56)最小伸缩缝间距 L_{min} 为：

$$\begin{aligned}L_{min} &= \frac{33.4}{2} \\ &= 16.7\text{m}\end{aligned}$$

根据式(3-57)允许浇筑的混凝土最大长度 L_{cp} 为：

$$L_{cp} = \frac{1}{2}(L_{max} + L_{min}) = \frac{1}{2}(33.4 + 16.7) = 25.1\text{m}$$

由以上计算可知，混凝土底板的允许最大浇筑长度为 25.1m，可以避免裂缝的出现，如果超过 25.1m，则需设置后浇带或制定更加严格的防裂技术措施。

3.9 大体积混凝土开裂的评价标准

混凝土的抗裂性能可按式(3-58)进行判断:

$$\frac{\lambda f_{tk}(\tau)}{\sigma_x} \geqslant K \tag{3-58}$$

式中:σ_x——混凝土的温度应力,MPa;

$f_{tk}(\tau)$——混凝土龄期为 τ 时的轴心抗拉强度标准值,可按表 2-4 取值;

λ——掺合料对混凝土抗拉强度影响系数,$\lambda = \lambda_1 \cdot \lambda_2$,可按表 3-11 取值;

K——混凝土抗裂安全系数,取 $K = 1.15$。

不同掺量掺合料抗拉强度调整系数 表 3-11

掺量	0	20%	30%	40%
粉煤灰(λ_1)	1	1.03	0.97	0.92
矿渣粉(λ_2)	1	1.13	1.09	1.10

【算例 3-20】某建筑基础采用 C50 混凝土,采用 P. O 42.5 水泥配制,水泥用量为 198kg/m³,粉煤灰用量为 105kg/m³,矿粉用量为 126kg/m³,水胶比 0.34,$E_c = 3.45 \times 10^4$MPa,$T_y = 9$℃,$K(t) = 0.325$,$R(t) = 0.382$,混凝土浇筑温度 $T_0 = 28$℃。混凝土浇筑完成 30d 时的稳定温度为 $T_w = 32$℃,计算此时可能产生的最大收缩应力,并验证抗裂安全度。

【解】由式(3-23)和式(3-24),来计算混凝土的绝热温升,即:

$$T(\tau) = Wk_1k_2Q_0(1 - e^{-m\tau})/C\rho$$

由此求得混凝土最大水化热绝热温升值:

$$T_{max} = Wk_1k_2Q_0/C\rho = 429 \times 0.85 \times 0.91 \times 377/(0.96 \times 2402) = 54.3℃$$

混凝土内部最高温度为:

$$T_0 = 28 + 54.3 \times 0.758 = 69.2(℃)$$

由表 2-8 及表 2-9 查得,$M_1 = 1$、$M_2 = 1$、$M_3 = 0.92$、$M_4 = 1.4$、$M_5 = 0.93$、$M_6 = 0.7$、$M_7 = 0.7$、$M_8 = 1$、$M_9 = 1.3$、$M_{10} = 0.89$、$M_{11} = 1.01$,则根据式(2-11)混凝土 30d 龄期时的收缩值为:

$$\begin{aligned}\varepsilon_y(30) &= 3.24 \times 10^{-4}(1 - e^{-0.01 \times 30}) \times 0.92 \times 1.4 \times 0.93 \times 0.7 \times 0.7 \times 1.3 \times 0.89 \times 1.01 \\ &= 0.58 \times 10^{-4}\end{aligned}$$

由式(2-12),混凝土 30d 收缩当量温差为:

$$T_y(30) = \frac{\varepsilon_y(30)}{1.0 \times 10^{-5}} = \frac{0.58 \times 10^{-4}}{1.0 \times 10^{-5}} = 5.8℃$$

混凝土 30d 的弹性模量为:

$$\begin{aligned}E(30) &= 0.985 \times 1.03 \times 3.45 \times 10^4 \times (1 - e^{-0.4 \times 30^{0.6}}) \\ &= 3.29 \times 10^4 \text{MPa}\end{aligned}$$

由式(3-52),混凝土最大综合降温温差为:

$$\Delta T = 69.2 + 5.8 - 32 = 43.0℃$$

由式(3-50),混凝土 30d 时产生的最大收缩应力为:

$$\sigma_s(30)=\frac{3.29\times10^4\times1.0\times10^{-5}\times43.0}{1-0.15}\times0.325\times0.382$$
$$=2.07\text{MPa}$$

由表2-4及式(2-7),混凝土30d轴心抗拉强度为:

$$f_{tk}(\tau)=f_{tk}(1-e^{-\gamma\tau})=2.64\times(1-e^{-0.3\times30})=2.67\text{MPa}$$

由表3-11及式(3-58),混凝土抗裂安全系数为:

$$\frac{\lambda f_{tk}(\tau)}{\sigma_x}=\frac{1.11\times2.67}{2.07}=1.44>1.15$$

由以上计算可知,该建筑基础理论上不会产生收缩裂缝。

本章参考文献

[1] 朱伯芳.大体积混凝土温度应力与温度控制[M].北京:中国电力出版社,1999.
[2] 郭之章,傅华.水工建筑物的温度控制[M].北京:水利电力出版社,1990.
[3] 王新刚,张伟,樊士广,等.基于MIDAS的大体积混凝土冷却水管布置方案研究[J].港工技术,2010(12).
[4] 王铁梦.工程结构裂缝控制[M].北京:中国建筑工业出版社,1997.

第 4 章

应用 Midas Civil 计算大体积混凝土温度应力

4.1 应用 Midas Civil 进行温度应力分析的主要步骤

应用有限元软件 Midas Civil 进行大体积混凝土温度应力仿真分析计算的主要步骤流程如图 4-1 所示。

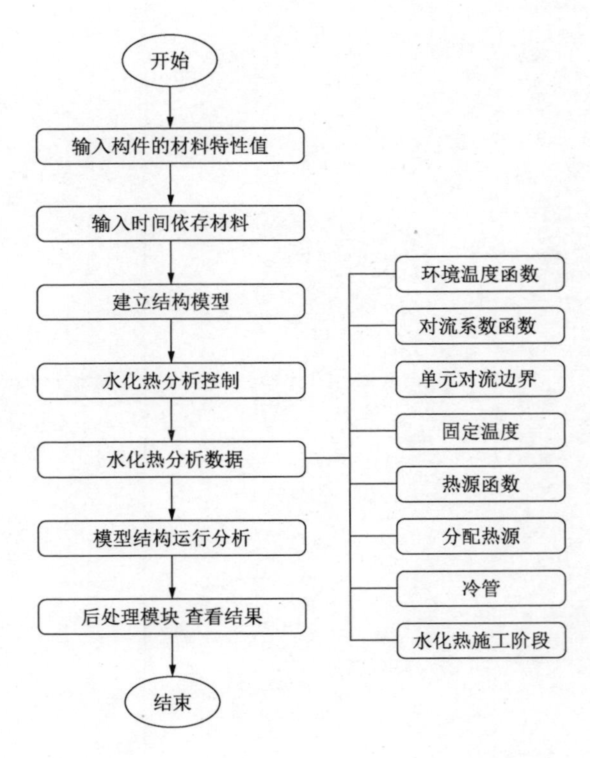

图 4-1 应用 Midas Civil 进行温度应力分析的主要步骤

4.2 应用 Midas Civil 进行温度应力分析

为了使读者进一步了解应用 Midas Civil 进行温度应力分析计算的方法与步骤,本章例题应用2011版 Midas Civil,对某大桥承台进行温度应力计算。

4.2.1 工程概况

某大桥为一座跨海大桥,其承台尺寸为8.8m×6.4m×2.8m,分两次浇筑,第一次浇筑承台高度的一半,即1.4m,5d后浇筑剩余的一半。混凝土设计强度等级为C35,配合比见表4-1。承台封底混凝土厚0.2m,混凝土强度等级为C15。该地区7月份平均气温为30℃。

承台C35混凝土配合比(kg/m^3)　　表4-1

水泥(P.Ⅱ42.5)	砂	碎石	Ⅰ级粉煤灰	矿粉	减水剂	水
200	744	1084	120	80	3.6	144

4.2.2 材料热特性值

本工程所使用的材料以及物理特性值见表4-2。

计算参数的取值　　表4-2

物理特性 \ 构件位置		承　台	封底混凝土
比热容[kJ/(kg·℃)]		0.963	0.963
密度(kg/m^3)		2375.6	2300
热导率[kJ/(m·h·℃)]		9.63	9.63
对流系数[$kJ/(m^2·h·℃)$]	钢模板	50.23	50.23
大气温度(℃)		30	30
浇筑温度(℃)		30	—
28d抗压强度(MPa)		35	15
强度进展系数		$a=0.45, b=0.95$	—
28d弹性模量(MPa)		3.5×10^4	2.2×10^4
热膨胀系数		1.0×10^{-5}	1.0×10^{-5}
泊松比		0.18	0.18
单位体积水泥含量(当量,kg/m^3)		324	—
放热系数函数		$K=44.7, a=0.41$	—

4.2.3 有限元模型的建立

(1)设定建模环境

点击新项目(🗋),保存(💾)为“承台温度应力分析 . mcb”。

或使用菜单功能,点击“文件”/ 🗋 新项目;

点击“文件”/ 💾 保存/承台温度应力分析;

点击“工具”/单位体系:长度→m;力→kgf;热度→kJ;确认。如图 4-2 所示。

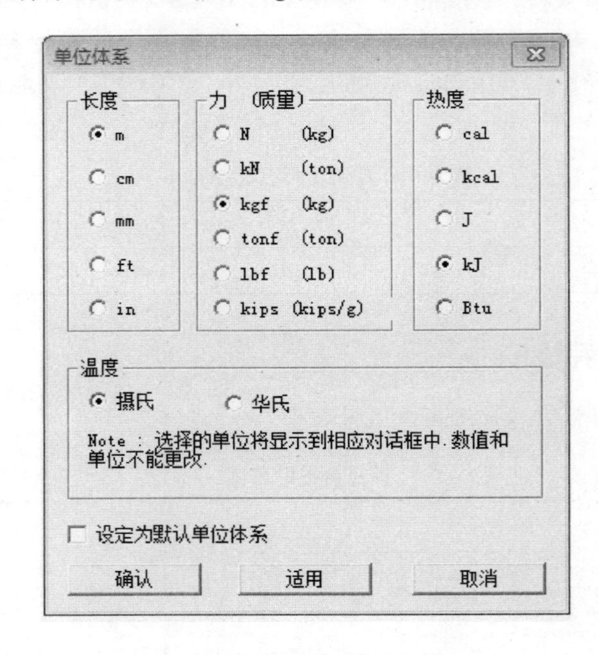

图 4-2 单位体系的设定

(2)定义构件材料特性

定义承台和垫层的材料特性如图 4-3 所示。

点击“模型”/材料和截面特性/ [I] 材料/添加;

一般→材料号→1;名称→(承台);设计类型→混凝土;

混凝土→规范→GB(RC);数据库→C35;

热特性值→比热容→(0. 963);热传导率→(9. 63), [适用];

此二值可根据式(2-2)进行计算得到。

一般→材料号→2;名称→(垫层);设计类型→混凝土;

混凝土→规范→GB(RC);数据库→C15;

热特性值→比热容→(0. 963);热传导率→(9. 63); [确认] [关闭(C)]。

(3)定义时间依存性材料

为了考虑混凝土强度、收缩和徐变的发展变化,定义时间依存材料,如图 4-4 所示。

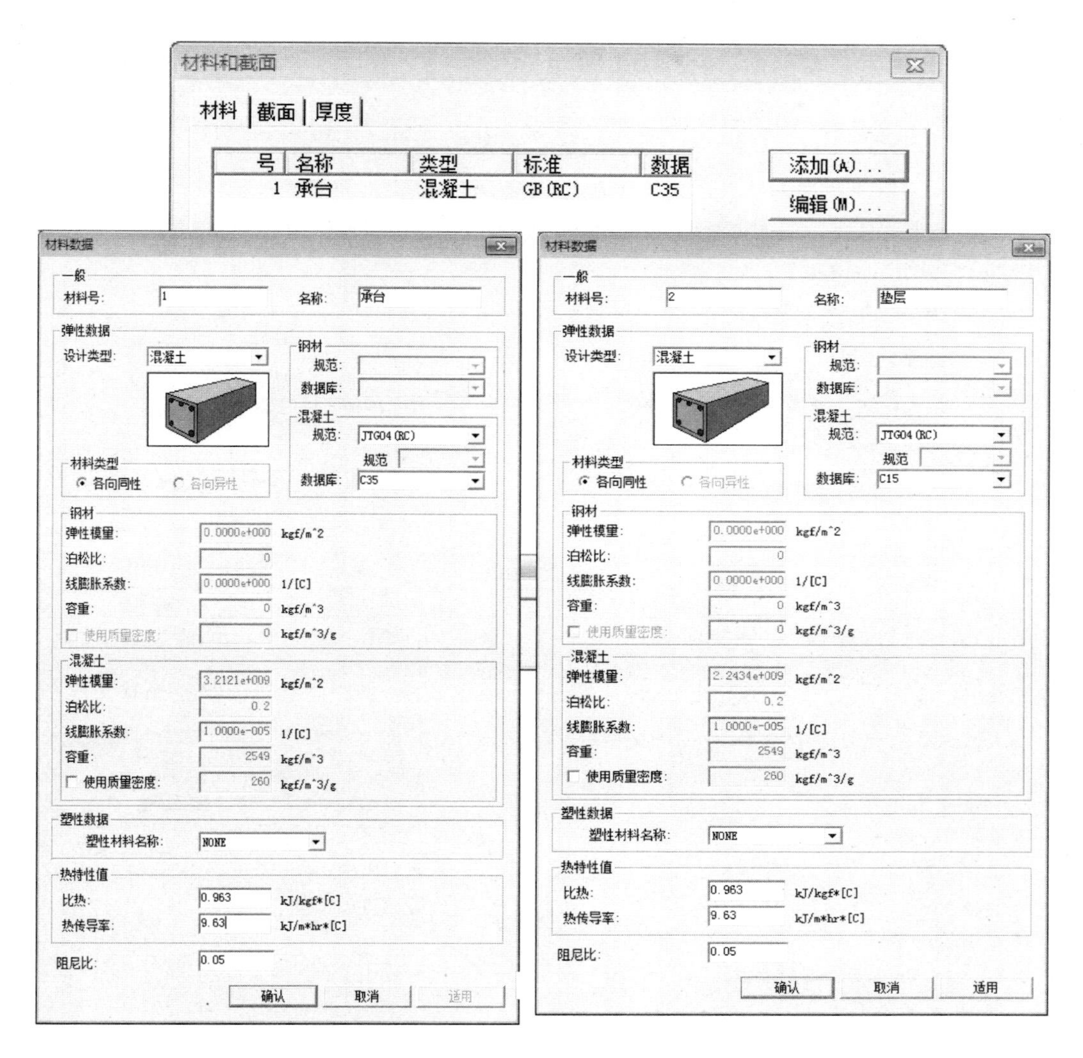

图 4-3　定义构件材料特性

点击“模型”/材料和截面特性/ [I] 时间依存性材料(徐变/收缩);

名称→(收缩徐变);设计规范→China(JTG D 62—2004);

28d 龄期混凝土立方体抗压强度标准值,即强度等级($f$cu,k)→3500000;

环境平均相对湿度(40 ~ 99)→(70);构件理论厚度→(1);

水泥各类系数(Bsc)→(5);收缩开始时的混凝土龄期→(3)。

点击“模型”/材料和截面特性/ [I] 时间依存性材料(抗压强度),如图 4-5 所示。

名称→(强度进展);类型→设计规范;强度发展→规范(CEB-FIP);

混凝土平均抗压强度→(3500000);水泥类型→(N,R:0.25)。

(4)时间依存性材料连接

点击“模型”/材料和截面特性/ 时间依存性材料连接,如图 4-6 所示。

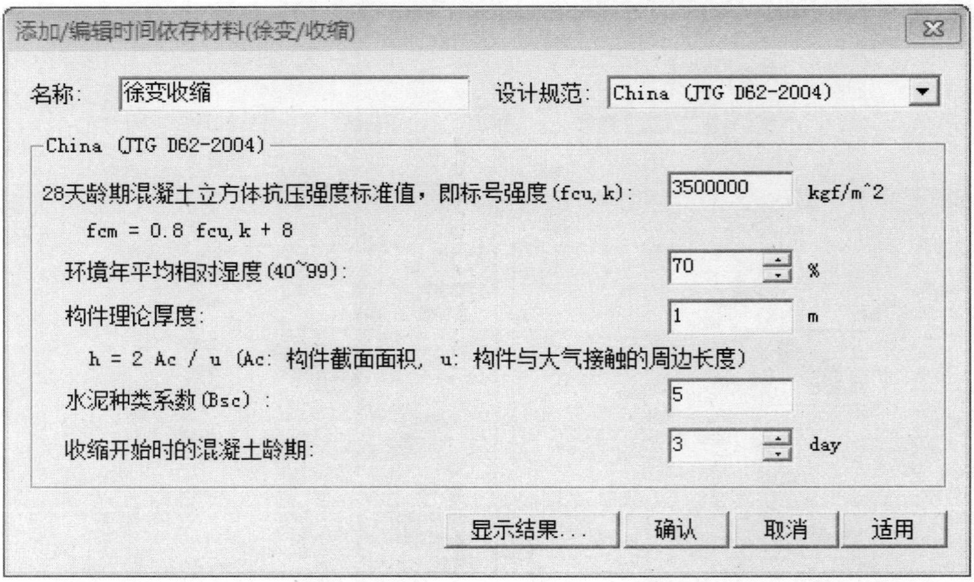

添加/编辑时间依存材料(徐变/收缩)
名称:
徐变收缩
设计规范:
China (JTG D62-2004)
China (JTG D62-2004)
28天龄期混凝土立方体抗压强度标准值，即标号强度(fcu, k):
3500000
kgf/m^2
fcm = 0.8 fcu, k + 8
环境年平均相对湿度(40~99):
70
%
构件理论厚度:
1
m
h = 2 Ac / u (Ac: 构件截面面积, u: 构件与大气接触的周边长度)
水泥种类系数(Bsc):
5
收缩开始时的混凝土龄期:
3
day
显示结果...
确认
取消
适用

图 4-4　定义收缩徐变

添加/编辑时间依存材料(抗压强度)
强度进展
系数
1.0
图形选项
X-轴对数刻度
Y-轴对数刻度
类型
设计规范
用户定义
强度发展
规范:
CEB-FIP
f(t)=(fck+Δf)×exp{s×[1-(28/teq)^0.5]}
混凝土平均抗压强度
(28天(fck+delta_f))
3500000
kgf/m^2
水泥类型(s):
N, R : 0.25
3.5e6
3e6
2.5e6
2e6
1.5e6
1e6
500000
0
0 2 4 6 8 10 12 14 16 18 20 22 24 26 28 30
时间(天)
重画
确认
取消

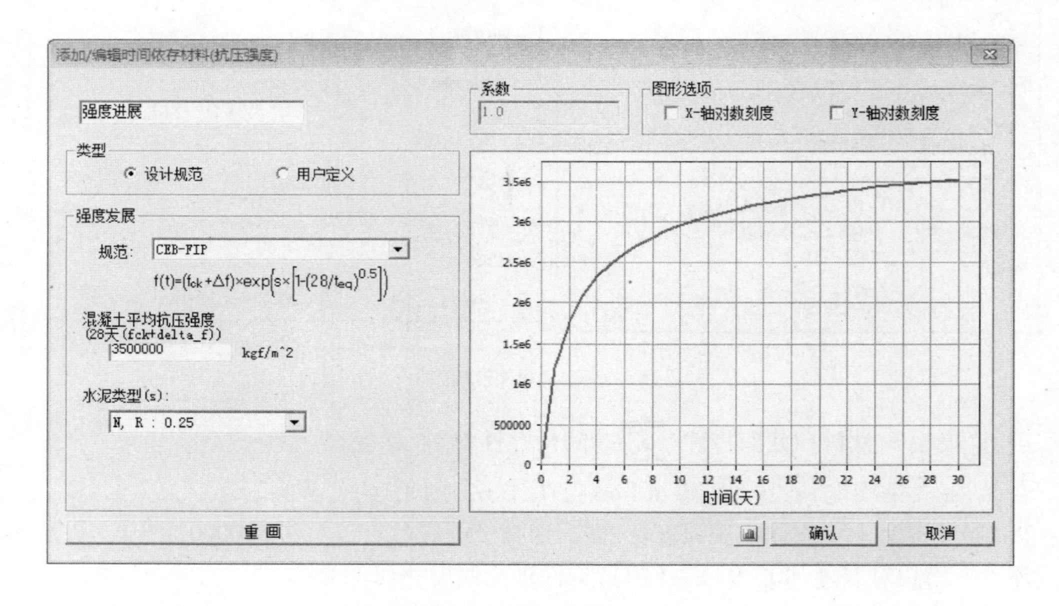

图 4-5　定义抗压强度

时间依存材料类型→徐变和收缩→徐变收缩；强度进展 > 强度进展；

选择指定的材料→材料→承台；操作→ 添加 / 编辑 。

(5)建立承台模型

承台为长方体结构，关于 yz 平面和 xz 平面对称，因此仿真分析只需计算其 1/4 即可。承台模型的建立可采取先建立平面单元，然后使用扩展单元功能建立实体单元，如图 4-7

所示。

依次点击：点格（关）；捕捉点（关）；捕捉轴线（关）

顶面；自动对齐；节点号（开）。

点击：模型→节点 > 建立 > 建立节点。

坐标(0,0,0)；(3.8,0,0)；(3.8,3.2,0)；(0,3.2,0)。

模型→单元→建立→建立单元；单元类型→板→4 节点（开）；类型→厚板；连接节点→(1,2,3,4)。

使用单元扩展功能建立实体单元模型（图 4-8）：

点击：标准；全选；

模型→单元→扩展→扩展单元；

树形菜单→单元→扩展类型→平面单元→（实体单元）；原目标→删除（开）；

单元类型→实体单元；

材料→1：承台；

生成形式→复制和移动→等间距（开）→dx，dy，dz (0,0,3.0)→ 适用(A) 关闭(C)

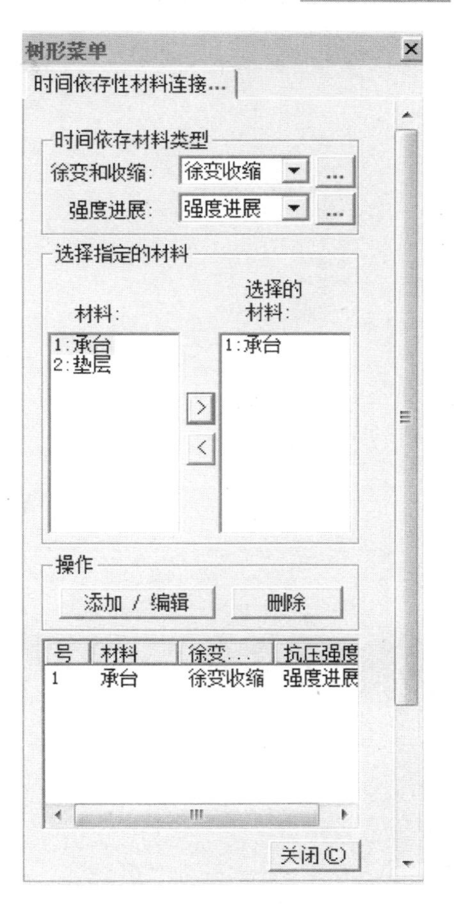

图 4-6　时间依存性材料连接

(6) 对实体单元进行分割

在 Midas Civil 中可使用单元分割功能进行单元划分，对于应力变化较大的区域及重点关心的部位可以将单元的分割成细而密的单元，基础部分可不必划分太细。划分单元时注意同一单元内的应力变化不要太大。对于本例而言，承台为长方体形状，可划分成同一大小的单元（图 4-9）。

点击：模型/单元/分割；全选；节点号（关）；

分割单元→单元类型→实体单元；等间距→x：(19)；y：(16)；z：(15)；

分割线单元（开）；合并重复节点（开）适用(A) 关闭(C)；

- 消隐（开）；显示→节点→节点（关）。

(7) 修改单元特性

因为刚才使用单元扩展功能建立实体单元时，构件的材料均定义成了混凝土，所以应修改垫层的材料特性。

点击：工具/用户定制/树形菜单（开）

- 正面；窗口选择（图 4-10 中的①）；

树形菜单/工作/特性值/材料→ 2：垫层（拖放）。

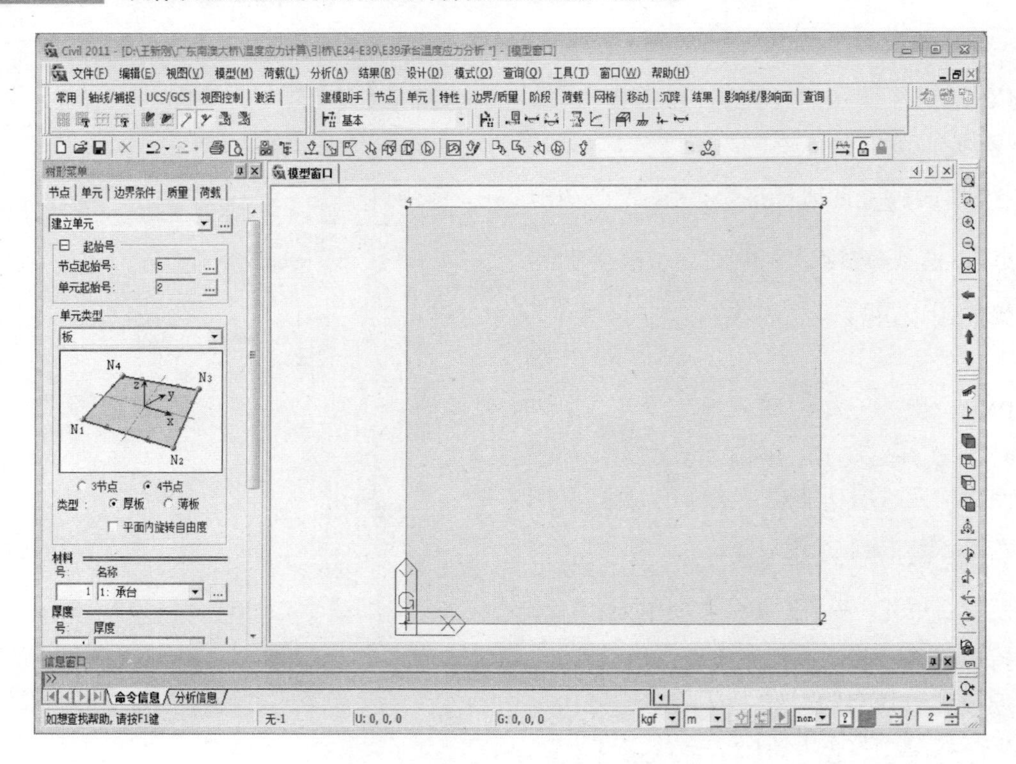

图 4-7　建立板单元

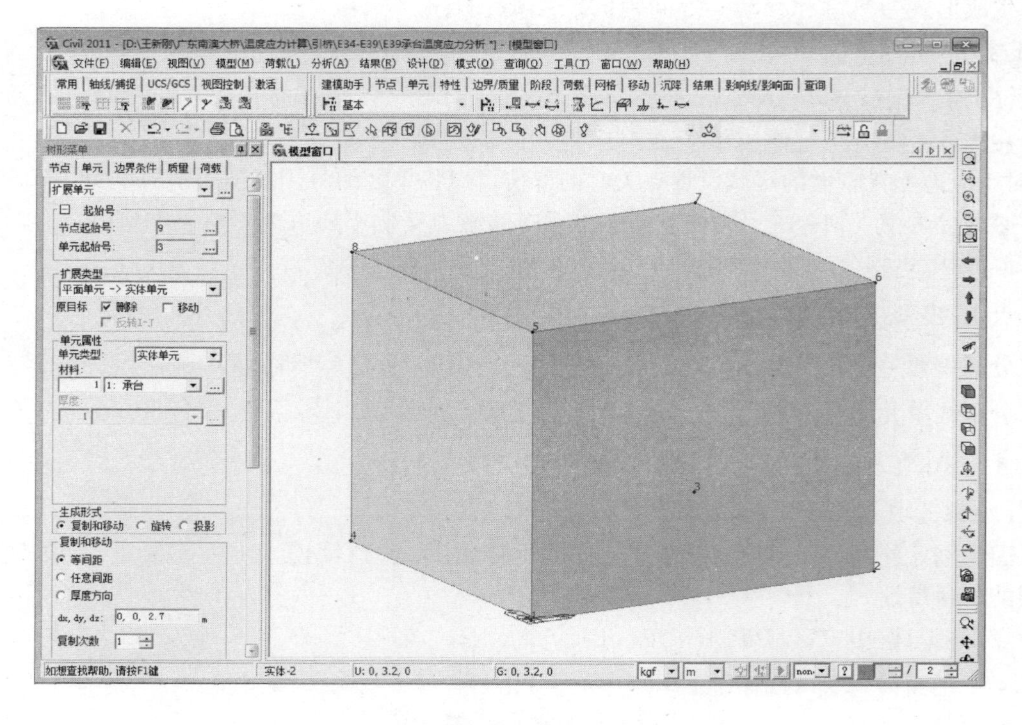

图 4-8　板单元扩展为实体单元

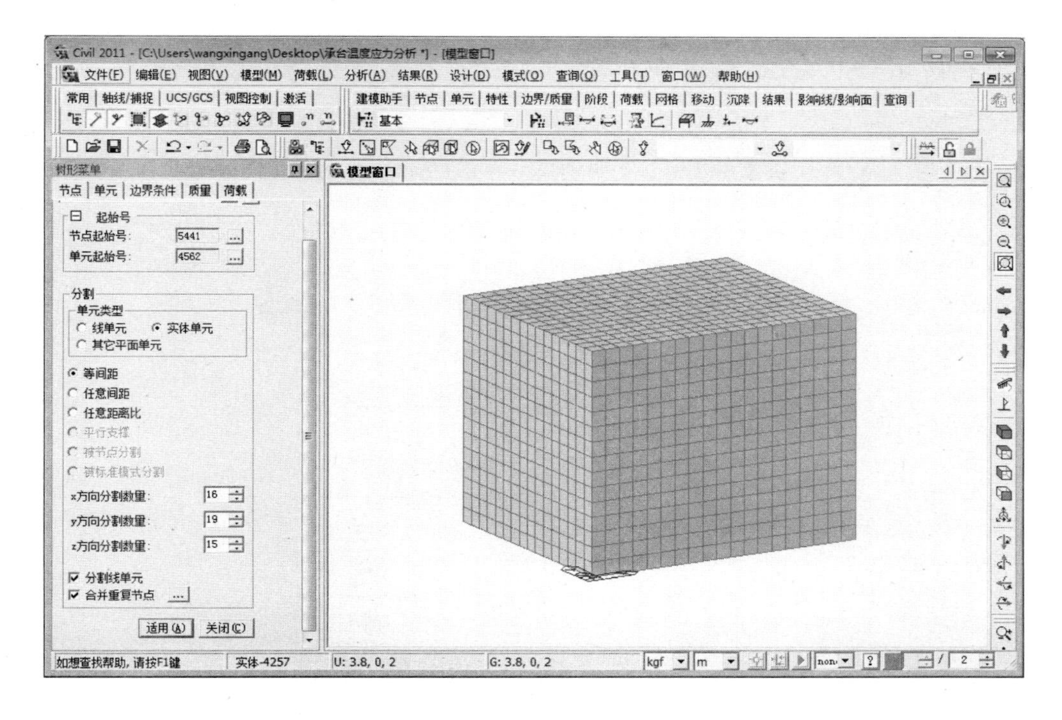

图 4-9　分割实体单元

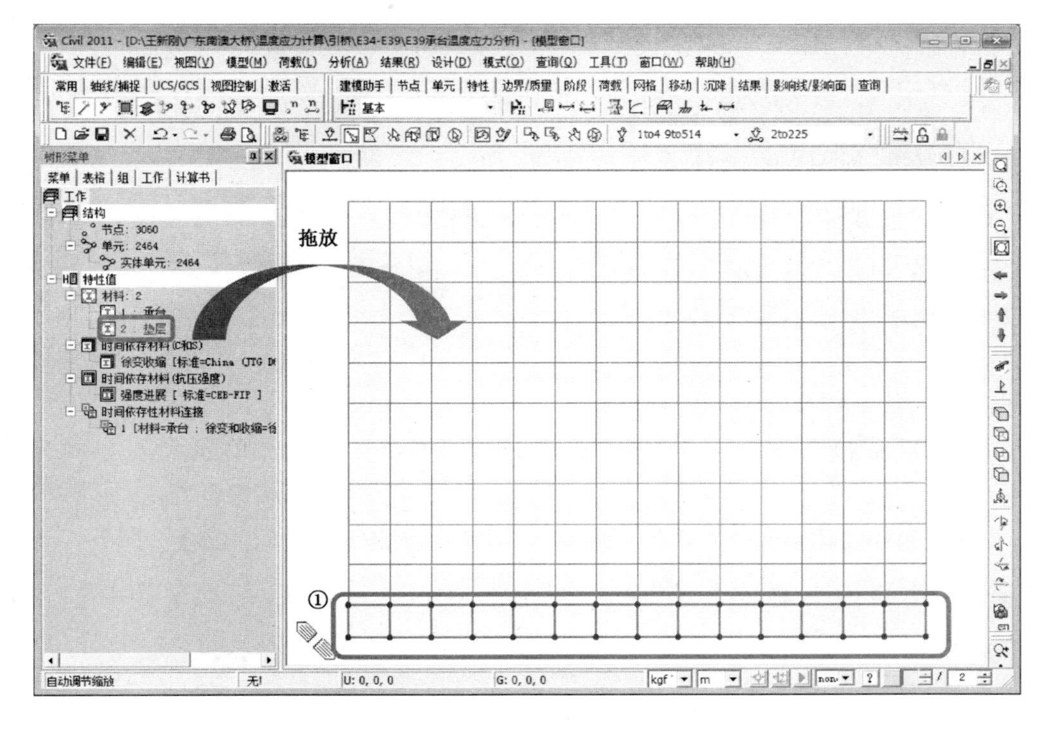

图 4-10　赋予垫层材料特性

(8)建立结构组

树形菜单/组→右击:结构组→新建……(图 4-11);定义结构组→名称→下层承台 添加(A);

定义结构组→名称→下层承台 添加(A);定义结构组→名称→垫层 添加(A) 关闭(C)。

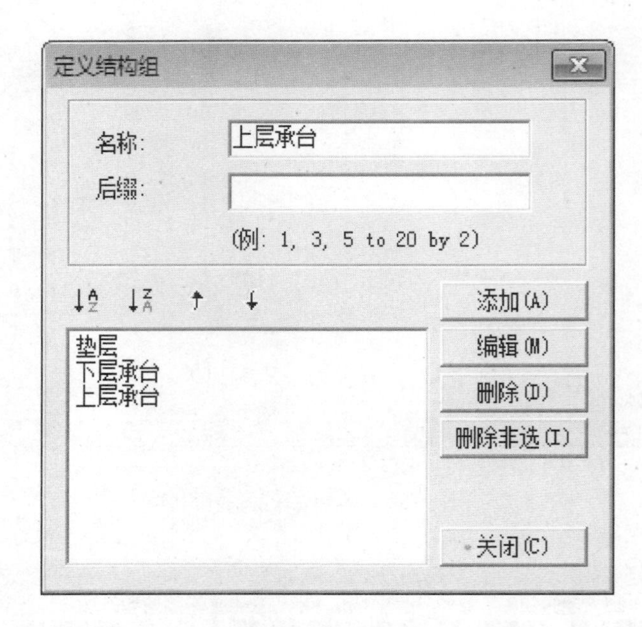

图 4-11　建立结构组

(9)将单元赋予结构组

窗口选择(图 4-12 的①);树形菜单→组→结构组→上层承台(拖放);

窗口选择(图 4-12 的②);树形菜单→组→结构组→垫层(拖放)。

窗口选择(图 4-13 的①);

树形菜单→组→结构组→下层承台(拖放)。

(10)建立边界组

建立边界组输入承台温度应力计算的边界条件(图 4-14)。树形菜单/组→右击:边界组→新建……;

定义边界组→名称→约束条件 添加(A);名称→对称条件 添加(A);

定义边界组→名称→固定温度条件 添加(A);名称→对流边界;后缀→1t3 添加(A)。

(11)输入边界条件

点击:模型/边界条件/一般支承;正面→ 自动对齐;窗口选择(图 4-15 的①);

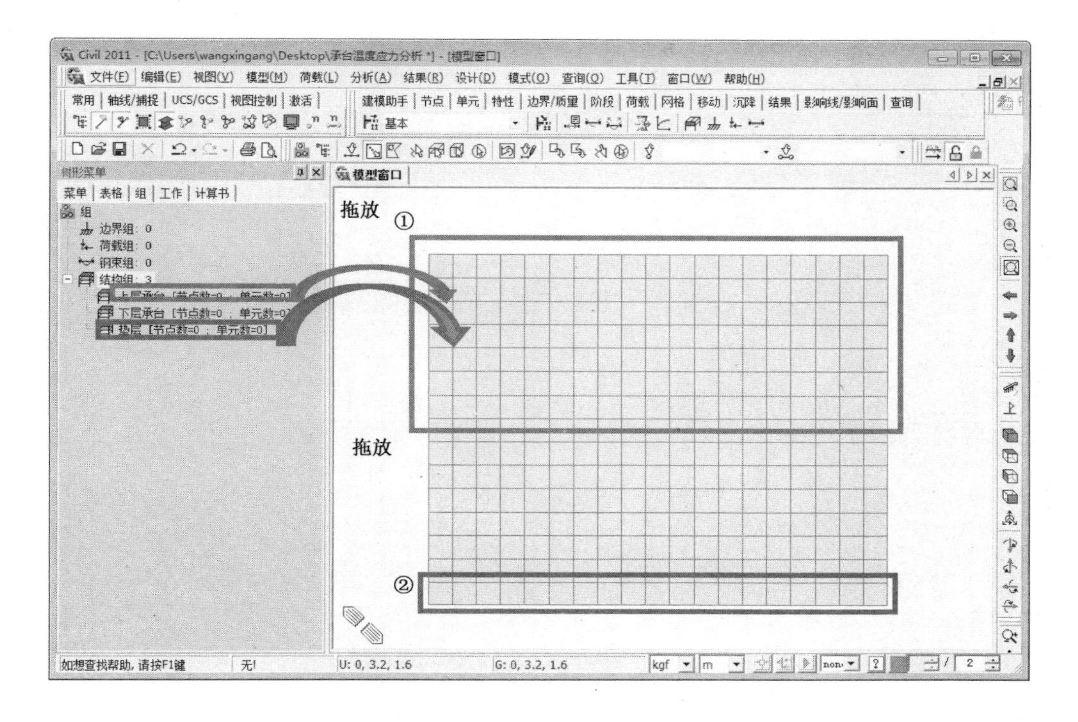

图 4-12　将上层承台和垫层单元赋予结构组

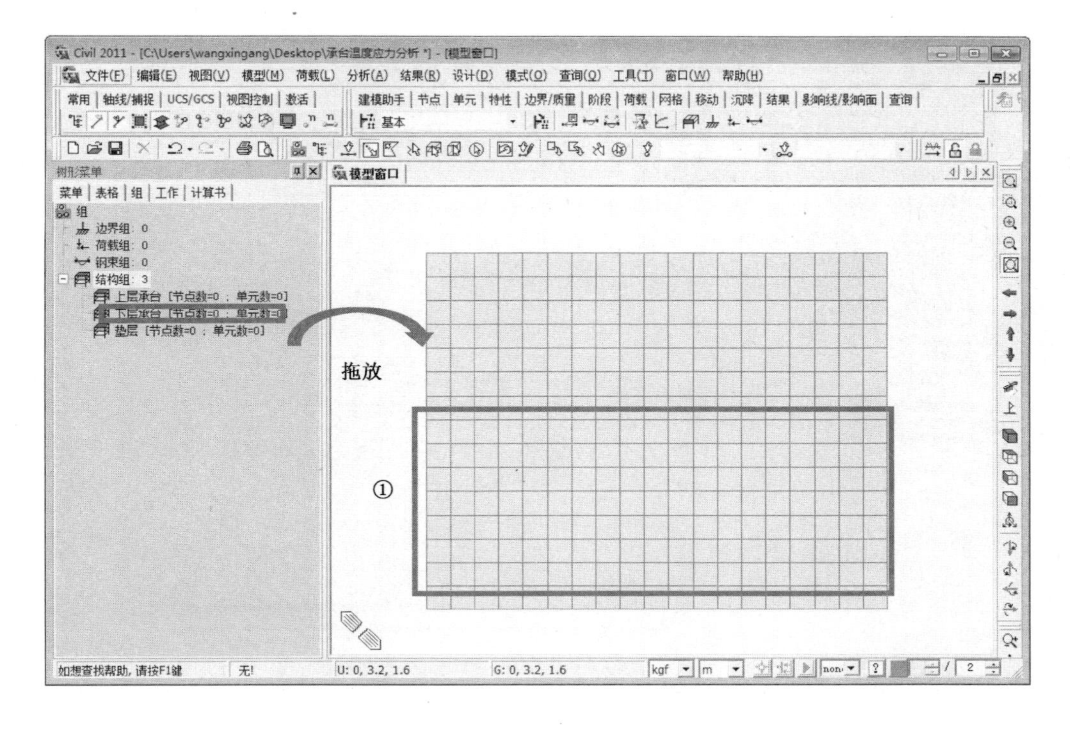

图 4-13　将下层承台单元赋予结构组

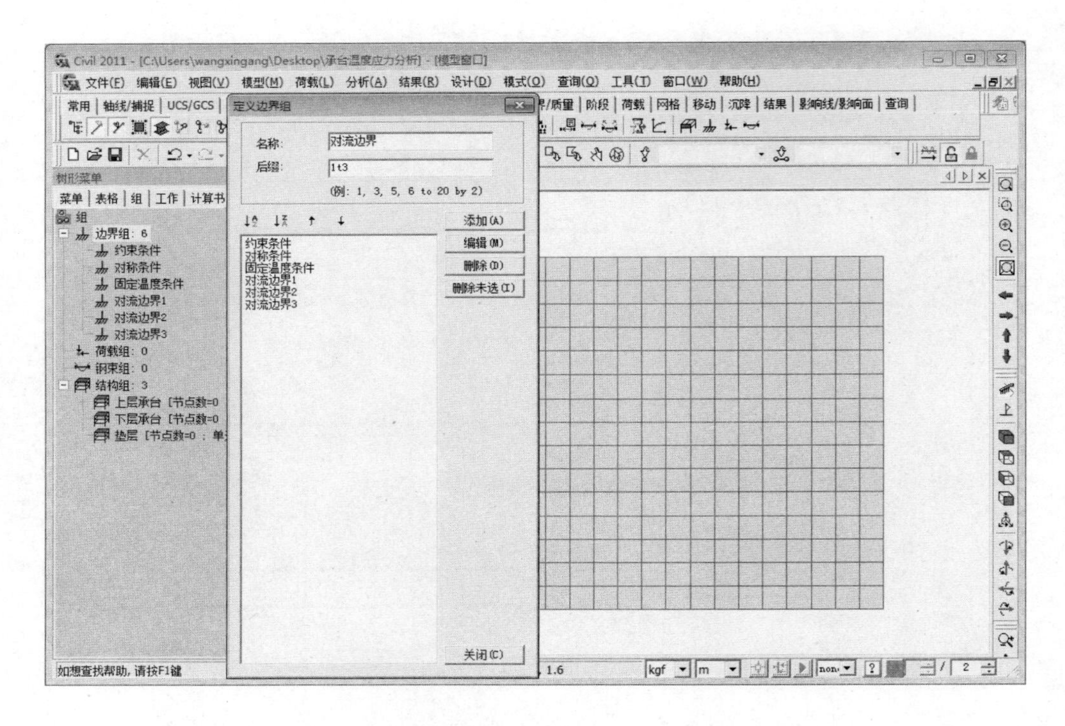

图 4-14　定义边界组

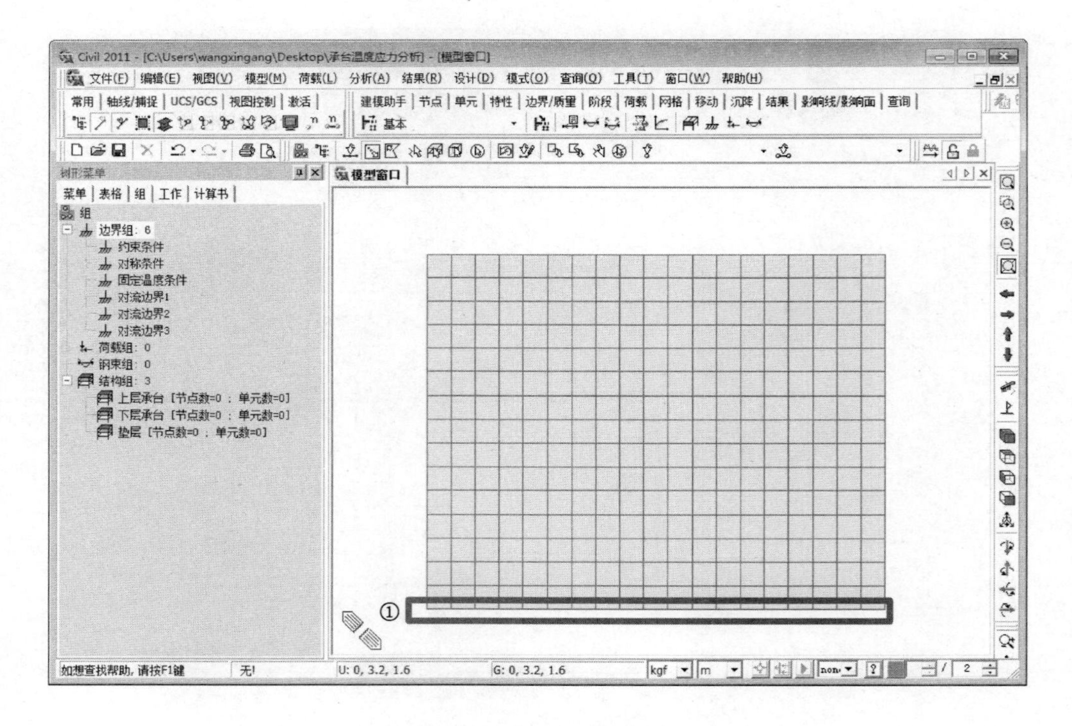

图 4-15　定义垫层约束条件

树形菜单/边界条件→一般支承；边界组名称→约束条件；

选择→添加；支承条件类型→D-ALL(开) 适用(A) 关闭(C)。

查看输入的垫层边界条件(图 4-16)。

点击：标准；自动对齐；

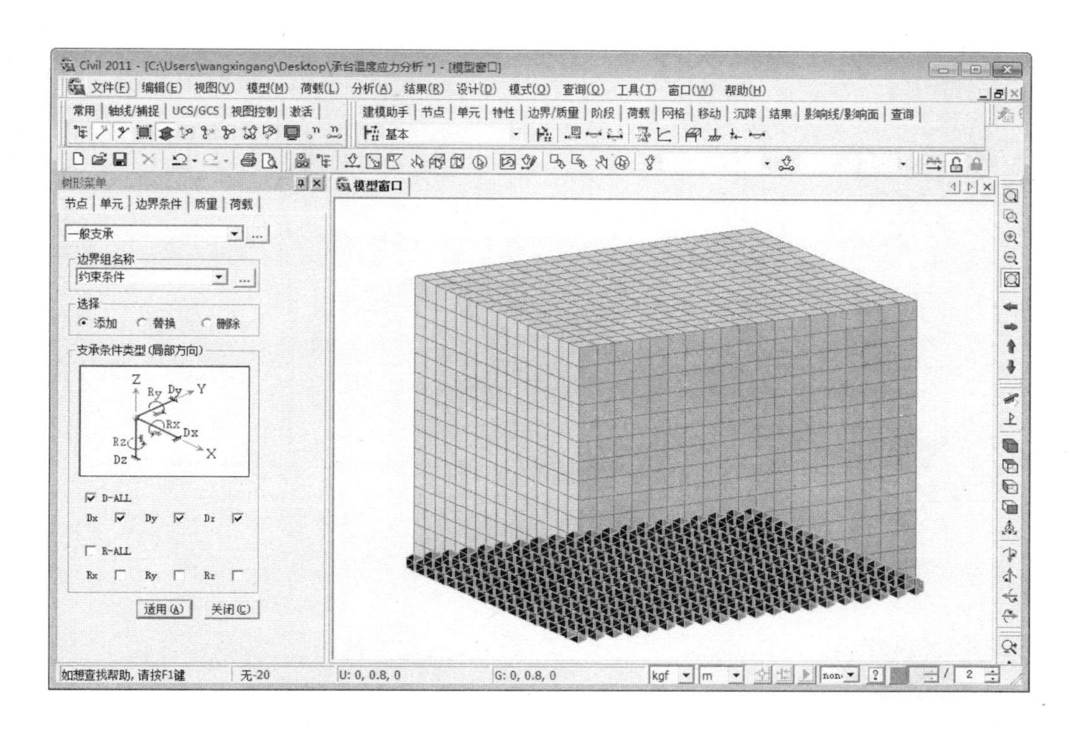

图 4-16　输入的垫层约束条件

因为是 1/4 对称模型，所以需要输入对称边界条件。

点击：窗口/新窗口；窗口/水平排序；

模型窗口 1→正面→自动对齐；模型窗口→左面→自动对齐

点击：模型/边界条件/一般支承；

窗口选择(图 4-17 的①)；

树形菜单/边界条件→一般支承；边界组名称→对称条件；

选择→添加；支承条件类型→D*x*(开) 适用(A)；

窗口选择(图 4-17 的②)；支承条件类型→D*y*(开) 适用(A) 关闭(C)。

(12)输入水化热分析数据

水化热分析控制

建立了结构有限元模型后，要输入温度应力分析所需的时间离散系数、初始温度及单元应力输出位置等(图 4-18)。

点击：分析/水化热分析控制；

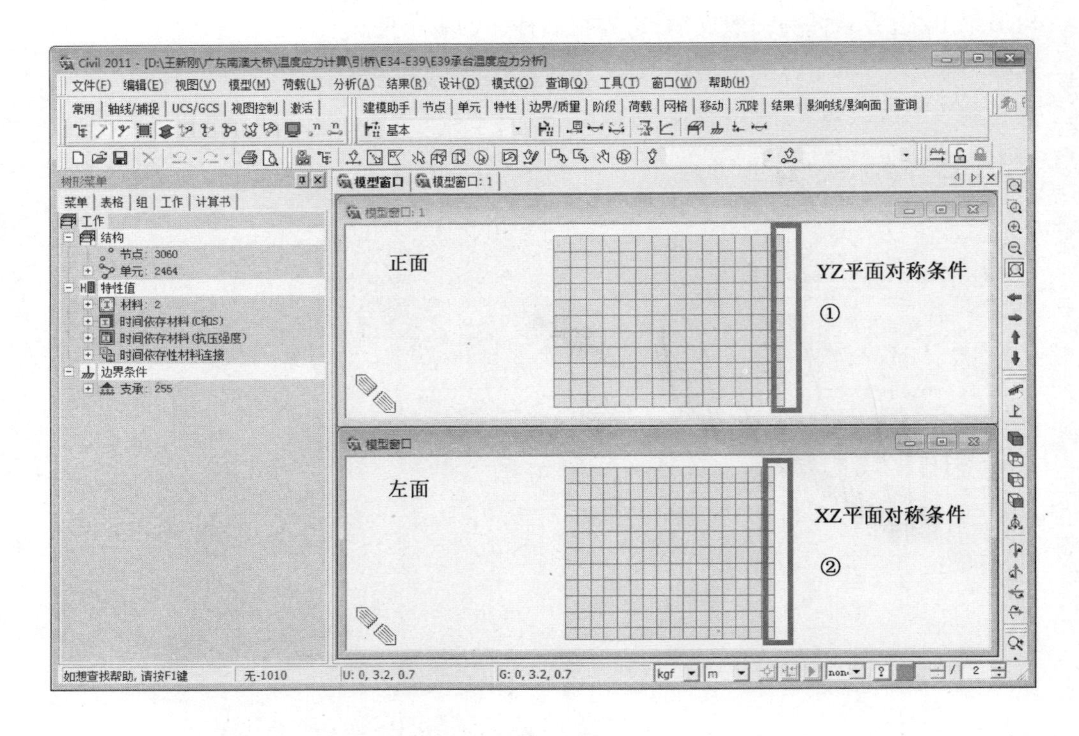

图4-17 输入对称条件

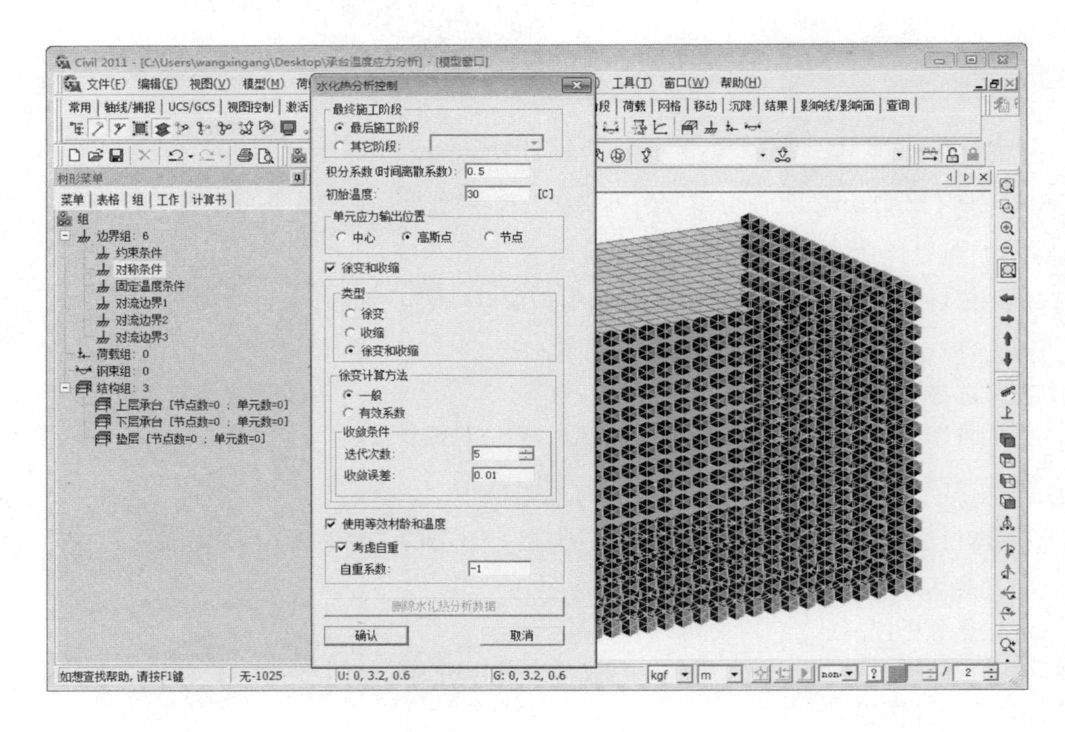

图4-18 水化热分析控制

最终施工阶段→最后施工阶段；积分系数→0. 5；初始温度：30；
单元应力输出位置→高斯点；徐变和收缩（开）→徐变和收缩；
徐变计算方法→一般；收敛条件/迭代次数→5；收敛误差→0. 01；
使用等效材龄和温度（开）/考虑自重（开）/自重系数→ -1。
（13）输入环境温度
点击：荷载/水化热分析数据/环境温度函数→添加（图 4-19）；
函数名称→环境温度；函数类型→常量（开）；
常量→温度→30 重画图形。

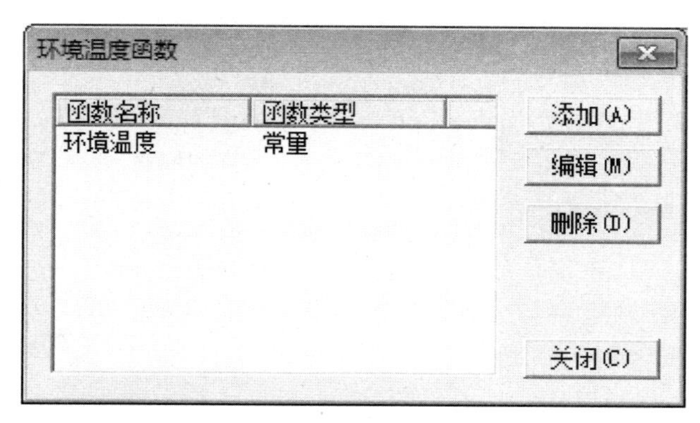

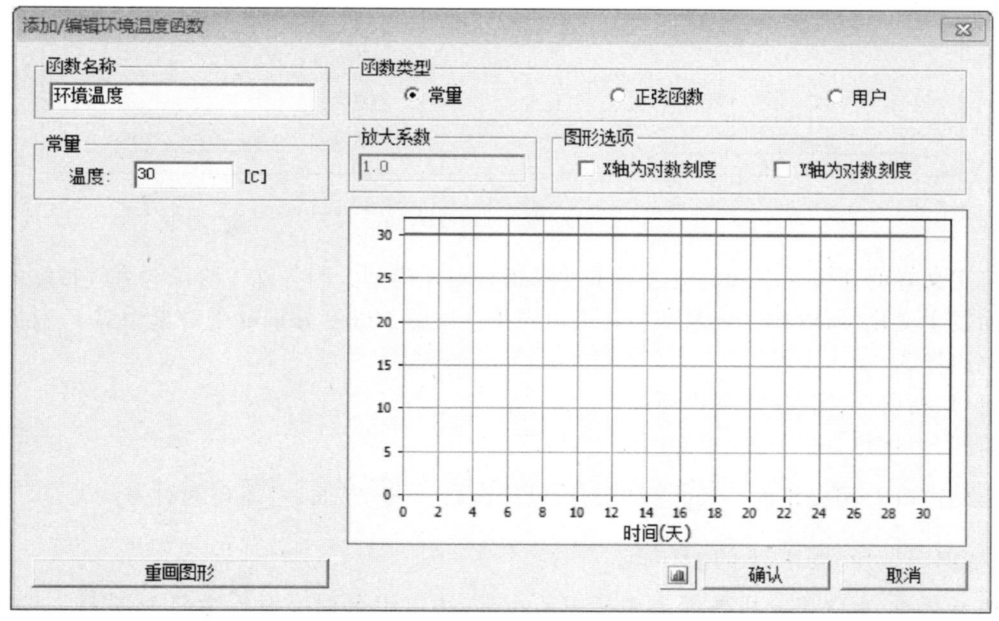

图 4-19　输入环境温度函数

（14）输入对流系数
点击：荷载/水化热分析数据/对流系数函数→添加；
函数名称→对流系数；函数类型→常数；常数→对流系数→50. 23（图 4-20）。

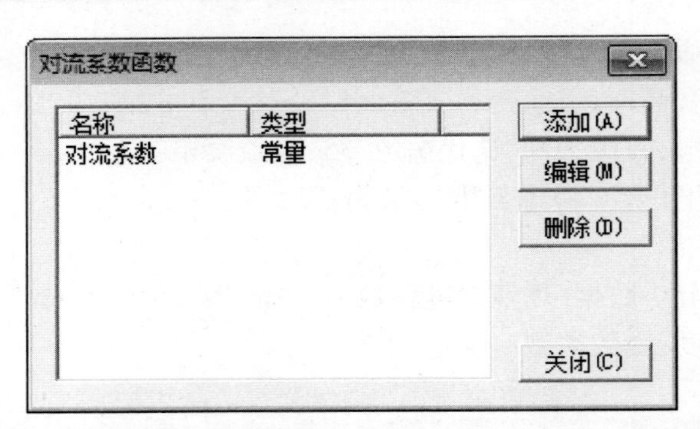

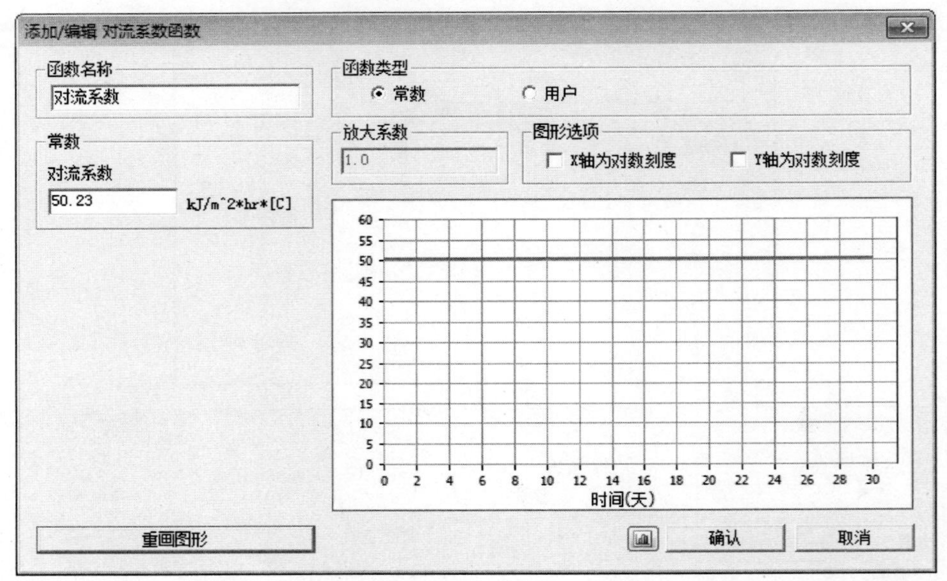

图 4-20　输入对流系数函数

将定义好的环境温度和对流边界条件赋予有限元模型。因各施工阶段与大气接触的混凝土表面发生变化，所以将大气温度和对流边界条件按施工进度分别赋予对流边界 1、对流边界 2、对流边界 3。

窗口/新窗口；窗口/水平排列；

荷载/水化热分析数据/单元对流边界；

模型窗口 1→正面→自动对齐；模型窗口→左面→自动对齐；

窗口选择(图 4-21 的①和②)

树形菜单/水化热分析数据→单元对流边界；边界组名称→对流边界 1；选择→添加/替换；对流边界→对流系数函数→对流系数；环境温度函数→环境温度；选择→根据选择的节点 适用(A)。

窗口选择(图 4-22 的①)

边界组名称→对流边界 2；选择→添加/替换；对流边界→对流系数函数→对流系数；环境

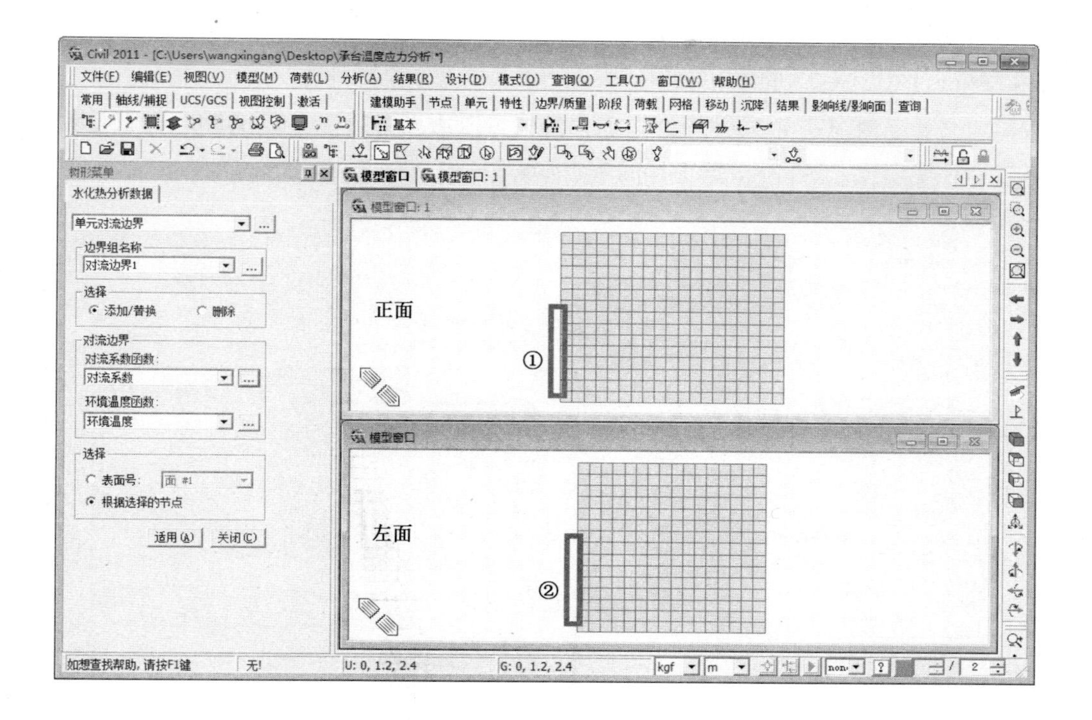

图 4-21　将对流边界条件赋予下层承台

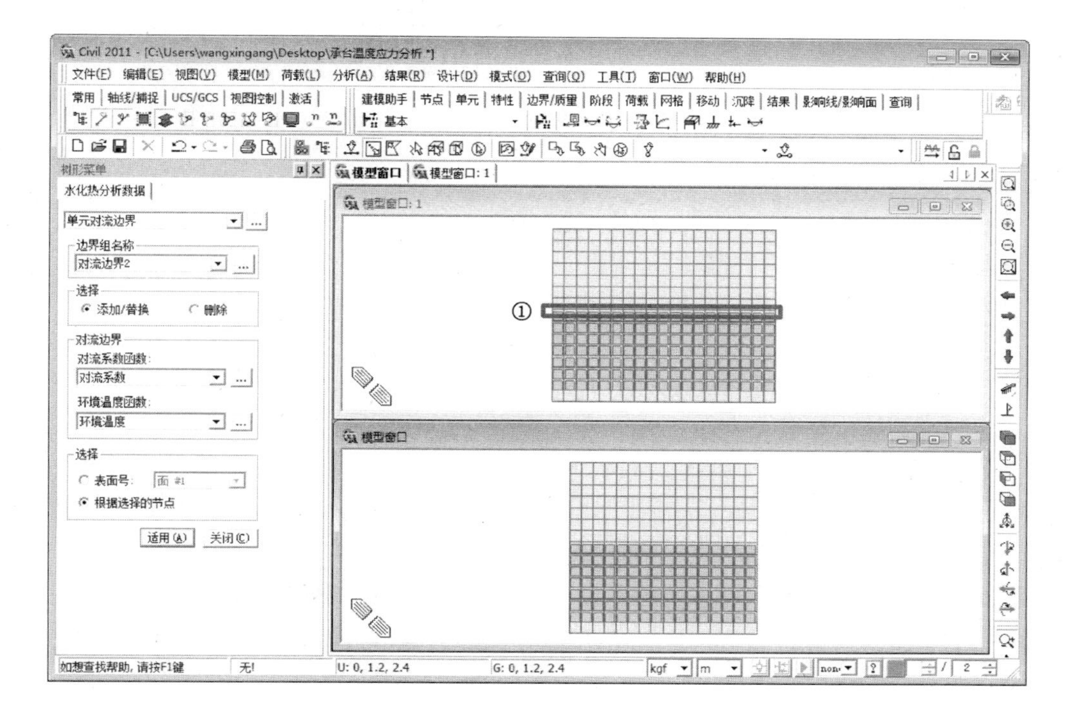

图 4-22　将对流边界条件赋予上下层承台接触面

温度函数→环境温度;选择→根据选择的节点 适用(A)。

窗口选择(图4-23的①和②)

边界组名称→对流边界3;选择→添加/替换;对流边界→对流系数函数→对流系数;环境温度函数→环境温度;选择→根据选择的节点 适用(A) 关闭(C)。

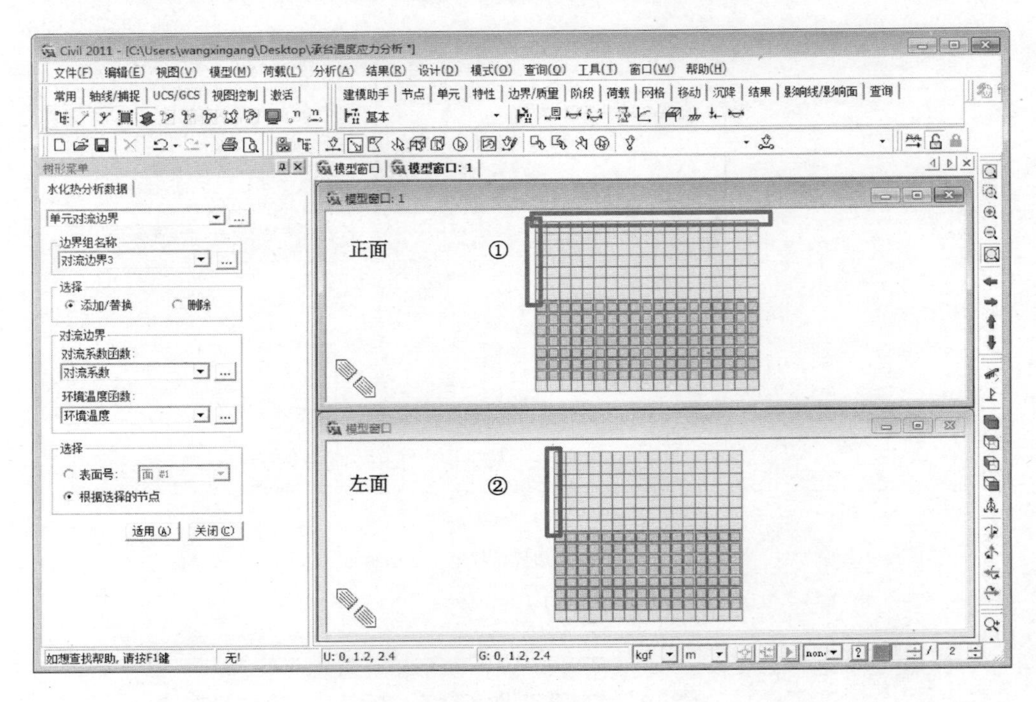

图4-23 将对流边界条件赋予上层承台

(15)定义固定温度条件

对温度不随时间变化的单元赋予固定温度条件。

点击:荷载/水化热分析数据/固定温度;

树形菜单/水化热分析数据→固定温度;边界组名称→固定温度条件;

选择→添加;温度→30;模型窗口1→关闭;模型窗口→正面→自动对齐;

窗口选择(图4-24的①)→ 适用(A) 关闭(C)。

(16)定义放热函数

输入单元的放热函数。放热函数描述的是混凝土水化过程的放热量与时间的关系,放热函数与水泥各类和每立方米混凝土水泥用量决定(图4-25)。

点击:荷载/水化热分析数据/热源函数→添加;函数名称→热源函数;

函数类型→设计标准;函数→最大绝热温升→44.6;常数>0.41 重画 确认。

(17)将放热函数赋予承台混凝土单元

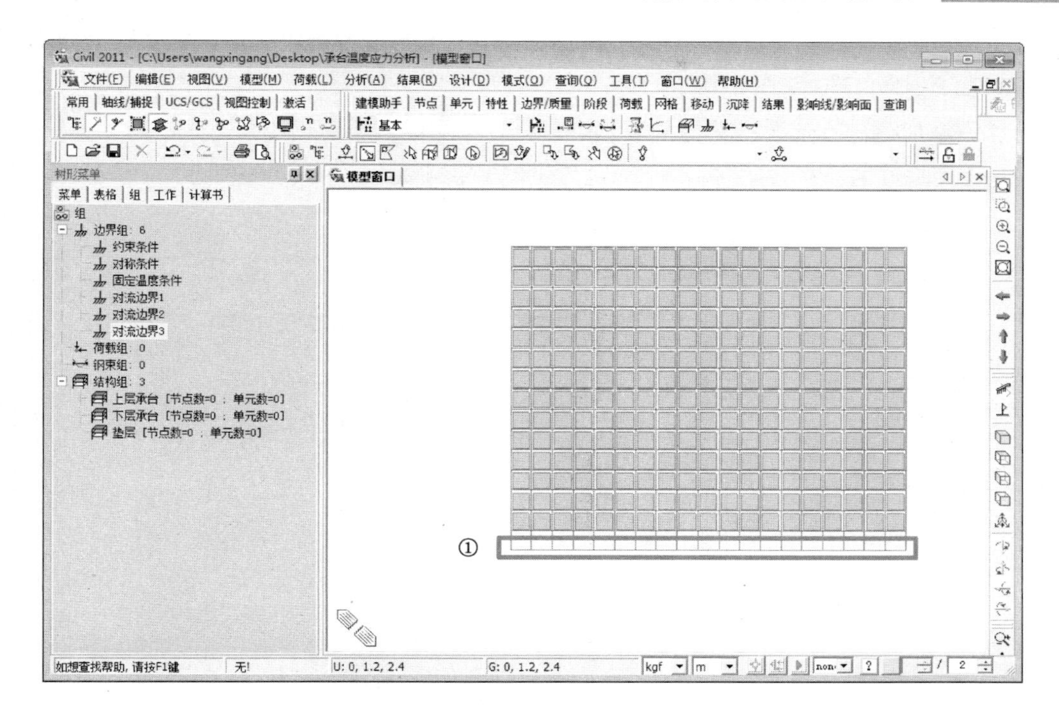

图 4-24　将固定温度条件赋予有限元模型

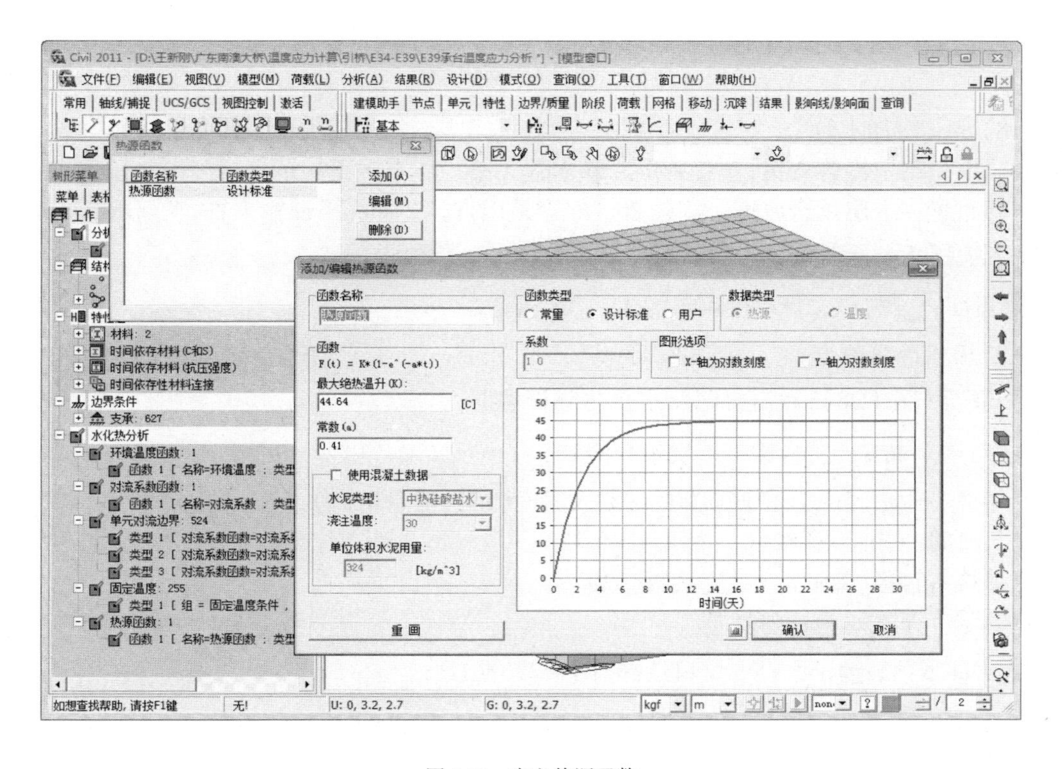

图 4-25　定义热源函数

点击：荷载/水化热分析数据/分配热源→树形菜单/水化热分析数据→分配热源(图4-26)；

正面；窗口选择(图4-26的①)；

选择→添加/替换；热源→热源函数 适用(A) | 关闭(C) 。

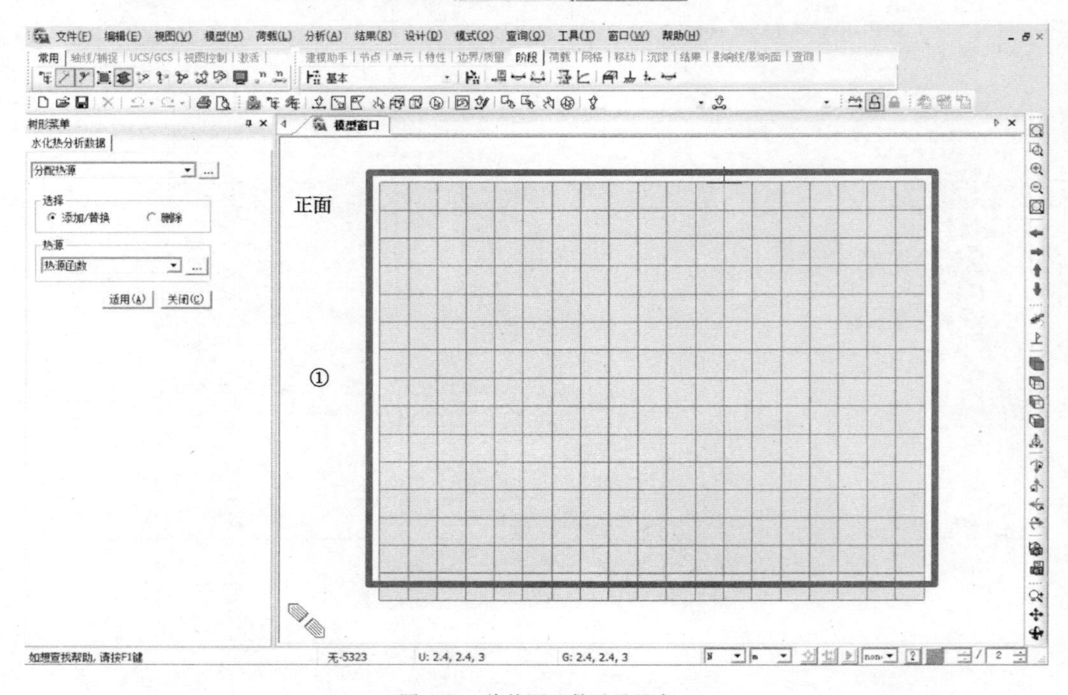

图4-26　将热源函数赋予承台

(18)定义冷却水管

按照事先制定冷管方案，布置两层冷却水管。第一层布置下层承台厚度一半位置；第二层冷却水管布置在上层承台厚度一半位置。冷管采用直径27mm黑铁输水管，管间距0.8m。

输入上层承台冷管数据；点击： > 节点(开) 确认 ；

正面；窗口选择(图4-27的①)； 激活。

(19)输入冷管数据

顶面(图4-28)；点击：荷载/水化热分析数据；

冷管→ 添加 ；名称→上层承台冷管；

冷却水→比热容(1)；密度(1000)；流入温度(25)；流量(1.3)；

流入时间→开始→CS2(0)；结束CS2(72)；

冷却管→管径(0.027)；对流系数(320)。

(20)输入下层承台冷管数据

全部激活；正面；窗口选择(图4-29的①)；

激活；顶面；输入冷管数据(图4-30)；点击：荷载/水化热分析数据；

冷管→ 添加 ；名称→下层承台冷管；

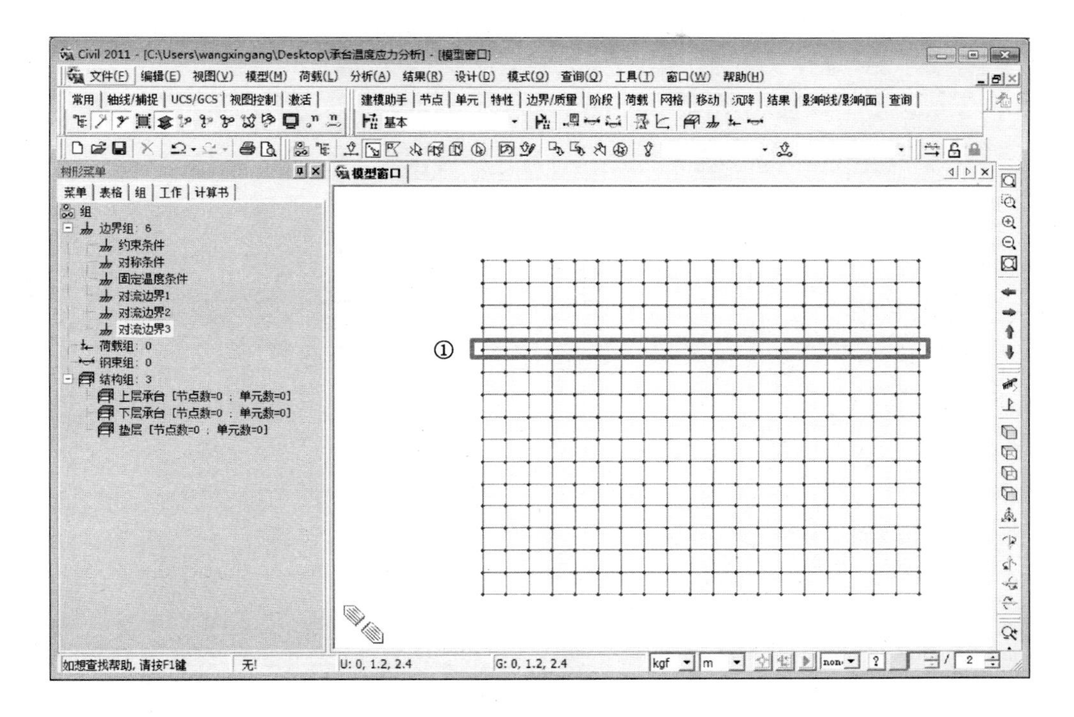

图 4-27　激活上层承台冷管位置节点

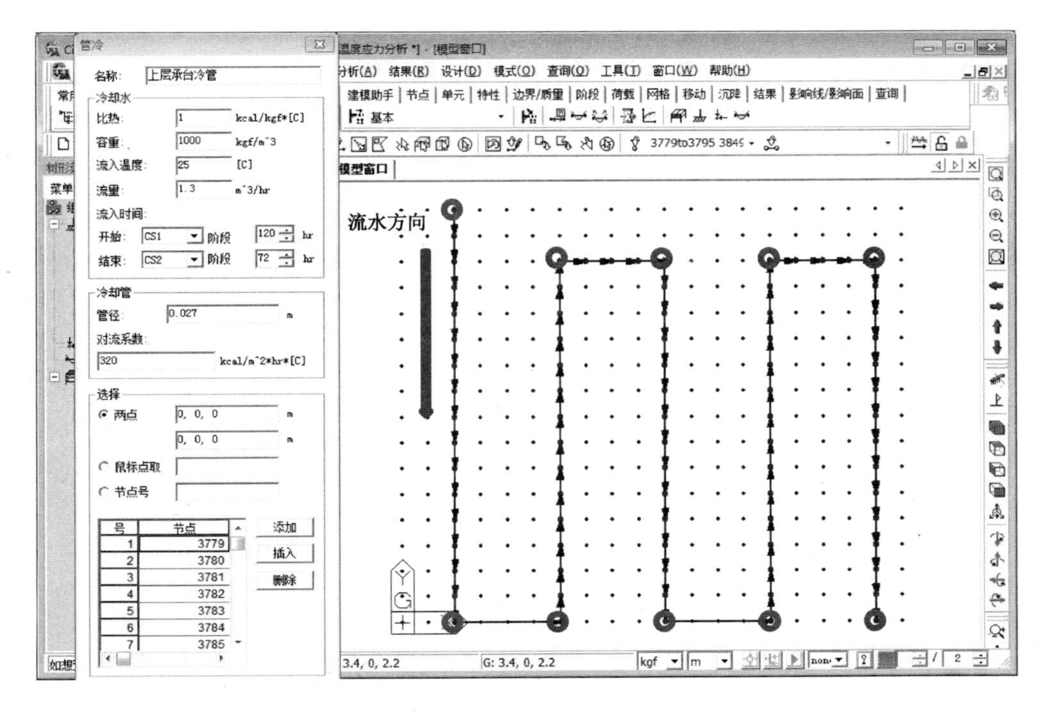

图 4-28　输入上层承台冷管数据

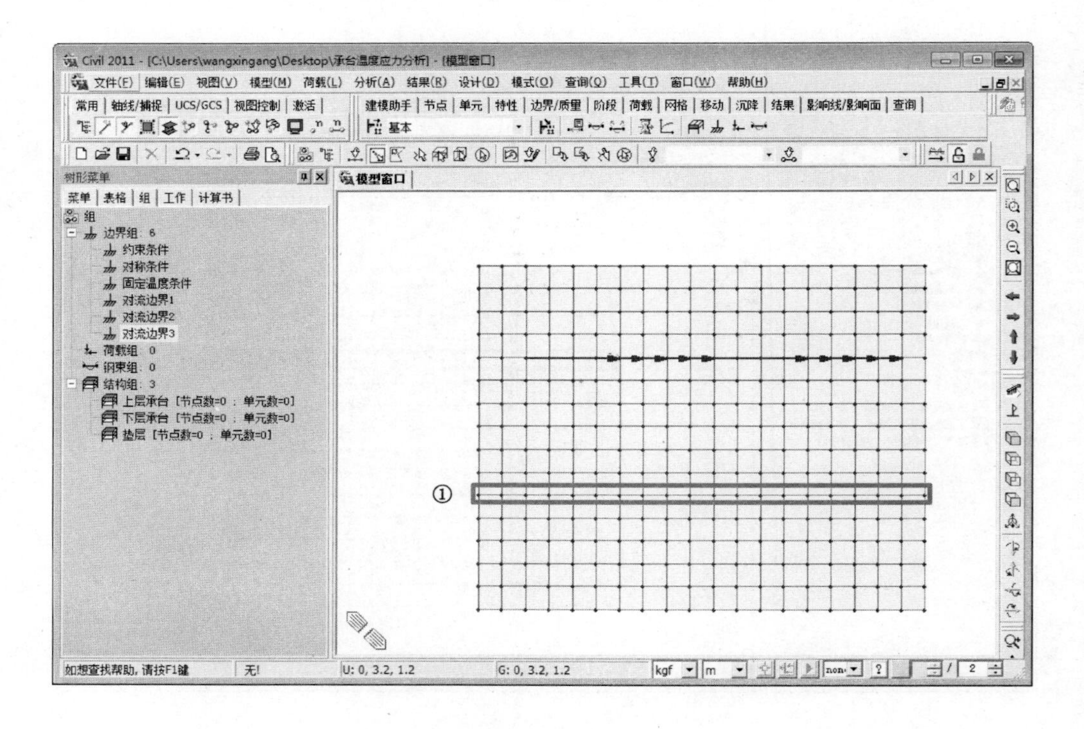

图 4-29　激活下层承台冷管位置节点

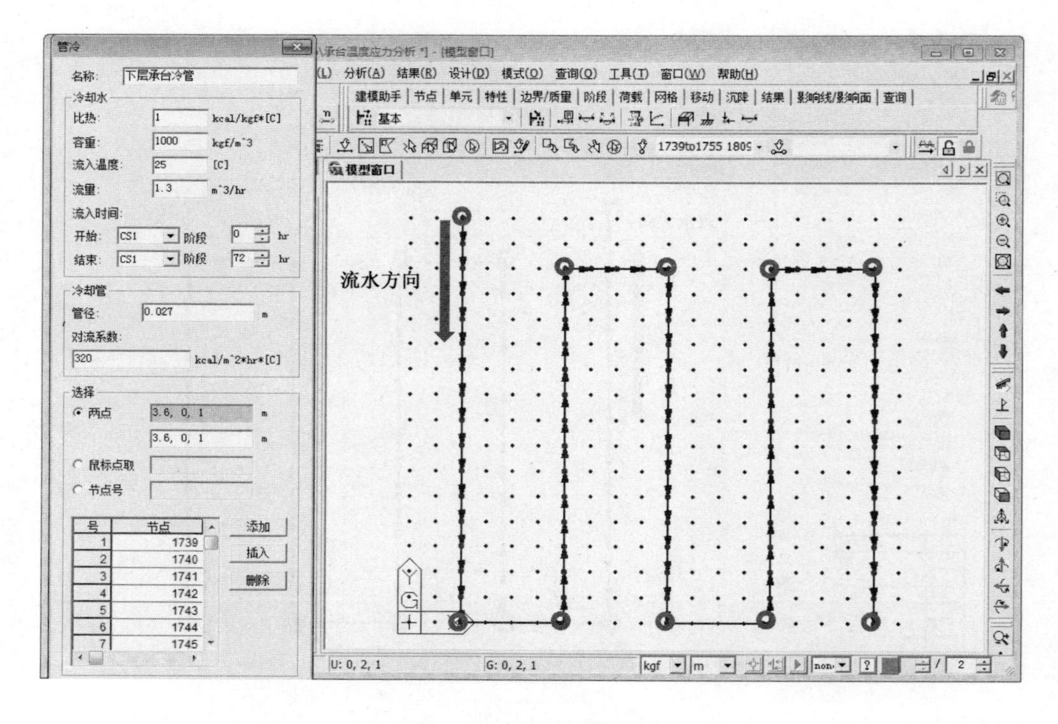

图 4-30　输入下层承台冷管数据

冷却水→比热容(1);密度(1000);流入温度(25);流量(1.3);

流入时间→开始→CS1(0);结束 CS1(72);冷却管→管径(0.027);对流系数(320)。

(21)定义施工阶段

使用已经定义的结构组和边界组来定义施工阶段,按施工进度输入水化热分析时间(图 4-31)。

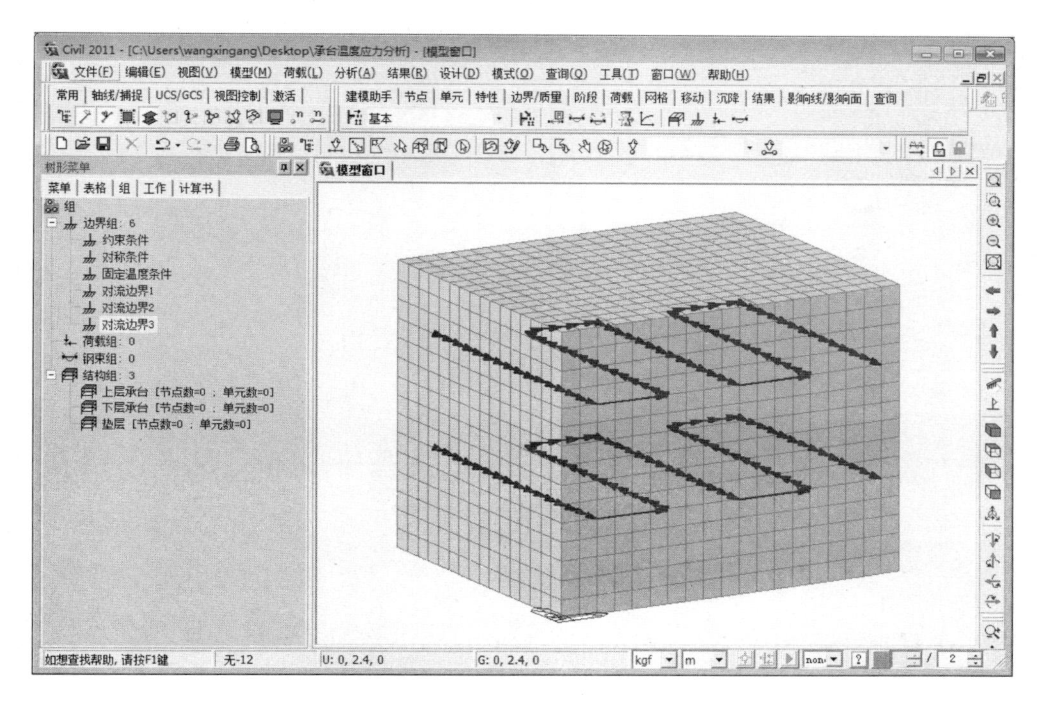

图 4-31　定义冷管后的承台模型

首先将先浇筑的垫层和下层承台混凝土定义为第一施工阶段(CS1)(图 4-32)。

点击:荷载/水化热分析数据/定义水化热分析施工阶段→ 添加 ;

施工阶段→名称→CS1; 初始温度(开)→30;

步骤→时间(小时)→1,3,6,12,24,48,60,72,96,120 添加(A) ;单元→组列表→下层承台→激活 添加 ;

单元→组列表→垫层→激活 添加 ;边界→组列表→约束条件→激活 添加 ;

边界→组列表→对称条件→激活→ 添加 ;边界→组列表→固定温度条件→激活 添加 ;

边界→组列表→对流边界 1→激活 添加 ;边界→组列表→对流边界 2→激活 添加 确认 。

其次将后浇筑的上层承台混凝土定义为第二施工阶段(CS2)(图 4-33)。

点击:荷载/水化热分析数据/定义水化热分析施工阶段 添加 →施工阶段→名称→

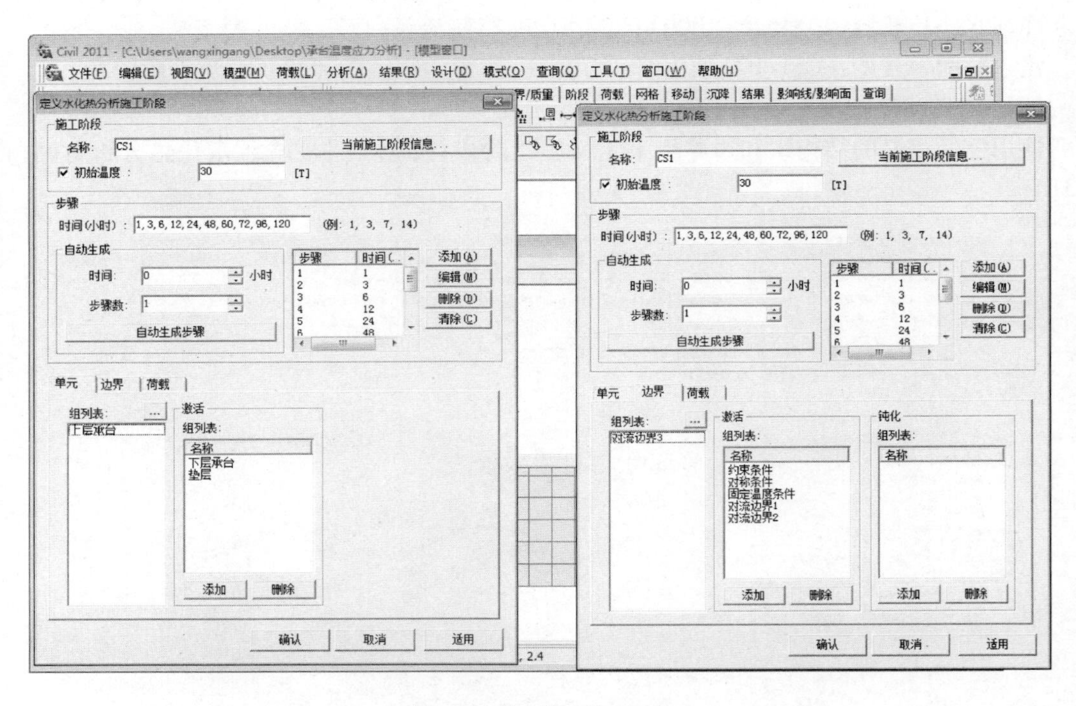

图 4-32　定义第一施工阶段

CS2；

初始温度（开）→30；

步骤 → 时间（小时）→ 1，3，6，12，24，48，60，72，96，120，168，240，360，480，720 添加(A)；

单元→组列表→上层承台→激活 添加；边界→组列表→对流边界 3→激活 添加；

边界→组列表→对流边界 2→钝化 添加 确认。

在模型空间上查看输入的施工阶段（图 4-34）；

显示；综合表单；水化热值（开）；水化热单元对流边界（开）；

水化热固定温度（开）；水化热源（开）；水化热冷管单元（开）。

（22）运行结构分析

模型建立完成并输入所有所需数据之后运行结构分析。

分析→运行分析，或直接按 F5。

（23）查看分析结果

在 Midas/CIVIL 中可以使用图形、表格、图表、动画等多种手段查看各施工阶段的水化热分析结果。

查看温度结果；

查看水化热分析中各施工阶段中每一步骤内产生的温度分布。

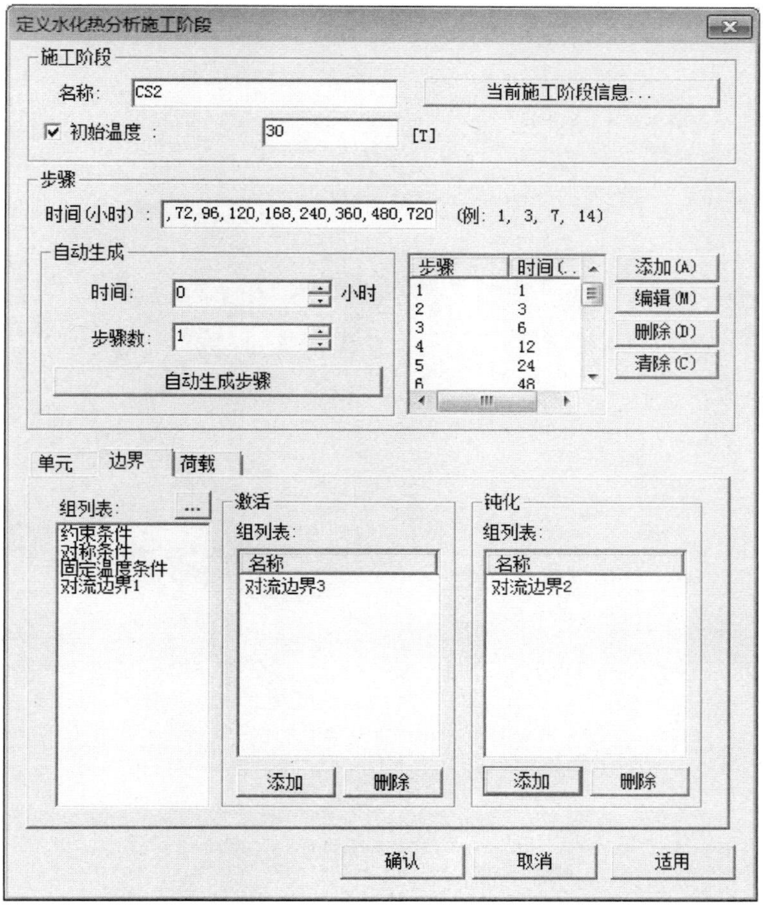

图 4-33　定义第二施工阶段

查看第一施工阶段温度分布；

定义施工阶段→CS1；视角(调整到想要观察温度的视角，如图 4-35 所示)；

结果/水化热分析/温度；

步骤→HY Step 6，48.0h(可选择任意步骤进行温度查看)；

显示类型→等值线(开)；图例(开) 适用。

(24)查看第二施工阶段温度分布

定义施工阶段→CS2；结果/水化热分析/温度；

步骤→HY Step 6，168.0h(可选择任意步骤进行温度查看)(图 4-36)；

显示类型→等值线(开)；图例(开) 适用。

(25)查看应力结果

查看第一施工阶段应力分布；将单位体系转换为 m，N 后查看应力。

定义施工阶段→CS1；视角(调整到想要观察温度的视角，如图 4-37 所示)；

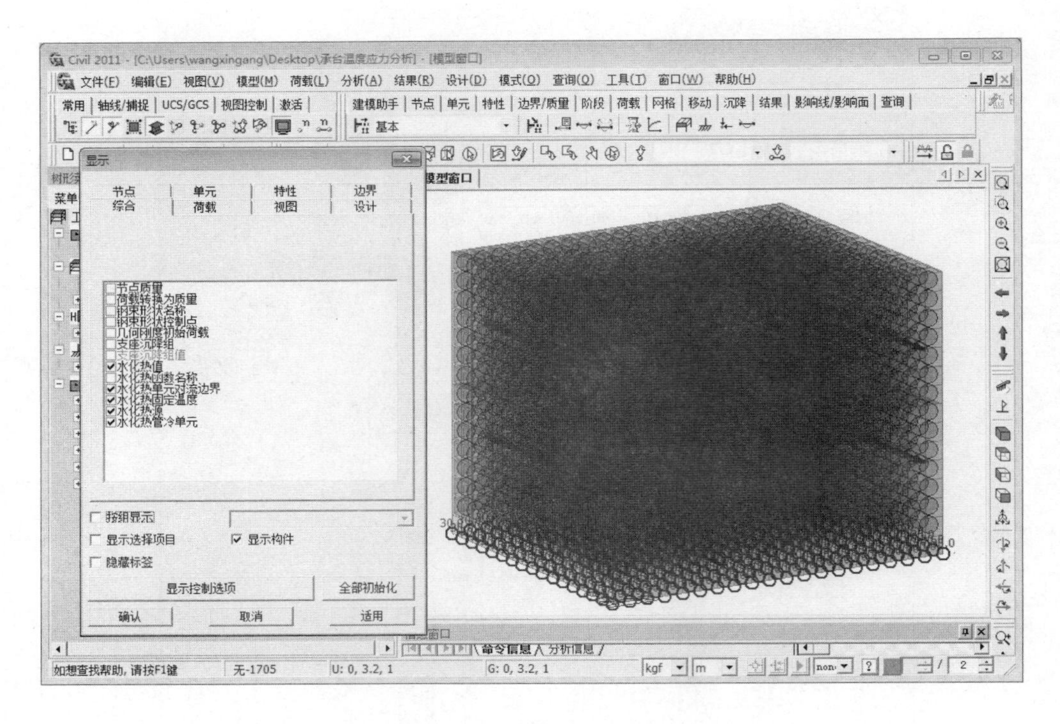

图 4-34　在模型空间上查看施工阶段

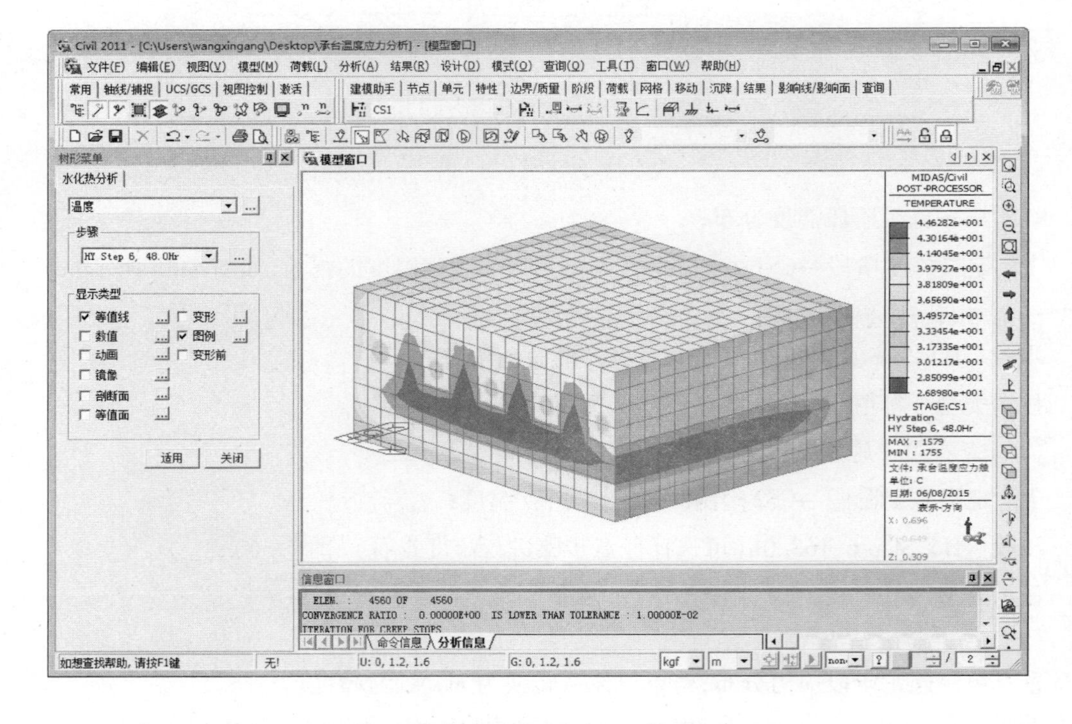

图 4-35　第一施工阶段第 48h 温度分布

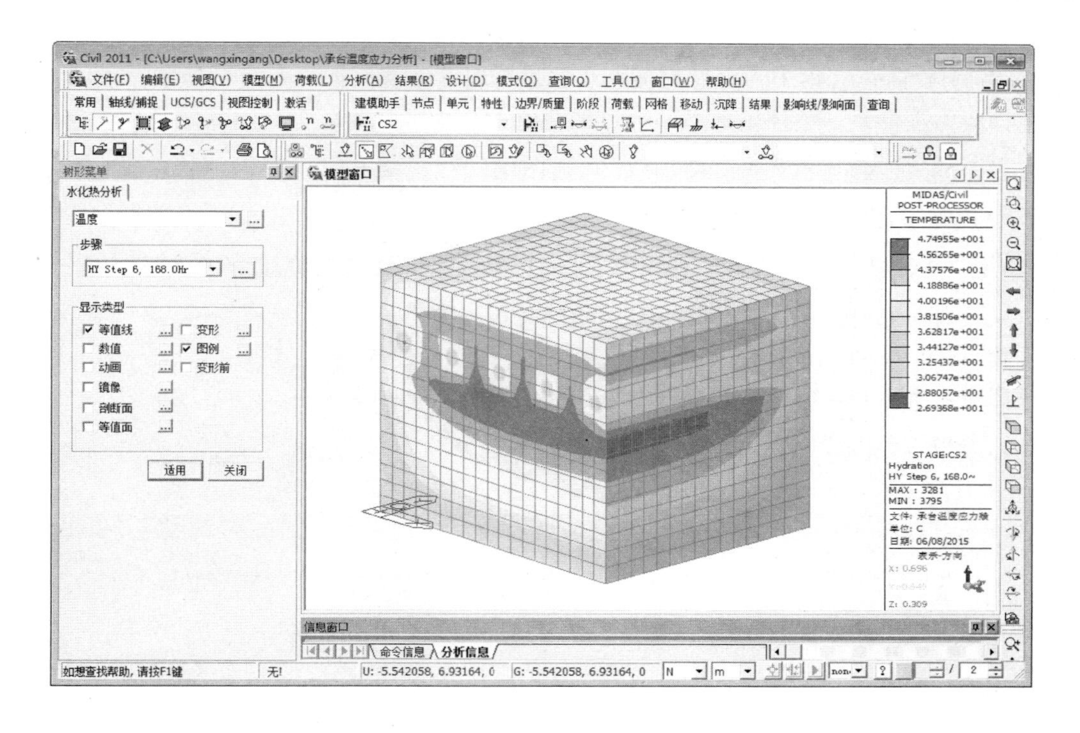

图 4-36　第二施工阶段第 168h 温度分布

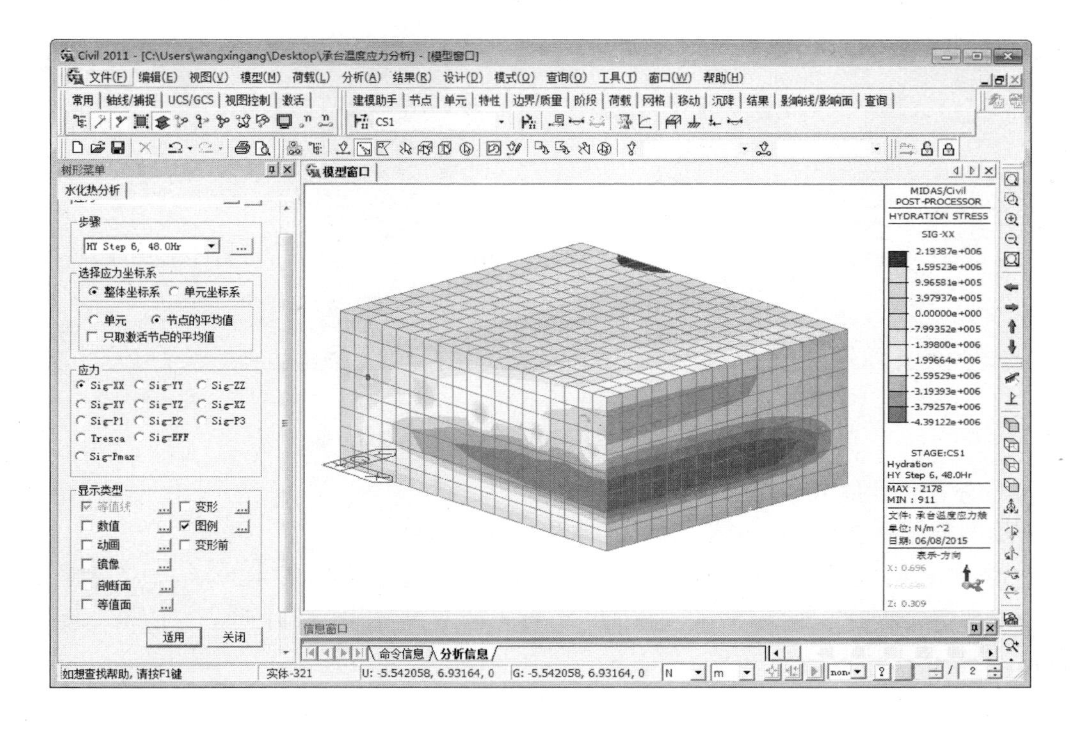

图 4-37　第一施工阶段第 48h Sig-××应力分布

结果/水化热分析/应力;树形菜单/水化热分析→应力;

步骤→HY Step 6,48.0h(可选择任意步骤进行温度查看);

选择应力坐标系→整体坐标系→节点平均值;

应力→Sig-××;显示类型→等值线(开);图例(开) 适用 。

(26)查看第二施工阶段的应力分布

定义施工阶段→CS2; 视角(调整到想要观察温度的视角,如图4-38所示);

结果/水化热分析/应力;树形菜单/水化热分析→应力;

步骤→HY Step 6,168.0h(可选择任意步骤进行温度查看);

选择应力坐标系→整体坐标系→节点平均值;应力→Sig-××;

显示类型→等值线(开);图例(开) 适用 。

图4-38 第二施工阶段第168h Sig-××应力分布

(27)查看时程曲线

使用图表查看指定部位各施工阶段的水化热分析结果。

结果/水化热分析/图表;树形菜单/水化热分析→图表;定义节点(图4-39)→ 添加 ;

定义节点→节点→2804(可输入其他想要查看的节点,如图4-40所示);应力→Sig-×× 确认 (图4-41);

图表内容→应力+容许抗拉强度(开);拉应力比(开);温度(开);

X-轴类型→时间 适用 。

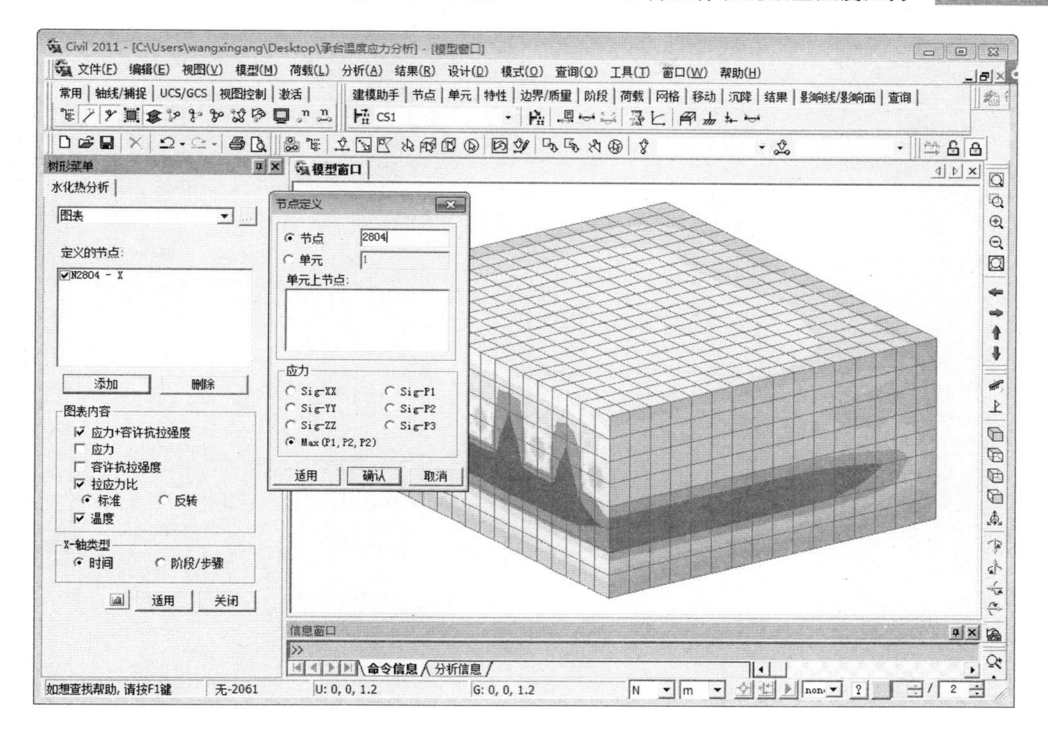

图 4-39　选择输出图形的节点

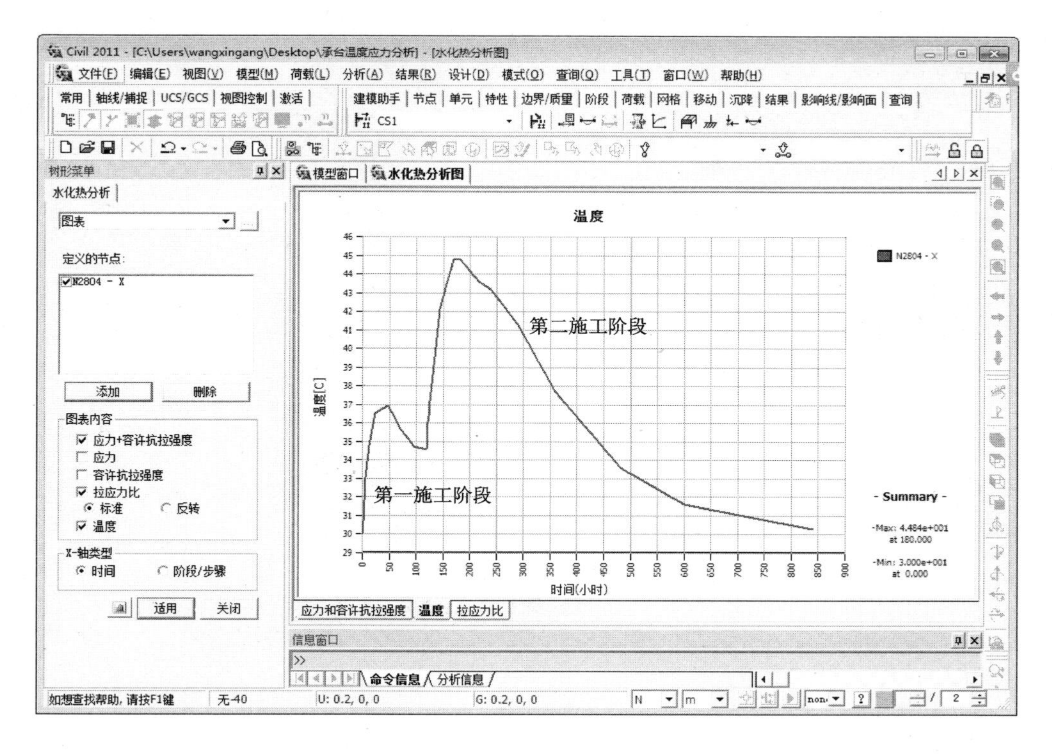

图 4-40　节点 2804 温度时程

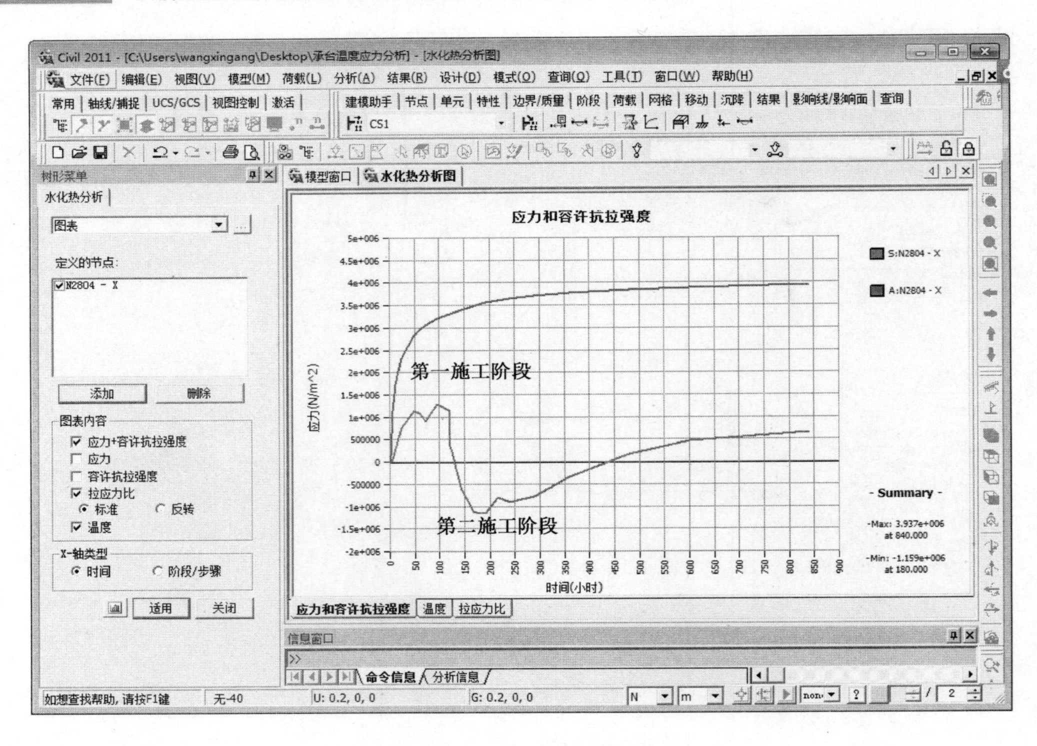

图 4-41　节点 2804 应力时程

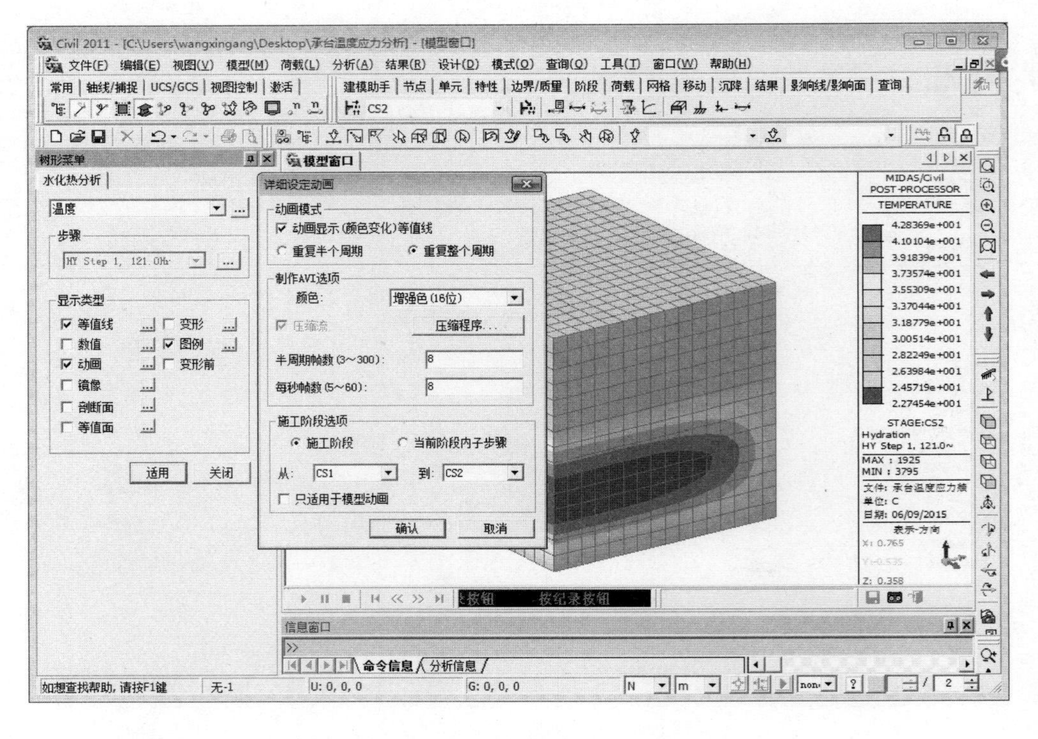

图 4-42　使用动画查看温度变化

(28)使用动画查看结果[1]

结果/水化热分析/温度;显示类型→等值线(开);图例(开);动画(开)[...];

动画模式→动画显示(颜色变化)等值线(开);重复整个周期(开);

施工阶段选项/施工阶段→从→CS1;到→CS2 [确认] [适用] ;

- 记录;关闭;

如果要保存为动画文件,在动画进行过程中按保存,即可保存为 . avi 文件(图 4-42)。

本章参考文献

[1] 北京迈达斯技术有限公司. Midas Civil 2010 用户手册.

第5章

应用 Midas FEA 计算大体积混凝土温度应力

5.1 应用 Midas FEA 进行温度应力分析的主要步骤

应用 Midas FEA 进行温度应力分析的主要步骤流程如图 5-1 所示。

图 5-1　应用 Midas FEA 进行温度应力分析的主要步骤

5.2　应用 Midas FEA 进行温度应力分析

为了使读者进一步了解应用 Midas FEA 进行温度应力分析的方法与步骤，本例题应用 3.6.0 版 Midas FEA，仍对上节的某大桥承台进行温度应力计算。

5.2.1　工程概况

某大桥为一座跨海大桥，其承台尺寸为 8.8m×6.4m×2.8m，分两次浇筑，第一次浇筑承台高度的一半，即 1.4m，5d 后浇筑剩余的一半。混凝土设计强度等级为 C35，配合比见表 5-1。承台封底混凝土厚 0.2m，混凝土强度等级为 C15。该地区 7 月份平均气温为 30℃。

承台 C35 混凝土配合比(kg/m³)　　表 5-1

水泥(P. Ⅱ42.5)	砂	碎石	Ⅰ级粉煤灰	矿粉	减水剂	水
200	744	1084	120	80	3.6	144

5.2.2　材料热特性值

本工程所使用的材料以及热特性值见表 5-2。

计算参数的取值　　表 5-2

物理特性 \ 构件位置		承　台	封底混凝土
比热容[kJ/(kg·℃)]		1.0465	1.0465
密度(kg/m³)		2375.6	2300
热导率[kJ/(m·h·℃)]		10.8417	10.8417
对流系数[(kJ/(m²·h·℃)]	钢模板	41.86	41.86
大气温度(℃)		30	30
浇筑温度(℃)		30	—
28d 抗压强度(MPa)		35	15
强度进展系数		$a=0.45$，$b=0.95$	—
28d 弹性模量(MPa)		3.5×10^4	2.2×10^4
热膨胀系数		1.0×10^{-5}	1.0×10^{-5}
泊松比		0.18	0.18
单位体积水泥含量(当量，kg/m³)		324	—
放热系数函数		$K=44.7$，$a=0.41$	—

5.2.3 有限元模型的建立

(1)设定初始分析环境

点击新项目( ),保存( )为"承台温度应力分析.feb"(图5-2)。

分析/分析控制/分析类型 > 3D;转换模型重量为质量 > 集中质量;

自动约束 > 桁架/平面/实体单元旋转自由度(开);

单位体系 /力→kgf(kg);长度→m;能量→J 确认 。

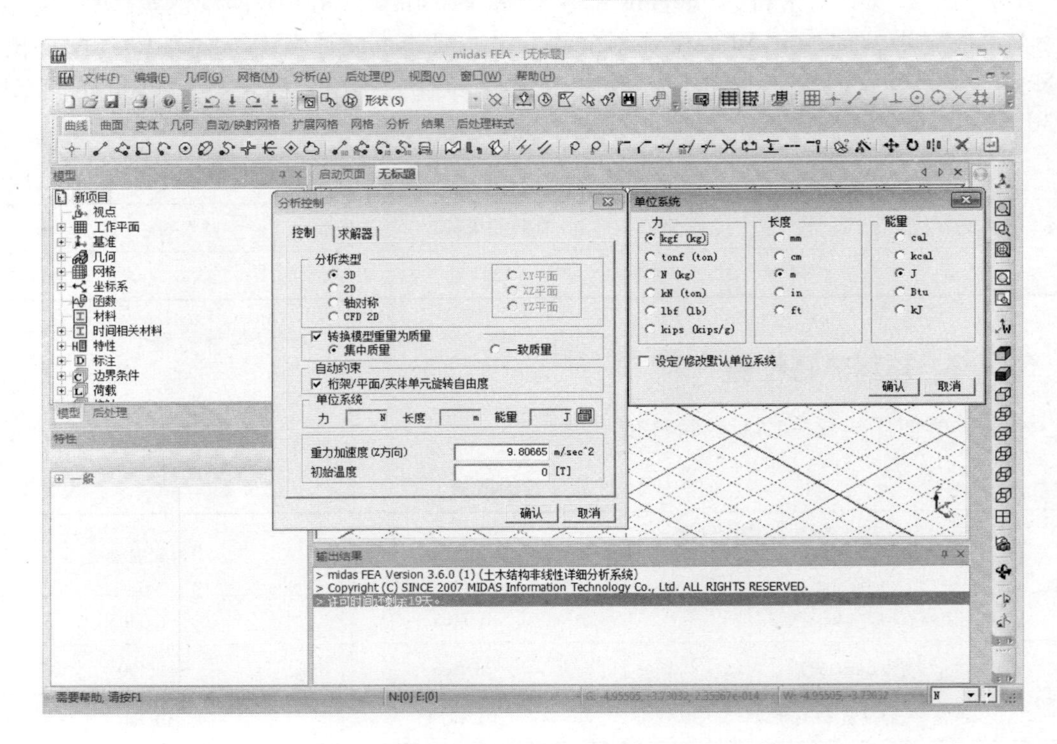

图5-2 设定初始分析环境

(2)定义混凝土材料

分析/ 材料(图5-3);点击 创建... ;选择 各向同性 表单;材料号→1;名称→承台;

结构/弹性模量→3.1951e9;重量密度→2375.6;泊松比→0.18;热膨胀系数→1e-5;

本构模型/模型类型→弹性;

温度依存特性/弹性模量→无;泊松比→无;线膨胀系数→无;

时间储存特性/徐变/收缩→徐变/收缩;受压强度→强度进展;

热工参数/传导率→10841.7;比热容→10465;

热源系数→1 确认 确认 。

点击 创建... (图5-4);选择 各向同性 表单;材料号→2;名称→垫层;

结构/弹性模量→2.2593e9;重量密度→2300;泊松比→0.18;热膨胀系数→1e-5;

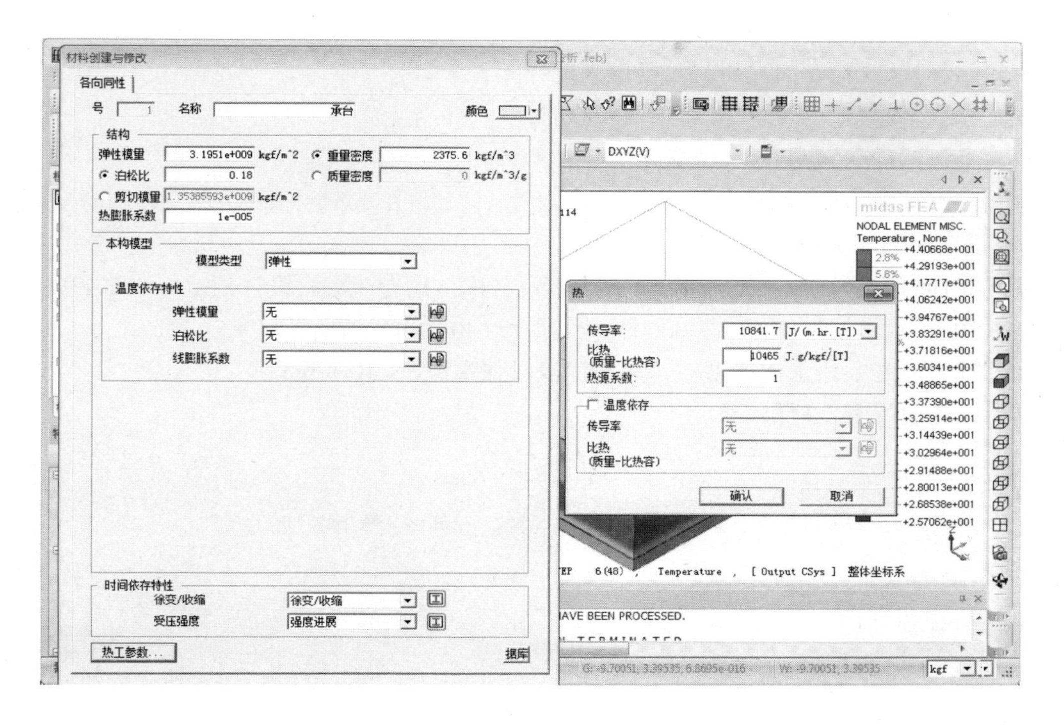

图 5-3　定义承台混凝土材料

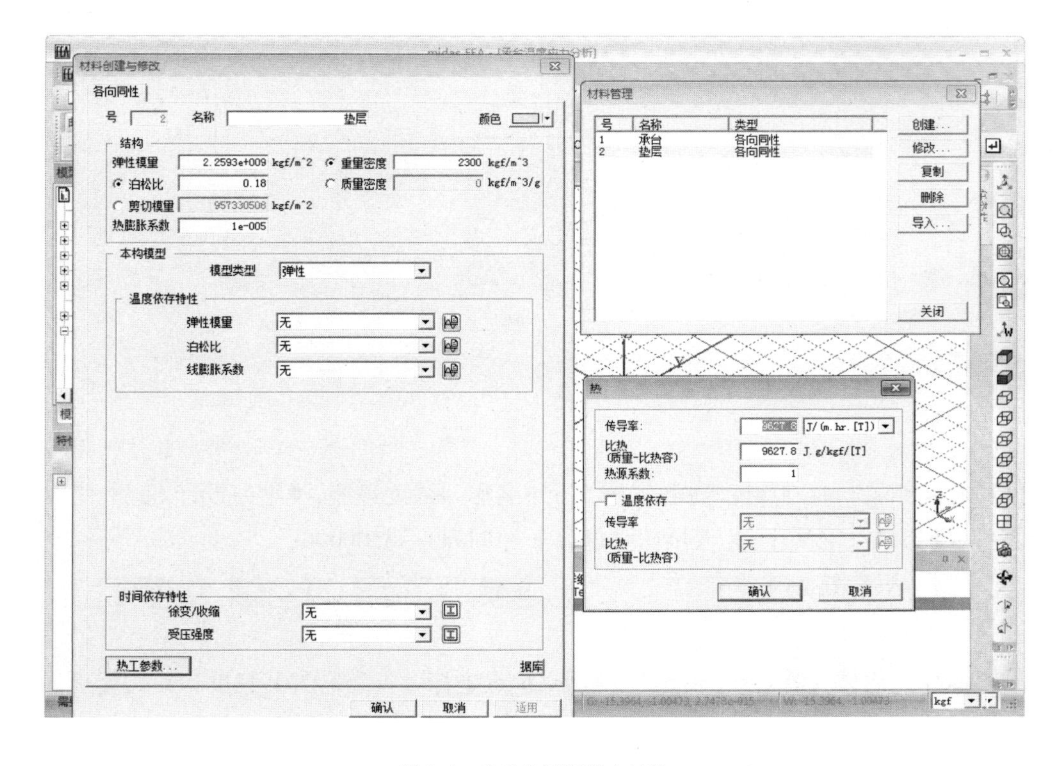

图 5-4　定义垫层混凝土材料

本构模型/模型类型→弹性；温度依存特性/弹性模量→无；泊松比→无；线膨胀系数→无；时间储存特性/徐变/收缩→无；受压强度→无；

热工参数/传导率→9627.8；比热→9627.8；

热源系数→1 确认 确认 。

（注：需要特别注意的是 FEA 比热单位为 J·g/kgf[T]，而 Civil 比热单位为 J/kgf[C]，两者相差 9.8 倍。）

（3）设定时间相关材料

分析/时间相关材料/徐变收缩（图 5-5）；名称→徐变/收缩；设计规范→CEB-FIP；CEB/28 天材龄抗压强度→3500000；相对湿度（40－99）→70；

构件理论厚度→1；水泥类型→普通水泥或早强水泥（N，R）（开）；

开始收缩时混凝土材龄→3。

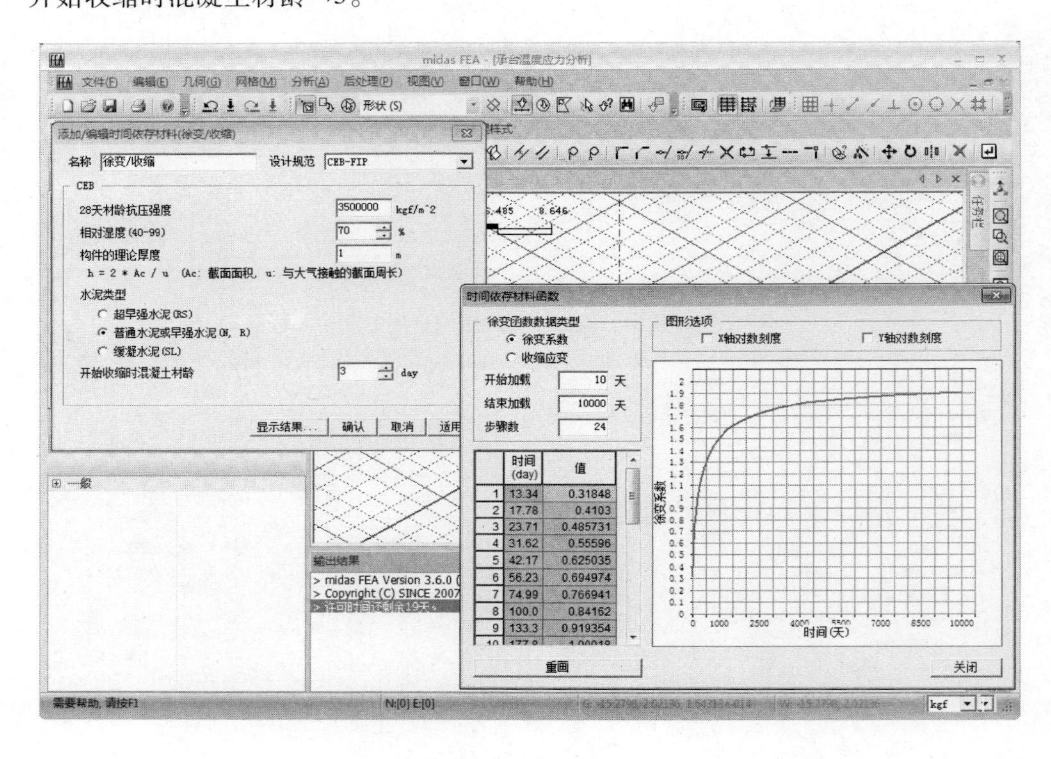

图 5-5　定义徐变收缩

分析/时间相关材料/抗压强度（图 5-6）；名称→强度进展；类型→设计规范（开）；

规范→CEB-FIP；混凝土 28 天抗压强度（fck + deltaf）→3500000；

水泥类型→N，R：0.25 重画 确认 。

（4）建立几何模型

几何/标准几何体/箱形（图 5-7）；箱形/角点坐标→－3.2，0，0；长度→3.2；宽度→3.8；高度→3；

实体（开）；名称→箱形 确认 。

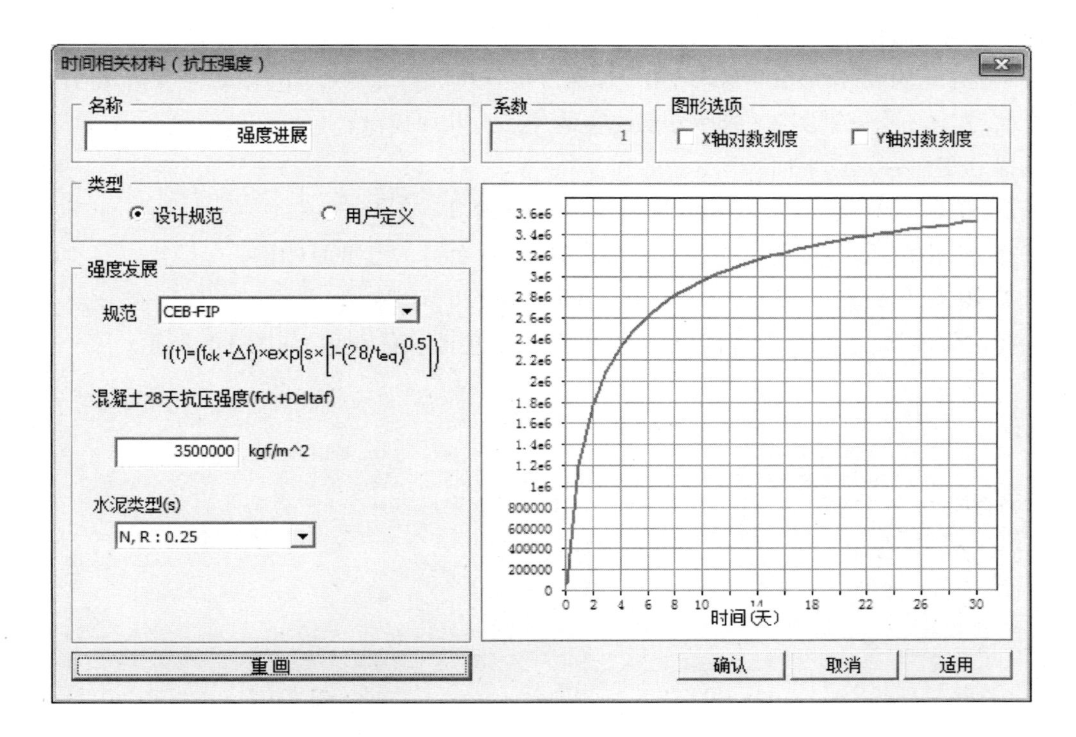

图 5-6　定义抗压强度

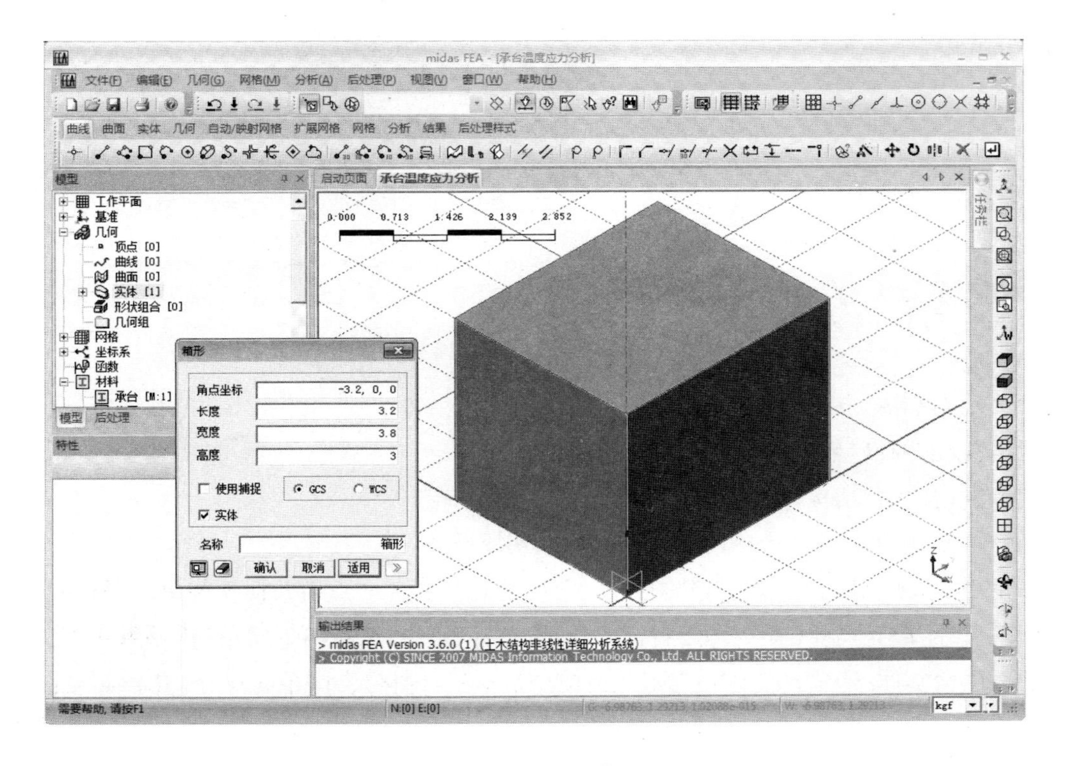

图 5-7　建立几何模型

(5)分割几何模型

按照施工组织设计,垫层厚0.2m,第一层承台厚1.4m,第二层承台厚1.4m,来分析几何模型。

几何/实体/分割实体;选择分割的实体→点击几何模型;

选择分割面→三点平面(开);

点1→0,0,0.2;点2→3.2,0,0.2;点3→0,3.8,0.2 适用;

选择分割的实体→点击几何模型上部;选择分割面→三点平面(开)

点1→0,0,1.6;点2→3.2,0,1.6;点3→0,3.8,1.6 确认;

选择实体的第二层,点击特性栏中的"颜色",可更改实体颜色,如图5-8所示。

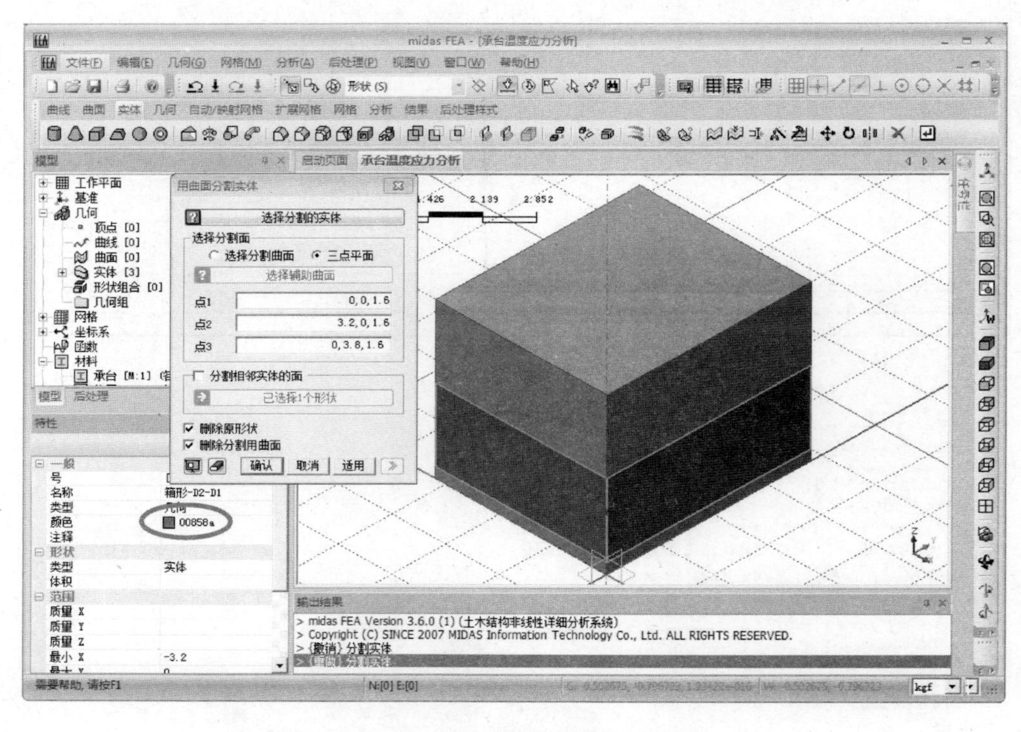

图5-8 分割几何模型及改变实体颜色

(6)划分网格

网格/映射网格/映射实体网格;

映射网格实体/请选择实体→点击几何模型最下层;

网格尺寸/单元尺寸(开)→0.2;特性/2→垫层;

网格组/名称→垫层 适用;映射网格实体/请选择实体→点击几何模型第二层;

网格尺寸/单元尺寸(开)→0.2;特性/1→承台;网格组/名称→下层承台 适用;

映射网格实体/请选择实体→点击几何模型最上层;网格尺寸/单元尺寸(开)→0.2;

特性/1→承台;网格组/名称→上层承台 确认;

划分网格后的承台模型如图5-9所示。

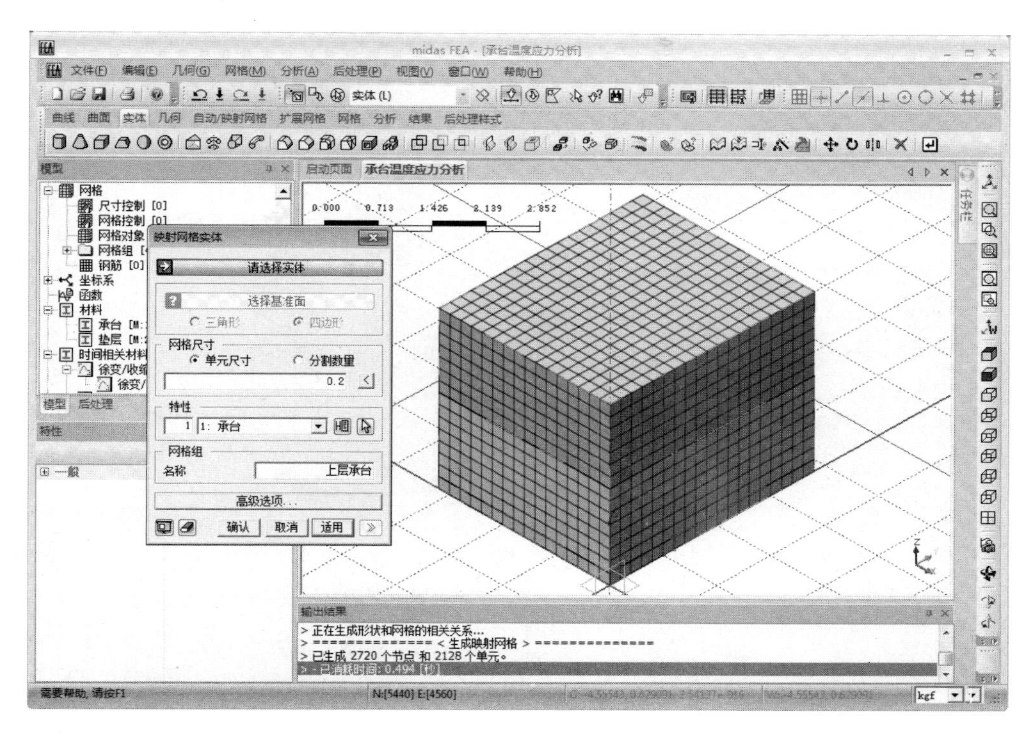

图 5-9　划分网格

(7)修改单元参数

为了提高计算精度,把单元转换为高阶单元。

网格/单元/修改单元参数;修改单元参数→点击选择所有单元;

改变阶次(开)→二次(开) 确认 ;

修改单元参数,如图 5-10 所示。

(8)施加约束条件

分析/边界条件/约束/;边界组/点击[C];边界组/名称→约束条件 添加 关闭 ;

选择图 5-11 所示垫层节点;模式/添加(开);自由度→点击 铰支 确认 。

(9)施加对称条件

分析/边界条件/约束/;边界组/点击[C];

边界组/名称→对称条件 1 添加 关闭 ;对象/类型→节点;

点击前视图,选择 511 个节点,如图 5-12 所示。

模式→添加(开);自由度→T1(开) 适用 。

点击左视图,选择 433 个节点,如图 5-13 所示。

模式→添加(开);自由度→T2(开) 适用 。

边界组/点击[C];边界组/名称→对称条件 2 添加 关闭 ;对象/类型→节点;

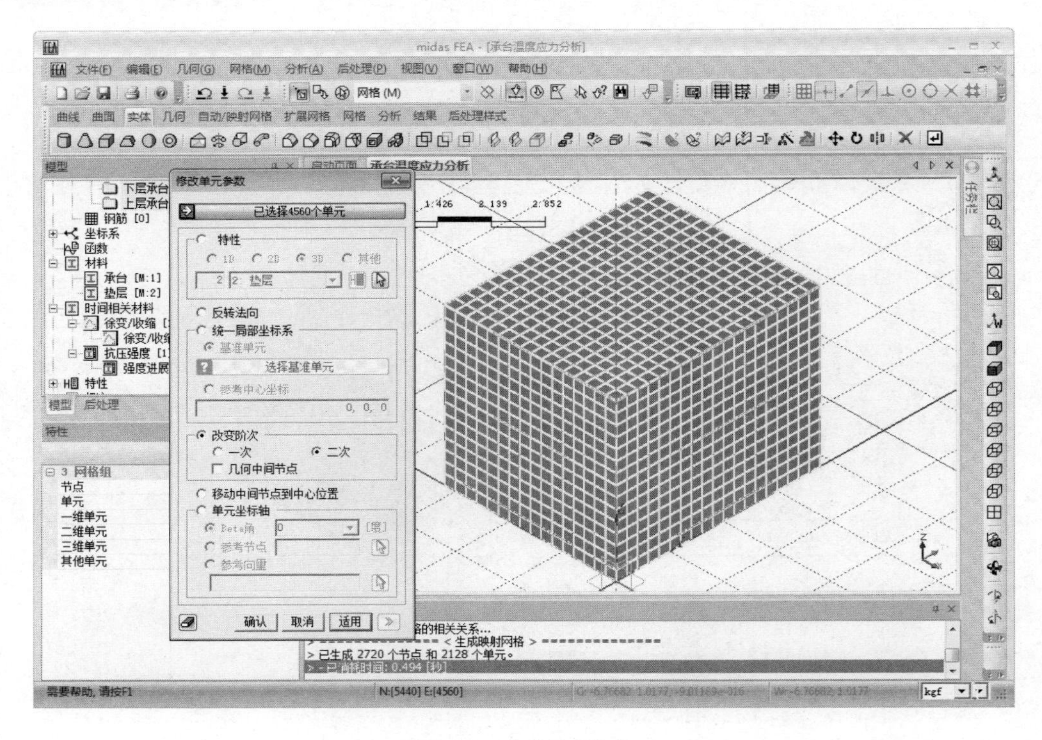

图 5-10　修改单元参数

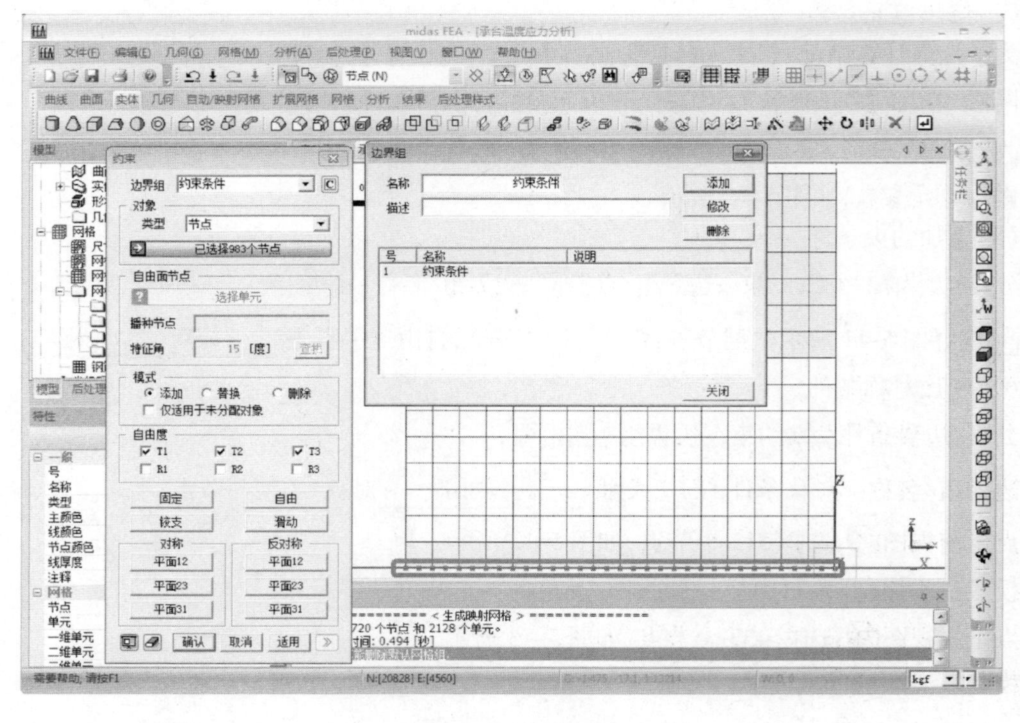

图 5-11　施加约束条件

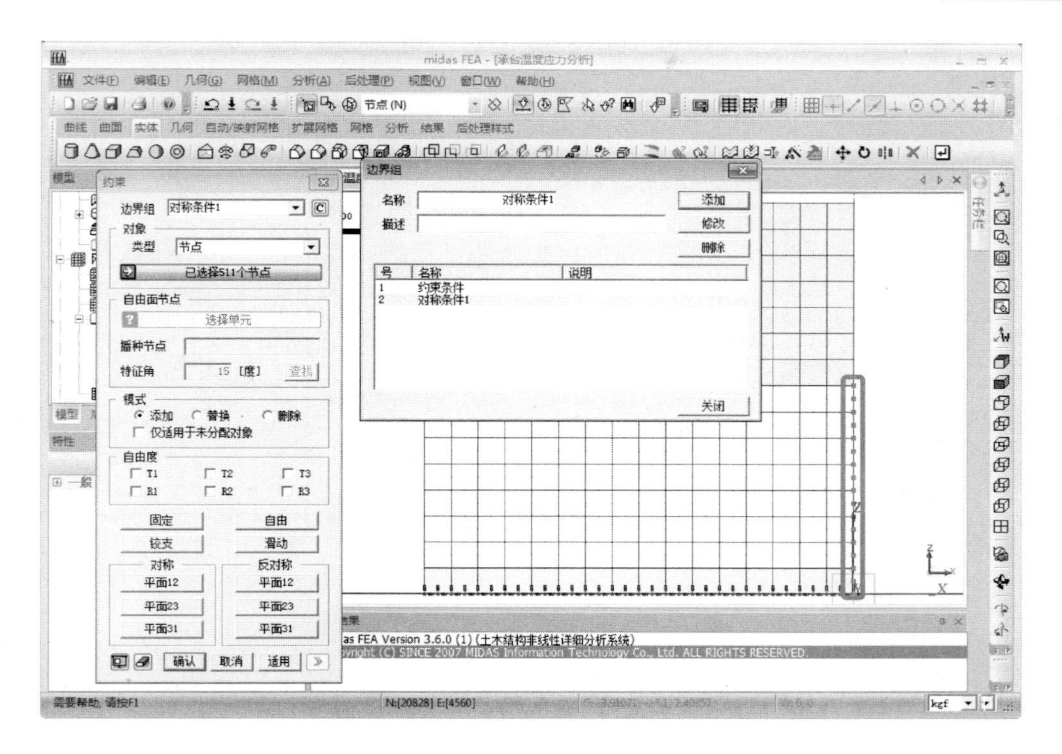

图 5-12　施加对称条件 511 个节点

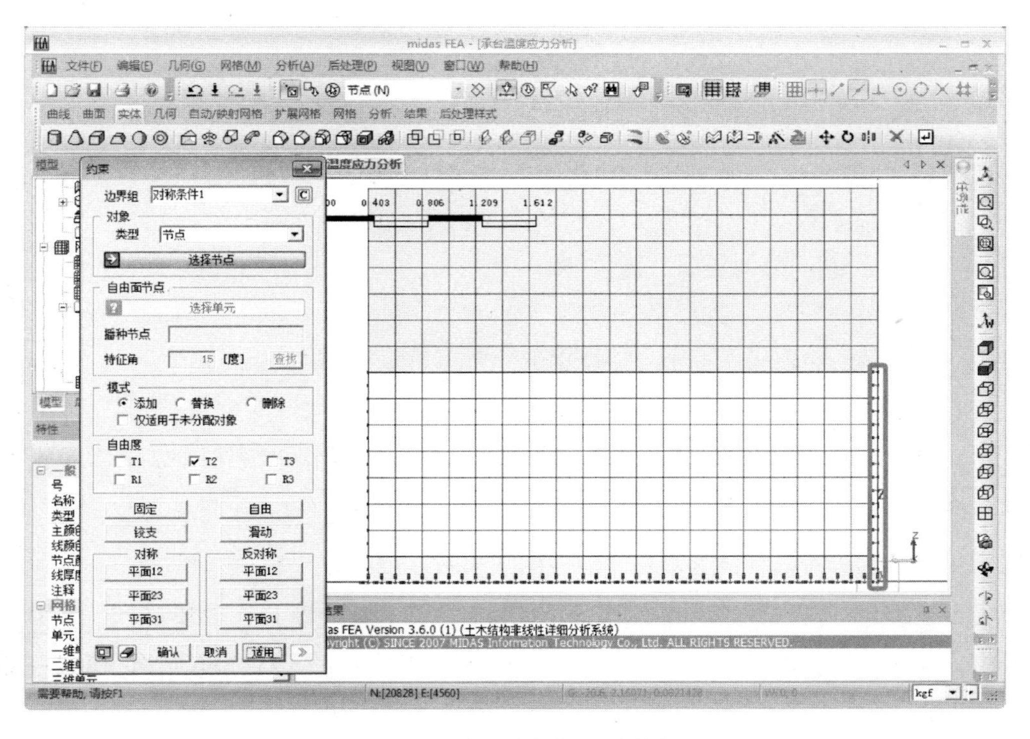

图 5-13　施加对称条件 433 个节点

点击前视图,选择452个节点,如图5-14所示。

模式→添加(开);自由度→T1(开) 适用 。

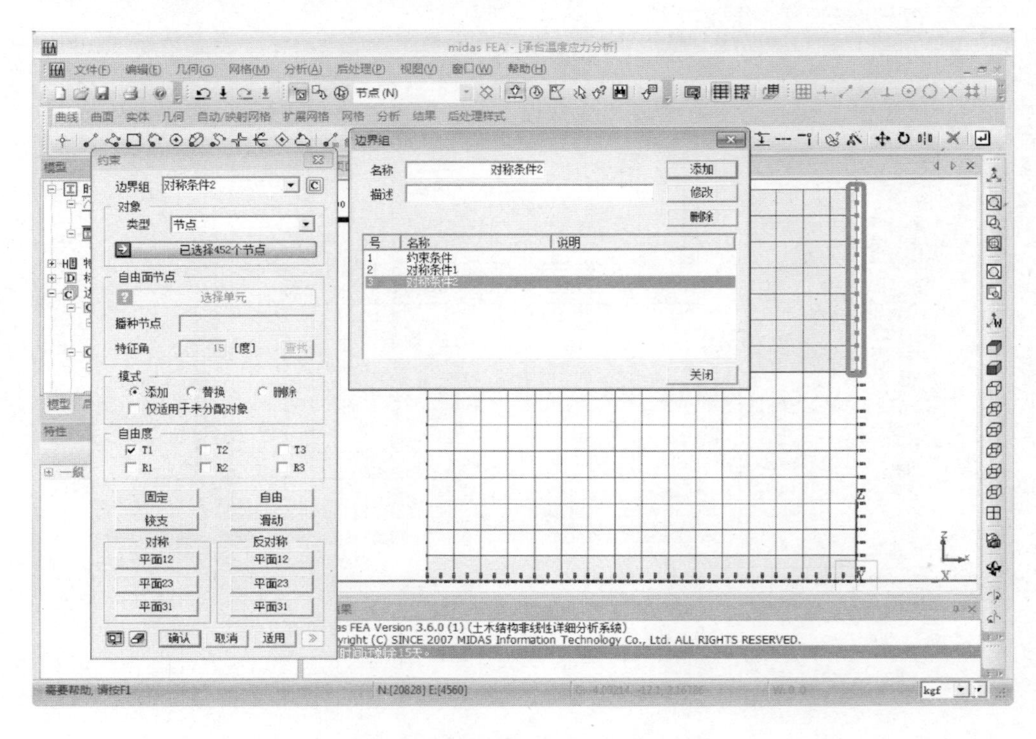

图5-14　施加对称条件452个节点

点击左视图,选择383个节点,如图5-15所示。

模式→添加(开);自由度→T2(开) 确认 。

(10)施加对流系数

分析/水化热分析/ 对流系数函数(图5-16);

函数名称→对流系数;函数类型→常数(开);单位→J/(m^2 . hr . [T]);

常数/对流系数→41860 重画图形 确认 。

(11)定义环境温度

分析/水化热分析/ 环境温度函数;函数名称→环境温度;函数类型→常量(开);

常量/温度→30 重画图形 确认 ;

定义单元对流边界;分析/水化热分析/ 单元对流边界;

单元对流边界/边界条件组/点击C;边界组/名称→对流边界1 添加 关闭 ;

类型→面对流;对象/类型→3D单元;选择图5-17所示的133个单元面;模式→添加(开);

对流边界/对流系数函数→对流系数;环境温度函数→环境温度 适用 。

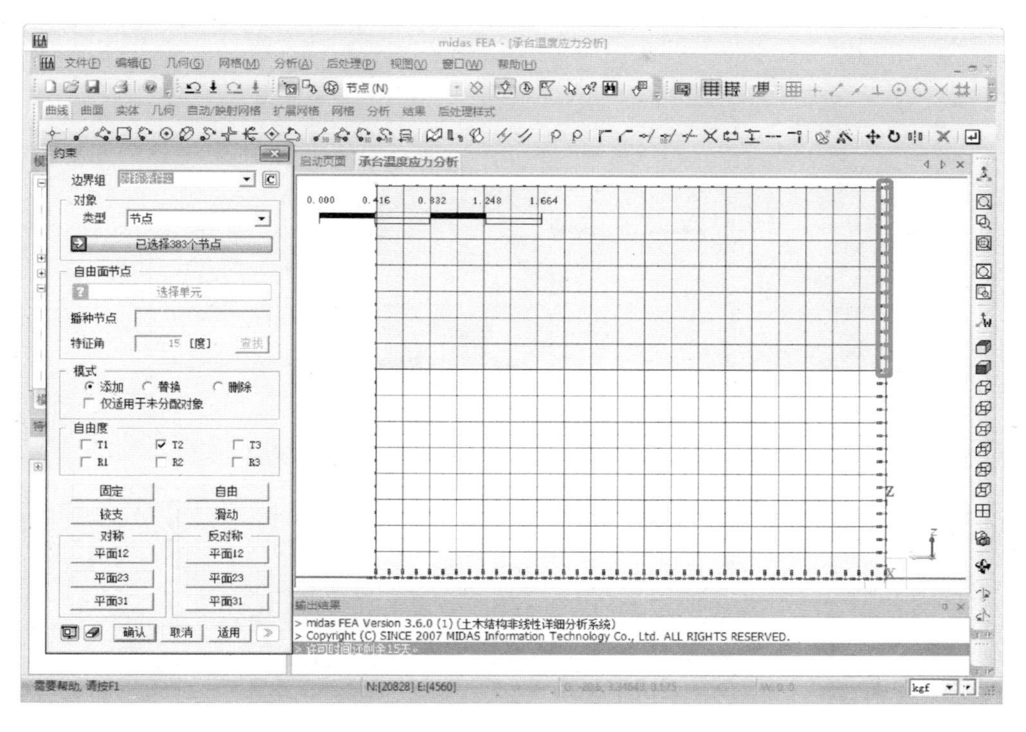

图 5-15　施加对称条件 383 个节点

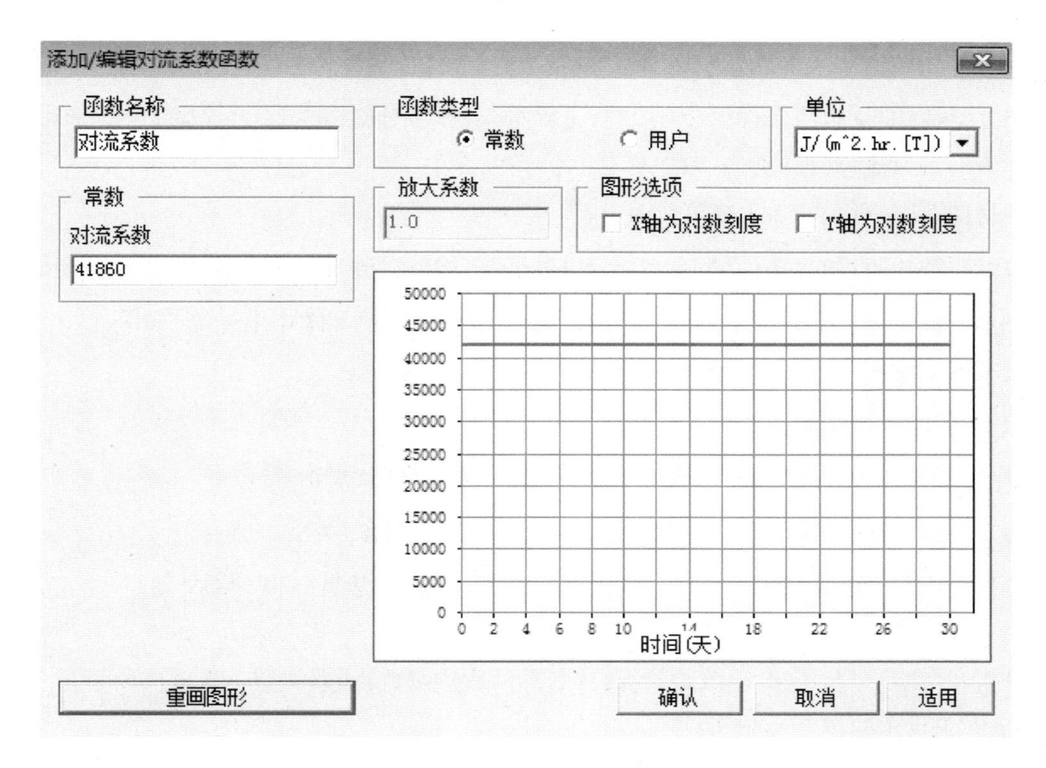

图 5-16　定义对流系数函数

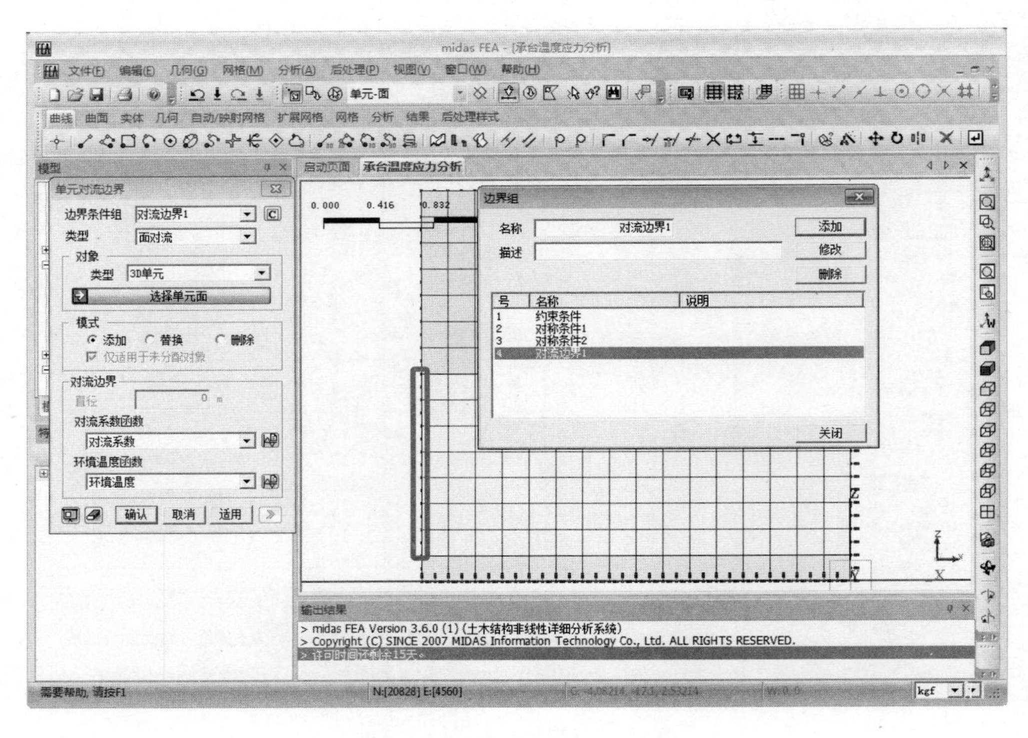

图 5-17　定义对流边界 1

点击左视图,选择如图 5-18 所示的 112 个单元面 适用 。

单元对流边界/边界条件组/点击 C ;边界组/名称→对流边界 2 添加 关闭 ;

类型→面对流;对象/类型→3D 单元;

选择图 5-19 所示的 133 个单元面 适用 。

单元对流边界/边界条件组/点击 C ;边界组/名称→对流边界 3 添加 关闭 ;

类型→面对流;对象/类型→3D 单元;选择图 5-20 所示的 437 个单元面 适用 。

点击左视图,选择图 5-21 所示的 112 个单元面 确认 。

(12)施加固定温度条件

分析/水化热分析/ 强制温度;强制温度/边界条件组/点击 C ;

边界组/名称→固定温度 添加 关闭 ;对象/类型→节点;

选择图 5-22 所示的 983 个节点;模式/添加(开);温度/常量→30 确认 。

(13)定义热源函数

分析/水化热分析/ 热源函数;函数名称→放热函数;函数类型→规范(开);

函数/最大绝热温升→44. 6;

导温系数→0. 41 重画 确认 。

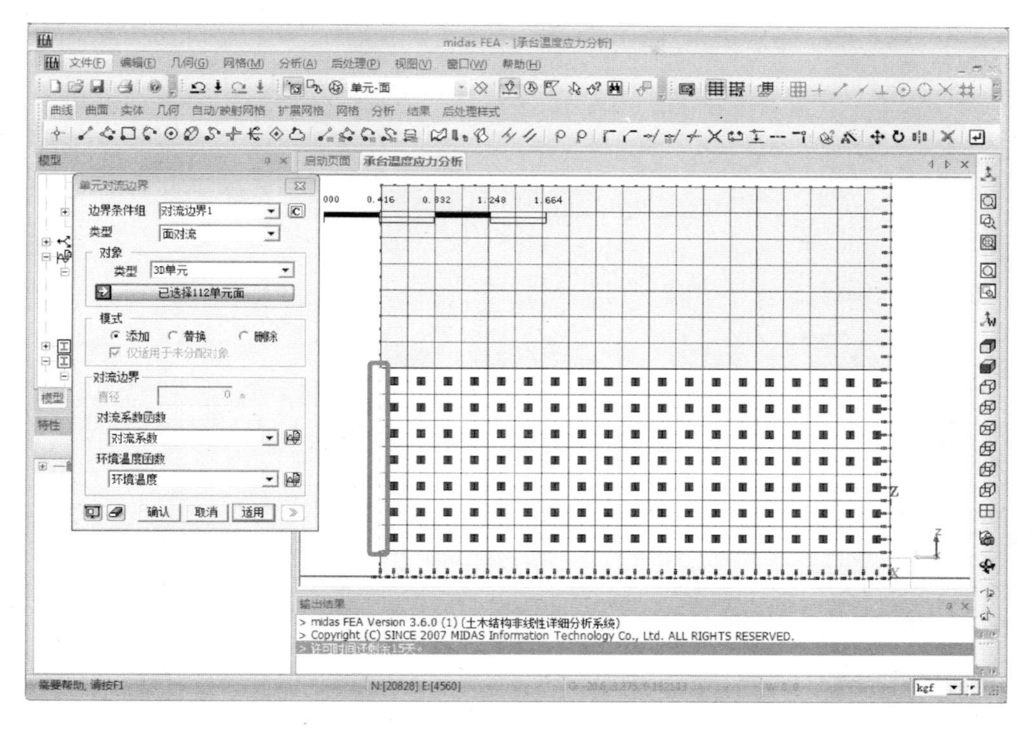

图 5-18 选择对流边界 1 单元面

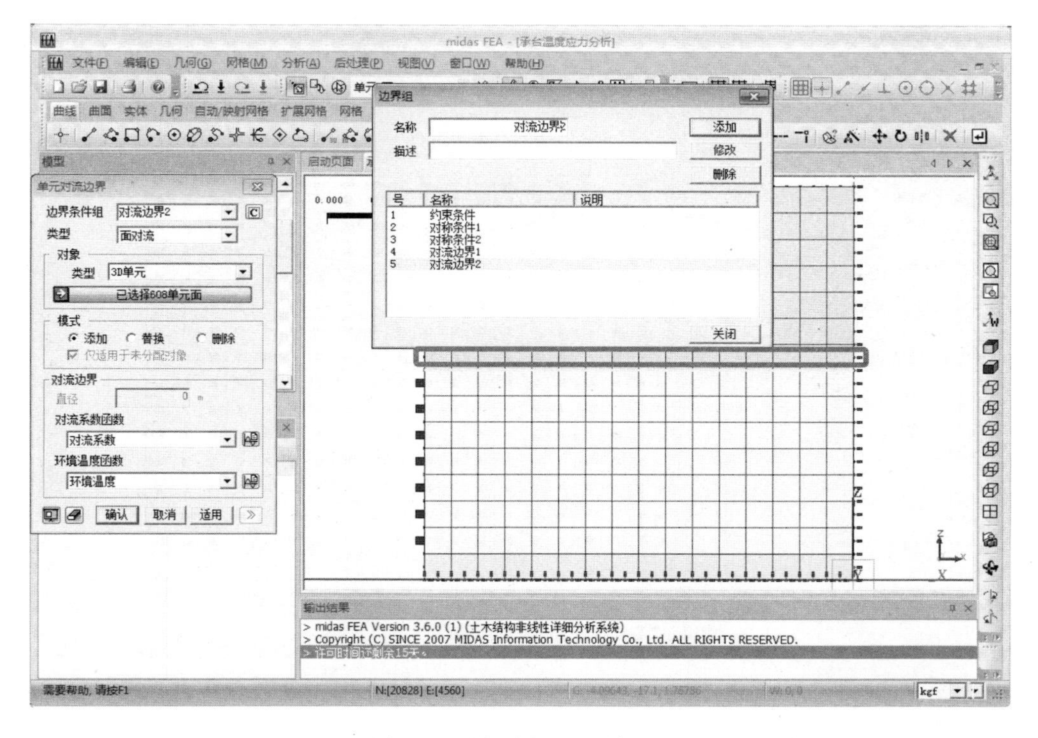

图 5-19 选择对流边界 2 单元面

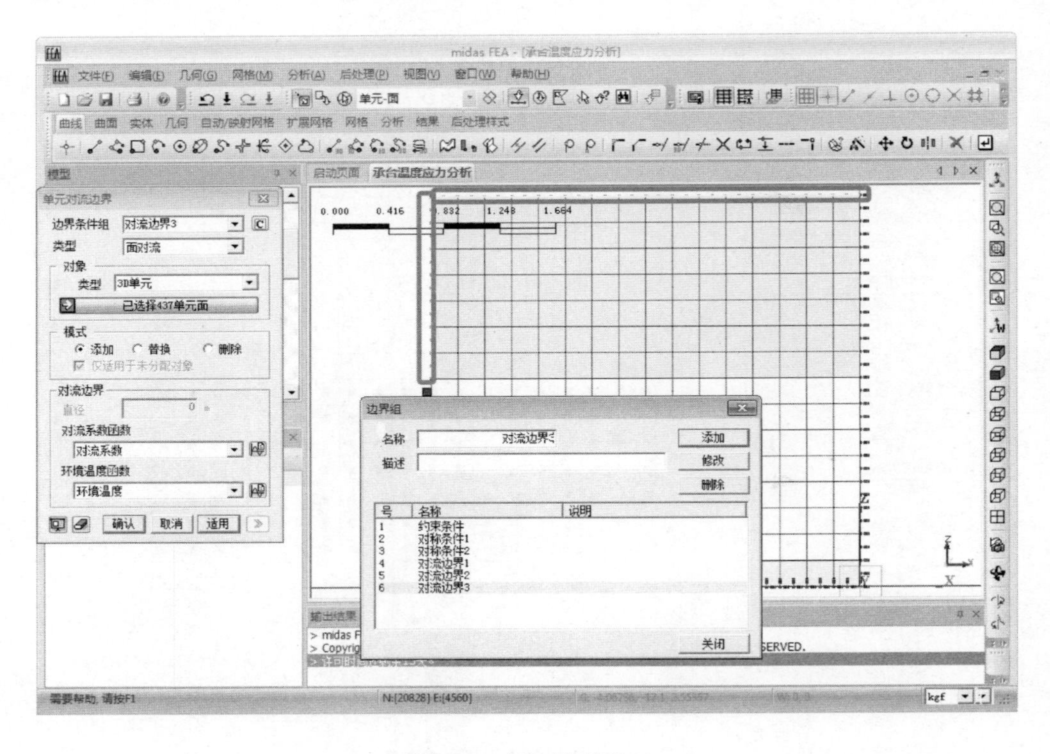

图5-20　定义对流边界3

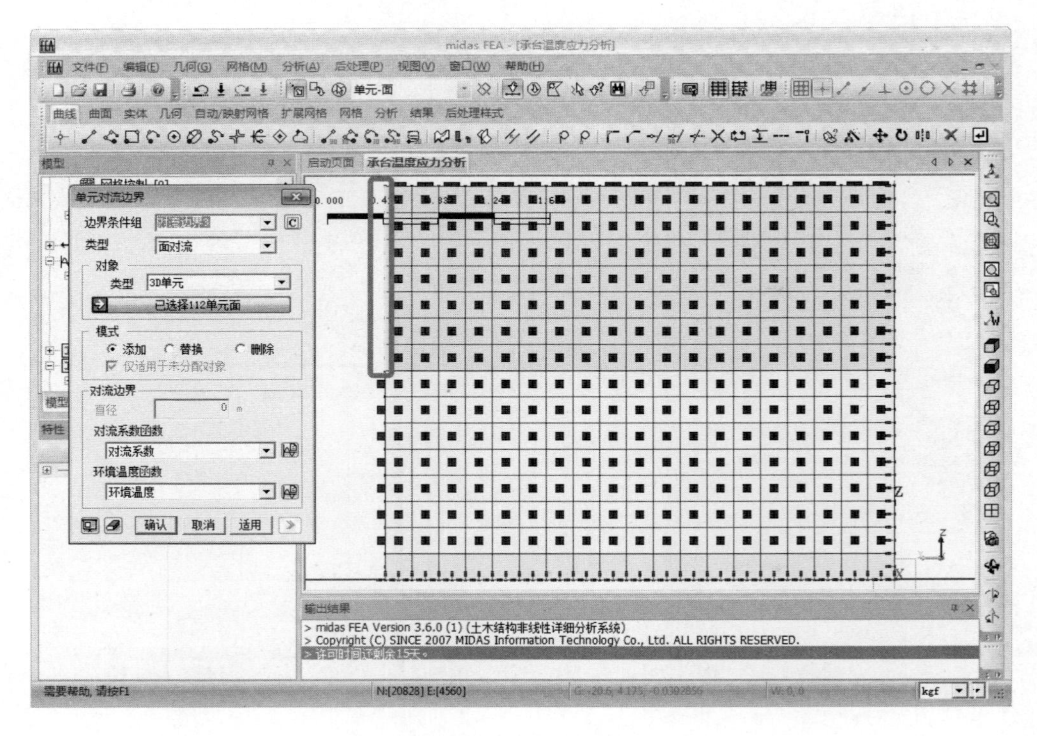

图5-21　选择对流边界3单元面

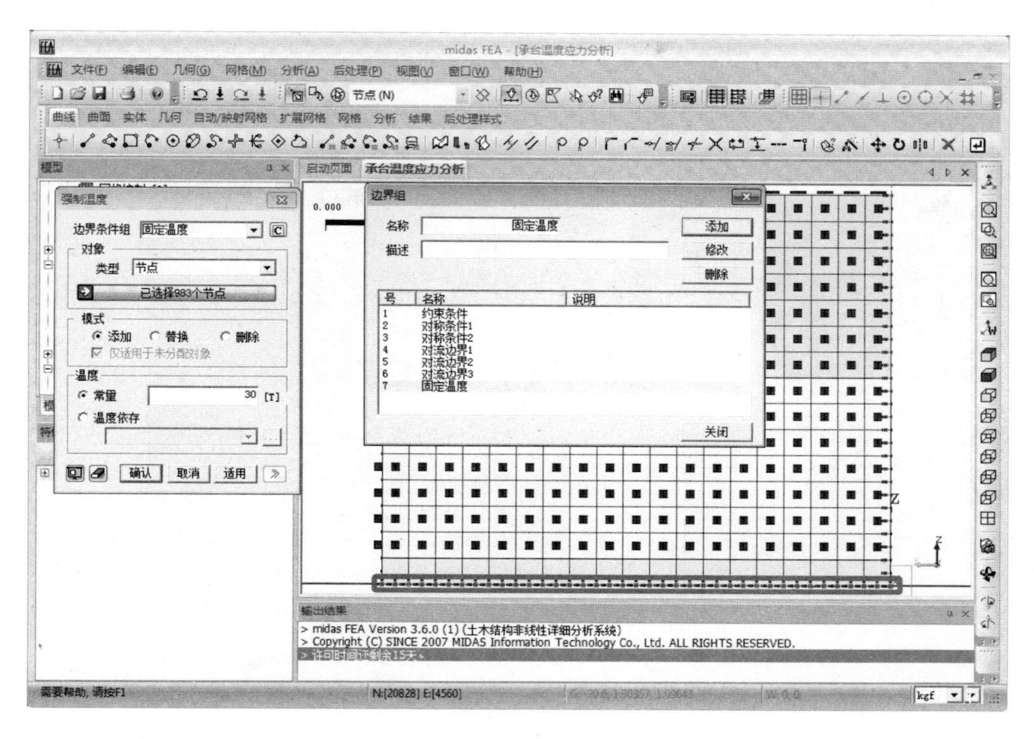

图 5-22　施加固定温度条件

(14)分配热源

分析/水化热分析/热源;热源/荷载组/点击 L;

热源荷载组/名称→热源 添加 关闭;对象/类型→单元;

选择图 5-23 所示的 4256 个单元;模式/添加(开);热源/放热函数 确认。

(15)定义冷管

前处理工作目录树/网格;鼠标右击→显示节点;

在网格表单中点击显示节点;

选择图 5-24 所示节点。

分析/水化热分析/冷凝管;冷凝管/荷载组/点击 L;

荷载组/名称→冷管 1 添加 关闭;冷凝管/荷载组→冷管 1;名称→冷管 1;

冷凝管/直径→0.027;对流系数→1339520 $J/m^2 \cdot h \cdot ℃$;

冷却水/比热→4186;质量密度→1000;入口温度→25;流量→1.3;

冷凝管方程→二次(开);冷凝管路径→通过节点(开);点击顶视图

按水流方向依次点击 P1 ~ P20,如图 5-25 所示 添加 适用。

(注:节点数应为奇数,否则求解时会出现错误提示)

点击全部显示;点击前视图;点击显示节点;

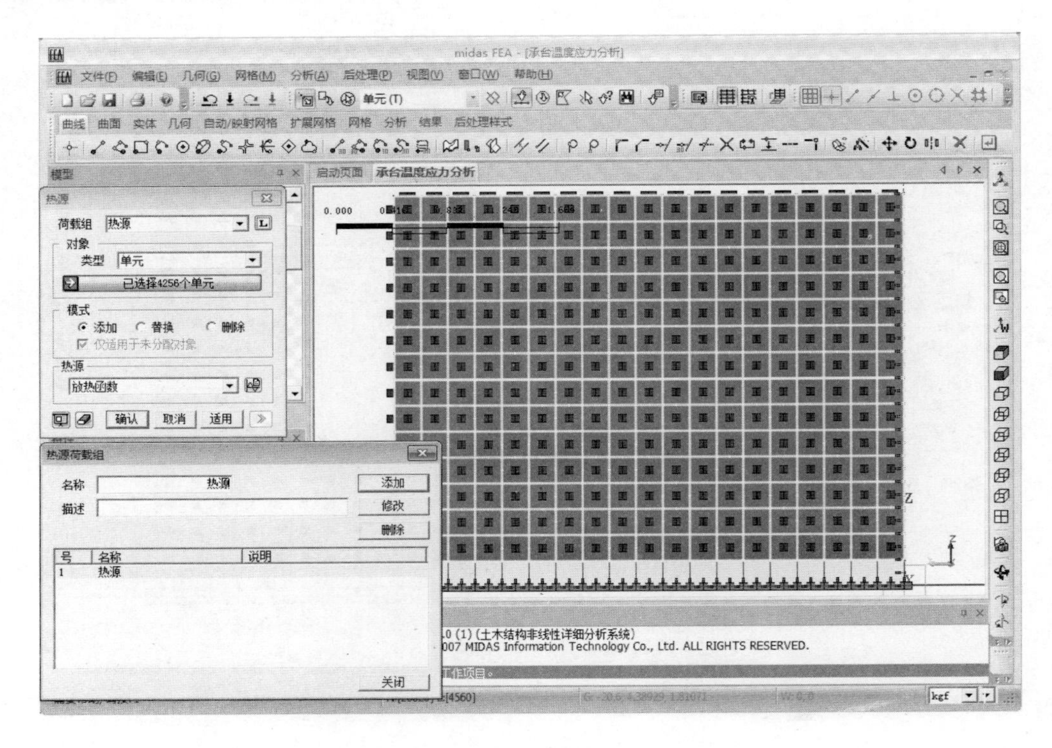

图 5-23　分配热源

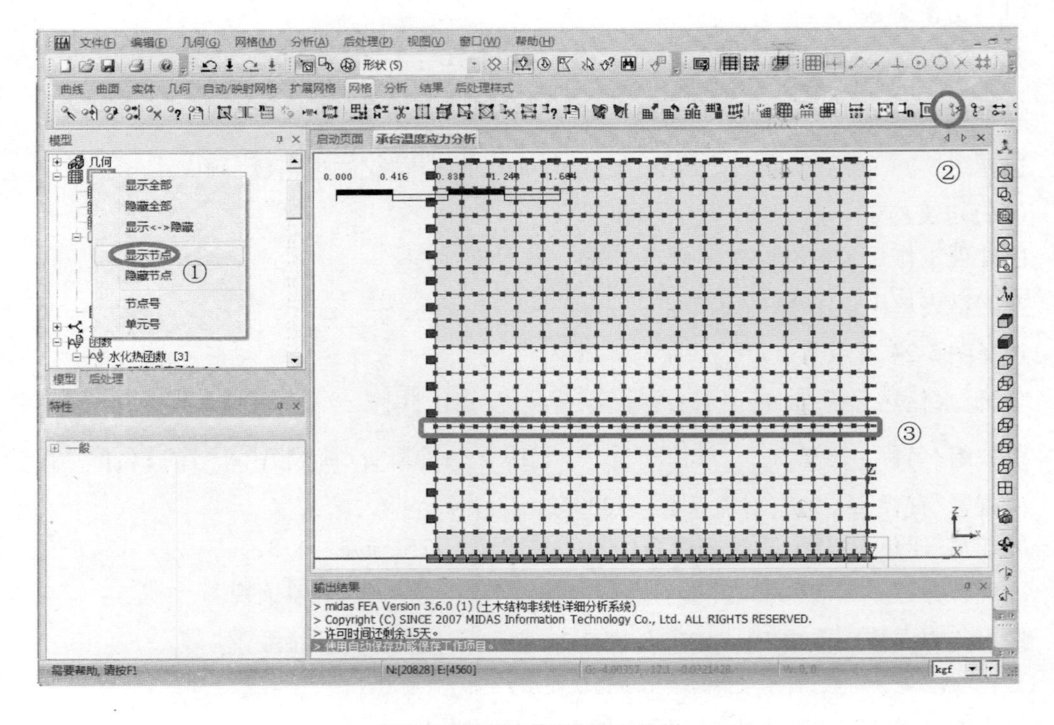

图 5-24　选择冷管所在平面节点

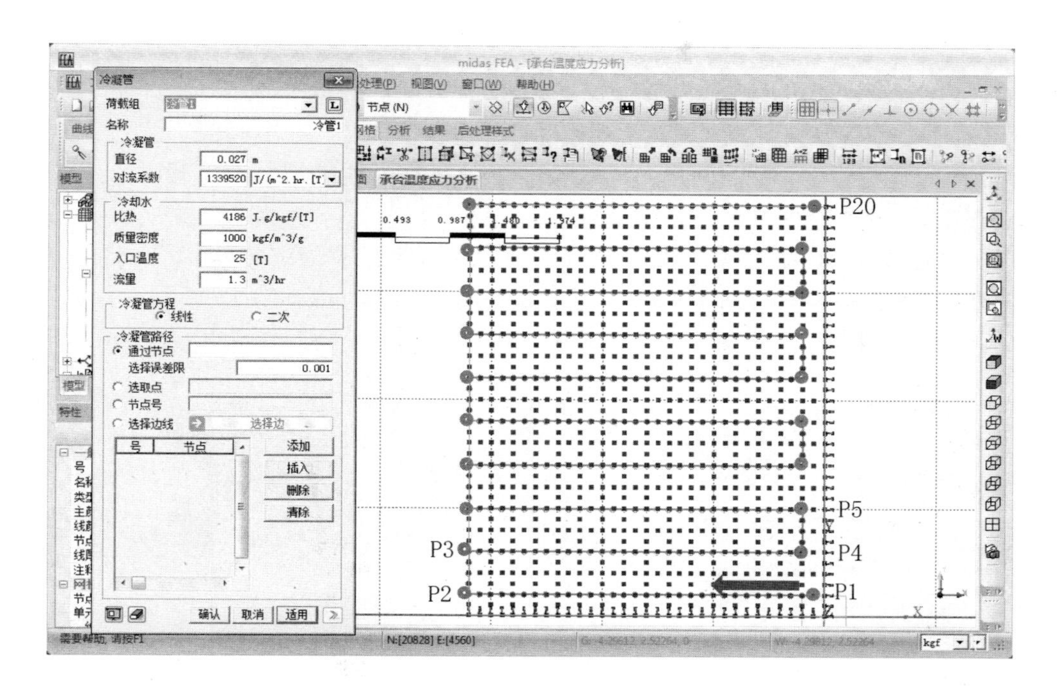

图 5-25　定义冷管 1

选择图 5-26 所示节点；同样的方法定义冷管 2；点击全部显示。

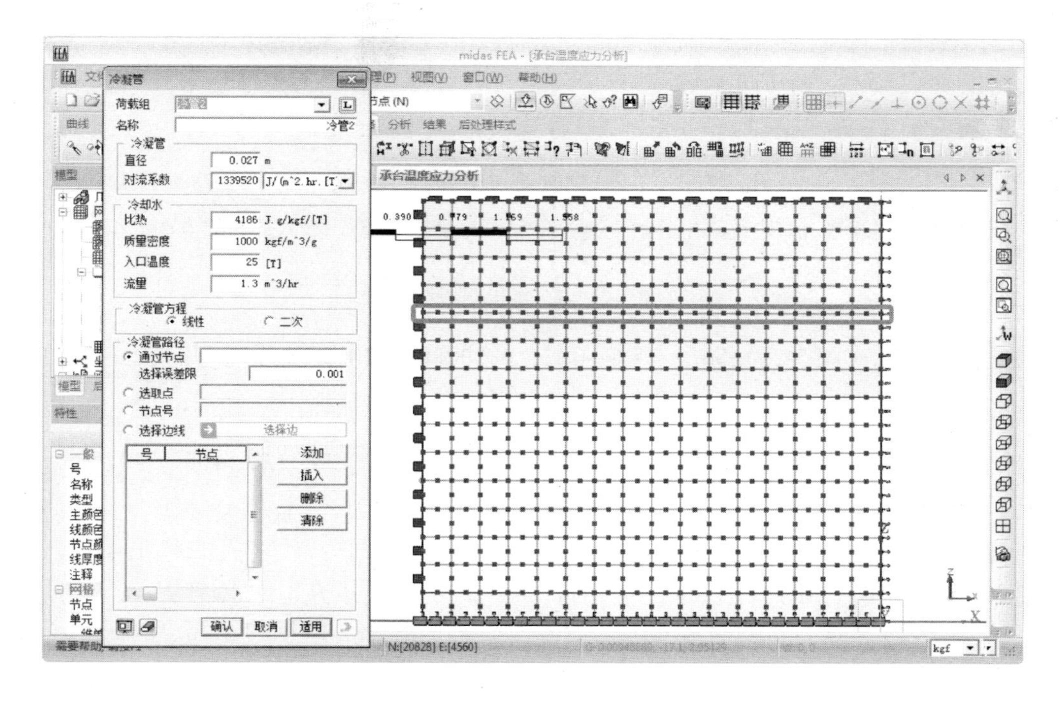

图 5-26　定义冷管 2

(16)定义水化热阶段

分析/水化热阶段/定义水化热阶段(图5-27);定义水化热阶段/点击 新建 ;

阶段名称→CS1;持续时间→120;附加步骤(开);点击 附加步骤...

附加步骤/用户设定→1、3、6、12、24、48、60、72、96、120 生成步骤 确认 ;

初始温度→30;荷载步骤→用户定义阶段1;

拖放“设置数据”中的“垫层”、“下层承台”、“对称条件1”、“对流边界1”、“对流边界2”、“固定温度”、“约束条件”、“冷管1”到“激活数据”窗口;

激活(开) 保存 。

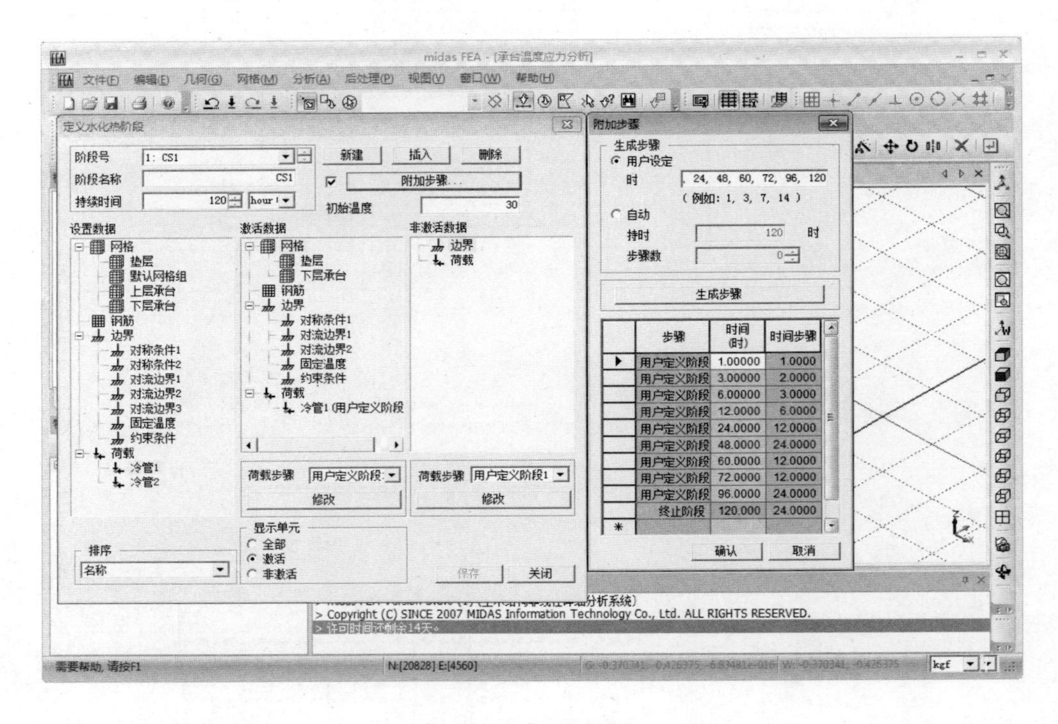

图5-27 定义水化热阶段1

点击 新建 (图5-28);阶段名称→CS2;持续时间→720;附加步骤(开);

点击 附加步骤... ;

附加步骤/用户设定→1、3、6、12、24、48、60、72、96、120、168、240、360、480、720 生成步骤 确认 ;

初始温度→30;荷载步骤→用户定义阶段1;

拖放“设置数据”中的“上层承台”、“对称条件2”、“对流边界3”、“冷管2”到“激活数据”窗口;

拖放“设置数据”中的“对流边界2”、到“非激活数据”窗口;

激活(开) 保存 关闭 。

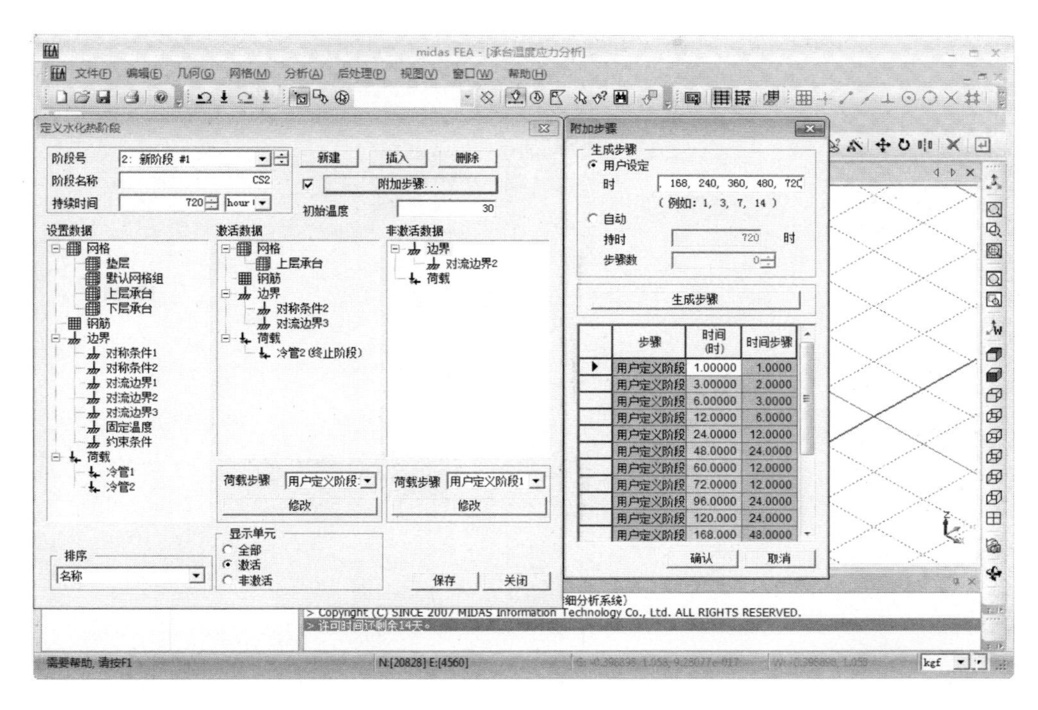

图 5-28　定义水化热阶段 2

(17)定义分析工况

分析/分析工况(图 5-29);点击 添加...;名称→水化热;分析类型→水化热;

点击/分析控制;

分析控制/最终计算阶段→终止阶段(开);

时间差异因子→0. 5;初始温度→30;

热源荷载组→热源;

类型/徐变(开);收缩(开);

徐变计算方法/一般(开);

根据时间与温度应用行将龄期(开);

包括自重荷载(开)/自重荷载因子→ -1 确认 确认 关闭。

(18)求解

分析/求解(图 5-30);求解管理器/水化热(开) 确认。

(19)后处理

树形菜单/后处理[1];

通过后处理树形菜单可以查看各个时间步骤的温度、单元应力、裂缝指数等,图 5-31 为水化热阶段 1 第 48h 温度场。

后处理/水化热分析/水化热结果图形(图 5-32);

水化热结果图形/单个分析工况(开)分析工况→水化热;

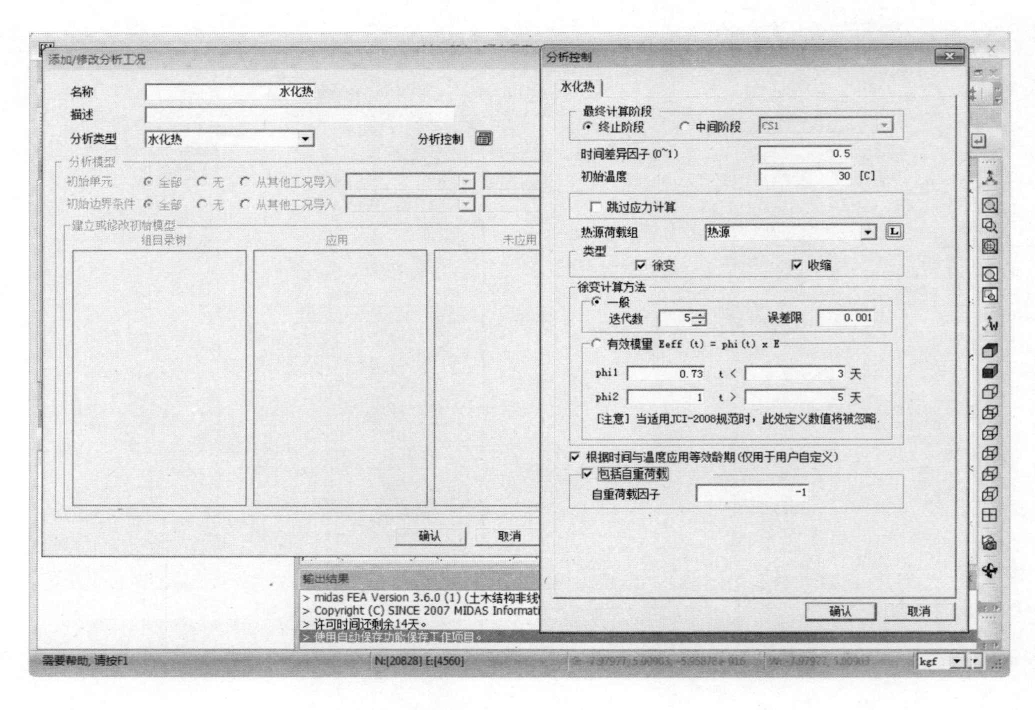

图 5-29　定义分析工况

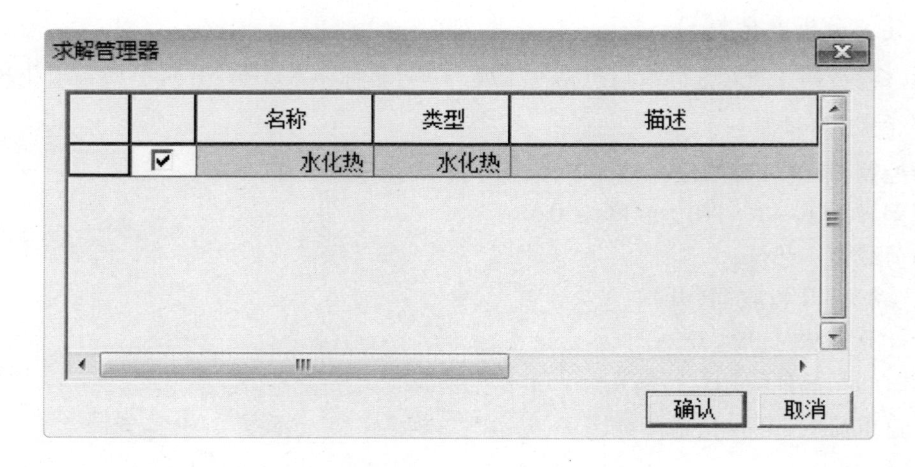

图 5-30　求解

图形类型→应力 + 允许应力图(开)；裂缝比率图(开)；温度图(开)；

节点与应力分量 添加 ；节点平均(开)；应力成分→Sig-P1(开)；

依次点击图 5-31 所示的 3 个节点(或点击其他所关心的节点) 确认 ；

X 轴类型→时间(开)；X 轴时间单位→小时(开) 确认 ；

水化热结果图形如图 5-32 和图 5-33 所示，可分别查看“应力与允许张拉应力”“裂缝比率”和“温度”随“时间”发展变化情况。

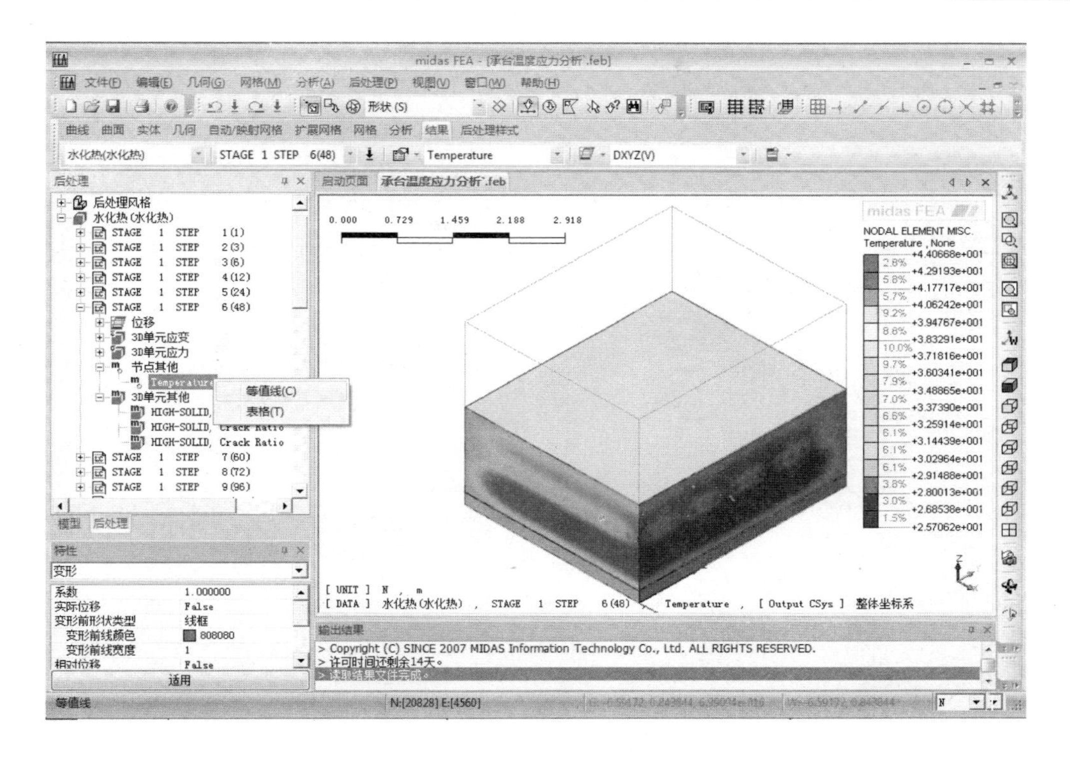

图 5-31　查看水化热分析结果

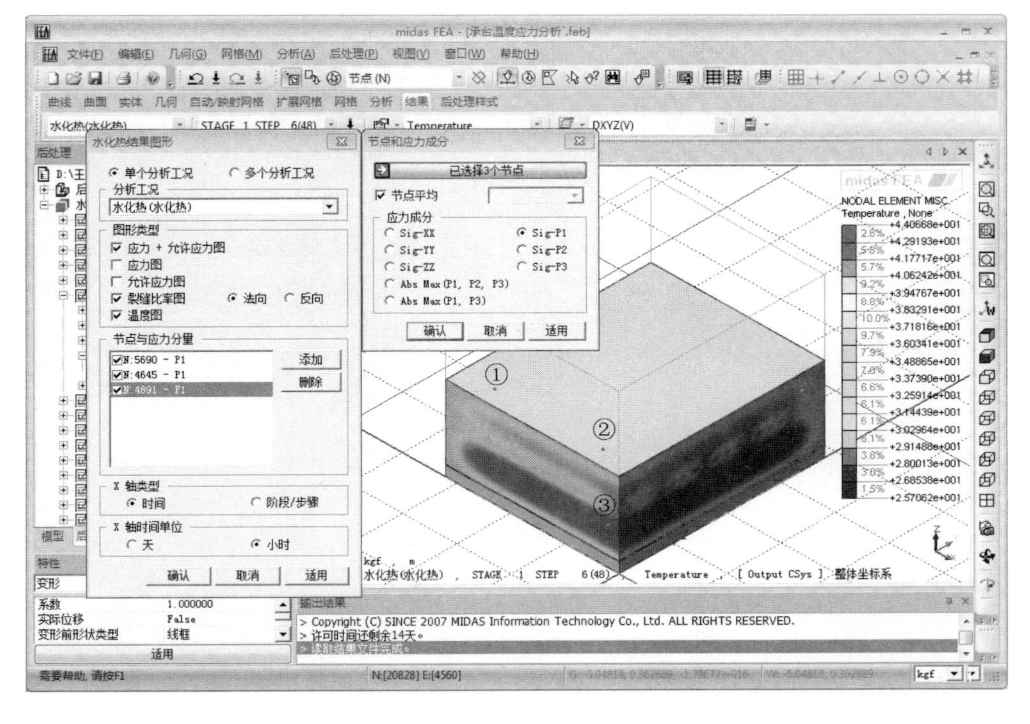

图 5-32　查看水化热结果图形

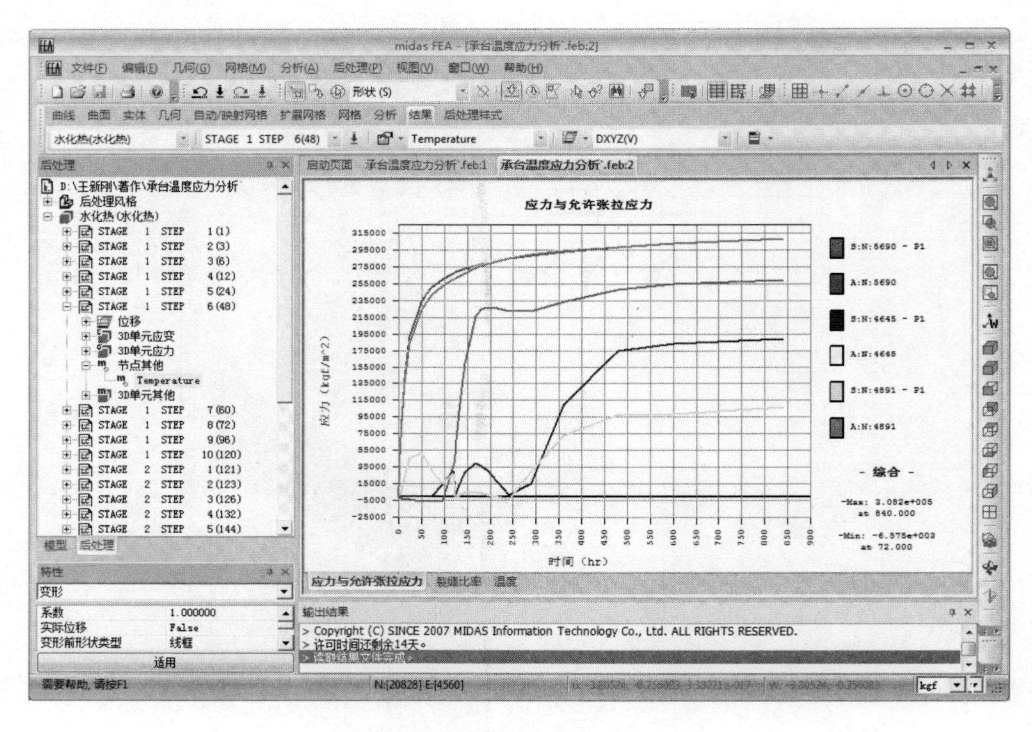

图5-33　水化热结果图形

本章参考文献

[1] 北京迈达斯技术有限公司. Midas FEA3.3用户手册.

下篇

大体积混凝土控裂工程实例

第 6 章

大体积混凝土裂缝控制的常用技术措施

为防止大体积混凝土结构产生温度裂缝,除需要在施工前认真进行温度应力验算外,还要在施工过程中采取一系列有效的技术措施。根据以往的大体积混凝土施工经验,应着重从控制混凝土的温升、减小混凝土内表温差、延缓混凝土降温速率、减少混凝土收缩变形、提高混凝土极限拉伸值、改善混凝土约束条件、加强施工中的温度监测等方面采取技术措施。以上各项技术措施并不是孤立的,而是相互联系、相互制约的。因此,在施工中必须结合实际、全面考虑、合理采用,才能收到良好的效果。

6.1　混凝土配合比的优化

优化混凝土配合比的目的是使混凝土具有较好的抗裂性能,即要求混凝土具有绝热温升较小、抗拉强度较大、极限拉伸变形能力较大的特点。自生体积变形最好是微膨胀,至少是低收缩。具体来说混凝土配合比的优化主要包括优选混凝土原材料和优化混凝土配合比参数。

6.1.1　优选混凝土原材料

优选混凝土原材料根据国内外经验主要有以下六条。

(1)优选水泥

大体积混凝土结构在选用水泥品种时,应综合考虑水化热、强度、坍落度等因素。某些水泥的水化热虽然低,但强度也低,在配制混凝土时,需用较多的水泥,结果混凝土的发热量可能比采用水化热较大、强度较高的水泥时还要大。目前,在大体积混凝土中应用最多的是矿渣硅酸盐水泥和普通硅酸盐水泥。

矿渣硅酸盐水泥水化热小,例如 42.5 矿渣水泥的最终放热量为 355kJ/kg,但早期强度低,干缩性和泌水性大;普通硅酸盐水泥水化热较大,如 42.5 普通硅酸盐水泥最终放热量达 420kJ/kg,但具有收缩变形小、快硬、早期弹性模量高等特点。通常一提到降低混凝土发热量的途径,就优先选用低水化热的矿渣水泥,是因为混凝土强度等级多为 C25 以下。现在,由于混凝土强度等级的提高,若采用矿渣水泥,则水泥需用量较大,其结果是混凝土的绝热温升降低效果不显著,同时,矿渣水泥早期强度低,硬化收缩大,用其拌制的混凝土坍落度损失大,对

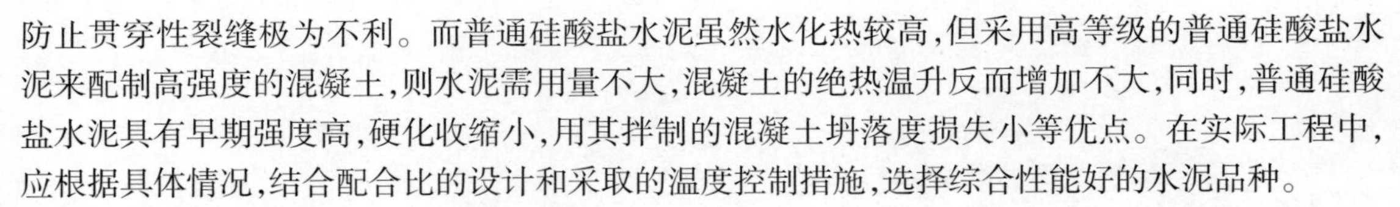

防止贯穿性裂缝极为不利。而普通硅酸盐水泥虽然水化热较高，但采用高等级的普通硅酸盐水泥来配制高强度的混凝土，则水泥需用量不大，混凝土的绝热温升反而增加不大，同时，普通硅酸盐水泥具有早期强度高，硬化收缩小，用其拌制的混凝土坍落度损失小等优点。在实际工程中，应根据具体情况，结合配合比的设计和采取的温度控制措施，选择综合性能好的水泥品种。

(2)减少水泥用量

混凝土的强度等级越高，水化热通常也越高，产生裂缝的概率就越高。在施工中，除了在保证设计要求的条件下尽量降低混凝土的强度等级以减少水化热外，还应该充分利用混凝土的后期强度。实验数据表明，水化热与水泥用量成正比，每立方米的混凝土中水泥用量每增减10kg，水泥水化热使混凝土的温度相应升降1℃。因此，可通过采取适当的措施减少水泥用量来控制混凝土的温升，降低温度应力，减少混凝土开裂的可能性。

(3)减少用水量

混凝土的单位用水量越多，干缩率越大，一般用水量每增加1%，干缩率可增大2% ~3%。在便于施工操作并保证振捣密实的前提下，混凝土应尽可能取较小的坍落度，减少用水量，并把离析、泌水现象降到最低程度。

(4)矿物掺合料的选择

在混凝土中掺用矿物掺合料能够减少水泥用量，提高混凝土结构的耐久性，改善混凝土的工作性能，并具有良好的经济效益。掺用矿物掺合料的混凝土还能有效提高混凝土的抗裂性能，因此在配制混凝土时应考虑使用矿物掺合料。

矿物掺合料包括粉煤灰、矿渣、硅灰、沸石粉等，矿物掺合料的加入可以明显降低胶结材料的水化热，但是由于矿物掺合料的种类、数量及掺加方式的不同，水化热差别很大。

①粉煤灰。

粉煤灰是一种具有火山灰活性的材料，它掺到混凝土中，能降低初期水化热，减少干缩，改善新拌混凝土的和易性、呈现出一定的减水作用，增加混凝土的后期强度，并能显著提高混凝土的抗渗性能和耐久性指标。

但是，应用粉煤灰配制的混凝土，其早期强度偏低，这是因为粉煤灰的二次水化反应一般在混凝土浇筑14d后才开始进行，在温度较低时发生二次反应所需要的时间更长；加上由于粉煤灰取代了部分水泥，降低了混凝土中水泥的浓度，也必然降低混凝土的早期强度，同时延长了混凝土的凝结时间。因此，在确定粉煤灰的掺量时，既要保证相关的技术指标符合要求，同时还要满足施工的需要。试验结果表明，这些弊端可以通过采用减水剂与改性剂双掺的方法加以解决。

②矿渣。

通称的矿渣全名是“粒化高炉矿渣”，乃高炉炼铁得到的以硅铝酸钙为主的熔融物经淬冷成粒的副产品。它具有较高的潜在活性(水硬性)，而活性的大小与化学成分和水淬生成的玻璃体含量有关。矿渣必须在碱性激发下才能呈现活性。

③硅灰。

硅灰是冶炼硅铁和硅工业产出的废尘，含SiO_2达90%以上，有很高的活性，为制造高强、特高强水泥基材料所必需。由于产量和价格的限制，现在用量还不多，但不少重要的工程中均掺水泥质量的10%左右，如与其他掺合料复合使用，有很好的技术经济效益。

④沸石粉。

沸石粉由天然沸石岩磨细而得，是来源最广的细掺料，在国内已有较多研究与应用。沸石粉是一种架状结构的铝硅酸盐矿物，多孔、内表面积大，吸附性与离子交换力强，需水性大于粉煤灰，与其他掺合料复合使用，可取得很好的技术经济效益。

(5)集料的选择

①粗集料的选择。

对于大体积混凝土结构工程，宜优先选择以自然连续级配的粗集料配制。这种连续级配粗集料配制的混凝土，具有较好的和易性、较少的用水量、节约水泥用量、较高的抗压强度等优点。在选择粗集料粒径时，可根据施工条件，尽量选用粒径较大、级配良好的石子。根据有关试验结果证明，采用5～40mm石子比采用5～20mm石子，1m^3混凝土可减少用水量15kg左右，在相同水灰比的情况下，水泥用量可节约20kg左右，混凝土温升可降低约2℃。

选用较大粒径集料，确实有很大优越性。但是，集料粒径增大后，容易引起混凝土的离析，影响混凝土的质量。为了达到预定的要求，同时又要发挥水泥最有效的作用，粗集料有一个最佳的最大粒径。对于大体积混凝土结构工程，粗集料的最大粒径不仅与施工条件和工艺有关，而且与结构物的配筋间距、模板形状等有关。因此，进行混凝土配合比设计时，不要盲目选用大粒径粗集料，必须进行优化级配设计，施工时要加强搅拌，细心浇筑和认真振捣。

②细集料的选择。

大体积混凝土中的细集料，以采用优质的中、粗砂为宜，细度模数宜在2.6～2.9范围内。根据有关试验资料证明，当采用细度模数为2.79、平均粒径为0.381mm的中粗砂时，比采用细度模数为2.12、平均粒径为0.336mm的细砂，1m^3混凝土可减少水泥用量28～35 kg，减少用水量20～25kg，这样就降低了混凝土的温升和减小了混凝土的收缩。

泵送混凝土的输送管道形式很多，既有直管又有锥形管、弯管和软管。当通过锥形管和弯管时，混凝土颗粒间的相对位置就会发生变化。此时，如果混凝土中的砂浆量不足，很容易发生堵管现象。所以，在混凝土配合比设计时，可适当提高砂率。但若砂率过大，将对混凝土的强度产生不利影响。因此，在满足混凝土可泵性的前提下，尽可能选用较小的砂率。

③集料的质量要求。

集料是混凝土的骨架，集料的质量如何，直接关系到混凝土的质量。所以，集料的质量技术要求，应符合国家标准的有关规定。混凝土试验表明，集料中的含泥量多少是影响混凝土质量的最主要因素。若集料中含泥量过大，则对混凝土的强度、干缩、徐变、抗渗、抗冻融、抗磨损及和易性等性能都产生不利的影响。尤其会增加混凝土的收缩，引起混凝土抗拉强度的降低，对混凝土的抗裂十分不利。因此，在大体积混凝土施工中，石子的含泥量不得大1%，砂的含泥量不得大于2%

(6)外加剂的选择。

现代化施工中，往往采用泵送方法来浇筑混凝土。泵送混凝土由于流动性与和易性的要求，使混凝土的坍落度增加，水灰比增大、水泥强度等级提高，水泥用量、用水量、砂率均增加，集料粒径减小，外加剂增加等因素的变化，会导致混凝土的收缩增大，水化热作用也比以往增加许多。混凝土中水泥用量和强度等级的提高可以明显地增加强度，但混凝土的抗拉强度、抗剪强度和黏结强度虽然均随抗压强度的提高而提高，但它们与抗压强度的比值却随强度值的提高而减小,因此在裂缝控制中决定混凝土抗裂能力的抗拉强度(即极限拉伸)的提高不足以弥补增大的水化热所带来的负面影响。为了解决泵送混凝土的这些问题,须合理选择外加剂。

①减水剂。

在混凝土中使用减水剂已被公认是提高混凝土强度、改善性能、节约水泥用量及降低能耗等的有效措施。实践证明,在现代混凝土材料与技术领域里,高质量的混凝土生产,几乎没有不使用减水剂的。水泥加水拌和后,由于水泥颗粒间的相互作用而形成一些絮凝状结构。在这些絮凝状结构中,包裹着很多拌和水,从而降低了混凝土的和易性。施工中为了保持所需的和易性,就必须相应增加拌和水量。由于用水量的增加会使水泥石结构中形成过多的孔隙,从而使混凝土产生约束状态下较大的收缩而形成裂缝。减水剂的作用就在于其吸附于水泥颗粒表面,使水泥胶粒表面上带有相同符号的电荷产生电性斥力,使水泥-水体系趋于相对稳定的悬浮状态,使水泥在加水初期所形成的絮凝状结构分散解体,从而将絮凝状凝聚体内的游离水释放出来,增强了混凝土的和易性,增大了坍落度,达到减水的目的。

②缓凝剂。

缓凝剂可对水泥的初期水化产生抑制作用,但它随着水化的不断进行,将自行分解,所以并不影响水泥的继续水化。缓凝作用能使新拌混凝土在较长时间内保持其塑性,以利于浇筑成型,提高施工质量,并能降低水化热。在夏季混凝土施工、大体积混凝土施工中对延缓混凝土的凝结,延长混凝土的可捣实时间,推迟水泥水化放热过程,减小温度应力所引起的裂缝等方面起着重要的作用。在流态或泵送混凝土中,可以减小坍落度经时损失。

③膨胀剂。

用普通硅酸盐水泥配制的混凝土和砂浆,由于水泥在空气中硬化会产生收缩,砂浆的收缩率为0.1%~0.2%,混凝土的收缩率为0.04%~0.06%,混凝土的收缩受到约束后会使混凝土结构内部产生拉应力,而一般混凝土的极限拉伸仅为80~200με,其抗拉强度仅为抗压强度的1/10~1/20,极易使混凝土内部产生收缩裂缝,从而影响混凝土的抗渗、抗冻性、整体性和耐久性。

目前,我国市场上应用最广泛的是U型膨胀剂,这种膨胀剂的膨胀源是其水化过程中生成具有32个结晶水的钙矾石,从而产生体积膨胀,在钢筋和邻位的限制下,形成0.2~0.7MPa的膨胀自应力,来补偿部分混凝土因各种收缩变形造成的拉应力,从而改善了混凝土的应力状态,达到补偿收缩、防止混凝土开裂的目的。因此,掺用膨胀的混凝土在养护过程中,必须有充足的水分来保障钙矾石的生成,否则反而会引起混凝土更大的收缩;另一方面,相关研究表明,在温度高于60℃时,钙矾石不稳定,会分解为单硫型水化硫铝酸钙。当混凝土冷却至环境温度后,会重新生成钙矾石,延迟了钙矾石的生成。由于此时混凝土已经硬化,膨胀性的钙矾石将在混凝土结构内部产生应力,并可能最终导致混凝土开裂。

因此,在大体积混凝土施工中应谨慎使用膨胀剂,在预计混凝土内部最高温度不超过60℃时,方可使用,并保证对混凝土进行充分保湿养护。

6.1.2 优化混凝土配合比参数

(1)最佳水灰(胶)比区间

通过选取最佳水灰(胶)比区间,优化水泥石的相组成和水化相的微观孔隙结构,使混凝土的长期干燥收缩变形小，并具有良好的初龄期抗裂性能。胶凝材料单独采用硅酸盐水泥时，最佳水灰比区间宜为0.50～0.60；单独内掺粉煤灰时，考虑到水化相微观孔隙结构的变化，依据混凝土的设计强度要求和所用水泥的强度等级，建议最佳水胶比区间控制在0.40～0.50；采用粉煤灰、矿粉双掺时，最佳水胶比区间控制在0.45～0.55[1]。

(2)矿物掺合料的最佳掺量

对应于最佳水胶比区间，存在最佳矿物掺合料掺量区间，不但可以有效提高混凝土的早期抗裂性能，对混凝土的长期干燥收缩也不会产生太大影响。单掺粉煤灰时，一级灰最佳掺量区间宜控制在20%～30%，二级灰最佳掺量区间略微减小，为15%～25%，此时混凝土收缩基本不变或略有减小，但有效提高了混凝土的早期抗裂性能；单掺矿渣时，由于提高混凝土早期抗裂性能的效果有限，它的最佳掺量区间宜控制在30%以下，来避免长期收缩变形过大；双掺粉煤灰和矿渣粉时，最佳掺量应遵循同样的原则，总体上采用双掺方案对控制混凝土收缩、提高抗裂性能更为有利。

(3)临界集料体积含量

混凝土集料体积含量增大，有利于减少混凝土的收缩，但由于稀释效应、湿扩散行程曲折效应和界面过渡区效应三方面的共同影响，没有必要追求过高的集料体积含量。一方面，达到过高的集料体积含量需要级配好、空隙率低的优质砂石原料，不利于资源有效利用，并增加了混凝土配合比设计的复杂性；另一方面，集料体积含量增大到一定程度时，集料-水泥石界面过渡区的大量存在，加快水泥石干燥失水速度，将部分抵消因体积含量增加而获得的减缩效果。

混凝土集料体积含量自66%增大至70%时，混凝土的干缩显著减小。高于68%时，混凝土的干燥收缩已显著降低，进一步增大集料体积含量，减缩幅度将明显减小，因此混凝土配合比设计时，以68%作为临界集料体积含量，可获得良好的收缩控制效果，并降低了配制难度。

6.2　选择合理的施工措施

(1)合理分层分段浇筑

大体积混凝土的尺寸都较大，混凝土由于内外温差，产生膨胀或者收缩时，受到其他混凝土的抑制程度越强烈，由此引起的拉应力越大，就越容易形成裂缝；另一方面，现在使用的都是商品混凝土，在满足坍落度、和易性等要求下，并不能一次性地浇筑大体积混凝土，这些都要求对大体积混凝土要进行合理的分层浇筑。

大体积混凝土分层浇筑可以减少由于混凝土体积较大，水化热传导不出来引起内外温差而造成的温度裂缝，分层浇筑还可以减少由于混凝土体积较大，对模板强度更高的要求，同时由于混凝土分几次浇筑，减少了每次浇筑的工作量，方便施工，因此分层浇筑普遍地用于大体积混凝土的浇筑，目前，在实际工程中一般采用全面分层，分段分层，斜面分层，三种分层方法如图6-1所示。

①全面分层。适用于较小结构尺寸的混凝土，将混凝土分成几个厚度相同的结构层进行浇筑，当混凝土的长边不是太长时，可以从混凝土的短边开始，沿着长边进行浇筑，当混凝土的长边较长时，可以从混凝土的中间，沿着长边向两边进行浇筑。

②分段分层。适用于厚度不是太大，但是长边较长的筏板基础，将待浇筑的混凝土的长边

划分为几段，浇筑完下层的一段后，再折返浇筑上层的前一段，如此前进，交替的浇筑，直到把混凝土浇筑完毕为止。

③斜面分层。适用于长度较大，但是厚度较小的大体积混凝土，浇筑始于混凝土的下端，并逐层向上移动浇筑。斜面分层的示意图如图 6-1c）所示。

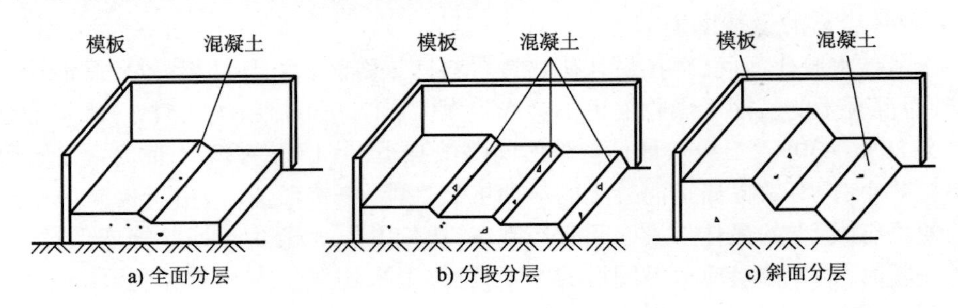

图 6-1　混凝土分层浇筑示意图

（2）混凝土的二次振捣

大量施工现场试验证明，对浇筑后未初凝的混凝土进行二次振捣，能排除混凝土因泌水在粗集料、水平钢筋下部生成的水分和空隙，提高混凝土与钢筋之间的握裹力，防止因混凝土沉落而出现的裂缝，减小混凝土内部微裂，增加混凝土的密实度，使混凝土的抗压强度提高 10% ~ 20%，从而可提高混凝土的抗裂性。混凝土二次振捣有严格的时间标准，二次振捣的恰当时间是指混凝土振捣后尚能恢复到塑性状态的时间，这是二次振捣的关键，又称为振动界限。掌握二次振捣恰当时间的方法，一般有以下两种。

①将运转着的振捣棒与其自身的重力逐渐插入混凝土中进行振捣，混凝土在振捣棒慢慢拔出时能自行闭合，不会在混凝土中留下孔穴，则可以认为此时施加二次振捣是适宜的。

②为了准确地判定二次振捣的适宜时间，国外一般采用测定贯入阻力值的方法进行判定。当标准贯入阻力值在未达到 $350\mathrm{N/cm^2}$ 以前，再进行二次振捣是有效的，不会损伤已成型的混凝土，对应的立方体试块强度约为 $25\mathrm{N/cm^2}$，对应的压痕仪强度值约为 $27\mathrm{N/cm^2}$。

由于采用二次振捣的最佳时间与水泥品种、水灰（胶）比、坍落度、外加剂种类、施工温度和振捣条件等有关，因此，在实际工程正式采用二次振捣前必须经试验确定。在最后确定二次振捣时间时，既要考虑技术上的合理性，又要满足分层浇筑、循环周期的安排，在操作时间上要留有余地，避免由于这些失误而造成“冷接头”等质量问题。

（3）改善混凝土的搅拌工艺

在传统混凝土搅拌工艺过程中，水分直接湿润石子的表面；在混凝土成型和静置过程中，自由水进一步向石子与水泥砂浆界面集中，形成石子表面的水膜层。在混凝土硬化后，由于水膜层的存在而使界面过渡层疏松多孔，削弱了石子与硬化水泥砂浆之间的黏结，形成混凝土中最薄弱的环节，从而对混凝土的抗压强度和其他物理力学性能产生不良的影响。

改善混凝土的搅拌工艺，可以提高混凝土的极限拉伸值，减少混凝土的收缩。为了进一步提高混凝土的质量，可采用二次投料的砂浆裹石或净浆裹石的搅拌新工艺。这样不仅可有效地防止水分向石子与水泥砂浆界面的集中，使硬化后的界面过渡层的结构致密，黏结强度增强，而且可使混凝土强度提高 10% 左右，相应地也提高了混凝土的抗拉强度和极限抗拉值。

实践证明，当混凝土强度基本相同时，可减少7%左右的水泥用量，从而也减少了水化热。

（4）控制混凝土的出机温度和浇筑温度

①要重视施工前的准备工作。各种设备、工具要能立即投入使用，使混凝土温度控制能够满足设计要求。

②控制出机温度。在混凝土的各种原料中间，石子的比热容较小，但每 m^3 混凝土中石子所占的质量最大，而水的比热容最大。但它的质量在每 m^3 混凝土中只占一小部分。因此，对混凝土出机温度影响最大的是石子及水的温度。为了降低出机温度，其最有效的办法是降低石子的温度。在气温较高的季节施工时，为了防止太阳直接照射，可在砂石堆场上搭设遮阳篷，必要时也可在使用前冲洗集料。

③控制浇筑温度。为了降低混凝土从搅拌机出料到卸料，泵送和浇筑振捣后的温度，减少结构的内外温差，一般按季节采取措施，如夏季施工时，则应以减少冷量损失、着手在整个长度的水平输送管道上覆盖草包并经常喷洒冷水、在浇筑混凝土时，采用一个坡度、薄层浇筑、循序推进、一次到顶等措施来缩小混凝土暴露面积以及加快浇筑速度，缩短浇筑时间。在冬季施工时，对结构厚度在1.0m以上的大体积混凝土可继续施工，但应保证保温浇筑、保温养护，一般可利用混凝土本身散发的水化热养护本身，并要求在混凝土没有达到允许临界强度以前防止冻害。

根据试验资料证明，混凝土的早期强度达到临界强度后，在零下温度作用下不会遭到冻害，小于该临界强度时则会遭到冻害。一般对于C20～C30强度等级的混凝土，其允许临界值为设计强度等级的40%，C40～C50强度等级的混凝土，其允许临界值为设计强度等级的30%。

6.3 改善边界约束和构造设计

（1）合理配置钢筋

在一般常温和允许应力状态下，钢的性能是比较稳定的，其与混凝土的热膨胀系数相差不大，因而在温度变化时，钢与混凝土之间的内应力很小，而钢的弹性模量比混凝土的弹性模量大6～16倍。当混凝土的强度达到极限强度、变形达到极限拉伸值时，应力开始转移到钢筋上，从而可以减小裂缝的扩展。

①在构造方面进行合理配置钢筋，对提高混凝土结构的抗裂性有很大作用。工程实践证明，当混凝土墙板的厚度为400～600mm时，采取增加配置构造钢筋的方法，可使构造筋起到温度筋的作用，能有效地提高混凝土的抗裂性能。配置的构造钢筋应尽可能采用小直径、小间距，例如配置直径6～14mm、间距控制在100～150mm。按全截面对称配筋是最合理的，这样可大大提高抵抗贯穿性开裂的能力。若进行全截面对称配筋，配筋率应控制在0.3%～0.5%。

②在结构的孔洞周围、变断面转角部位、转角处等，由于温度变化和混凝土收缩，会产生应力集中而导致混凝土裂缝。为此，可在孔洞四周增配斜向钢筋、钢筋网片；在变断面处避免断面突变，可作局部处理使断面逐渐过渡，同时增配一定量的抗裂钢筋，这对防裂缝产生是有很大作用的。

对于大体积混凝土，构造筋对控制贯穿性裂缝作用不太明显，但沿混凝土表面配置钢筋，可提高面层抗表面降温的影响和干缩。

（2）设置滑动层

混凝土由于边界存在约束才会产生温度应力，如果在与外约束的接触面上全部设置滑动层，则结构的计算长度可折减约一半。因此，若遇到约束强的岩石类地基、较厚的混凝土垫层时，可在接触面上设置滑动层，对减小温度应力将起到显著作用。

滑动层的做法有：涂刷两道热沥青加铺一层沥青油毡，或铺设 10 ~ 20mm 厚的沥青砂，或铺设 50mm 厚的砂或石屑层等。

（3）设置缓冲层

设置缓冲层，即在高低底板交接处、底板地梁处等，用 30 ~ 50mm 厚的聚苯乙烯泡沫塑料作垂直隔离，以缓冲基础收缩时的侧向压力。

（4）设置应力缓和沟

设置应力缓和沟，这是日本清水建筑工程公司研究成功的一种防止大体积混凝土开裂的新方法，即在混凝土结构的表面，每隔一定距离（结构厚度的 1/5）设置一条沟。设置应力缓和沟后，可将结构表面的拉应力减少 20% ~ 50%，能有效地防止表面裂缝。我国已将其用于直径 60m、底板厚 3. 5 ~ 5. 0m 的地下罐工程，并取得良好效果。

（5）设置后浇带

根据理论公式可计算出大体积混凝土结构的裂缝间距。裂缝间距既是伸缩缝间距，又是后浇带间距。如果大体积混凝土结构的总长小于或等于该间距时，则墙体可一次性连续浇筑；当结构的尺寸过大时，通过计算整体一次浇筑混凝土产生的温度应力过大，可能产生温度裂缝时，就可以通过设置后浇带的方法进行分段浇筑。后浇带是现浇钢筋混凝土结构中在施工期间留设的临时性的温度和收缩变形缝。该缝根据工程安排保留一定时间，然后用混凝土填筑密实成为整体的无伸缩缝结构。

后浇带的保留时间一般不少于 40d，在填筑混凝土之前，必须将整个混凝土表面的原浆凿清形成毛面，清除垃圾和杂物，并隔夜浇水浸润。填筑的混凝土可采用浇筑混凝土、膨胀混凝土或无收缩混凝土，要求混凝土的强度等级比原结构提高 5 ~ 10MPa，并保持不少于 15d 的潮湿养护。

（6）预埋冷却管

冷却水管的作用是通过水管内部循环冷却水带走混凝土内部的部分热量，降低混凝土绝对温升最高值，减缓混凝土水化热峰值持续时间，减轻混凝土保温养护的压力和缩短养护时间，从而实现大体积混凝土裂缝的控制。预埋冷却管应注意如下问题。

①结合温度控制要求确定冷却水管的布置，在绑扎钢筋的同时埋入冷却管。通常选用外径为 ϕ27mm 的黑铁管作为冷却水管，水平间和上下间距根据计算结果来确定。安装完毕后必须在混凝土浇筑前及时采用试压检验，发现渗漏水及时处理。

②在浇筑混凝土前先启动循环系统，目的是先将水管内灌满水，经日光照射，使水温接近环境温度，避免在混凝土浇筑产生大量水化热时由于水温过低而造成水管附近混凝土出现显著温度梯度，增大混凝土的收缩。冷却水可根据需要选用自来水、地下井水、地下施工降水等，每天降温不宜超过 1 ~ 2℃，降温速度过快会导致水管附近混凝土温度低而开裂。一般控制混凝土与冷却水之间的温差不超过 25℃。管中水的流速不宜小于 0. 6m/s，水流方向应 12h 调换

一次。通水时间由混凝土内部温度监测结果和裂缝控制要求确定。

③冷却水管累计长度不宜大于200m,水管长度每超过200m应增设一组进水口和出水口,组成另外一个冷却水管循环。

6.4 提高混凝土的极限拉伸

混凝土的极限拉伸值,除了与水泥用量、集料品种和级配、水灰比、集料含泥量等因素有关外,还与掺合料、纤维及外加剂等有关。因此,在混凝土中合理应用掺合料、纤维及外加剂等,可以在一定程度上提高混凝土的极限拉伸值,这对防止产生温度裂缝可起到一定的作用。

(1)掺合料

在水胶比相同的条件下,提高混凝土中粉煤灰和矿渣粉的掺量,可以在降低水化热的同时,提高混凝土早期极限拉伸值。另外,相同配合比,内掺10%的硅灰能够提高混凝土的极限拉伸值,而且后期提高的幅度高于早期。

(2)外加剂

在混凝土中使用减水剂,可以在保持工作性不变的基础上减少用水量,从而在提高混凝土强度的同时,提高极限拉伸值。相关研究还表明,在混凝土中适量掺入引气剂能够在一定程度上提高混凝土的极限拉伸值。

(3)纤维

混凝土中钢纤维掺量不大于0.5%时,极限拉伸增加幅度较大;当钢纤维掺量大于0.5%时,增加幅度较小。在聚丙烯纤维掺量小于0.6%时,混凝土的极限拉伸增加幅度很大;当聚丙烯纤维掺量大于0.6%时,混凝土的极限拉伸增长幅度很小。

(4)石粉

当石粉含量小于16%时,混凝土的极限拉伸值随石粉含量的增加而增大;当石粉含量大于16%时,混凝土的极限拉伸值随石粉含量的增加而减小。

6.5 加强混凝土的保温、保湿养护

刚浇筑的混凝土强度低、抵抗变形能力小,如遇到不利的温湿度变化条件,其表面容易发生有害的冷缩和干缩裂缝。

保温的目的是减小混凝土表面与内部温差及表面混凝土温度梯度,防止表面裂缝的发生。无论在常温还是在负温下施工,混凝土表面都需覆盖保温层。常温保温层,可以对混凝土表面因受大气温度变化或雨水袭击的温度影响起到缓冲作用;负温保温层则根据工程项目地点、气温以及控制混凝土内外温差等条件进行设计。但负温保温层必须设置不透风材料覆盖层,否则效果不够理想。保温层兼有保湿的作用,如果用湿砂层,湿锯末层或积水保湿效果尤为突出,保湿可以提高混凝土的表面抗裂能力。

大体积混凝土的养护要求:

(1)在大体积混凝土保温养护过程中,应对混凝土结构的内表温差和降温速度进行监测,现场实时温度监测是控制大体积混凝土施工的一重要环节。根据现场实测结果可随时掌握与

施工有关的数据(内表温差、最高温升及降温速度等),可根据这些实测结果调整保温养护措施以满足温控指标的要求。

(2)保温养护的时机应根据温度应力(包括混凝土收缩产生的应力)加以控制确定。何时开始覆盖保温材料对保温最有利,就目前情况来看,施工单位大都在混凝土表层终凝后就开始覆盖保温层,这无疑偏早,合理的保温时间应从混凝土降温时开始,这是因为:

①混凝土在升温阶段基本上处于受压状态(表面拉应力非常小),混凝土出现裂缝的机会非常小。

②如果在升温阶段开始保温,这实际上是进行混凝土蓄热,势必会提高混凝土的内部最高温度。根据多年经验,混凝土保温应在混凝土内表温差接近或将要超过25℃时,或者内部温度峰值过后,温度开始下降,降温速率接近或超过相关规范允许值时进行。

③有掺合料的大体积混凝土的养护期不得少于21d,保温层覆盖层的拆除应根据混凝土内部温度监测结果,分层逐步进行。

(3)保温养护过程中,应保持混凝土表面湿润。保湿可以提高混凝土的表面抗裂能力。有资料表明,潮湿养护时,混凝土极限拉伸值比干燥养护时要大20% ~50%。

(4)具有保温性能良好的材料可以用于混凝土的保温养护中。在大体积混凝土施工中可因地制宜地采用保温性能好、价格低的材料作为大体积混凝土的保温养护,如塑料薄膜、草袋等。

(5)在大体积混凝土养护过程中,不得采用强制、不均匀的降温措施。否则,易使大体积混凝土产生裂缝。

(6)在大体积混凝土拆模后,应采取预防寒潮袭击、突然降温和剧烈干燥等措施。当采用木模板,而且木模板又作为保温养护措施的一部分时,木模板的拆除时间应根据保温养护的要求确定。

6.6 加强混凝土温度实时监测

(1)温度监测目的

温度监测是大体积混凝土施工过程中的一个重要环节,也是防止温度裂缝产生的关键技术措施之一。在大体积混凝土的凝结硬化过程中,及时掌握大体积混凝土结构不同位置温度场的变化规律,对于有的放矢采取相应的技术措施,确保混凝土不产生过大的温度应力,避免温度裂缝的发生,具有非常重要的作用。

具体来说,在大体积混凝土的浇筑过程中,应进行混凝土浇筑温度监测,在养护过程中应进行混凝土浇筑内部升降温、内表温差、降温速度、冷却水管进出口水温及环境温度等监测。这些监测结果能及时反映现场大体积混凝土浇筑块体块内温度变化的实际情况,以及所采取的温控技术措施效果,为工程技术人员及时改变温控对策提供科学依据。

(2)温度监测点的布置方法

在混凝土浇筑前将温度传感器埋置于混凝土内部,一般按结构的厚度分层设置。温度传感器的埋设位置应能测得混凝土的内表温差、最高温度、降温速率等指标。

但有些大体积混凝土结构形式复杂,比如船闸、翻车机房等,不能简单判断温度传感器埋设位置。此时为了能够准确无误地监测到混凝土结构内部温度场分布及变化情况，在埋设温度传感器前，应建立大体积混凝土结构的有限元分析模型，并根据实际施工工艺流程模拟整个施工过程，得到混凝土结构温度场分布及变化的仿真分析结果。温度传感器应根据混凝土结构温度仿真分析所呈现的特点和规律进行布置，这样能够做到有的放矢，既不漏测特征温度点，也不浪费温度传感器。

在实际施工过程中，除按温度监测需求布置一定数量的传感器外，还要确保每个埋入混凝土中的温度传感器具有较高的可靠性。必要时，还要对传感器采取相应的保护措施，避免在混凝土浇筑施工过程中损坏。

(3)温度监测仪器设置的选择

在大体积混凝土温度监测过程中，应尽量避免采用人工方法进行温度数据采集。优先选用具有自动采集、实时显示、自动存储温度数据的测温仪器设备，并能随时绘制出混凝土内部温度变化曲线，为工程技术人员及时采取相应的温度技术措施提供依据。这样在施工过程中，可以做到对大体积混凝土内部的温度变化进行跟踪监测，实现信息化施工，确保施工质量。

(4)温度数据采集频率及监测时间

混凝土浇筑温度监测每台班不应少于 2 次。混凝土结构的温度监测，在混凝土覆盖温度传感器后即可开始。自混凝土开始浇筑到温峰到达前，每隔 1h 测一次；温峰过后 10d 内可延长到每 2h 测一次；10d 后可延长到每 4h 测一次。温度监测持续时间一般不少于 20d。

6.7　本 章 小 结

大体积混凝土产生裂缝的原因复杂多样，但温度变形与干缩变形显然是混凝土早期裂缝形成的主要原因。在确切掌握裂缝形成原因的前提下，有针对性地、科学合理地研究制定相应裂缝控制技术措施，工作将事半功倍。

本章参考文献

[1] 张雄. 混凝土结构裂缝控制技术[M]. 北京：化学工业出版社，2007.

第7章

隧道底板控裂工程实例

7.1 工程概况及气象条件

7.1.1 工程概况

港珠澳大桥是一座连接香港、珠海和澳门的巨大桥梁，全长49.968km，主体工程“海中桥隧”长35.578km，总投资约729亿元。港珠澳大桥的起点是香港大屿山，跨越伶仃洋、珠江口，最后分成Y字形，一端连接珠海，一端连接澳门。整座大桥将按6车道高速公路标准建设，设计时速为100km，大桥的设计使用寿命为120年。

西人工岛隧道敞开段OW1底板长31.5m，宽度为49.1～53.7m，最大厚度为315cm，最小厚度为260cm，隧道底板结构尺寸如图7-1阴影部分所示。隧道底板一次性浇筑，钢模板，采用C50海工高性能混凝土，配合比如表7-1所列。隧道底板垫层采用厚度约为20cm的C20素混凝土。由于隧道底板结构尺寸大，支模板、绑钢筋等工作需要花费较长时间，因此垫层施工完成至少1个月后才能进行隧道底板混凝土的浇筑施工。

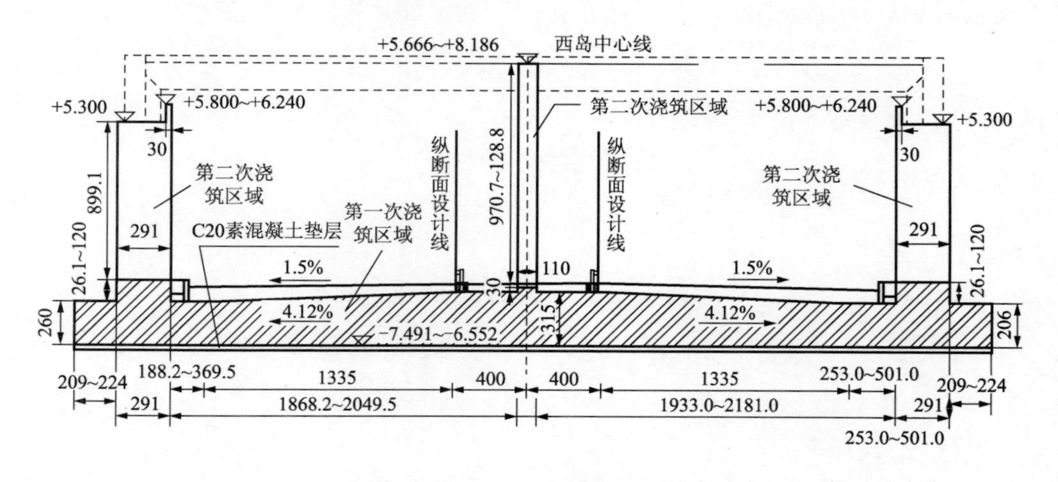

图7-1 港珠澳大桥西人工岛隧道敞开段OW1结构图(尺寸单位:cm)

C50 海工高性能混凝土配合比　　表 7-1

项目	胶材总量	水泥	粉煤灰	矿粉	砂	碎/卵石（大）	碎/卵石（小）	水	外加剂
单位体积用量（kg/m^3）	429	198	105	126	775	733	314	147	4.2

由于隧道底板结构尺寸大，混凝土强度等级高，因此在施工过程中应特别注意控制由于水化热温升引起的温度应力，防止裂缝的产生。具体地说，应该着重控制如下两方面的温度应力：

（1）自约束应力

由于隧道底板最大厚度达到了 315cm，胶凝材料水化反应所产生的热量不易散发，混凝土内部温升会很高。如果由于内表温差引起的拉应力超过混凝土的容许抗拉强度，就会出现表面裂缝。

（2）垫层约束应力

由于垫层施工完成至少 1 个月后才能进行隧道底板混凝土的浇筑施工，经过 1 个月的时间，垫层混凝土的收缩基本完成，垫层混凝土会对隧道底板混凝土的收缩形成强约束。因此，隧道底板很可能会由于垫层的强约束而出现竖向贯通裂缝。

因此，隧道底板在施工前应详细验算温度应力，并根据温度应力验算结果来有针对性地制定防裂技术措施。

7.1.2　气象条件

根据珠海地区 A 塔一年的气象观测资料，平均气温 9 月最高，1 月份最低，最高气温出现在 7 月，为 35.6℃，最低气温出现在 1 月，为 8.0℃，见表 7-2。

2008 年 4 月 ~2009 年 3 月珠海地区 A 塔气温资料（℃）　　表 7-2

月份	4	5	6	7	8	9	10	11	12	1	2	3
平均	21.4	23.7	24.8	27.8	28.0	28.4	25.4	21.0	17.1	13.9	18.8	18.0
最高	27.4	27.5	31.7	36.2	34.6	35.6	29.7	27.6	22.4	21.5	22.8	24.2
最低	15.6	18.5	21.8	23.1	22.2	23.2	21.5	12.9	8.8	8.0	14.5	11.4

7.2　隧道底板混凝土温度的计算

7.2.1　绝热温升值的计算

根据表 7-1 所列混凝土配合比及式（3-19）、式（3-23）、式（3-24）来计算隧道底板混凝土的绝热温升，即：

$$T(\tau)=\frac{Wk_1k_2Q_0(1-e^{-m\tau})}{C\rho}$$

式中各项参数取值如表 7-3 所列。

绝热温升计算参数取值　　表 7-3

参数	胶材(kg)	$k_1\times k_2$	Q_0	m	C[kJ/(kg·℃)]	ρ(kg/m³)
取值	429	0.77	377	0.384	0.96	2402

由此求得隧道底板混凝土最大水化热绝热温升值:

$$T_h=\frac{Wk_1k_2Q_0}{C\rho}=\frac{429\times0.77\times377}{0.96\times2402}=54.0(℃)$$

7.2.2 混凝土中心最高温度计算

该工程 8 月混凝土浇筑温度 $T_p=28℃$,由式(3-25),即 $T_{max}=T_j+T_h\cdot\xi(t)$ 计算可得隧道底板内部最高温度:

$$T_{max}=28+54.0\times0.758=68.9(℃)$$

7.2.3 混凝土最大内表温差的计算

(1)混凝土的表面温度

混凝土表面温度可按式(3-27)计算,即:

$$T_b(\tau)=T_q+\frac{4}{H^2}h'(H-h')\Delta T_\tau$$

式中:T_q——现场环境温度,T_q 取 28℃;

$$\Delta T(t)=T_{max}-T_q=40.9(℃)$$

H——计算厚度,m,假设隧道底板只向大气散热,按单面暴露空气中的平板来计算,计算厚度 $H=h+2h'$。

h'为混凝土结构的虚厚度,按式(3-10)来计算,即

$$h'=\frac{\lambda_0}{\beta_s}$$

式中:λ_0——混凝土导热系数,取 9.0kJ/(m·h·℃);

β_s——保温层的传热系数。

钢模板厚 2mm,其导热系数 $\lambda_i=163.29$kJ/(m·h·℃),钢板在空气中的放热系数 $\beta_\mu=76.7$kJ/(m²·h·℃),风力 3 级,由式(3-8)和式(3-9),可得等效表面放热系数为:

$$\beta_s = \frac{1}{1/76.7 + 0.002/163.29} = 76.63[\text{kJ}/(\text{m}^2 \cdot \text{h} \cdot ℃)]$$

混凝土结构的虚厚度 h'：

$$h' = \frac{\lambda_0}{\beta_s} = \frac{9}{76.63} = 0.117(\text{m})$$

混凝土结构的计算厚度 H：

$$H = h + 2h' = 3.15 + 2 \times 0.117 = 3.38(\text{m})$$

则混凝土表面温度：

$$T_b(t) = 28 + \frac{4}{3.27^2} \times 0.117 \times (3.38 - 0.117) \times 40.9 = 33.8(℃)$$

(2)混凝土最大内表温差

$$\Delta T = T_{max} - T_b(t) = 68.9 - 33.8 = 35.1(℃) > 25(℃)$$

显然,混凝土最大内表温差超过了相关规范允许值,若不采取相应的防裂技术措施,混凝土表面将出现裂缝。

7.2.4　布置冷却水管后的最大内表温差计算

(1)冷却水管布置方案

为了防止隧道底板由于内表温差过大而出现表面裂缝,采取在混凝土内部布置冷却水管的方法来减小内表温差。冷却水管布置如图7-2所示。冷却水管采用外径40mm,壁厚2.0～3.0mm的输水黑铁管。冷却水管平面布置间距为0.8m,立面间距为0.8～1.0m,每节水管长度 $L = 200\text{m}$ 组成一个冷却水管循环。混凝土初始温度 $T_0 = 28℃$,冷却水初始温度 $T_w = 28℃$。

(2)布置冷却水管后的混凝土内部最高温度的计算

本工程水管冷却是在混凝土浇筑后立即进行的,因此在计算混凝土温度时,按水管与层面共同冷却问题进行考虑。

混凝土的导温系数 $\alpha = 0.096\text{m}^2/\text{d}$,导热系数 $\lambda = 200.88\text{kJ}/(\text{m} \cdot \text{d} \cdot ℃)$,混凝土初始温度 $T_p = 28℃$;现场环境温度为34℃;冷却水初始温度 $T_w = 26℃$,密度 $\rho_w = 1000\text{kg/m}^3$,冷却水流量 $q_w = 36\text{m}^3/\text{d}$,水的比热容 $C_w = 4.187\text{kJ}/(\text{kg} \cdot ℃)$;水管长度 $L = 200\text{m}$,$\theta_0 = 50.9℃$,$T_j = 1\text{d}$,水管间距 $h = 1.0\text{m}$,$t = 2\text{d}$,$n = 0.5\text{d}$。

$\xi = \dfrac{\lambda L}{C_w \rho_w q_w} = \dfrac{200.8 \times 200}{4.187 \times 1000 \times 36} = 0.266$,由图3-14～图3-16,查得 $X_1 = 0.510$、$X_2 = 0.542$、$X_3 = 0.396$,代入式(3-46)得布置冷却水管后的混凝土内部最高温度为:

$$T_m = 26 + 0.485 \times (28 - 26) + 0.542 \times 50.9 + 0.356 \times (34 - 26) = 57.4(℃)$$

(3)布置冷却水管后的最大内表温差

$$\Delta T = T_{max} - T_b(t) = 57.4 - 33.8 = 23.6(℃) < 25(℃)$$

从以上计算可以看出,布置冷却水管后隧道底板混凝土最大内表温差降为23.6℃,符合相关规范要求,混凝土表面出现裂缝的可能性大大降低。

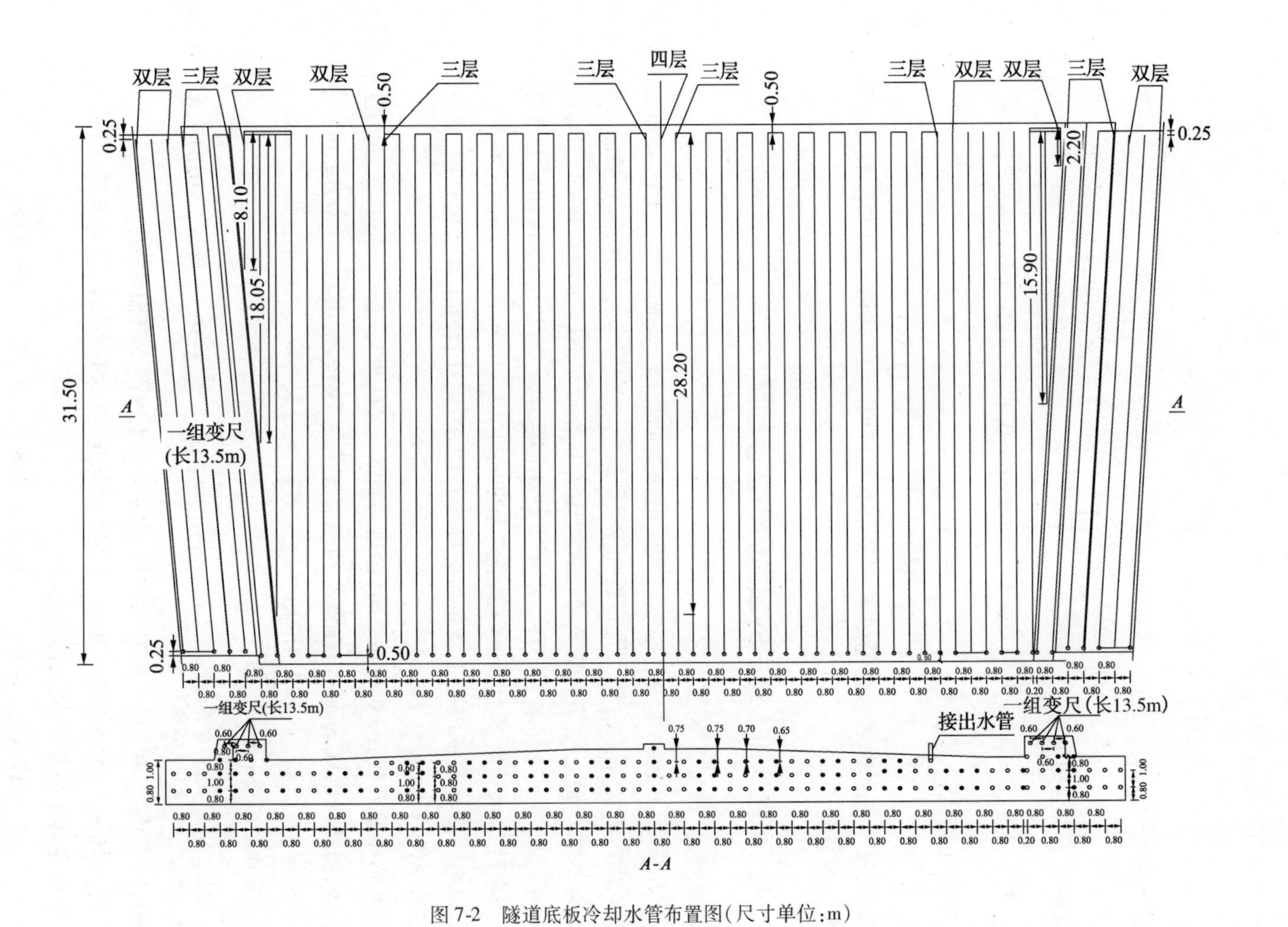

图 7-2 隧道底板冷却水管布置图(尺寸单位:m)

7.3　隧道底板混凝土温度应力的计算

7.3.1　隧道底板自约束应力的计算

由式(2-9),混凝土 3d 龄期时的弹性模量为:

$$E(3)=\beta\cdot E_0(1-e^{-0.4\tau^{0.6}})$$
$$=0.985\times1.03\times3.45\times10^4\times(1-e^{-0.4\times3^{0.6}})$$
$$=1.88\times10^4(\text{MPa})$$

隧道底板内部未布置冷却水管时,由式(3-50),由混凝土内表温差引起的最大拉应力为:

$$\sigma_s(3)=\frac{2\times1.0\times10^{-5}}{3\times(1-0.15)}\times1.88\times10^4\times35.1\times0.342=1.77(\text{MPa})$$

隧道底板内部布置冷却水管后,由式(3-50),由混凝土内表温差引起的最大拉应力为:

$$\sigma_s'(3)=\frac{2\times1.0\times10^{-5}}{3\times(1-0.15)}\times1.88\times10^4\times23.6\times0.342=1.19(\text{MPa})$$

7.3.2　隧道底板由垫层约束引起的应力计算

根据隧道底板混凝土温度实际监测结果,浇筑完成 28d 时混凝土内部温度已趋于稳定,约为 32℃。下面计算混凝土浇筑完成 28d 时的垫层约束应力。

根据式(2-11)来计算非标准状态下混凝土任意龄期的收缩变形值 $\varepsilon_y(t)$,各项修正系数根据表 2-6 来取值。对于本工程,各项修正系数取值见表 7-4。

本工程考虑各种非标准状态下的修正系数取值　　表 7-4

修正系数	M_1	M_2	M_3	M_4	M_5	M_6	M_7	M_8	M_9	M_{10}	M_{11}
取值	1.0	1.0	1.0	1.2	0.93	0.7	1.03	0.85	1.3	0.87	1.02

则隧道底板混凝土 28d 收缩值为:

$$\varepsilon_y(28)=3.24\times10^{-4}(1-e^{-0.28})\times1.2\times0.93\times0.7\times1.03\times0.85\times1.3\times0.8\times1.02$$
$$=0.57\times10^{-4}$$

由式(2-12),混凝土 28d 收缩当量温差为:

$$T_y(28)=\frac{\varepsilon_y(28)}{1.0\times10^{-5}}=\frac{0.57\times10^{-4}}{1.0\times10^{-5}}=5.7(℃)$$

由式(2-9),混凝土 28d 的弹性模量为:

$$E(28)=0.985\times1.03\times3.45\times10^4\times(1-e^{-0.4\times28^{0.6}})=3.32\times10^4(\text{MPa})$$

由式(3-52),混凝土最大综合降温温差为:

$$\Delta T=T_{max}+T_y(t)-T_w=69.2+5.7-32=42.9(℃)$$

由式(3-53),混凝土 28d 时外约束的约束系数 $R(28)$ 为:

$$R(28)=1-\frac{1}{\cosh\left[\sqrt{\frac{C_x}{HE(\tau)}}\times\frac{L}{2}\right]}$$

$$=1-\frac{1}{\cosh\left[\sqrt{\frac{150\times10^{-2}}{3150\times3.32\times10^{4}}}\times\frac{31500}{2}\right]}$$

$$=0.704$$

由式(3-55)，隧道底板内部未布置冷却水管时，混凝土浇筑完成28d时的垫层约束应力为：

$$\sigma_x(t)=\frac{E(t)\alpha\Delta T}{1-\mu}K(t)R(t)$$

$$=\frac{3.32\times10^{4}\times1.0\times10^{-5}\times42.9}{1-0.15}\times0.704\times0.313$$

$$=3.69(\text{MPa})$$

由式(3-55)，隧道底板内部布置冷却水管后，混凝土浇筑完成28d时的垫层约束应力为：

$$\sigma'_x(t)=\frac{E(t)\alpha\Delta T}{1-\mu}K(t)R(t)$$

$$=\frac{3.32\times10^{4}\times1.0\times10^{-5}\times29.4}{1-0.15}\times0.704\times0.313$$

$$=2.53(\text{MPa})$$

7.4 隧道底板混凝土的开裂评价

7.4.1 隧道底板自约束的开裂评价

由表2-4及式(2-7)，混凝土3d轴心抗拉强度为：

$$f_{tk}(3)=f_{tk}(1-e^{-\gamma 3})$$

$$=2.64\times(1-e^{-0.3\times3})$$

$$=1.57(\text{MPa})$$

由表3-12及式(3-58)，隧道底板未布置冷却水管时，混凝土自约束抗裂安全系数为：

$$K=\frac{\lambda f_{tk}(3)}{\sigma_x}=\frac{1\times1.09\times1.57}{1.77}=0.96<1.15$$

同理，隧道底板布置冷却水管后混凝土自约束抗裂安全系数为：

$$K=\frac{\lambda f_{tk}(3)}{\sigma_x}=\frac{1\times1.09\times1.57}{1.19}=1.43>1.15$$

由以上计算可知，隧道底板未布置冷却水管时抗裂安全系数仅为0.96，理论上混凝土表面会产生自约束裂缝；布置冷却水管后抗裂安全系数为1.43，理论上混凝土表面会产生自约束裂缝不会产生外约束裂缝。

7.4.2　隧道底板受垫层约束的开裂评价

由表 2-4 查得，C50 混凝土 28d 轴心抗拉强度为：

$$f_{tk}(28)=2.64\text{MPa}$$

由表 3-12 及式(3-58)，隧道底板未布置冷却水管时，混凝土垫层约束抗裂安全系数为：

$$\frac{\lambda f_{tk}(28)}{\sigma_x}=\frac{1\times1.09\times2.64}{3.69}=0.77<1.15$$

同理，隧道底板布置冷却水管后，混凝土垫层约束抗裂安全系数为：

$$\frac{\lambda f_{tk}(28)}{\sigma_x}=\frac{1\times1.09\times2.64}{2.53}=1.14<1.15$$

由以上计算可知，隧道底板布置冷却水管前后，垫层约束应力由 3.69MPa 降至 2.53MPa，混凝土垫层约束抗裂安全系数由 0.77 提高到 1.14，但抗裂安全系数仍小于 1.15，因此还需进一步采取其他防裂技术措施来防止垫层约束裂缝的产生。

7.5　本 章 小 结

通过分析以上裂缝计算过程，可以得出以下主要结论：

(1)对于本工程而言，由于水化热和垫层约束的作用，自约束裂缝和外约束裂缝均有可能出现。

(2)控制自约束裂缝最有效的方法是减小内表温差。

(3)控制外约束裂缝最有效的方法是降低混凝土内部最高温度和减小外约束作用。

第8章 预制桥墩裂缝控制工程实例

8.1 工程概况及气象条件

8.1.1 工程概况

港珠澳大桥CB03标段预制墩台包括非通航孔桥68个桥墩、通航孔桥4个桥墩。非通航孔桥采用埋置式承台，与下节墩身整体预制，采用C45海工高性能混凝土，六边形结构，在桩基对应位置，承台设有预留后浇孔。墩身为薄壁空心墩，采用C50海工高性能混凝土，配合比如表8-1所列，墩身混凝土配合比性能指标如表8-2所列。

墩身混凝土配合比 表8-1

标号	混凝土材料用量(kg/m³)							
	水泥	粉煤灰	矿粉	砂	石		水	外加剂
					5～10mm	10～20mm		
C50	213	119	142	714	725	311	147	3.79

墩身混凝土配合比性能指标 表8-2

标号	水胶比	坍落度(mm)	含气量(%)	初凝时间	终凝时间	抗压强度(MPa)	
						7d	28d
C50	0.31	200	1.6	9h	12h10min	50.4	61.1

首件31号整体式桥墩预制采用立式分段预制法，承台外形尺寸14.8m×11.1m×4.5m(长×宽×高)，承台预留后浇孔直径3.6m，侧壁设有环向剪力齿。预制承台采用C45高性能混凝土，共计473m³，环氧钢筋134.5t；墩身为薄壁空心墩，壁厚0.8m/1.2m，墩身截面尺寸为10.0m×3.5m；墩顶截面尺寸为14.0m×3.5m，C50高性能混凝土545m³，环氧钢筋96.4t。31号墩预制高度26.65m，总重约2678.0t。

墩身截面尺寸为10m×3.5m(横桥向×纵桥向)，顺桥向壁厚0.8m，横桥向壁厚1.20m；墩顶截面尺寸为14.0m×3.5m，如图8-1所示。先进行“承台+2.5m墩身”浇筑，接着进行施工缝以下墩身浇筑，最后浇筑施工缝以上墩帽，设计文件要求两次混凝土浇筑时间间隔不应超过48h。

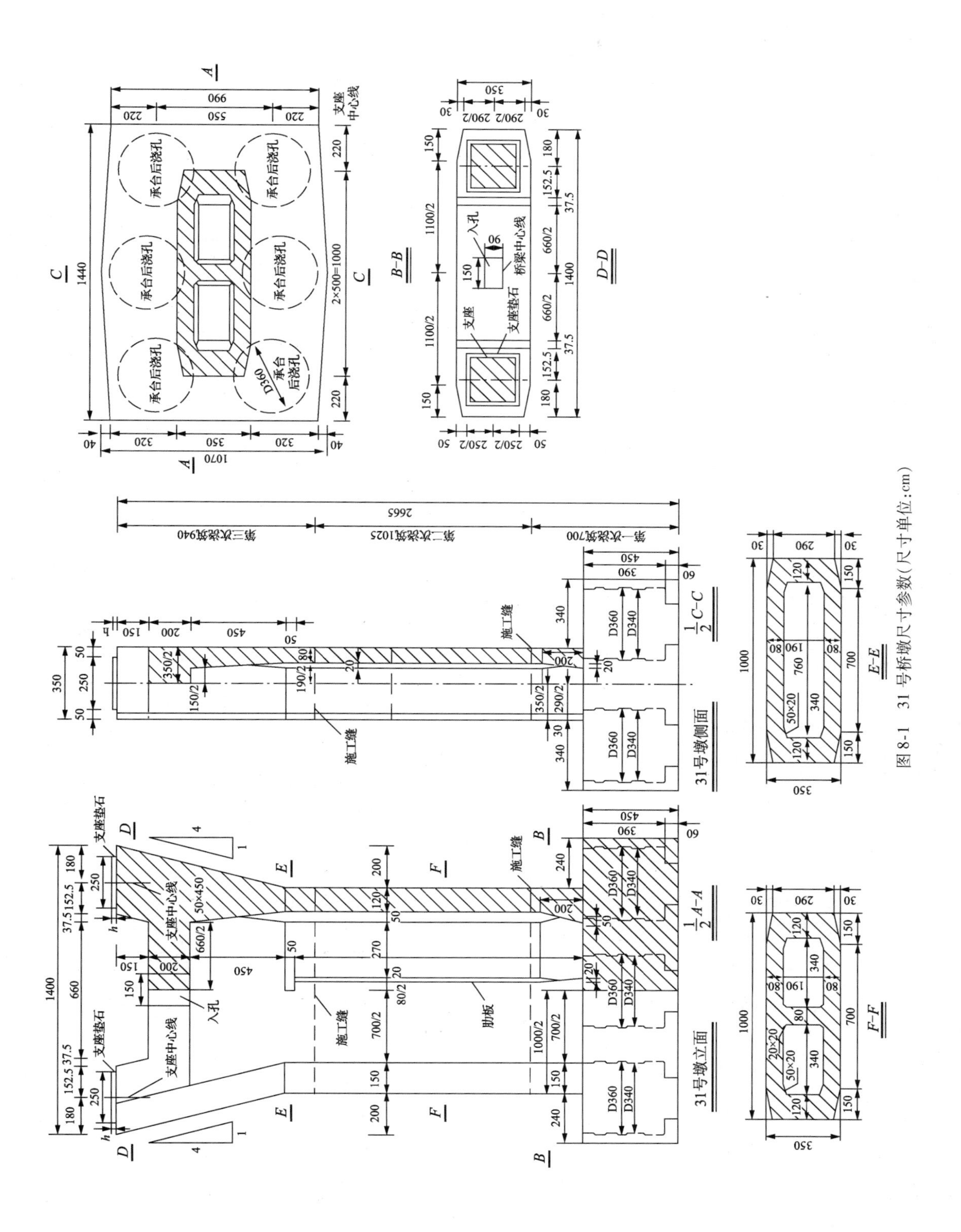

图 8-1　31 号桥墩尺寸参数(尺寸单位:cm)

8.1.2 气象条件

2012 年3 月平均气温:白天22.4℃,夜间16℃;2012 年8 月平均气温:白天33.4℃,夜间25.6℃。

8.2 裂缝出现情况

2013 年1 月31 日开始浇筑31 号桥墩,2 月21 日浇筑完成,历时22d,31 号桥墩混凝土浇筑情况表8-3 所列。承台 +2.5m 墩身与接高墩身混凝土浇筑龄期差为7d,墩帽与接高墩身混凝土浇筑龄期差为11d。

31 号桥墩混凝土浇筑情况　　表8-3

日期	施 工 部 位	时 间 段	历时	混凝土浇筑量(m^3)
2013.1.31	承台 +2.5m 墩身	14:00 ~ 次日 19:30	29.5h	533
2013.2.8	接高墩身	21:00 ~ 次日 12:00	15h	221.4
2013.2.20	墩帽	14:00 ~ 次日 10:00	20h	261

3 月3 日拆除墩帽外模时发现混凝土表面有裂缝。3 月4 日对墩帽混凝土裂缝进行观测。3 月10 日及3 月18 日对墩帽裂缝进行复测。3 月19 日发现承台 +2.5m 墩身与接高墩身施工缝上方存在裂缝。裂缝观测情况见表8-4。

裂缝观测情况汇总　　表8-4

观测日期(年-月-日)	裂缝情况说明
2013-3-4	墩帽长面各发现2 条裂缝,4 条裂缝均位于桥墩轴线两侧约1.4m 处,竖向开裂,较顺直,裂缝长度见图8-2。裂缝在距离施工缝1 ~2m 范围最宽,约0.2mm,向上、下延伸。墩帽北面长面内部在对应部位观测到裂缝,墩帽南面长面内部未发现裂缝
2013-3-10	1 号、2 号裂缝无变化;3 号、4 号裂缝向上延伸,3 号裂缝长度由4.35m 增加到4.78m,4 号裂缝长度由4.75m 增加到4.98m
2013-3-18	1 ~4 号裂缝均无变化。墩帽与墩身施工缝下方发现裂缝,裂缝较短,裂缝观测情况见图8-3
2013-3-19	承台 +2.5m 墩身与接高墩身施工缝上方约0.5m 位置出现两处渗水,在施工缝上方长面各发现2 条裂缝,施工缝下方发现一条10cm 长裂缝,北面长面2 条裂缝距离桥墩轴线分别为0.7m、2m,南面长面2 条裂缝距离桥墩轴线分别为1.9m、1.4m,竖向开裂较顺直,裂缝长度见图8-4 ~图8-6

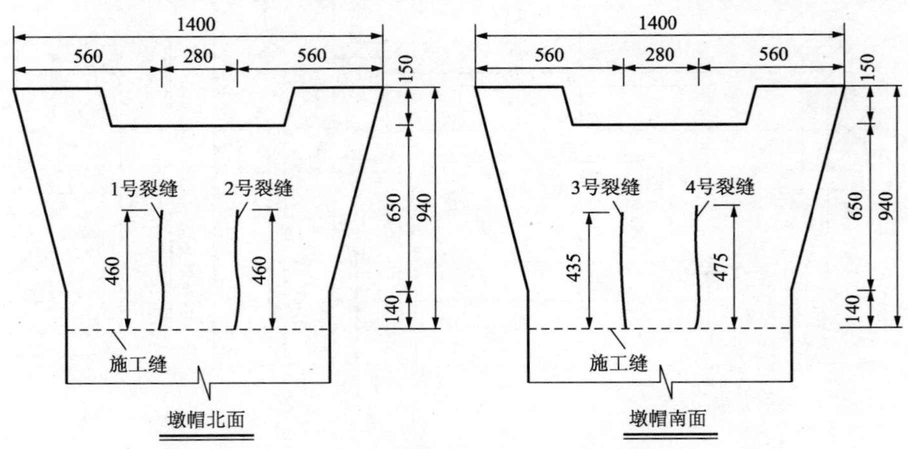

图8-2　3 月4 日裂缝位置图(尺寸单位:cm)

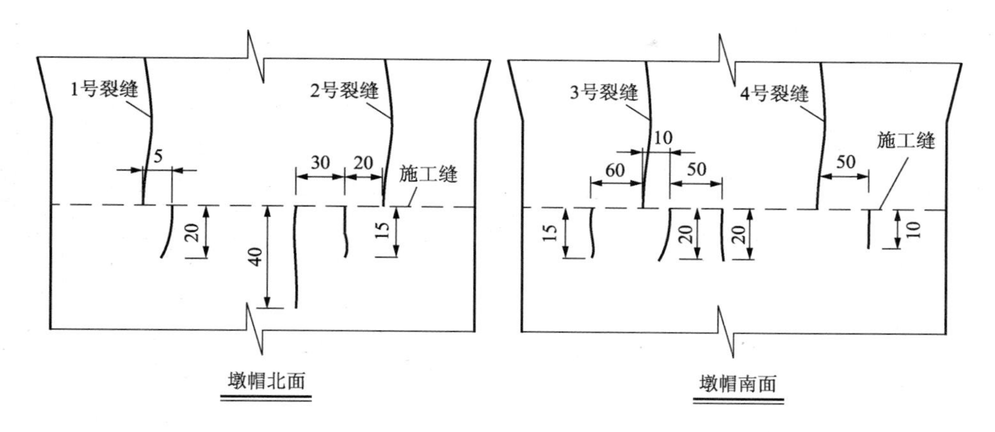

图 8-3　3 月 18 日裂缝位置图(尺寸单位:cm)

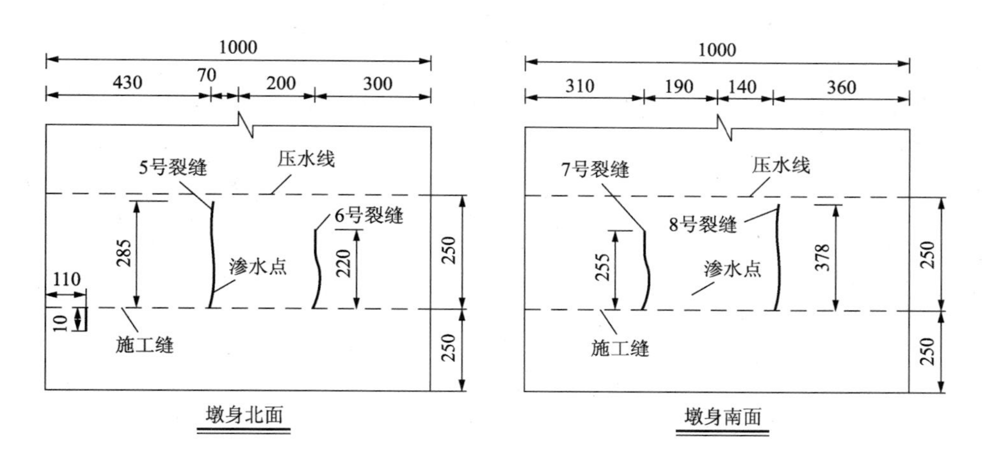

图 8-4　3 月 19 日裂缝位置图(尺寸单位:cm)

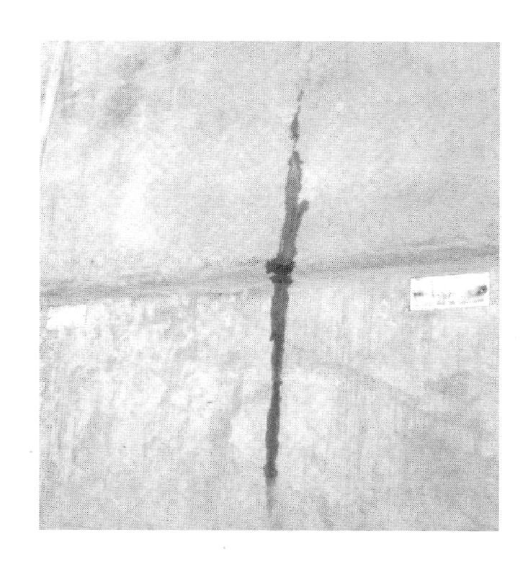

图 8-5　墩身南面渗水

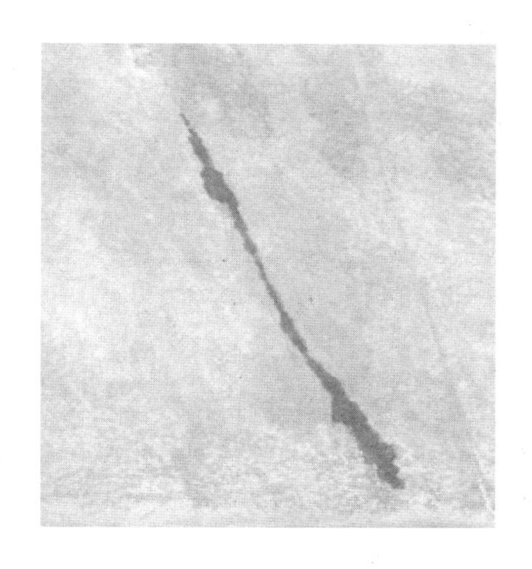

图 8-6　墩身北面渗水

3月13日对1~4号裂缝深度进行测量。观测1号、2号裂缝时波形不稳定,检测数据误差较大;观测3号、4号裂缝时波形稳定,测量数据可靠。裂缝深度测量数据见表8-5。

裂缝深度检测记录表 表8-5

裂缝序号	1号	2号	3号	4号
裂缝深度(mm)	93、107、60	108、116、87、54	48、38、73、67	44、53

8.3 预制桥墩温度应力有限元仿真计算

为了从理论上了解预制桥墩混凝土内部温度和应力随时间发展变化情况,从而分析裂缝产生的原因,需要对预制桥墩进行温度应力仿真分析。

1. 预制桥墩有限元模型的建立

应用有限元软件 Midas Civil,根据31号桥墩的实际尺寸建立有限元模型,如图8-7所示。

根据混凝土配合比,胶凝材料水化热折减系数取0.79,单位体积混凝土水泥含量当量值为376kg/m^3。混凝土强度进展函数系数a取0.4,系数b取0.95。仿真分析模拟实际施工过程进行,混凝土第一次浇筑与第二次浇筑间隔为7d,第二次浇筑与第三次浇筑间隔为11d,仿真分析总计算时间为30d。

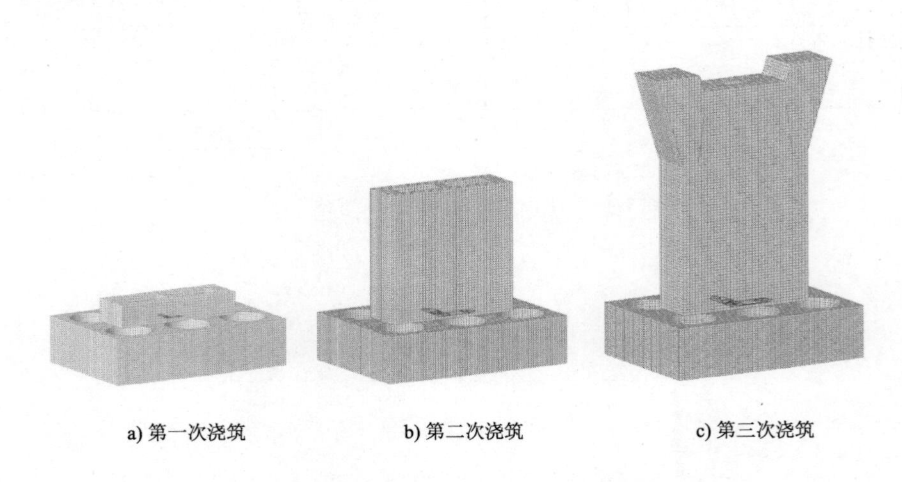

a) 第一次浇筑　b) 第二次浇筑　c) 第三次浇筑

图8-7　31号桥墩有限元分析模型

2. 温度应力仿真分析结果

(1)墩身温度场仿真分析结果

墩身36h温度场如图8-8所示,墩身内部温度随时间发展变化如图8-9所示,墩帽温度变化情况与墩身类似,此处略。

(2)应力场仿真分析结果

墩身360h P1主应力场如图8-10所示,墩身P1主应力随时间发展变化如图8-11所示,墩帽主应力变化情况与墩身类似,此处略。

由图 8-10 和图 8-11 可以看出,墩身裂缝实际出现位置与仿真分析结果比较接近。

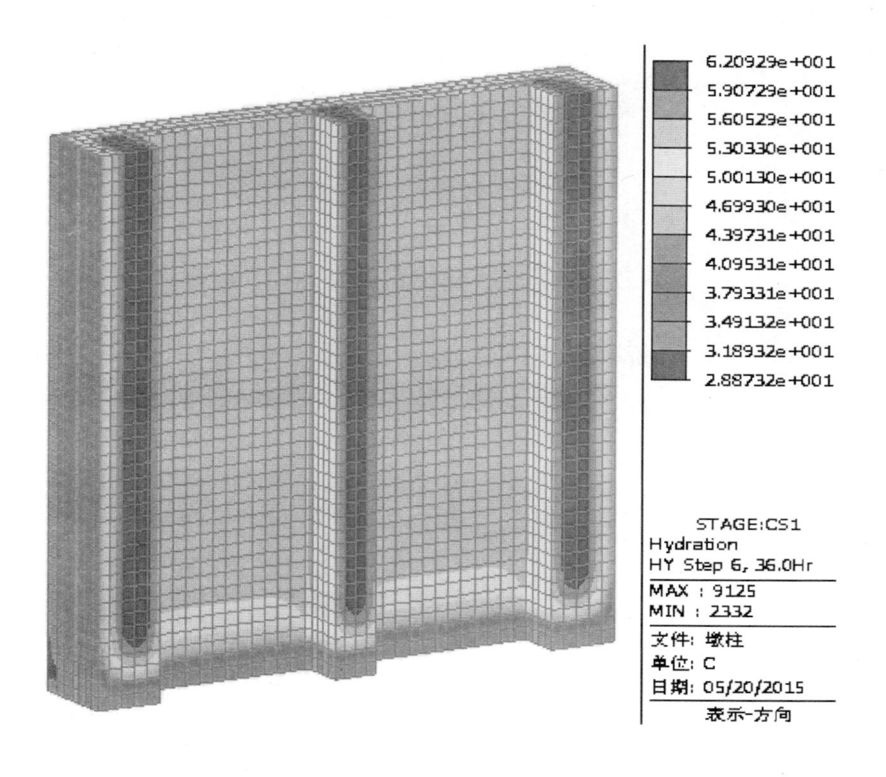

图 8-8 墩身 36h 温度场

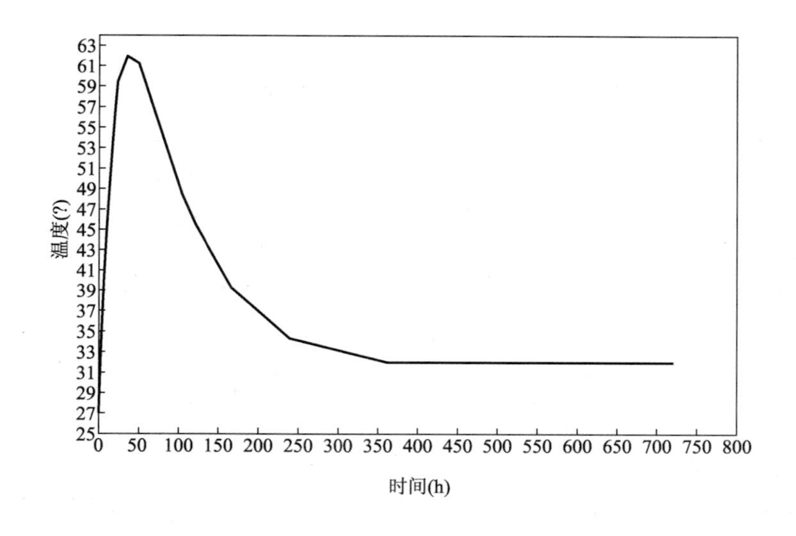

图 8-9 墩身内部温度随时间发展变化

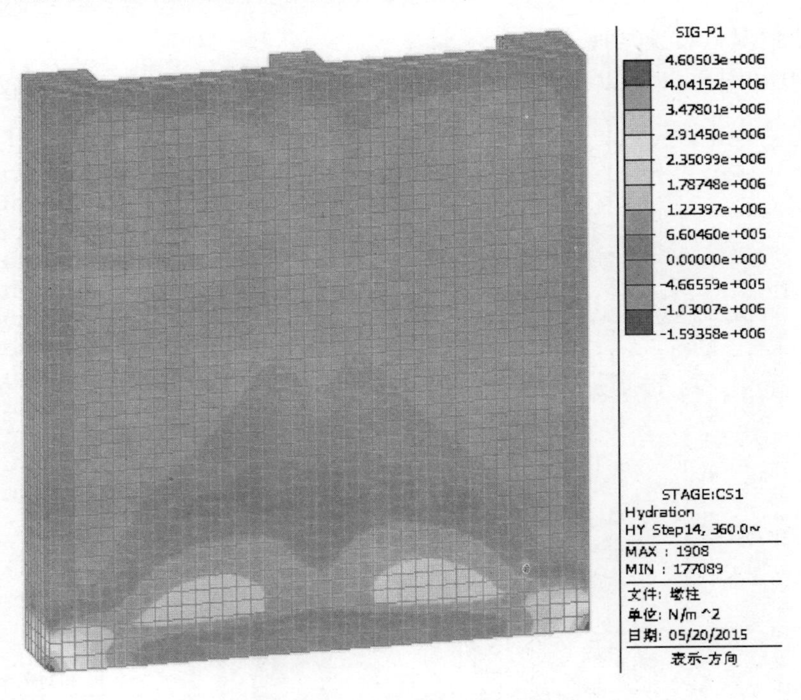

图 8-10　墩身 360h P1 主应力场

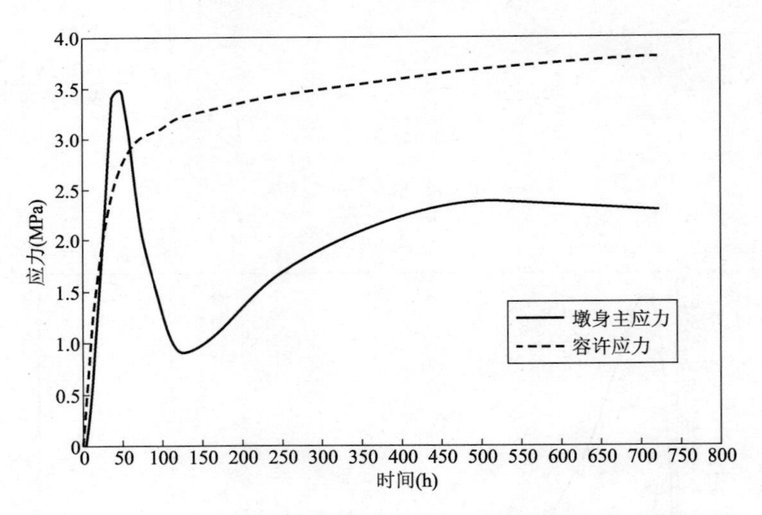

图 8-11　墩身 P1 主应力随时间发展变化

8.4　预制桥墩温度及应变的原位测试分析

(1)传感器的埋设

为了解墩身混凝土内部温度和应力的实际发展变化规律,在墩身混凝土内埋设三层带有测温功能的应变计,每层布置 5 个,应变传感器的立面和平面布置示意图分别如图 8-12 和图 8-13 所示。

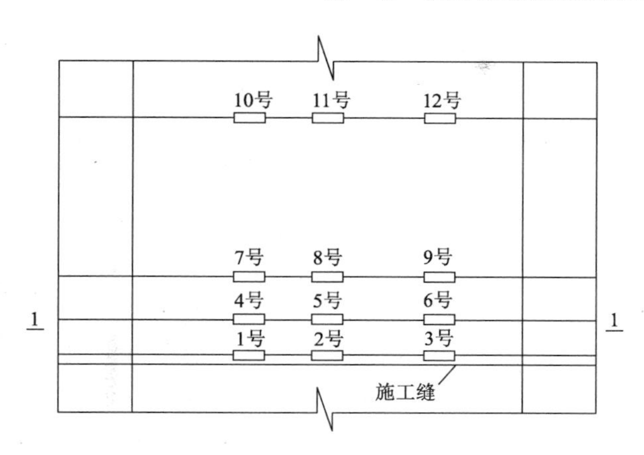

图 8-12　应变传感器立面布置示意图

(2)温度测试结果

墩身内部混凝土实测温度曲线如图 8-14 所示,与图 8-9 对比,混凝土内部最高温度、温峰出现时间及温度发展变化规律与仿真分析基本一致。

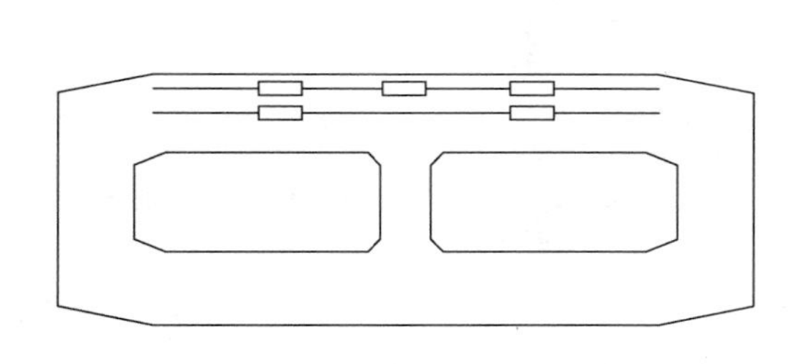

图 8-13　应变传感器平面布置示意图

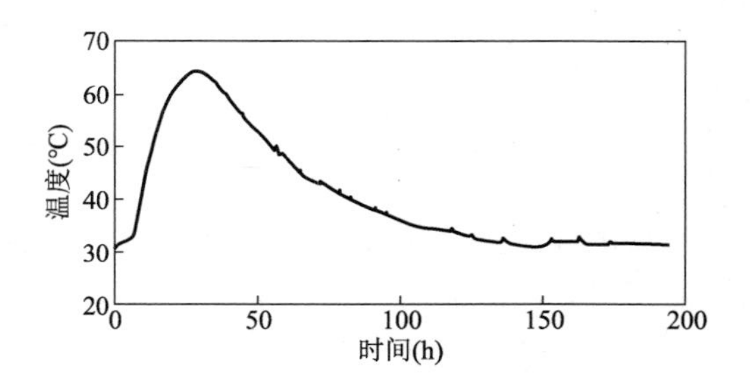

图 8-14　墩身实测温度曲线

(3)应变测试结果

墩身内部混凝土典型测点应变值随时间发展变化曲线如图 8-15 所示。

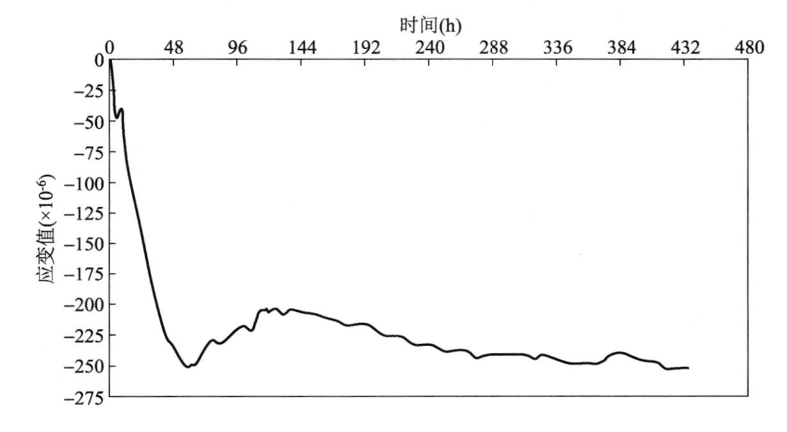

图 8-15　应变典型测点应变值随时间变化曲线

对比图8-15和图8-11,实测应变发展变化规律与墩身主应力仿真分析曲线基本一致。

8.5 预制桥墩裂缝产生原因分析

根据墩身内部混凝土温度实测结果,当施工缝上下层混凝土浇筑龄期差分别为7d和11d时,施工缝上下层混凝土最大温差分别为32.8℃和34.9℃。

根据墩身内部混凝土应变实测结果,当施工缝上下层混凝土浇筑龄期差分别为7d和11d时,施工缝上下层混凝土最大收缩应变差分别为232×10^{-6}和246×10^{-6}。

综合上述分析,预制桥墩产生裂缝的主要原因是混凝土浇筑存在龄期差,造成施工缝上下层混凝土收缩的不同步,先浇筑的混凝土限制了后浇筑混凝土的收缩,这里的不同步收缩主要包括降温收缩和干缩。随着龄期的增长,混凝土累积应变能超过某一极限时,将会发生能量的释放,从而导致混凝土开裂。

8.6 预制桥墩裂缝控制技术措施

针对上述两类导致本工程预制桥墩开裂的原因,同时结合现场施工实际条件,防裂技术措施主要从以下三方面着手。

8.6.1 针对混凝土降温收缩的防裂技术措施

减小混凝土的降温收缩,可以通过降低混凝土内部最高温度来实现,主要有以下措施:

(1)降低混凝土的浇筑温度

①原材料温度控制

胶凝材料,通过延长存放时间,降低温度;集料,由材料码头倒运至料仓棚内,遮阳存放;拌和水,制冷机组生产洁净冷却水,温度控制在10℃以下。

②混凝土浇筑温度控制

用70kg冰屑代替同等质量的混凝土拌和用水;混凝土浇筑尽量避开11:00~16:00时间段;混凝土罐车的拌和罐增加保温层,降低混凝土运输过程中的温升;施工人员提前做好混凝土浇筑的一切准备,减少混凝土罐车现场的等待时间。

(2)布置冷却水管

原设计图中,墩身并未布置冷却水管。但为了达到防裂的目的,根据图8-10所示的主应力分布,仅在距施工缝2m高度范围内布置冷却水管,施工缝2m以上部分仍保持和原设计一致,不布置冷却水管。墩身冷却水管布置如图8-16和图8-17所示。

冷却水管采用外径27mm,壁厚1.0mm的输水黑铁管;冷却水流速不小于0.6m/s;同时对冷却水及混凝土内部温度进行监测,确保冷却水管与混凝土温差不超过25℃,当混凝土内部降温速率达到2℃/d时,停止通冷却水。

8.6.2 针对混凝土干缩的防裂技术措施

模板拆除后先铺设一层土工布,洒水充分润湿,再覆盖一层塑料薄膜进行保水,并在混凝土内部降温速率超过 2℃/d 时围裹棉被进行保温保湿养护。密封保温保湿养护时间不少于 14d。

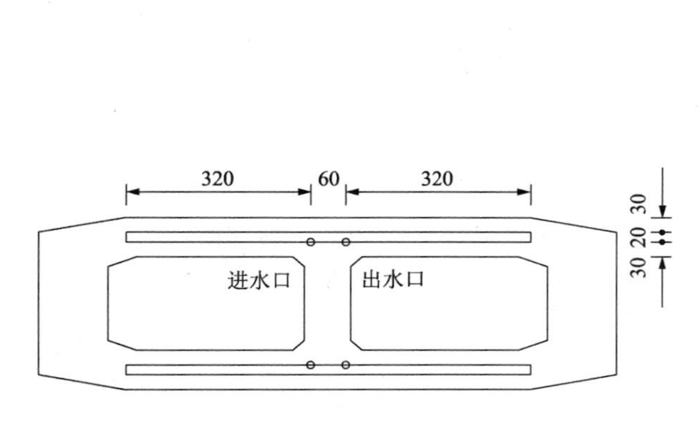

图 8-16　墩身冷却水管平面布置图(尺寸单位:cm)

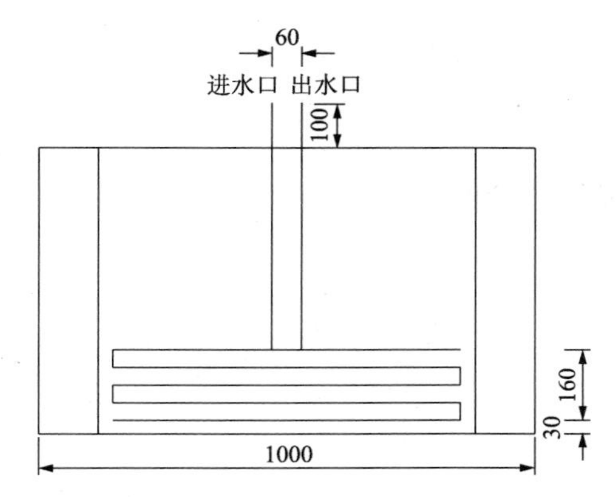

图 8-17　墩身冷却水管立面布置图(尺寸单位:cm)

8.6.3　提高混凝土抗裂性能的技术措施

改变以往的投料程序,采取将胶凝材料、砂拌和 70% 的冰水,充分搅拌后再投放石子和剩余 30% 的冰水进行搅拌的新方法,这种搅拌工艺被为“裹砂法”。混凝土浇筑后进行二次振捣。

8.7　本 章 小 结

本工程的预制桥墩产生裂缝的主要原因是由于施工缝上下层混凝土浇筑存在龄期差,造成混凝土收缩不同步。在正确分析裂缝产生原因的基础上,研究制定了有针对性的裂缝控制技术措施。在后续预制桥墩施工过程中,采取了一系列裂缝控裂技术措施后,裂缝控制的效果好,大部分桥墩未出现裂缝,仅个别桥墩发现少量幼小表面裂缝,说明裂缝控制技术措施十分有效。

第9章 清水混凝土墙体控裂工程实例

9.1 工程概况

港珠澳大桥主体工程岛隧工程西人工岛隧道敞开段墙体采用清水混凝土施工工艺。OW1～OW4 段平面布置图如图 9-1 所示，OW1 段横剖面图如图 9-2 所示。敞开段底板采用 C50 混凝土，墙体采用 C45 清水混凝土，C45 清水混凝土配合比如表 9-1 所列。

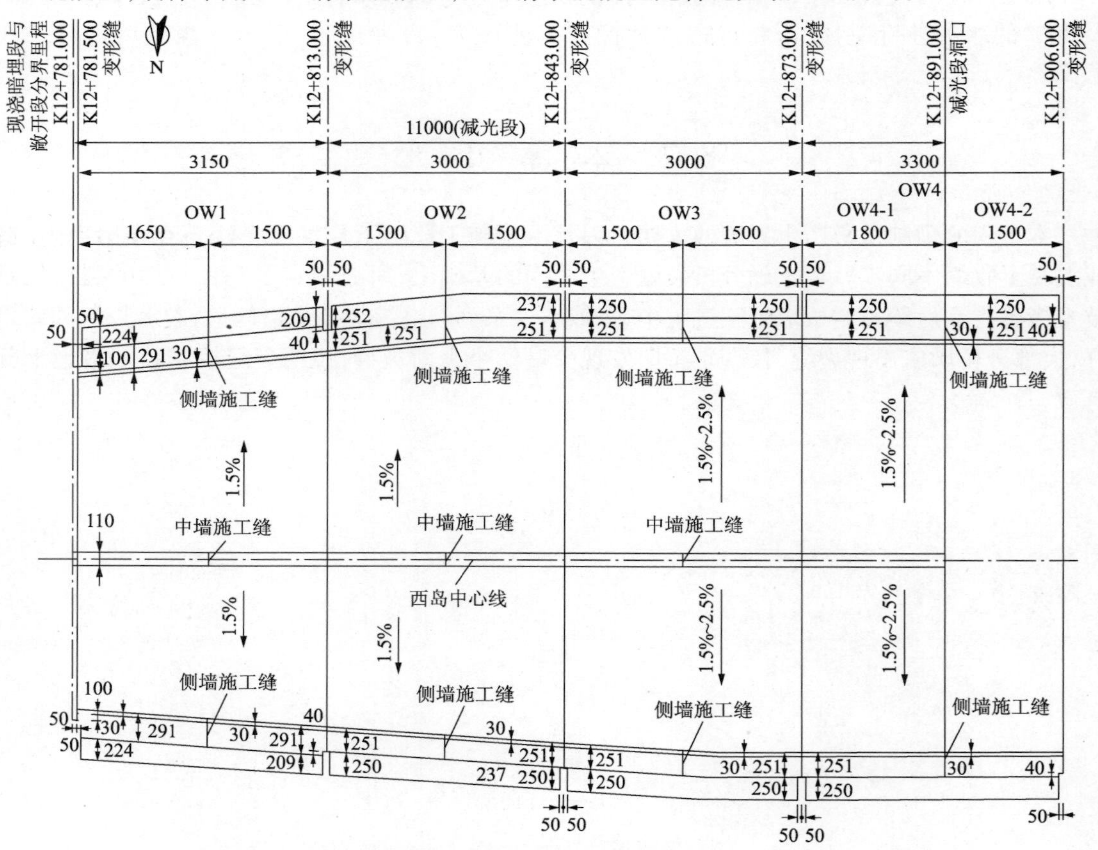

图 9-1 西人工岛隧道敞开段 OW1～OW4 段平面布置图(尺寸单位:cm)

敞开段 OW1 长 31.5 m，底板最大厚度为 315cm，最小厚度为 260cm，中墙厚度为 110cm，侧墙厚度为 291cm，均为大体积混凝土结构，混凝土设计强度等级为 C45。

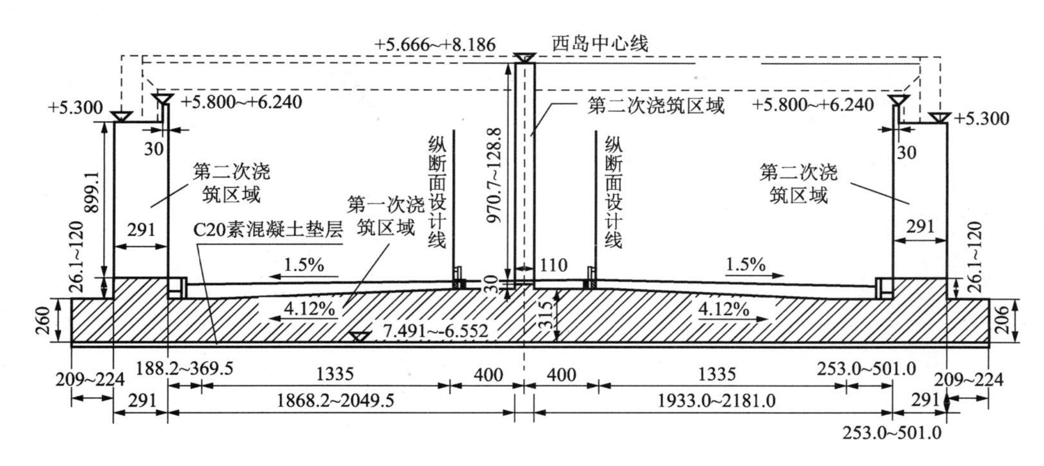

图 9-2　西人工岛隧道敞开段 OW1 横剖面图（尺寸单位：cm；高程单位：m）

C45 清水混凝土配合比　　表 9-1

项目	胶材总量	水泥	粉煤灰	矿粉	砂	碎/卵石（大）	碎/卵石（小）	水	外加剂
单位体积用量（kg/m³）	420	189	105	126	770	798	266	143	3.57

西人工岛敞开段 OW1 高度方向分两次浇筑施工，即第一次浇筑底板整体、中墙浇筑高出底板 30cm 部分，侧墙浇筑高出底板 26.1 ~ 120cm 部分；第二次浇筑中墙和两道侧墙剩余部分，三道墙逐一浇筑；侧墙及中墙在纵向上分两次进行浇筑，第一段浇筑长度为 16.5m，第二段浇筑长度为 15.0m。施工缝位置详见图 9-1 和图 9-2。

OW1 段底板于 2014 年 8 月 10 日浇筑完成，混凝土浇筑量为 46704m³。由于种种原因，侧墙和中墙推迟到 2015 年 5 月初进行浇筑，浇筑时间间隔为 9 个月，底板混凝土收缩已经大部分完成，将对后浇筑的侧墙和中墙混凝土收缩形成强约束，侧墙和中墙混凝土存在极大的开裂风险。因此必须根据现场实际条件进行温度应力验算，并制定相应的防裂技术措施。

9.2　温度应力仿真计算

为了从理论上明确清水混凝土侧墙产生裂缝的原因，应用有限元软件对侧墙大体积混凝土温度应力进行仿真分析，验算水化热引起的温度应力，并以此作为理论依据来有针对性地制定防裂技术措施。

9.2.1　计算参数的选择及有限元模型的建立

（1）材料热特性值

根据表 9-1 所列混凝土配合比的水泥用量和粉煤灰、矿粉的用量，胶凝材料水化热折减系数取0.788[1]，折算后水泥用量当量值为330.9kg。本工程采用的是PⅡ水泥，3d水泥水化热按经验值取242kJ/kg。本次有限元仿真分析计算所使用的其他计算参数按经验取值。本工程所使用的材料以及热特性值如表9-2所示。

计算参数的取值　　表9-2

物理特性＼构件位置	OW1侧墙	物理特性＼构件位置	OW1侧墙
比热容[kJ/(kg·℃)]	1.045	强度进展系数	$a=4.5, b=0.95$
密度(kg/m³)	2391.5	28d弹性模量(MPa)	3.35×10^4
热导率[kJ/(m·h·℃)]	9.614	热膨胀系数	1.0×10^{-5}
对流系数[kJ/(m²·h·℃)]	41.8	泊松比	0.2
大气温度(℃)	30	单位体积水泥含量(当量,kg/m³)	330.9
浇筑温度(℃)	30	放热系数函数	$K=54.3, a=1.2$
28d抗压强度(MPa)	45		

(2)有限元仿真分析模型的建立

根据OW1侧墙的实际断面尺寸建立有限元模型如图9-3所示。

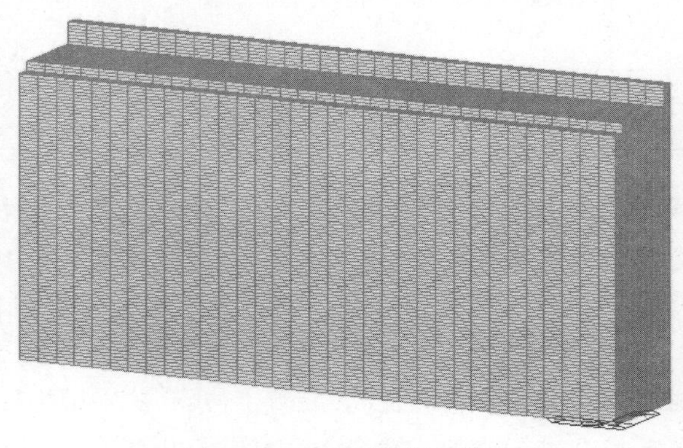

图9-3　OW1侧墙有限元模型

9.2.2　OW1侧墙温度场仿真分析结果

OW1侧墙温度场仿真分析时长为40d，温度场计算结果如图9-4～图9-7所示。

OW1侧墙表面在浇筑完成后第24h时温度达到最高值46.8℃；内部在第72h时温度达到最高值为81.5℃。

9.2.3　OW1侧墙温度应力仿真分析结果

OW1侧墙温度应力仿真分析时长为40d，计算结果如图9-8～图9-14所示。

由上述仿真计算结果简要分析如下：

(1)由图9-11可知，OW1侧墙表面点在浇筑完成后第24h左右拉应力开始大于容许拉应力；由图9-12可知，在第48h拉应力比(抗裂安全系数)仅为0.71，由此可见，如不采取防裂技术措施，侧体表面会产生有害裂缝。

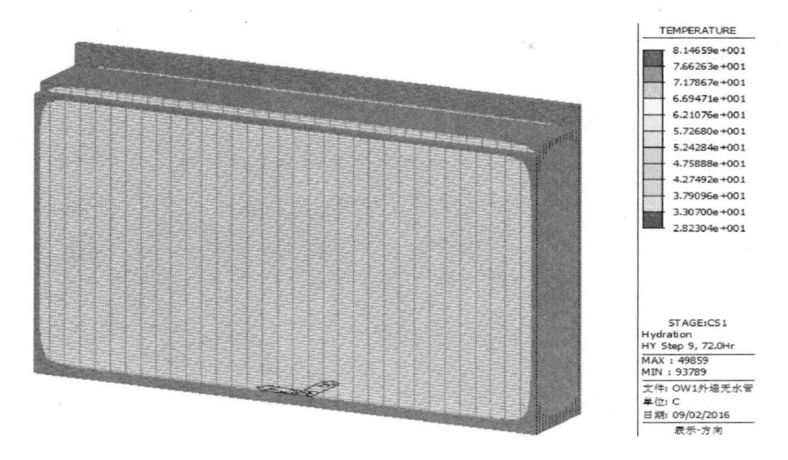

图 9-4　OW1 侧墙第 72h 温度场

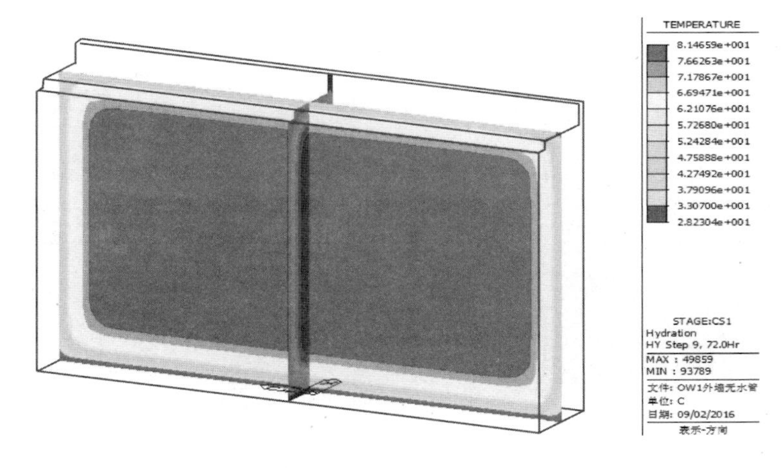

图 9-5　OW1 侧墙第 72h 温度场剖面图

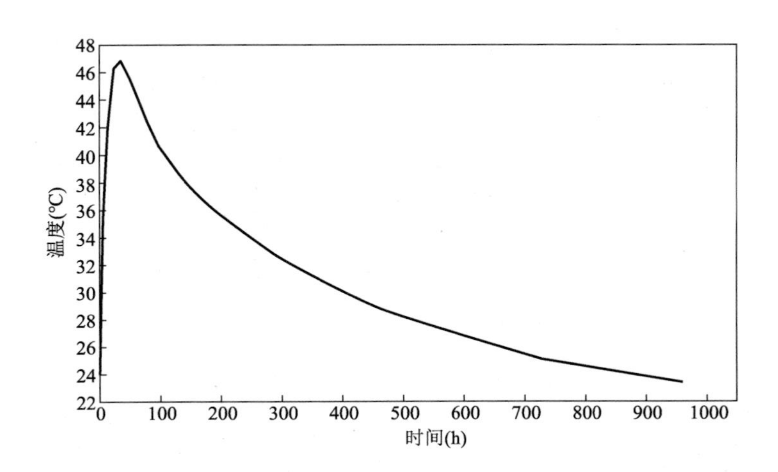

图 9-6　OW1 侧墙表面点温度随时间变化

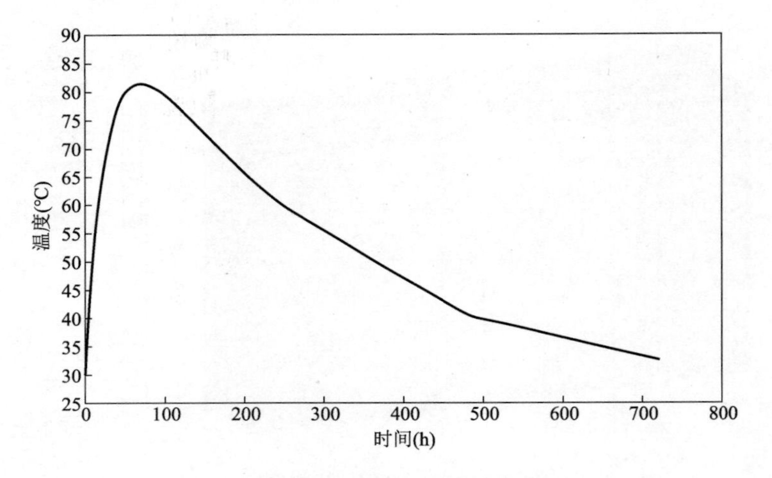

图 9-7　OW1 侧墙中心点温度随时间变化

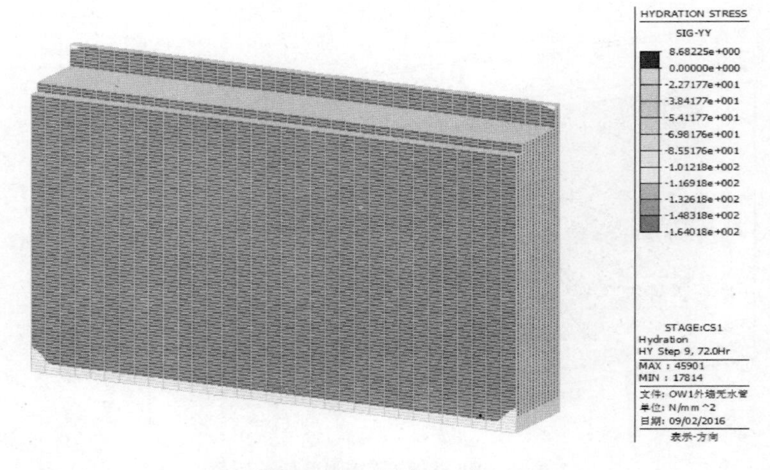

图 9-8　OW1 侧墙 72h 应力场

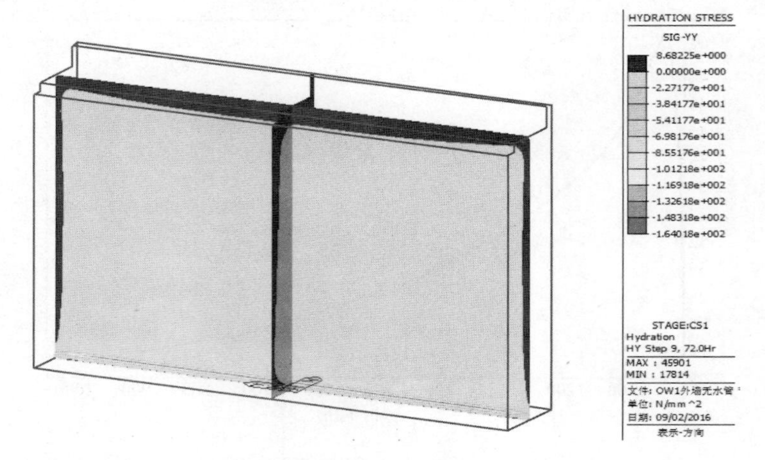

图 9-9　OW1 侧墙 72h 应力场剖面图

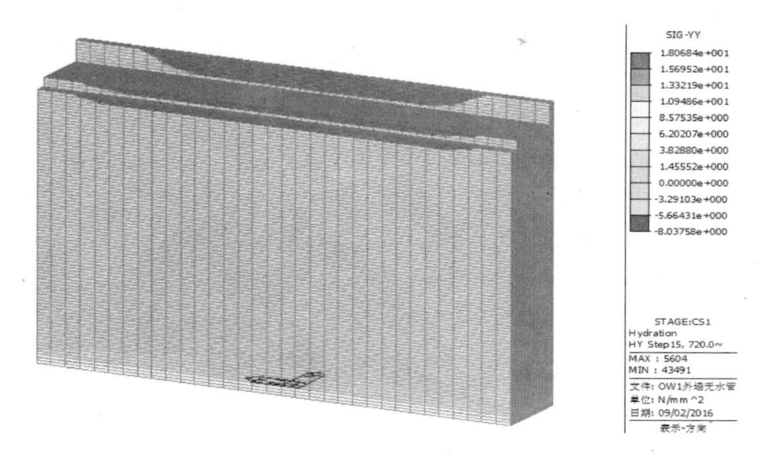

图9-10　OW1侧墙720h应力场

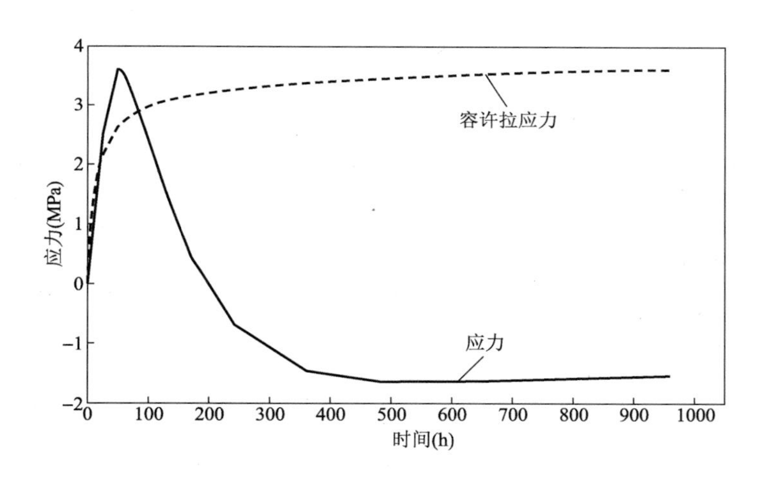

图9-11　OW1侧墙表面应力最大点应力随时间变化

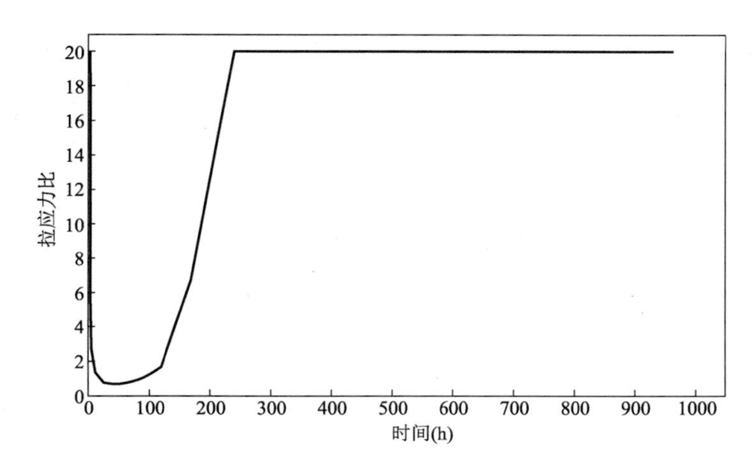

图9-12　OW1侧墙表面应力最大点拉应力比(抗裂安全系数)

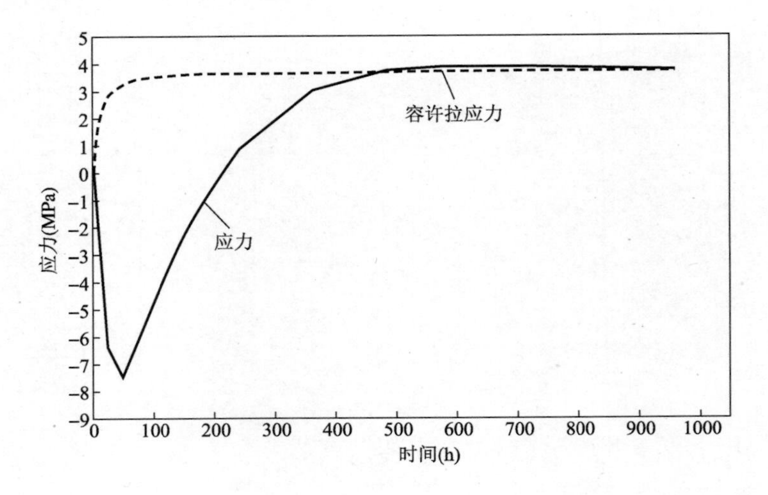

图 9-13　OW1 侧墙中心应力最大点应力随时间变化

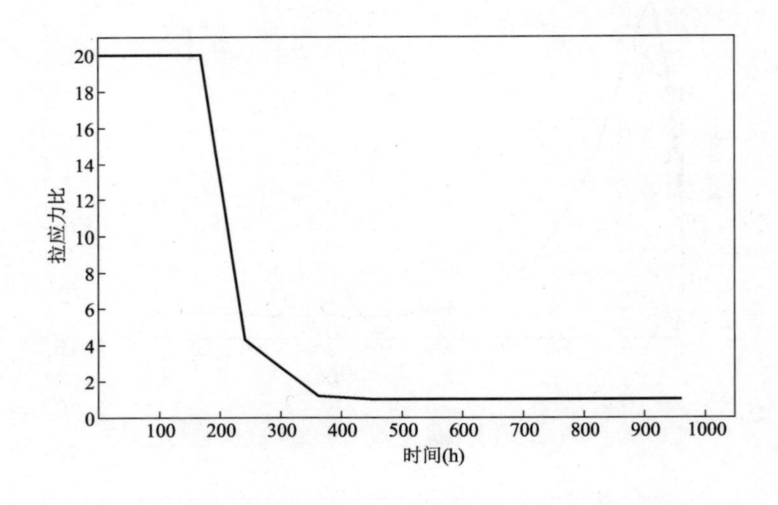

图 9-14　OW1 侧墙中心应力最大点拉应力比(抗裂安全系数)

(2)由图 9-13 可知,OW1 侧墙完成后中心点第 480h 左右拉应力开始大于容许拉应力;由图 9-14 可知,在第 600h 拉应力比(抗裂安全系数)仅为 0.94,由此可见,如不采取防裂技术措施,侧墙内部会产生有害裂缝。

9.3　裂缝产生的原因分析

根据侧墙大体积混凝土温度应力有限元仿真分析结果可以看出,侧墙产生裂缝的主要原因有两个:一是侧墙混凝土内表温差过大,从而导致表面裂缝的产生;二是由于底板浇筑完成近 9 个月后,才进行侧墙混凝土的浇筑施工,底板混凝土收缩已大部分完成,底板对新浇筑的侧墙混凝土收缩形成强约束,从而导致施工缝以下先浇筑的底板混凝土内部产生压应力,后浇筑的侧墙混凝土内部产生拉应力。随着龄期的增长，混凝土应变能达到某一极限时，将会发生能量的释放，从而导致混凝土开裂。

9.4　侧墙的裂缝控制技术措施

根据上述的分析，侧墙产生裂缝的主要原因就是施工缝上下层混凝土收缩的不同步。底板混凝土约束了侧墙混凝土的收缩，因此防裂技术措施应首先从减小侧墙混凝土收缩入手，然后再考虑其他防裂技术措施。

混凝土的收缩主要分为两大类：一是混凝土的降温收缩；二是混凝土的化学减缩、塑性收缩、干燥收缩、碳化收缩等。

9.4.1　针对混凝土降温收缩的防裂技术措施

(1)降低混凝土入模温度

①混凝土搅拌

在西人工岛南北侧共设置 HZS120 全自动计量水泥混凝土拌和站 2 座，单罐最大拌和量为 $2m^3$。每座拌和站配备 3 个相互隔离的砂石料仓及 2 个水池，能够满足现场混凝土浇筑使用要求。

每座拌和站通过设置 1 台冷却水装置，如图 9-15 所示，1 台冰库，可确保拌和用水温度控制在 5℃以下，能够有效地降低混凝土入模温度。

图 9-15　冷却水机系统

②拌和水加冰

拌和水温度每降低 1℃，可使混凝土温度降低约 0. 1℃。

经过多次讨论，并根据拌和站试拌确定可行性，将加冰率由原来的 20% 提高到 40%，这样可使混凝土出机温度在原来基础上再降低 2. 6℃左右。

③原材料温度控制

a. 为保证混凝土原材料温度尽可能降低，在原材料到达现场后，再在船上搁置一段时间，让原材料温度充分降低后方可卸船。

b. 分别在砂石料仓及料斗上方设置了遮阴棚，防止阳光直射砂石料，如图 9-16 所示。并且在混凝土浇筑前，对原材料温度进行检测，如图 9-17 所示。

c. 根据现场实际情况在水泥罐上设置了环形冷却水管，通过淋浴水泥罐降低水泥温度。

a) 料仓遮阴棚

b) 配料站遮阴棚

c) 粉料罐循环水系统

图 9-16　原材料降温措施

a)

b)

图 9-17　各原材料测温现场

④混凝土运输过程中的温度控制

为减小混凝土在运输、浇筑过程中温度的上升，在罐车罐体上包裹保温布，并在拌和站下灰口附近设置水管喷头，在下灰过程中，同时在罐车上进行浇水。现场设置调度人员，根据浇筑情况调配两侧罐车卸料次序及拌和站是否搅拌，避免混凝土因罐车在现场停留时间过长而升温。

⑤早晨浇筑混凝土

混凝土各种原材料经过一夜的降温后，在早晨 5:00 ~ 6:00 时温度达到最低，此时拌和混凝土，可使混凝土有较低的出机温度。

(2) 布置冷却水管

由于敞开段底板与侧墙的浇筑时间间隔较大，为了减少上下层混凝土由于收缩不同步引起的裂缝，经过多次温度应力仿真计算，在侧墙下部距施工缝 3m 高度范围内加密布置冷却水管，来减小侧墙混凝土因降温引起的收缩，从而达到防裂的目的。

冷却水管可以采用外径 40mm、壁厚 2 ~ 3mm 的输水黑铁管，布置间距如图 9-18 所示。冷却水管累计长度不宜大于 200m，水管长度每超过 200m 应增设一组进水口和出水口，组成另外一个冷却水管循环。

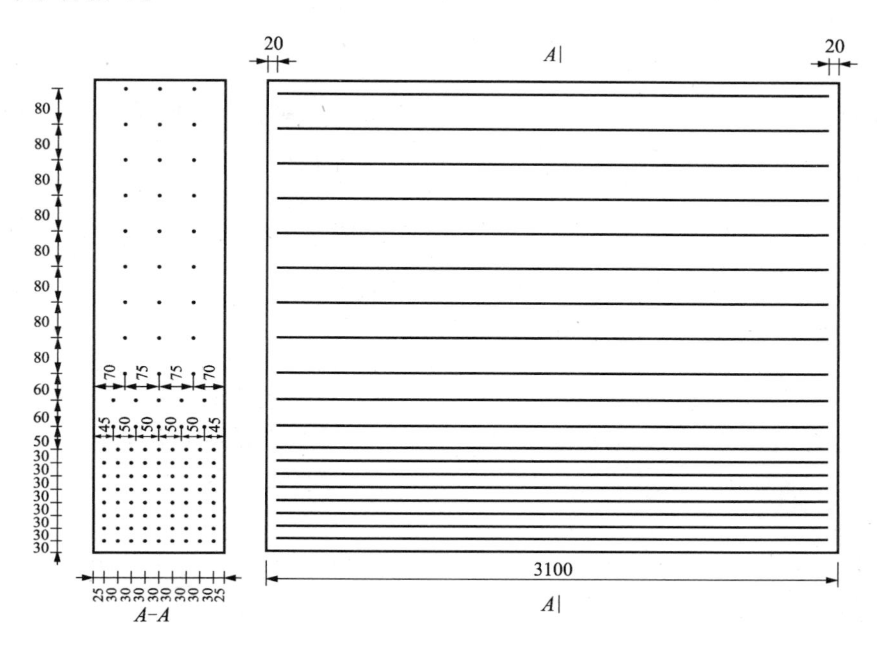

图 9-18　侧墙冷却水管布置立面图（尺寸单位：cm）

冷却水通水要求：

①冷却用水可采用避免阳光直晒的常温水。

②冷却水管布设后使用前应进行压水试验，防止管道漏水、阻水。

③当混凝土开始浇筑并覆盖冷却水管时，即可通水进行冷却，冷却水流速不小于 0.6m/s，本工程采用直径 40mm 的冷却水管，冷却水管流量应大于 2.7m^3/h。

④混凝土升温过程中每 0.5h 查看 1 次温度数据，注意观测混凝土的内表温差，内表温度应不大于 25℃；冷却水的温度与混凝土内部温度之差不超过 25℃，在保证此温差的基础上，冷却水应保持在较低的温度，以保证冷却效果；每 12h 调整冷却水流方向一次。

⑤混凝土内部达到最高温度后温度开始下降，每 1h 查看 1 次温度数据，注意观测降温速率，降温速率不大于 2℃/d，同时注意混凝土内表温差。

⑥当降温速率在 1℃/d 左右时，减小冷却水流量至 1 ~ 1.5m^3/h，同时注意观察混凝土内部温度变化情况，若冷却水管流量减小后混凝土内部温度开始上升，则应及时加大冷却水流量。若减小冷却水流量后混凝土内部温度继续下降，则应注意观测混凝土内部降温速率，降温速率接近 2℃/d 时可停止通水，此时应注意观测混凝土内部温度是否回升，若回升应继续通冷却水。

⑦通水完成后，采用同强度等级水泥浆封堵冷却水管。

（3）严格控制拆模时间

严格控制拆模时间，避免出现冷击裂缝。具体的拆模时间应根据混凝土内部温度实际监测情况来确定，当混凝土表面温度与环境温度之差大于 15℃时，应推迟拆模时间。

(4)混凝土的保温

刚浇筑的混凝土强度低、抵抗变形能力小,如遇到不利的温湿度条件,其表面容易发生有害的冷缩和干缩裂缝。保温的目的是减小混凝土表面与内部温差及表面混凝土温度梯度,防止表面裂缝的发生。

保温保湿养护的开始时间:在混凝土表层终凝后就开始覆盖保温层时间偏早,对于清水混凝土侧墙尤其如此,合理的保温时间应根据温度监测结果加以控制确定。

(5)适当延长混凝土终凝时间

调整缓凝剂用量,适当延长混凝土终凝时间,推迟混凝土内部温峰到达时间。经过多次试验,将混凝土终凝时间延长至20h。

9.4.2 针对混凝土干缩的防裂技术措施

早期保水养护不足对所有混凝土的强度发展和耐久性都有不利的影响。早期保水养护即使只有几天,也是使强度足够发展的基础。掺粉煤灰混凝土的最终现场强度可比28d强度提高50%~100%,这必须是经过充分的保水养护才能得到的,否则不但影响强度,而且容易开裂。

混凝土的收缩受环境相对湿度影响非常显著,环境相对湿度越大,其干缩值越小。因此必须对侧墙混凝土进行充分保湿养护。侧墙拆模后立即覆盖两层带有塑料内膜的复合土工布,进行密封保湿养护,保湿养护持续至少21d。

9.4.3 减小底板对侧墙混凝土收缩的约束

利用混凝土"干缩湿胀"的特性,在侧墙混凝土浇筑前,将已浇筑的底板混凝土上表面用清水浸泡不少于7d时间,使底板混凝土充分吸水润湿,这样可以使底板混凝土产生大约40με的膨胀。侧墙浇筑完成后,底板混凝土随着内部水分的不断散失,会产生一定量的干缩,这与侧墙的收缩是同时进行的,从而达到减小对侧墙混凝土收缩约束的目的。

9.4.4 提高混凝土抗裂性能技术措施

(1)改进混凝土搅拌工艺

采用二次投料的砂浆裹石搅拌工艺。在搅拌混凝土时,改变以往的投料程序,投料顺序拟定为:先向搅拌机中依次投入砂、70%的水以及外加剂、水泥、粉煤灰、矿粉,拌和后,然后投放石子,最后再加入剩余30%的水进行搅拌。这种搅拌工艺的主要优点是无泌水现象,混凝土上下层强度差减少,可有效地防止水分向石子与水泥砂浆面的集中,从而使硬化后的界面过渡层的结构致密、黏结加强,也提高了混凝土的抗拉强度和极限拉伸值。

(2)对混凝土进行二次振捣

对浇筑后的混凝土进行二次振捣,能排除混凝土因泌水在粗集料、水平钢筋下部生成的水分和空隙,提高混凝土与钢筋的握裹力,防止因混凝土沉落而出现的裂缝,减少内部微裂缝,增加混凝土密实度,使混凝土的抗拉强度提高10%~20%,从而提高抗裂性。

混凝土二次振捣有严格的时间标准,二次振捣的恰当时间是指混凝土振捣后尚能恢复到塑性状态的时间,这是二次振捣的关键,又称为振动界限。掌握二次振捣恰当时间的方法是将运转着的振捣棒靠其自身的重力逐渐插入混凝土中进行振捣，混凝土在振捣棒慢慢拔出时能自行闭合，不会在混凝土中留下孔穴，则可以认为此时施加二次振捣是适宜的。

9.4.5　侧墙混凝土内部温度监测技术措施

在混凝土结构中埋设温度传感器，以便对混凝土内部温度变化情况进行实时监测。混凝土的温度实时监测主要达到如下目的：

(1)监测混凝土内表温差

当监测到混凝土内表温差接近或超过 25℃时，应及时在混凝土表面覆盖保温材料，来提高混凝土表面温度，从而防止由于内表温差过大引起开裂。

(2)监测混凝土内部降温速率

当监测到混凝土内部降温速率接近或超过 2℃/d 时，应及时停止通冷却水，并在混凝土表面覆盖保温材料，防止因混凝土温度下降过快而出现的约束裂缝。

(3)控制冷却水与混凝土内部温度之差

通过对混凝土及冷却水的温度监测，控制冷却水与混凝土内部温度之差不超过 25℃，从而防止冷却水管附近混凝土形成冷击裂缝。

(4)确定合理的拆模时间

当监测到混凝土表面温度与环境温度之差大于 15℃时，应推迟拆模时间，防止侧墙表面形成冷击裂缝。

9.5　本章小结

在施工中采取了上述一系列控裂技术措施后，侧墙裂缝控制的效果非常好，未出现需要修复的有害裂缝，仅发现少量表面收缩裂纹，说明裂缝控制措施是十分有效的。拆模后的清水混凝土侧墙如图 9-19 所示，达到了预期效果。

图 9-19　港珠澳大桥西人工岛敞开段北侧墙拆模后效果

第 10 章

挡浪墙控裂工程实例

10.1 工程概况

港珠澳大桥起于香港大屿山散石湾，在澳门明珠和珠海拱北登陆，全长35km，桥隧组合方案，隧道长5.99km，桥隧通过东、西人工岛衔接，人工岛呈椭圆形，长度均为625m。西人工岛靠近珠海侧，东侧与隧道衔接，西侧与青州航道桥的引桥衔接，平面呈椭圆形，轴线长度625m，横向最宽处约183m。挡浪墙基础为10～100kg块石并浇筑200mm厚、C20素混凝土垫层找平。挡浪墙环岛布置，每块长度约9m，共143块，现浇挡浪墙平面布置如图10-1中实线所示，护岸结构上部结构基础断面图如图10-2所示，西人工岛北侧现浇挡浪墙基础断面如图10-3所示。

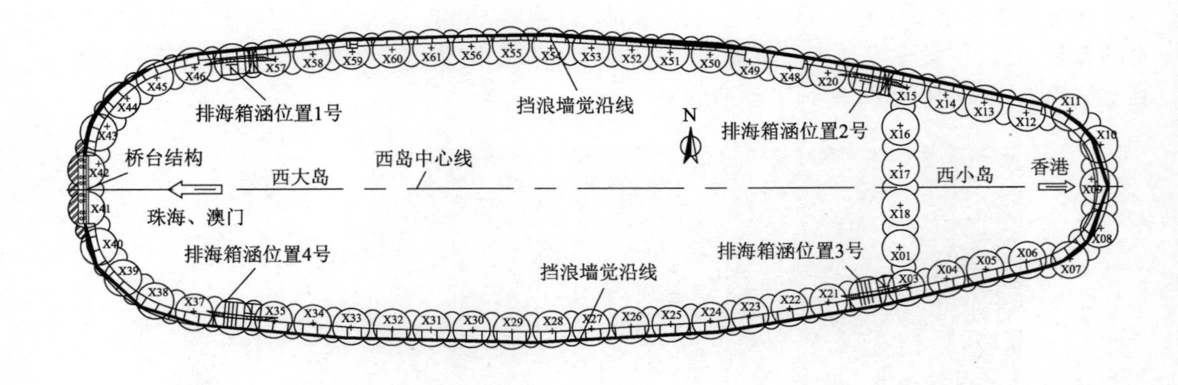

图10-1　现浇挡浪墙位置示意图

现浇挡浪墙采用现浇L形素混凝土结构，混凝土强度等级为C30，如表10-1所列。南侧挡浪墙整体高度7.3～8.6m，其中侧墙宽为1.8m，高度为4.35m，墙顶设计高程为+9.5m；北侧挡浪墙整体高度为5.8～6.5m，其中侧墙宽为1.5m，高度为2.85m，墙顶设计高程为+8.0m，墙顶均设置1%的坡度，使水流向海侧。挡浪墙分块间设置1cm厚丁腈软木橡胶板，以适应挡浪墙后期不均匀沉降，南、北两侧现浇挡浪墙典型断面图如图10-3所示。

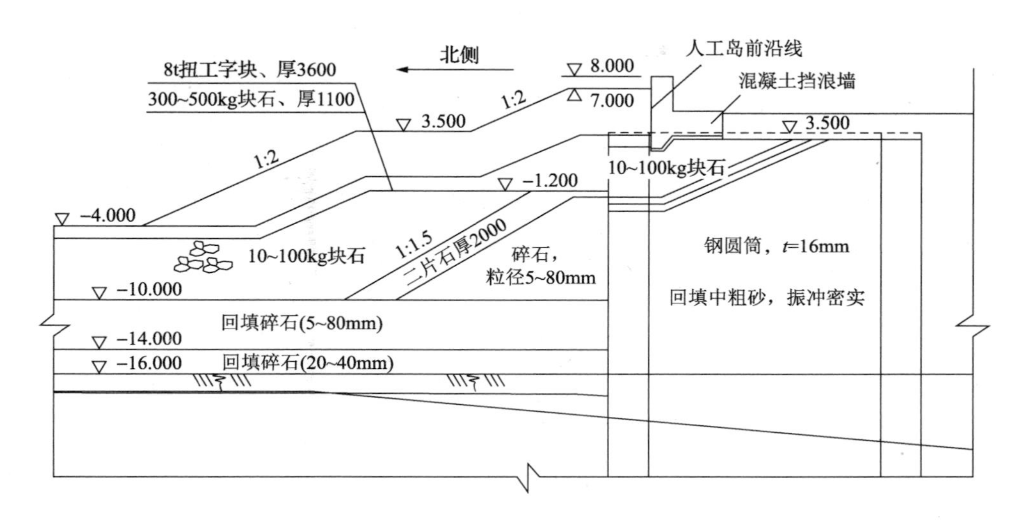

图 10-2　护岸结构上部结构基础断面图(单位:mm;高程单位:m)

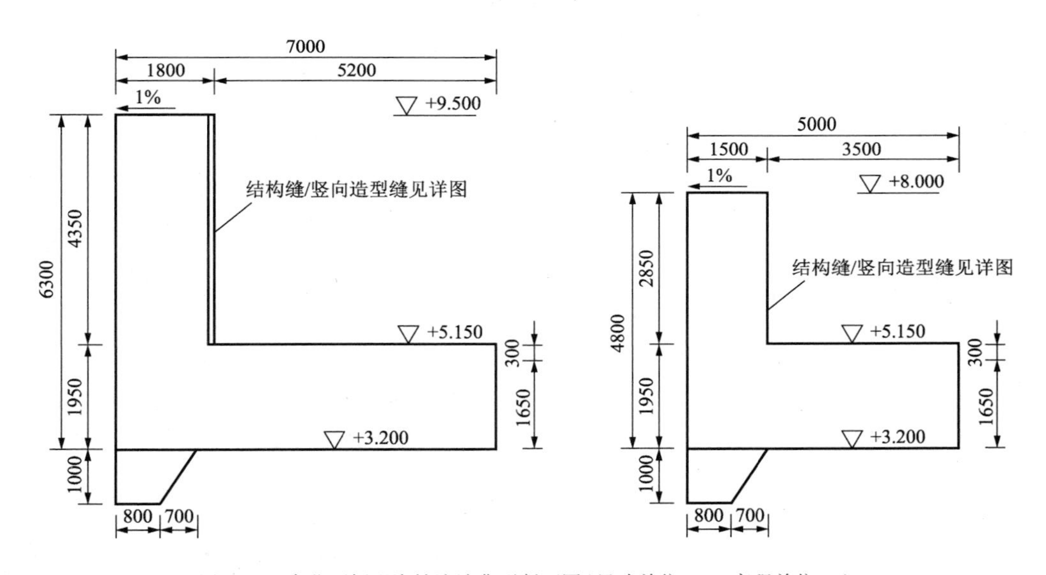

图 10-3　南北两侧现浇挡浪墙典型断面图(尺寸单位:mm;高程单位:m)

混凝土配合比　　　　表 10-1

强度等级	水泥	矿粉	粉煤灰	大石	小石	砂	水	外加剂
C30	240	100	60	727	311	757	165	2.4

根据施工图设计说明,现浇挡浪墙分三步进行浇筑,第一次浇筑底板 +4.85m 高程以下,第二次浇筑墙身混凝土至设计高程,第三次浇筑 300mm 厚的底板表面掺有抗裂纤维的混凝土,现浇挡浪墙分步浇筑如图 10-4 所示。

挡浪墙强度等级为 C30,其中墙身部分为清水混凝土。侧墙一般分段长度为 9m,侧墙厚 1.5 ~ 1.8m,高 5.8 ~ 8.6m,是典型的大体积混凝土结构。由于现场施工条件等原因,每段挡浪墙第一次浇筑与第二次浇筑之间的时间间隔约为7d，这样就造成了墙身与底板混凝土收缩的不同步。另外，清水混凝土对外观质量要求较高，在混凝土配合比设计时一般胶凝材料用量比同强度等级普通混凝土增加20kg/m³左右，这样就会使内部温升较普通混凝土高。在墙身混凝土受到底板约束和大体积混凝土温度应力的双重作用下，挡浪墙墙身混凝土极易产生裂缝。因此在满足清水混凝土外观要求的基础上进行裂缝控制，是挡浪墙墙身清水混凝土施工的重点和难点。

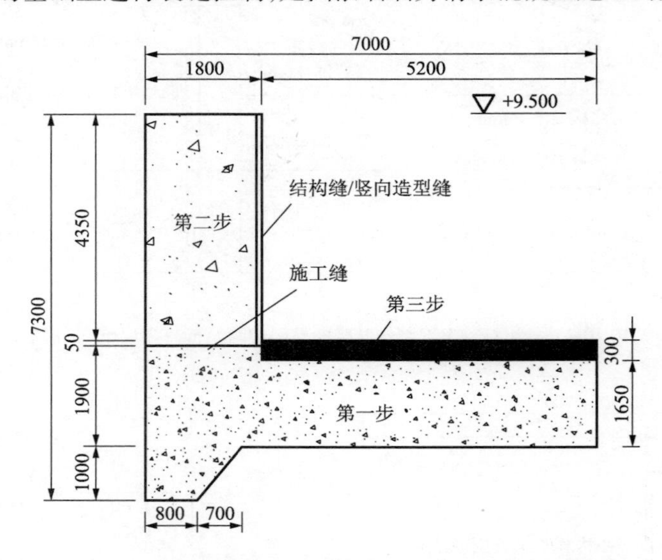

图10-4 现浇挡浪墙分步浇筑示意图(尺寸单位:mm;高程单位:m)

10.2 挡浪墙温度应力仿真计算

为了有针对性地制定挡浪墙混凝土裂缝控制技术措施，从理论上明确挡浪墙浇筑完成后应力随时间发展变化情况及分布特点，首先对挡浪墙大体积混凝土温度应力进行仿真分析。

10.2.1 挡浪墙温度应力仿真分析模型的建立

为了研究挡浪墙内部温度及应力随时间发展变化情况，对挡浪墙结构进行有限元模拟分析。本次分析将底板与墙身一起建模，便于直观观察挡浪墙的温度和应力分布。墙身尺寸选取9.0m×1.8m×5.0m，建立有限元分析模型如图10-5所示。

10.2.2 挡浪墙温度应力仿真分析参数的选取

珠海全年温度较高，冬季有时气温也较高，在有限元仿真计算中，现场环境温度取常数30℃，不考虑气温随时间变化。底板初始温度取30℃，通过系统的温度控制措施，控制墙身混凝土入模温度取28℃。混凝土采用PERI双层木模板，对流系数取20.9kJ/(m²·h·℃)。根据表10-1所列混凝土配合比的水泥、粉煤灰和矿粉用量，胶凝材料水化热折减系数取0.828，折算后水泥用量当量值为331.2kg。本工程采用P.Ⅱ42.5水泥，7d水泥水化热按经验值取290.7kJ/kg。本次有限元仿真分析计算所使用的其他计算参数按经验取值，详见表10-2。

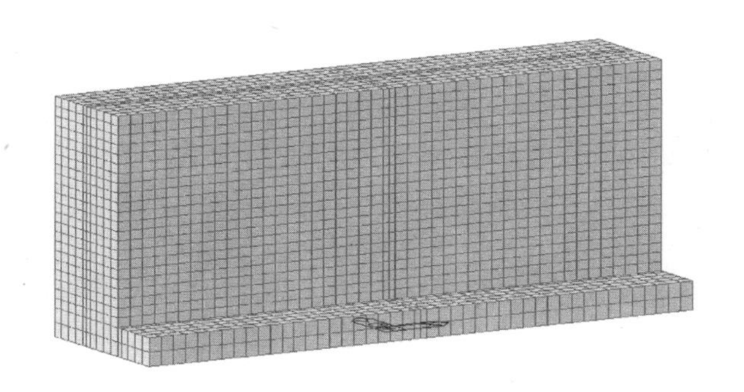

图10-5　现浇挡浪墙有限元模型

计算参数的取值　　表10-2

物理特性＼构件位置	挡　浪　墙	底　　板
比热容[kJ/(kg·℃)]	1.045	1.045
密度(kg/m^3)	2362.4	2362.4
热导率[kJ/(m·h·℃)]	9.614	9.614
对流系数[$kJ/(m^2 \cdot h \cdot ℃)$]	20.9	20.9
大气温度(℃)	30	30
入模温度(℃)	28	—
28d抗压强度(MPa)	30	30
强度进展系数	$a=4.5, b=0.95$	—
28d弹性模量(MPa)	3.25×10^4	3.25×10^4
热膨胀系数	1.0×10^{-5}	1.0×10^{-5}
泊松比	0.18	0.18
单位体积水泥含量(当量,kg/m^3)	331.2	—
放热系数函数	$K=46.8, a=1.3$	—

10.2.3　挡浪墙温度场计算结果

挡浪墙温度应力仿真分析时长为30d,温度场计算结果如图10-6~图10-8所示。

通过对挡浪墙温度场有限元仿真分析计算得出如下结论:

(1)如果不采取防裂技术措施,混凝土内部温度在浇筑完成后第48h时达到最高值74.4℃,超过了相关规范关于混凝土内部最高温度不超过70℃的规定;

(2)如果不采取防裂技术措施,混凝土内表温差在浇筑完成后第48h时达到最高值34.7℃,超过了相关规范关于混凝土内表温差不超过25℃的规定;

(3)根据温度场有限元分析计算结果,挡浪墙存在开裂风险,应采取相应的温控技术措施。

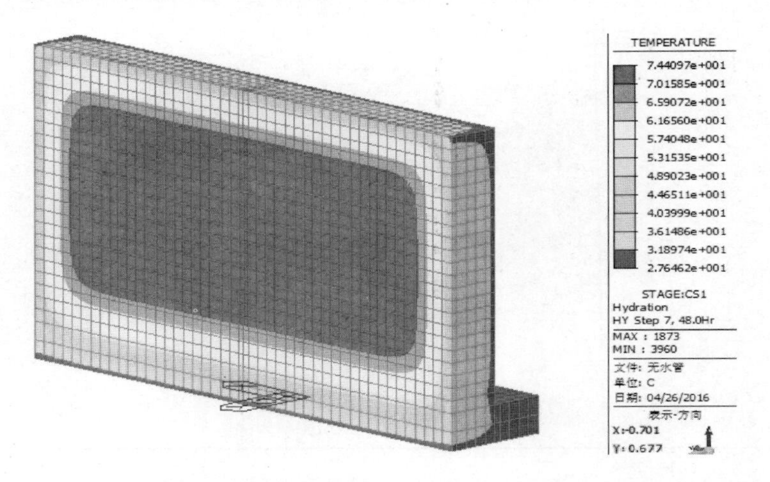

图 10-6　挡浪墙温峰出现时混凝土内部温度分布图

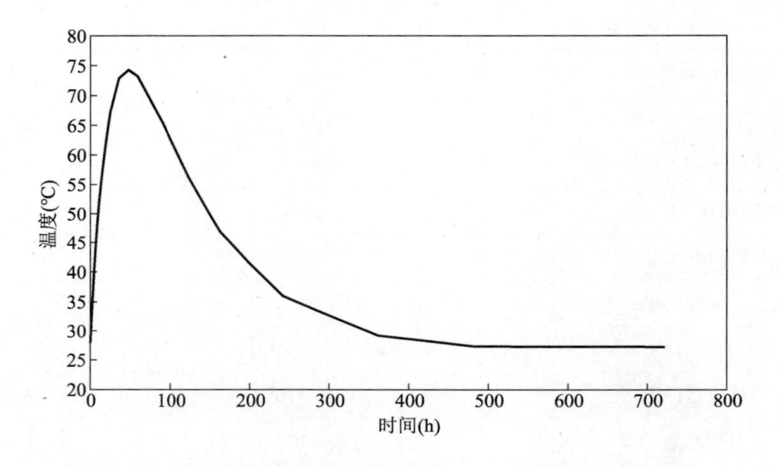

图 10-7　挡浪墙内部温度最高节点的温度变化曲线

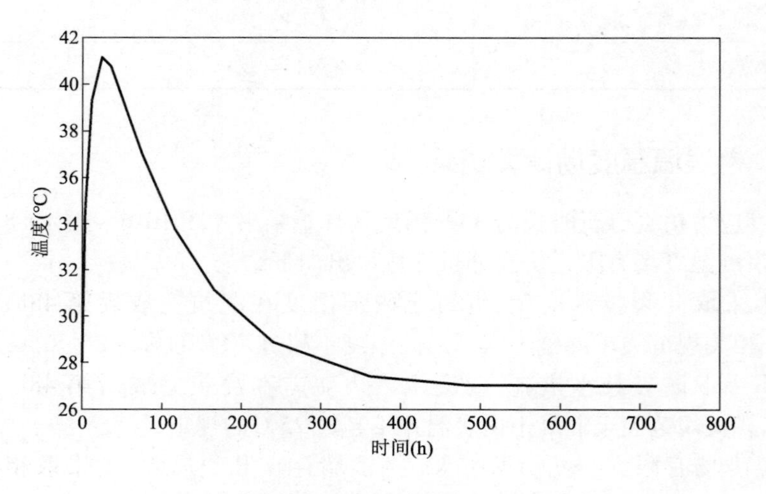

图 10-8　挡浪墙表面温度最低节点的温度变化曲线

10.2.4　挡浪墙应力场计算结果

挡浪墙温度应力仿真分析时长仍为 30d，应力场仿真计算结果如图 10-9 ~ 图 10-14 所示。

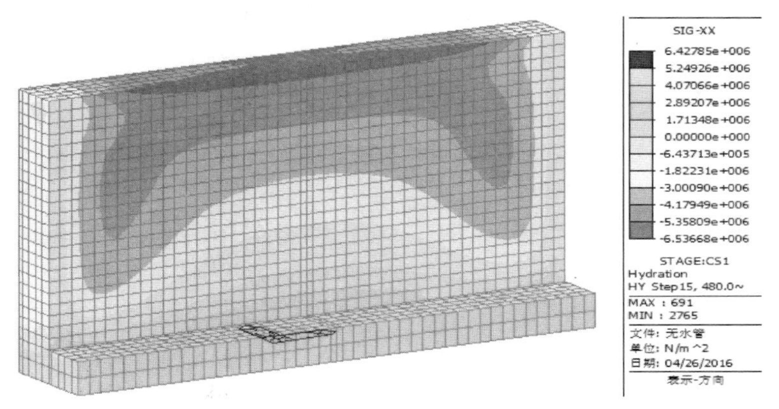

图 10-9　挡浪墙浇筑完成第 480h SIG－XX 应力分布图

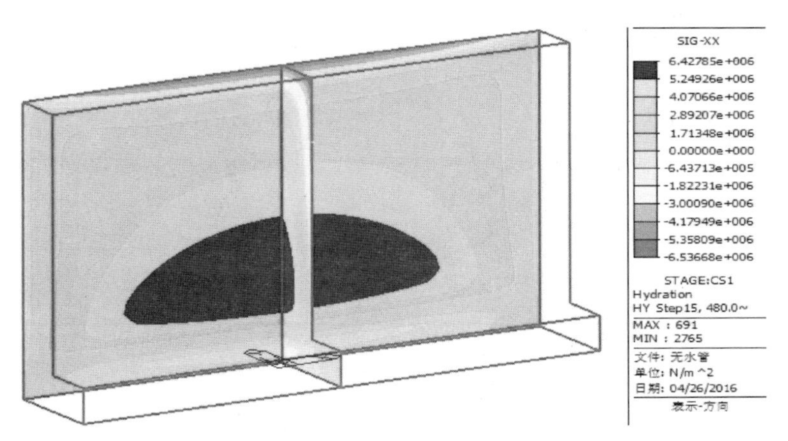

图 10-10　挡浪墙浇筑完成第 480h SIG－XX 应力分布剖面图

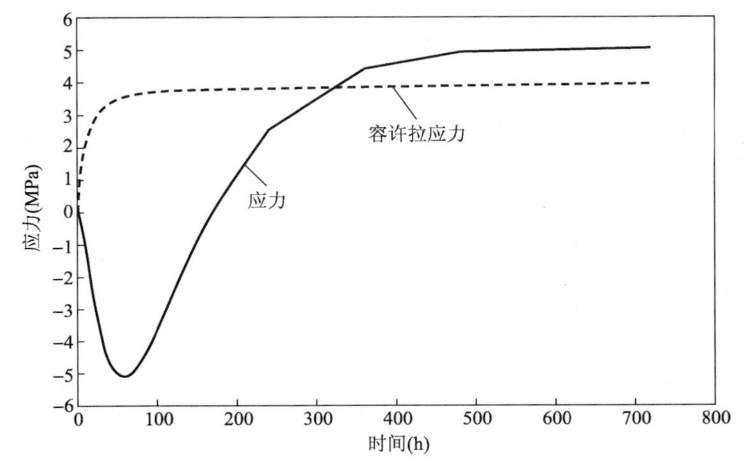

图 10-11　挡浪墙内部应力最大节点的应力变化曲线

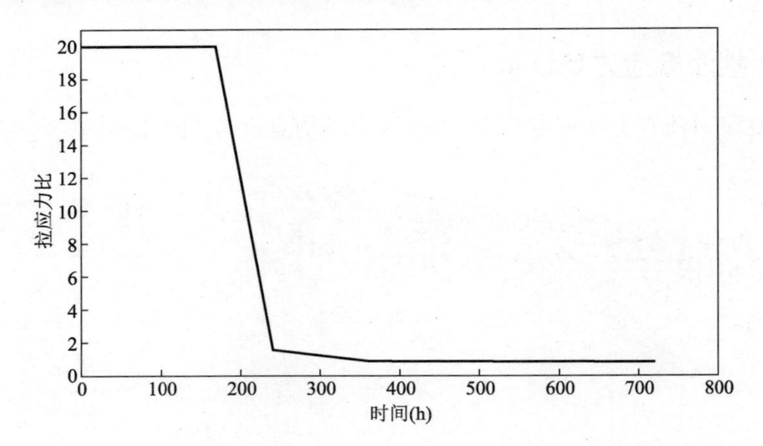

图 10-12　挡浪墙内部应力最大节点的拉应力比(抗裂安全系数)

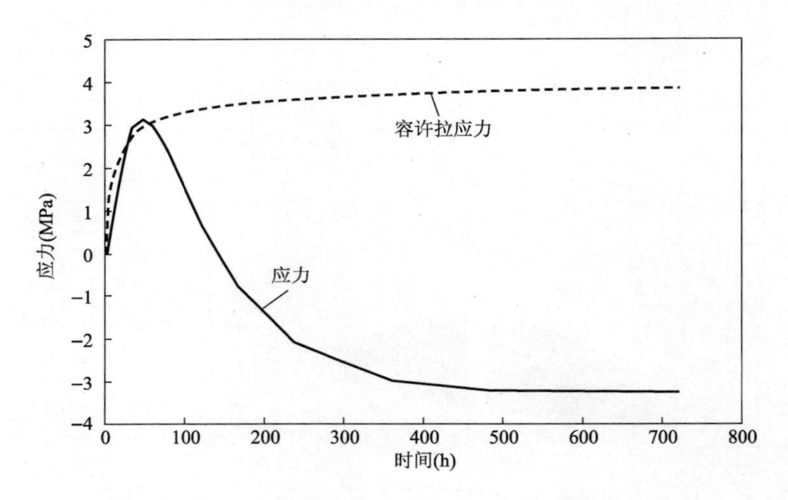

图 10-13　挡浪墙表面应力最大节点的应力变化曲线

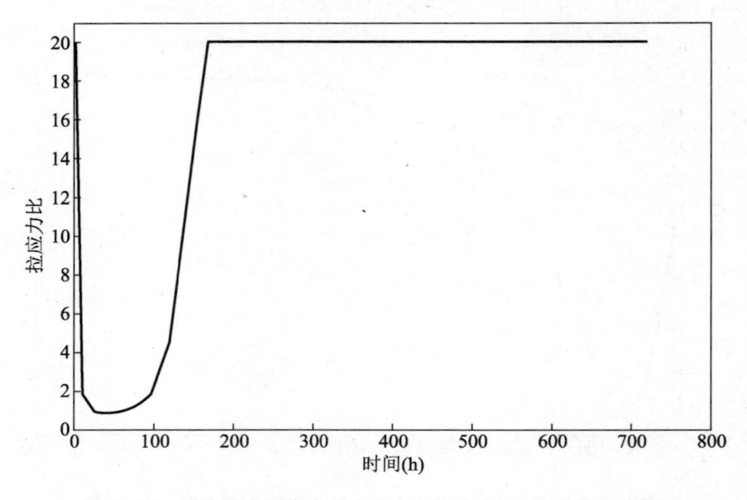

图 10-14　挡浪墙表面应力最大节点的拉应力比(抗裂安全系数)

通过对挡浪墙温度应力有限元仿真分析计算得出如下结论：

(1)如果不采取防裂技术措施，混凝土内部应力最大节点的拉应力比在浇筑完成后第300h时小于1.15，拉应力在第320h时开始大于容许拉应力。由此可见，如不采取防裂技术措施，挡浪墙理论上会产生内部裂缝。

(2)混凝土表面应力最大节点的拉应力比在浇筑完成后第20h时小于1.15，拉应力在第24h时开始大于容许拉应力。由此可见，如不采取防裂技术措施，挡浪墙理论上会产生表面裂缝。

(3)根据温度应力有限元分析计算结果，挡浪墙存在开裂风险，应研究制定相应的温控防裂技术措施。

10.3　挡浪墙裂缝产生的原因分析

根据挡浪墙大体积混凝土温度应力有限元仿真分析结果可以看出，挡浪墙产生裂缝的主要原因有：

(1)挡浪墙混凝土内部温度偏高，内表温差过大，从而导致表面裂缝的产生。

(2)由于施工准备等原因，底板浇筑完成后7d左右才进行挡浪墙混凝土的浇筑施工，底板混凝土收缩已部分完成。底板对后浇筑的挡浪墙混凝土的降温收缩和自生收缩形成强约束，从而导致施工缝以下先浇筑的底板混凝土内部产生压应力，后浇筑的挡浪墙混凝土内部产生拉应力。随着龄期的增长，混凝土应变能达到某一极限时，将会发生能量的释放，从而导致混凝土开裂。

10.4　挡浪墙裂缝控制技术措施

根据上述的挡浪墙裂缝产生的原因，裂缝控制技术措施主要从降低混凝土内部最高温度和内表温差、减小底板与挡浪墙混凝土收缩差两方面着手研究。

10.4.1　降低混凝土内部最高温度和内表温差

(1)降低浇筑温度

降低浇筑温度，主要从混凝土原材料降温、混凝土搅拌、混凝土运输和混凝土浇筑等方面系统地降低混凝土浇筑温度，主要包括如下几方面：

①混凝土原材料降温措施

在混凝土拌和前4h打开两台冷水机，确保水温不高于5℃；对粉料筒仓侧面覆盖帆布并设置环形洒水降温装置；粗细集料堆场搭设遮阳棚，四周用防晒太阳网遮盖，防止阳光直接照射；用帆布对减水剂桶进行遮盖，并洒水降温。

②混凝土搅拌

对搅拌棚进行封闭，在搅拌棚内增加一台空调(≥2P，2P输入功率为1500W)，进一步降低搅拌棚内温度。

③运输设备的降温

当气温高于入模温度时，应加快混凝土运输和浇筑速度，减少在运输和浇筑过程中的温度升高。混凝土泵车输送管外用帆布遮阳，并经常洒水。在混凝土罐车罐体上包裹保温布，并在拌和站和现场卸料点设置水管往罐体上浇水。现场与搅拌站协调好混凝土搅拌速度，减少混凝土现场等待时间。

④混凝土浇筑

宜选择清晨温度较低时进行混凝土的浇筑，这样模板和混凝土原材料经过一夜的降温，整体温度处于较低水平。用遮阳材料对整个台车进行遮盖，相应地遮盖模板，防止模板暴晒；浇筑前对竖向钢筋和模板进行喷雾降温。

(2)布置冷却水管

经过有限元仿真计算优化，厚度为1.8m的挡浪墙在厚度方向布设两列冷却水管，水管间距为600mm，距离墙身两端边缘仍为600mm；最下面两根水管距离底板300mm，厚度为1.8m挡浪墙冷却水管布设如图10-15所示；厚度为1.5m挡浪墙在厚度方向也布设两列冷却水管，水管间距为500mm，距离墙身两端边缘仍为600mm；最下面两根水管距离底板300mm，厚度为1.5m挡浪墙冷却水管布设如图10-16所示。

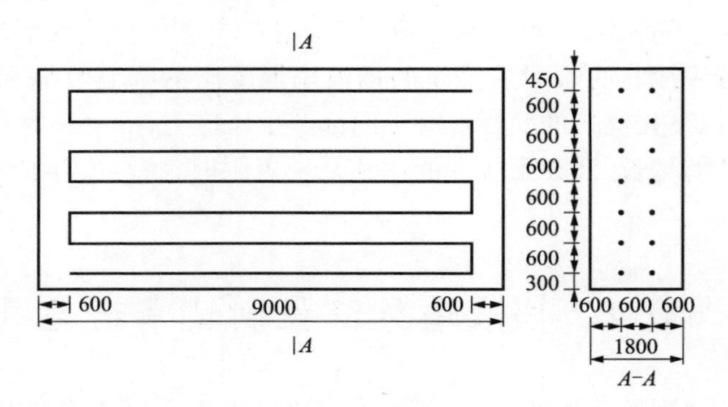

图10-15　厚度为1.8m挡浪墙冷却水管布置图(尺寸单位:mm)

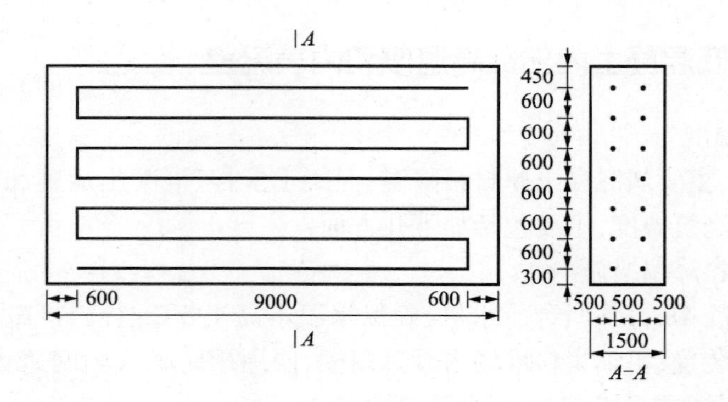

图10-16　厚度为1.5m挡浪墙冷却水管布置图(尺寸单位:mm)

冷却水管采用外径40mm、壁厚2~3mm的输水黑铁管，两列冷却水管各设一组进水口和出水口，组成两个冷却水管循环。挡浪墙冷却水循环系统如图10-17所示。

冷却水流速应不小于 0. 6m/s，即流量不小于 2. 7m^3/h；同时对冷却水及混凝土内部温度进行监测，确保冷却水管与混凝土温差不超过 25℃，当混凝土内部降温速率达到或超过 2℃/d 时，停止通冷却水。

(3)混凝土的保温养护

挡浪墙拆模后立即覆盖一层带有塑料薄膜的复合土工布，进行保温保湿养护，如图 10-18 所示。当监测到混凝土内部温差接近或超过 25℃时，立即覆盖棉被进行保温，来提高混凝土表面温度，达到减小混凝土内表温差的目的。

图 10-17　挡浪墙冷却水循环系统

图 10-18　挡浪墙保温、保湿养护

10. 4. 2　减小底板与挡浪墙混凝土收缩差

(1)缩短底板与挡浪墙之间施工间隔时间

通过优化施工组织设计，尽量缩短底板与挡浪墙之间施工间隔时间，经过计算，间隔时间控制在 48h 以内时，可以大大减小底板与挡浪墙混凝土之间的收缩差。

(2)充分保湿养护

混凝土收缩受环境相对湿度影响显著，环境相对湿度越大，其干缩值越小。因此必须对侧墙混凝土进行充分保湿养护。侧墙拆模后立即覆盖一层充带有塑料内膜的复合土工布，进行密封保温保湿养护。养护时间越长越好，受施工条件限制时，保湿养护时间也不能少于 21d。

10. 4. 3　对挡浪墙混凝土内部温度进行实时监测

(1)温度监测目的

挡浪墙施工前在指定位置埋设温度传感器，以便对相应位置的温度变化情况进行实时监测。温度实时监测主要达到如下目的：

①监测混凝土内表温差。当监测到混凝土内表温差接近或超过 25℃时，应及时在混凝土表面覆盖保温材料，来提高混凝土表面温度，从而防止由于内表温差引起过大的开裂。

②监测混凝土内部降温速率。当监测到混凝土内部降温速率接近或超过 2℃/d 时，应及

时停止通冷却水,并在混凝土表面覆盖保温材料,防止因混凝土温度下降过快而出现约束裂缝。

③控制冷却水与混凝土内部温度之差。通过对混凝土及冷却水的温度监测,控制冷却水与混凝土内部温度之差不超过25℃,从而防止冷却水管附近混凝土形成冷击裂缝。

④确定合理的拆模时间。当监测到混凝土表面温度与环境温度之差大于15℃时,应推迟拆模时间,防止侧墙表面形成冷击裂缝。

(2)测温点布设方案

根据温度场有限元仿真分析结果所反映出的挡浪墙温度场分布特点,温度监测点布设的典型位置为:混凝土块体中心位置、混凝土块体对称轴位置、距混凝土表面5cm位置,监测混凝土表面覆盖层内温度、现场环境温度、冷却循环水温度。

挡浪墙温度测试测点布设如图10-19所示。图中1-1、1-3、1-4、1-5和1-7布设在厚度方向的中截面上,其中1-3和1-7距离表层5cm,1-2和1-6布设在厚度方向距离表层5cm的截面上。

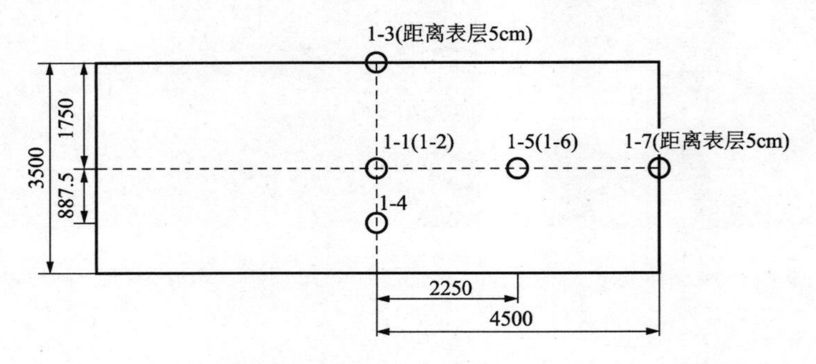

图10-19 挡浪墙温度监测点布置示意图(尺寸单位:mm)

注:1-2、1-6布设在距侧面表层5cm,其他测点均布设在厚度方向的中截面上。

(3)温度监测系统及监测频率

本工程采用的是大体积混凝土温度智能监测系统(图10-20)。该系统由无线中继配器、DTU、电源系统、数据及电源传输线、现场数据采集器、传感器等组成,如图10-20所示。

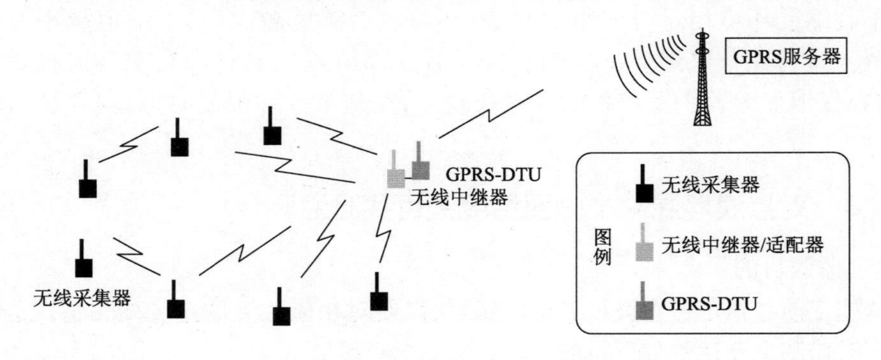

图10-20 混凝土温度智能监测系统

注:1.【中继器】连接【GPRS-DUT】通过无线上网的方式连接远端云服务器;

2.【中继器】与现场【无线采集器】进行无线通信;

3.【无线采集器】上都连接有3~8个温度传感器。

该温度智能监测系统，可自行设定采集频率，即：浇筑后 3d 内，前 24h 每 0.5h 观测 1 次，24h 后每 1h 观测 1 次；浇筑 3d 后，每 2h 观测 1 次；浇筑 7d 后，每 4h 观测 1 次；混凝土的出机温度和浇筑温度每 2h 观测 1 次。

当混凝土表面温度与大气温度接近，大气温度与混凝土中心温度的温差小于 25℃时，可以解除保温，停止测温工作。

10.5　采取防裂技术措施后的挡浪墙温度应力分析

为了从理论上验证这些防裂技术措施的效果，对采取了防裂技术措施后的挡浪墙进行温度应力仿真分析，有限元模型如图 10-21 所示。

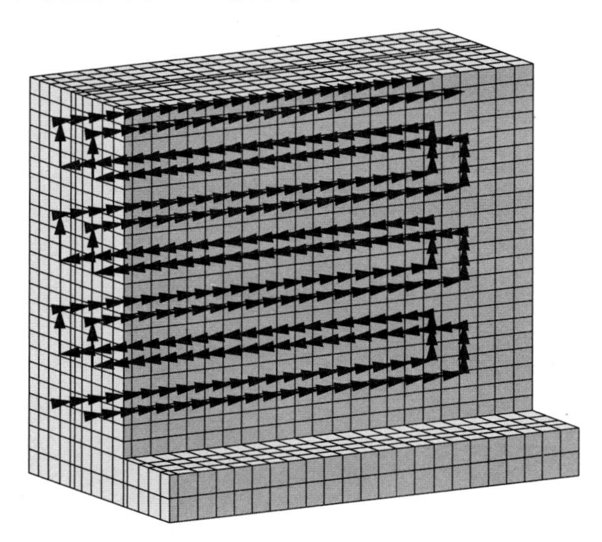

图 10-21　采取防裂技术措施后的挡浪墙有限元模型

10.5.1　温度场仿真分析结果

采取防裂技术措施后的挡浪墙温度场仿真分析时长仍为 30d，温度场计算结果如图 10-22 ~ 图 10-24 所示。

对比图 10-6 ~ 图 10-8 和图 10-22 ~ 图 10-24，可以看出：

(1)采取防裂技术措施后，挡浪墙混凝土内部温度在浇筑完成后第 24h 时达到最高值 58.5℃，符合相关规范关于混凝土内部最高温度不超过 70℃的规定。

(2)采取防裂技术措施后，挡浪墙混凝土内表温差在浇筑完成后第 24h 时达到最高值 11.1℃，符合相关规范关于混凝土内表温差不超过 25℃的规定。

(3)根据采取防裂技术措施后的温度场有限元分析计算结果，挡浪墙理论上不会开裂。

10.5.2　应力场仿真分析结果

采取防裂技术措施后的挡浪墙应力场仿真分析时长仍为 30d，应力场计算结果如图 10-25 ~ 图 10-29 所示。

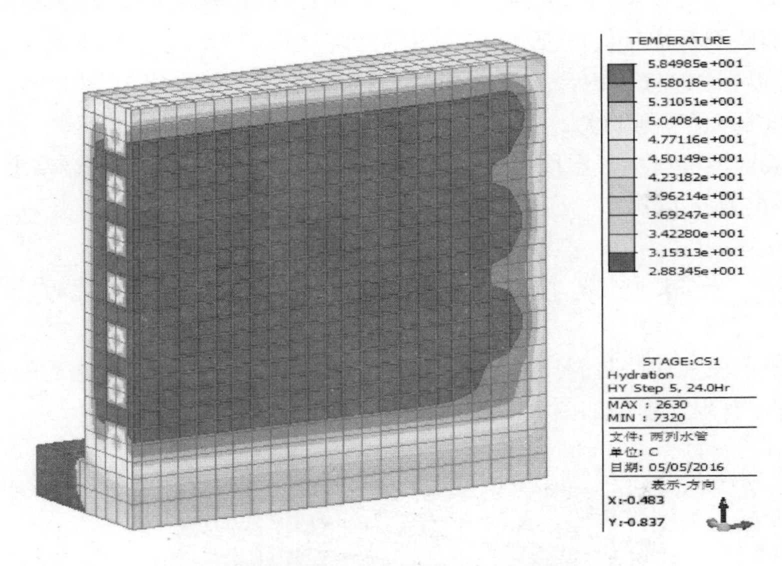

图 10-22 采取防裂技术措施后的挡浪墙第 36h 温度场

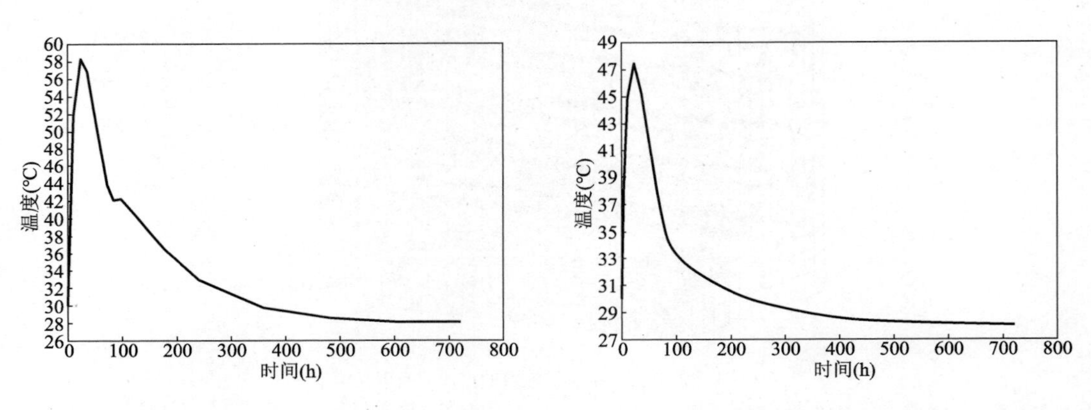

图 10-23 采取防裂技术措施后的挡浪墙内部温度变化图

图 10-24 采取防裂技术措施后的挡浪墙表面温度变化图

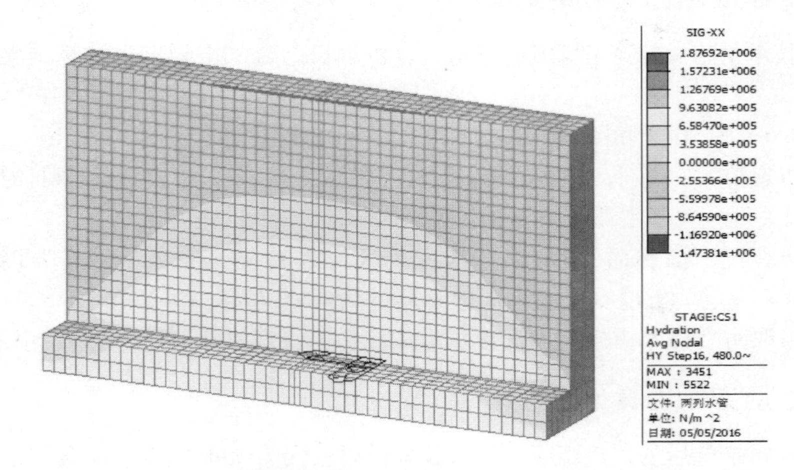

图 10-25 采取防裂措施后挡浪墙第 480h SIG-XX 应力分布图

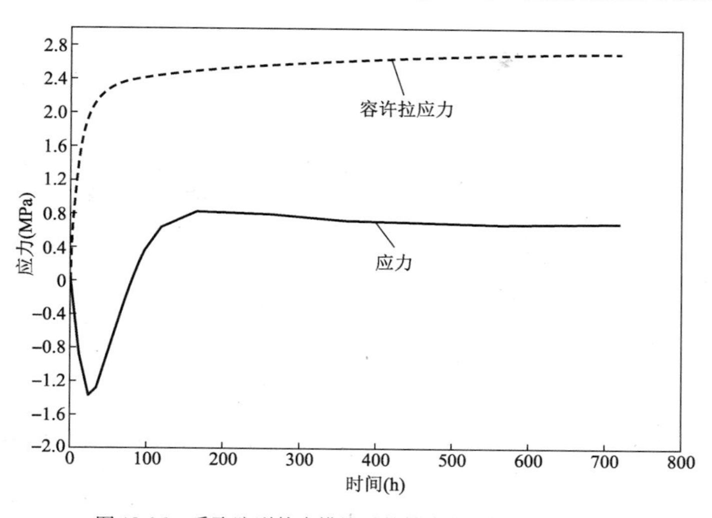

图 10-26　采取防裂技术措施后的挡浪墙内部应力变化图

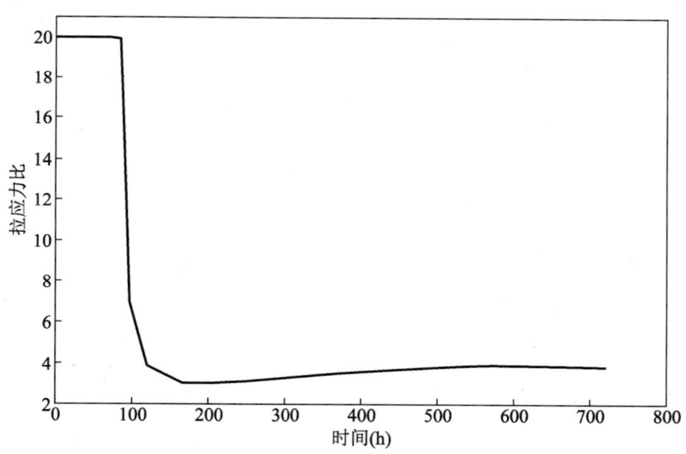

图 10-27　采取防裂技术措施后的挡浪墙内部应力抗裂安全系数

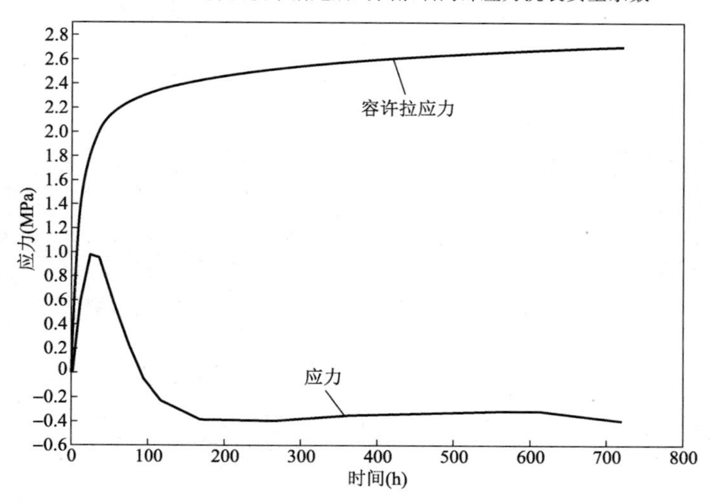

图 10-28　采取防裂技术措施后的挡浪墙表面应力变化图

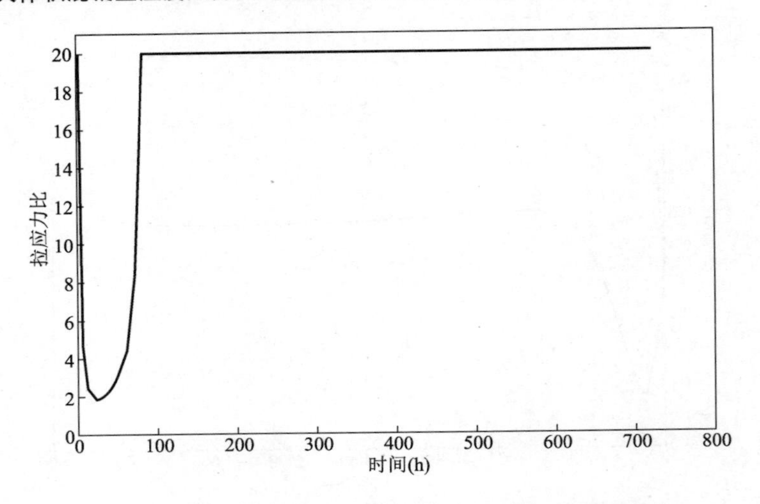

图 10-29　采取防裂技术措施后的挡浪墙表面应力抗裂安全系数

通过对采取防裂技术措施后的挡浪墙温度应力有限元仿真分析计算得出如下结论：

(1)采取防裂技术措施后挡浪墙混凝土内部应力最大节点的拉应力始终远小于容许拉应力,抗裂安全系数最小值为 3.1,由此可见挡浪墙理论上不会产生内部裂缝。

(2)采取防裂技术措施后挡浪墙混凝土表面应力最大节点的拉应力始终远小于容许拉应力,抗裂安全系数最小值为 1.9,由此可见挡浪墙理论上不会产生表面裂缝。

10.6　本 章 小 结

本工程挡浪墙如不采取裂缝控制技术措施,则均有可能出现自约束裂缝和外约束裂缝。另外,本工程挡浪墙为素混凝土结构,由于缺少钢筋对裂缝宽度的限制,裂缝可能呈现少而宽的特点,裂缝控制难度较大。

在对挡浪墙温度应力详细验算的基础上,制定了相应的防裂技术措施。在施工过程中,采取了上述一系列防裂技术措施后,挡浪墙未出现裂缝,裂缝控制的效果良好,证明了防裂技术措施合理有效。

拆模后的挡浪墙如图 10-30 所示。

图 10-30　港珠澳大桥西人工岛挡浪墙拆模后效果

第 11 章

海上风电风机承台控裂工程实例

11.1　工程概况及气象条件

11.1.1　工程概况

福建龙源莆田南日岛 400MW 海上风电示范项目工程位于莆田市南日岛东北侧海域,规划布置 100 台单机容量 4.0MW 的离岸型风力发电机组,风电场分 A、B 两个场区。风机基础采用高桩 + 承台基础,承台底高程为 +3.4m,沿圆形布置 8 根钢管桩。风机基础采用 C50 高性能海工混凝土承台和钢管桩基础,承台上部采用锚栓过渡段与风机塔筒相连。承台一般构造图如图 11-1 所示。封底混凝土采用强度等级为 C50 的混凝土。C50 混凝土配合比如表 11-1所列。

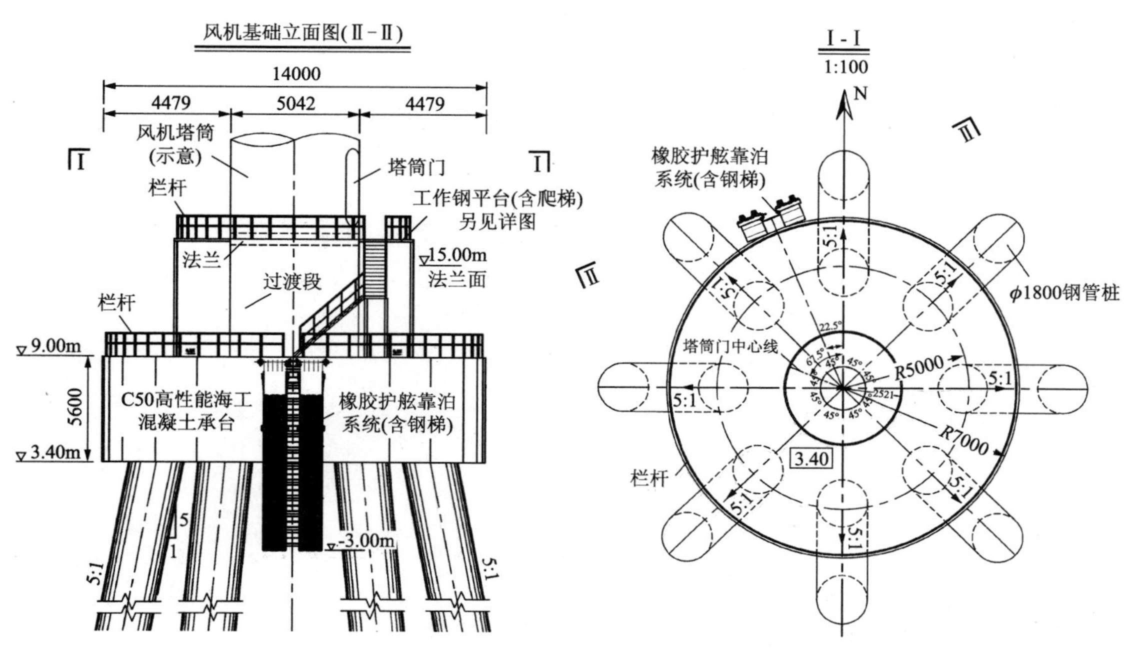

图 11-1　莆田南日海上(400MW)风电项目风机基础承台一般构造图(尺寸单位:mm)

C50 混凝土配合比 表 11-1

项目	胶材总量	水泥	粉煤灰	矿粉	砂子	碎石	水	外加剂
单位体积用量（kg/m^3）	500	225	75	200	727	1025	145	6.00

莆田南日海上(400MW)风电项目风机基础承台一次性浇筑。由图 11-1 和表 11-1 可以看出,风机承台直径和厚度分别达到了 14m 和 5.6m,胶凝材料单方用量达到了 500kg。另外,1 号风机承台预计在 8 月浇筑施工,当月平均气温较高,在 32℃左右,混凝土各种原材料温度偏高。因此,风机承台裂缝控制难度非常大。承台为大体积混凝土结构,由于水泥水化热温升将引起复杂的温度应力,若不采取适宜的防裂技术措施,可能会导致结构开裂,影响结构的整体性和耐久性。

11.1.2 气象条件

莆田地处北回归线北侧边缘,东濒海洋,属典型的亚热带海洋性季风气候,年平均气温 18 ~21℃,年均日照时数 1995.9h。最高气温在 7、8 月,但因为经常有台风影响,总体平均气温在 28 ~35℃之间。

11.2 风机承台温度应力仿真计算

对风机承台大体积混凝土温度应力进行仿真计算,从理论上分析裂缝产生的原因,为制定防裂技术措施提供理论依据。

11.2.1 风机承台有限元模型的建立

根据图 11-1 所示的莆田南日海上(400MW)风电项目风机基础承台一般构造图建立有限元模型如图 11-2 所示。

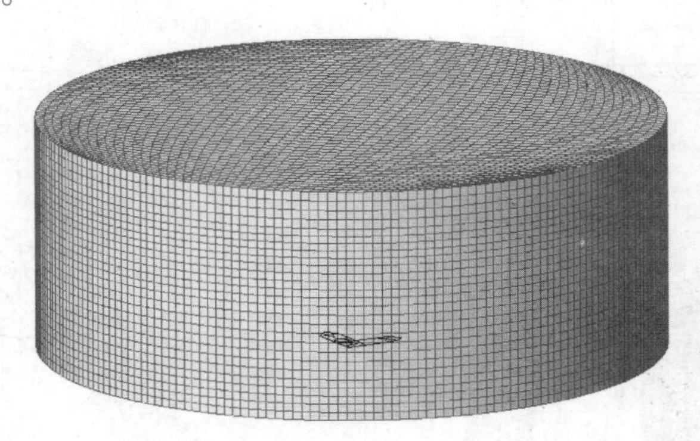

图 11-2 风机承台有限元模型

11.2.2 风机承台有限元仿真计算参数的选择

根据表 11-1 所列 C50 混凝土配合比的水泥、粉煤灰和矿粉的用量,胶凝材料 7d 水化热折减系数取0.8,折算后水泥用量当量值为400kg。

本工程水泥采用P.O42.5水泥,水泥水化热按经验值取:3d,248.3kJ/kg;7d,305.6kJ/kg(注:为了使温度应力仿真计算更加精确,此值应由水化热试验取得)。

本次风机承台有限元仿真计算所使用的参数值如表11-2所列。

风机承台有限元仿真计算参数的取值　　表11-2

物理特性 \ 构件位置	风机承台	封底混凝土
比热容[kJ/(kg·℃)]	1.045	1.045
密度(kg/m³)	2403	2403
热导率[kJ/(m·h·℃)]	9.614	9.614
对流系数[kJ/(m²·h·℃)]	41.8	—
大气温度(℃)	32	32
浇筑温度(℃)	30	—
28d抗压强度(MPa)	50	50
强度进展系数	$a=4.5, b=0.95$	—
28d弹性模量(MPa)	3.35×10^4	2.2×10^4
热膨胀系数	1.0×10^{-5}	1.0×10^{-5}
泊松比	0.2	0.18
单位体积水泥含量(当量,kg/m³)	400	—
放热系数函数	$K=55.1, a=1.6$	—

11.2.3 风机承台温度场有限元仿真计算结果

风机承台温度应力仿真分析计算时长为40d,温度场计算结果如图11-3~图11-6所示。

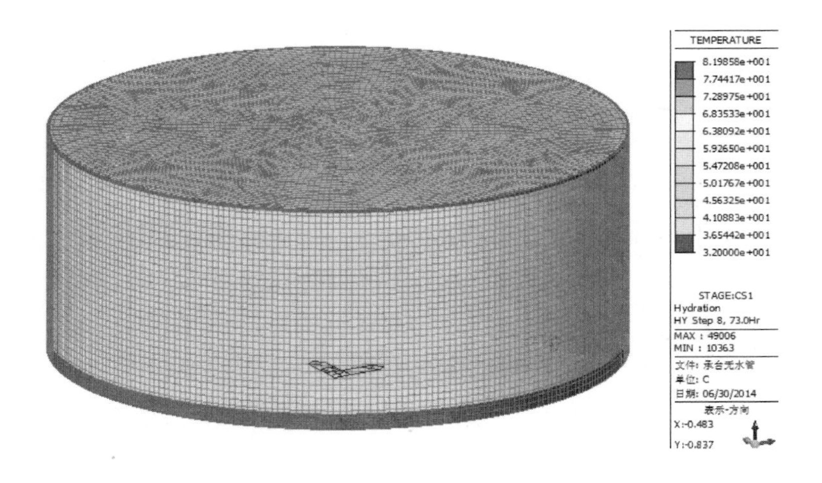

图11-3　风机承台混凝土浇筑完成后第72h温度场

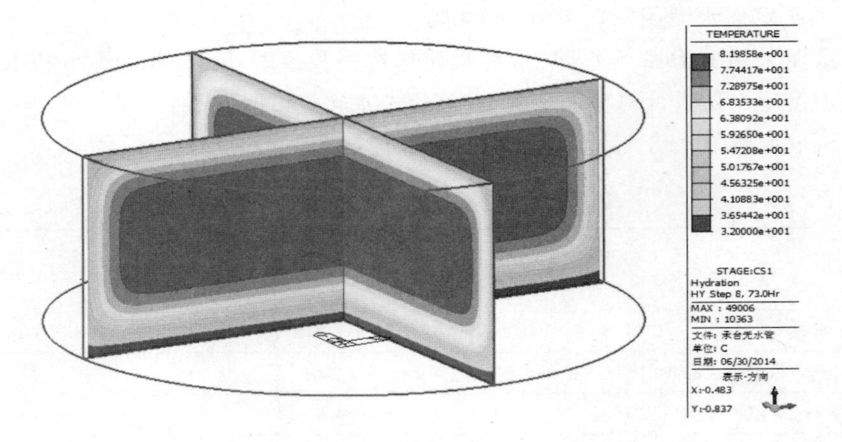

图 11-4　风机承台混凝土浇筑完成后第 72h 温度场剖面图

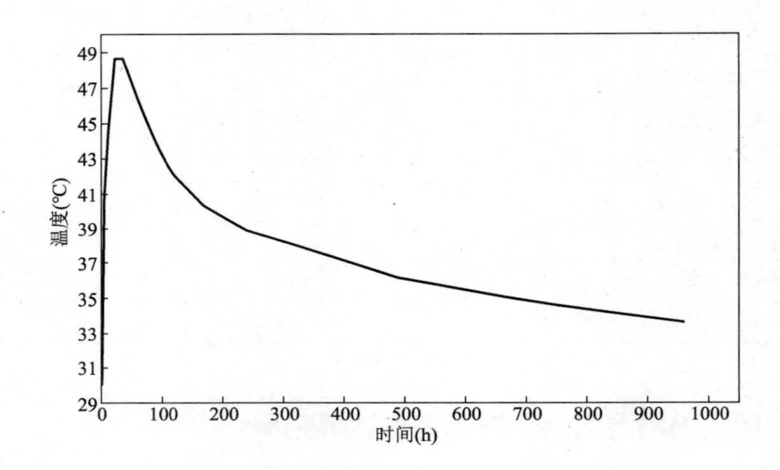

图 11-5　风机承台表面节点温度随时间变化图

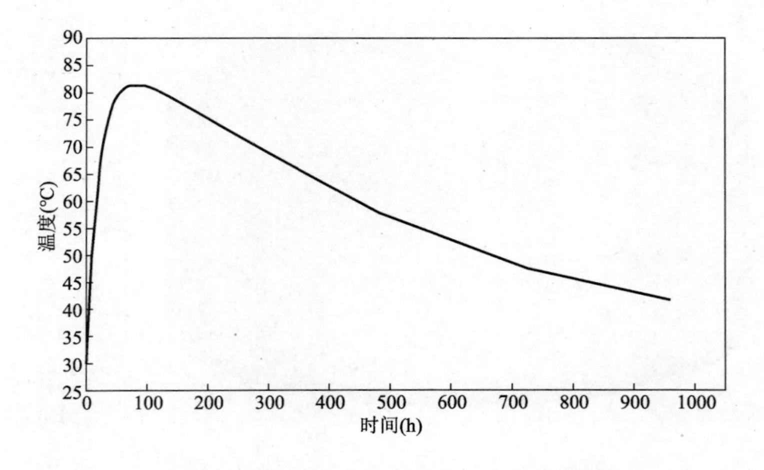

图 11-6　风机承台中心温度最高节点温度随时间变化图

由图11-5可以看出,风机承台表面节点温度在混凝土浇筑完成后第24h时温度达到最高值48.6℃;由图11-6可以看出,风机承台内部最高温度节点在第72h时温度达到峰值,最高为81.3℃。风机承台的内表温差在混凝土浇筑完成后第72h时达到最大值37℃,超过了相关规范允许值,由此可见,如不采取防裂技术措施,风机承台在理论上会产生表面裂缝。

11.2.4　风机承台温度应力场有限元仿真计算结果

风机承台温度应力仿真分析计算时长为40d,应力场计算结果如图11-7～图11-12所示。

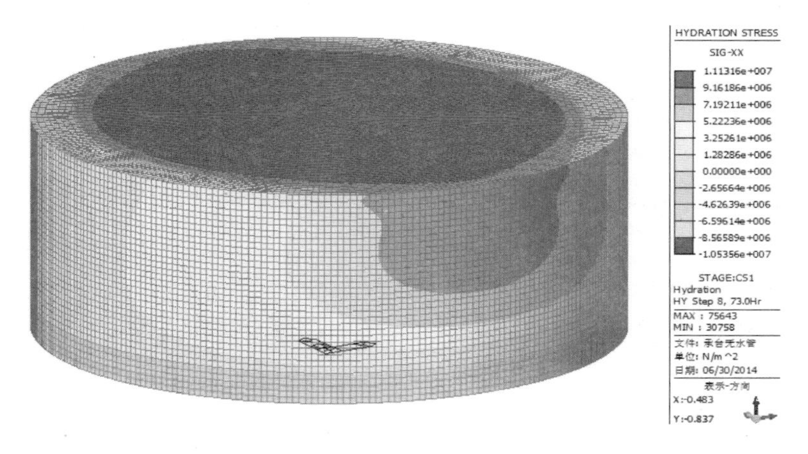

图11-7　风机承台混凝土浇筑完成后第72h应力场

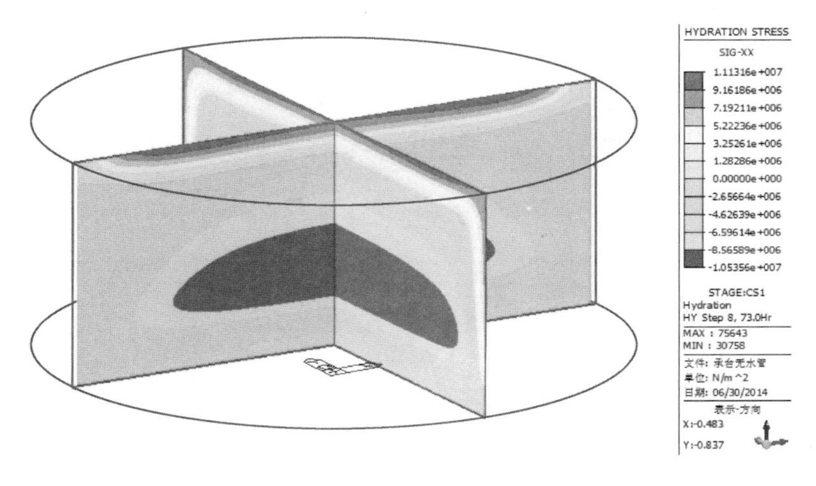

图11-8　风机承台混凝土浇筑完成后第72h应力场剖面图

由上述仿真计算结果简要分析如下:

(1)由图11-9可知,风机承台表面应力最大节点在混凝土浇筑完成后第22h左右拉应力大于容许拉应力;由图11-10可知,在第22h拉应力比开始小于1,由此可见,如不采取防裂技术措施,风机承台表面理论上会产生表面有害裂缝。

(2)由图11-11可知,风机承台混凝土浇筑完成后内部拉应力最大节点始终小于容许拉应力;由图11-12可知,拉应力比始终大于2,由此可见,风机承台理论上不会产生内部裂缝。

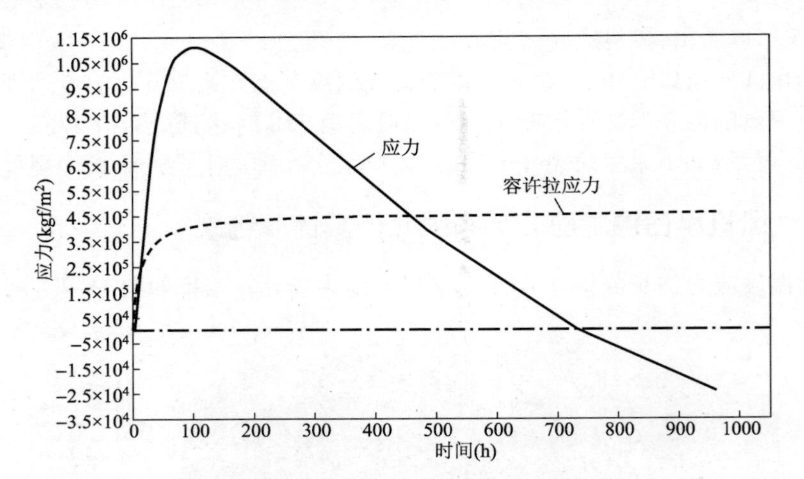

图 11-9　风机承台表面应力最大节点应力随时间变化图

注：1kgf = 9. 80665N，下同。

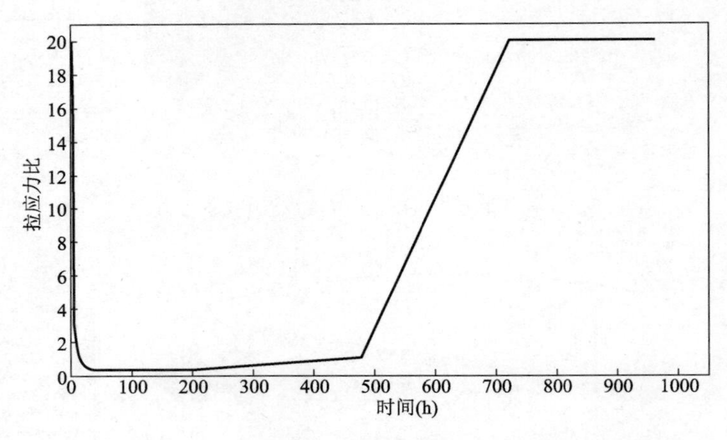

图 11-10　风机承台表面应力最大节点拉应力比

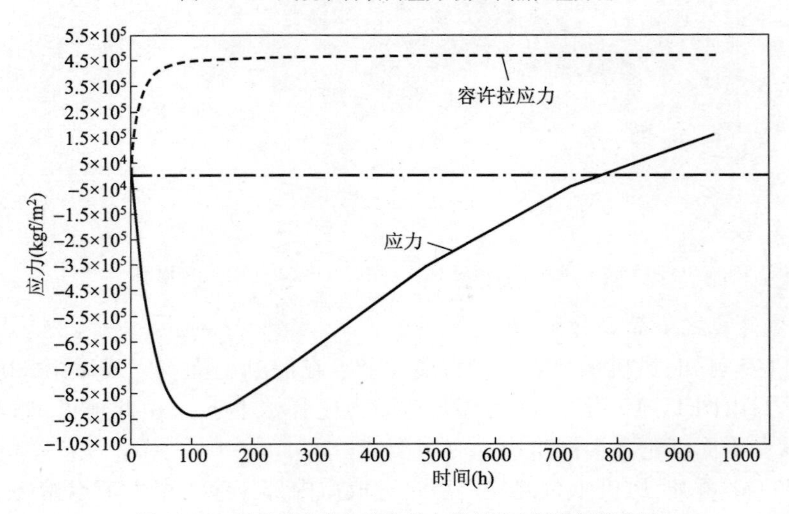

图 11-11　风机承台中心应力最大节点应力随时间变化图

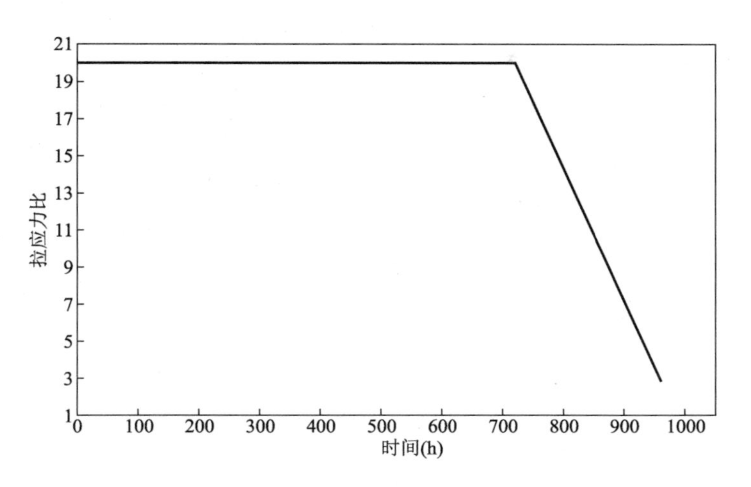

图11-12　风机承台中心应力最大节点拉应力比

11.3　风机承台产生裂缝的原因分析

本工程为采用8根大直径钢管桩的高桩高基础承台，因此不存在基础不均匀沉降引起的裂缝问题。同样原因，对于混凝土的降温收缩、自生收缩和干缩等的外部约束也很小。

综合风机承台温度场及应力场有限元仿真分析计算结果可以看出，由于风机承台结构尺寸大、单方胶凝材料用量大、施工现场环境温度高等原因导致承台混凝土结构内表温差过大，这是承台产生裂缝的最主要原因。

11.4　风机承台裂缝控制技术措施

根据上述裂缝产生原因，为了减少或避免结构产生裂缝，防裂技术措施主要从减小内外温差和提高混凝土本身抗裂性能这两方面综合考虑。

11.4.1　减小混凝土结构内外温差的技术措施

(1)降低混凝土的浇筑温度

混凝土入模温度在条件允许的情况下应尽可能地降低，建议混凝土入模温度最高不要高于28℃。降低混凝土入模温度，可采用下列方法：

①混凝土拌和用水加冰

将配合比中混凝土部分拌和水用相同重量冰来代替，可降低混凝土原材料温度。经过试拌，拌和用水中最多可加75kg冰。

②降低混凝土原材料温度

降低混凝土原材料温度，特别是降低粗集料温度能够显著降低混凝土的浇筑温度。但由于海上施工条件限制，原材料遮阳存放在比较困难，因此把混凝土浇筑时间选择在清晨6点左右开始，这样混凝土原材料经过一夜的降温，整体温度处于较低水平。

通过采取以上两项措施,混凝土浇筑温度能够控制28℃以下。

(2)布置冷却水管

风机承台冷却水管布置形式的设计,应综合考虑实际施工过程中的多种因素及温度场仿真分析计算得出的温度场分布特点及来确定,从而得出合理的冷却水管布置方案。根据风机承台温度场有限元分析结果,并结合圆形承台的结构特点,冷却水管的平面布置采用螺旋线形,平面布置间距为900mm,如图11-13所示;冷却水管在立面上共布置4层,间距为1000mm,每层冷却水管长度为165~175m,如图11-14所示。

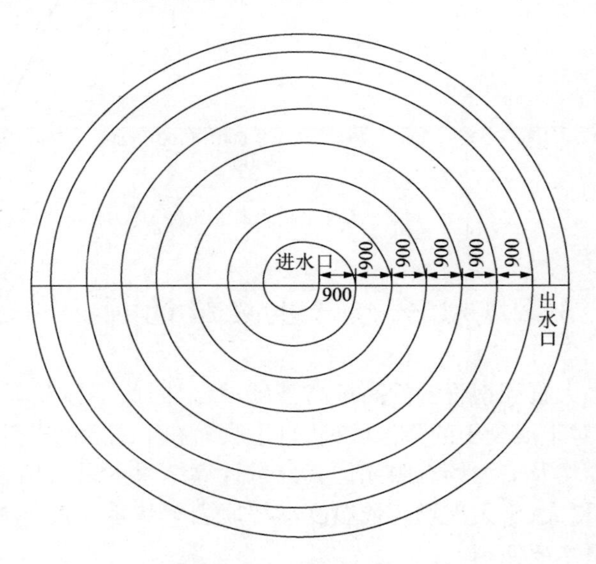

图11-13 冷却水管及测温点平面布置图(尺寸单位:mm)

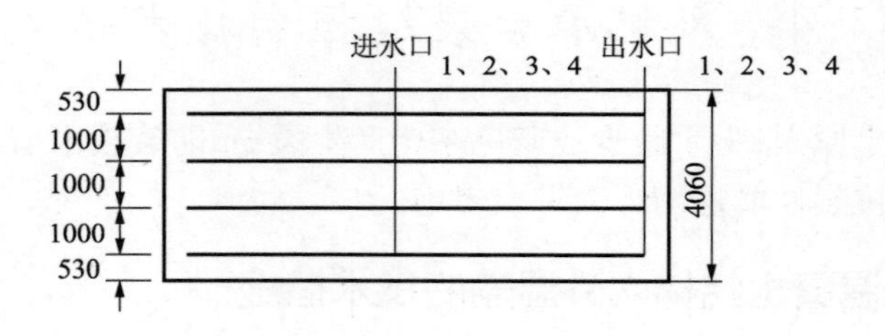

图11-14 冷却水管立面布置图(尺寸单位:mm)

冷却水管材料采用外径25~27mm,壁厚1.0~2.0mm的DN32导热性能良好的PE-RT聚乙烯地采暖专用管,水管之间采用热熔焊接连接,且每层为一组,各设置进水口和出水口,各自组成一个独立的冷却水管循环系统,进水口均布置在承台中间,出水口均布置在承台外围。

冷却水可采用常温海水,流速不小于0.6m/s;同时对冷却水及混凝土内部温度进行监测,确保冷却水管与混凝土温差不超过25℃,当混凝土内部降温速率达到2℃/d时,应停止通冷却水。

(3)混凝土的保温养护

混凝土保温养护的目的是减小混凝土表面与内部的温差及表面混凝土温度梯度,防止表面裂缝的发生。另外，刚浇筑的混凝土强度低、抵抗变形能力小，如遇到不利的温湿度变化，其表面容易发生有害的冷缩和干缩裂缝。设置保温层，可以对混凝土表面因受大气温度变化或雨水袭击的温度影响起到缓冲作用。

合理的保温养护时间应根据温度监测结果来确定。当监测到混凝土结构内表温差接近或超过 25℃/d 时，应立即覆盖棉被进行保温，来提高混凝土表面温度，从而达到减小结构内表温差的目的。

11.4.2　提高混凝土抗裂性能技术措施

(1)优化混凝土搅拌工艺

改变现有混凝土搅拌时的投料程序，采取将粉煤灰、矿粉、砂和 70% 的冰水，充分搅拌后再投放石子及剩余 30% 的冰水进行搅拌的新工艺，这种搅拌工艺也称“二次投料法”。

(2)对混凝土进行保湿养护

混凝土的干缩受环境湿度影响很大，环境湿度越大，混凝土的干缩越缓慢，因此风机承台模板拆除后，应立即在混凝土表面铺设一层土工布，洒水充分润湿后覆盖一层塑料薄膜进行保水，最后再覆盖一层土工布，进行保湿养护。保湿养护时间不少于 21d。

11.4.3　对风机承台混凝土内部温度进行监测

在风机承台混凝土浇筑过程中，采用测温仪器对现场环境温度、原材料温度、出机温度、浇筑温度及混凝土内部温度进行实时监测，并根据监测结果及时采取相应防裂技术措施。

11.5　本 章 小 结

本工程为高桩承台，混凝土的各种收缩受到的外部约束较小，裂缝产生原因相对简单。但本工程具有承台结构尺寸大、单位体积混凝土胶凝材料用量高、混凝土现场浇筑施工持续时间长、施工现场环境温度高等诸多不利因素，因此裂缝控制难度很大。

采取上述一系列防裂技术措施后，风机承台未出现明显裂缝，仅个别部位出现少量细小表面裂缝，整个承台未发现贯穿性有害裂缝，说明本工程的裂缝控制措施是十分有效的。

第12章

船闸控裂工程实例

12.1 工 程 概 况

草街航电枢纽位于重庆合川区境内草街镇附近的嘉陵江干流河段上，是嘉陵江干流自下而上规划的第二个梯级，上游回水在嘉陵江上紧接利泽梯级、渠江上接富流滩梯级、涪江上接谓沱梯级，下游尾水与井口梯级正常蓄水位相接，是具有航运、发电、拦沙减淤、灌溉、旅游等效益的综合利用工程。

草街船闸是目前嘉陵江上最大的一级船闸，也是西南地区最大的船闸工程，其船闸尺度200m×23m×3.5m，水级26.7m，通行2×1000t级船队，最大一次过闸总吨位4000t。

12.1.1 冲沙闸结构

冲沙闸共5孔，位于17号坝块和厂房坝块之间，沿坝轴线方向长度为93.10m，单孔净宽14.80m，闸室顺水流方向宽度46.00m，底板建基面最低高程167.50m，最大闸高54.00m，5孔冲沙闸为宽顶堰形，堰顶高程221.50m。

冲沙闸共由铺盖、闸室底板、闸墩和护坦四部分组成，混凝土量共148766m^3。其中铺盖混凝土5397m^3，闸室底板混凝土40544m^3，闸墩混凝土45635m^3，护坦混凝土57190m^3。

铺盖长93m，宽度20m，顶高程178.0m，由4块(PG1～PG4)组成。

闸室底板长93m，宽度46m，建基面高程最低161.2m，顶高程178.0m，分4块进行施工。

闸墩长46m，宽4.9m，高差43.5m，5孔冲沙闸为宽顶堰形，堰顶高程221.50m。1～2号闸墩坐落在1号底板上，3～5号闸墩分别坐落在2、3、4号底板上。

护坦长134m，宽度93m，底高程为165.5m，顶高程为169.0m。其上有23个消力墩结构。

冲沙闸各部位混凝土的强度等级和级配如下：

(1)护坦

①护坦168.6m高程以下均采用C20三级配混凝土；

②护坦168.6～169.0m高程采用HFC40二级配混凝土；

③护坦169.0～175m高程采用HFC30三级配混凝土；

④消力墩结构采用C30二级配混凝土；

⑤尾墩采用 C25 三级配混凝土。

(2)闸室底板

底板顶部 40cm 采用 HFC40 二级配混凝土,以下部位均采用 C25 三级配混凝土。

(3)闸墩

①闸墩 177.6 ~ 180m 高程采用 HFC40 三级配混凝土;

②闸墩 180 ~ 205m 高程采用 C40 三级配混凝土;

③闸墩 205 ~ 221.5m 高程采用 C25 三级配混凝土;

④牛腿部位采用 C45 二级配混凝土。

(4)铺盖

①铺盖 173 ~ 177.6m 高程均采用 C15 四级配混凝土;

②铺盖 177.6 ~ 178m 高程采用 HFC40 二级配混凝土。

冲沙闸各部位混凝土配合比详见表 12-1。

冲沙闸混凝土配合比一览表　　表 12-1

序号	设计强度等级	级配	水胶比	混凝土材料用量(kg/m^3)						设计实测坍落度(cm)	28d 抗压强度(MPa)	备注	使用部位
				水泥	粉煤灰	水	砂	碎石	外加剂				
T-01	C15	四	0.65	125	70	116	649	1499	1.07	5 ~ 7 7.0	23.3	粉煤灰超掺 1.3	铺盖
T-02	C20W4F50 C20W6F50	三	0.58	163	71	126	688	1384	1.30	5 ~ 7 6.0	28.4	粉煤灰超掺 1.3	护坦
T-03	C25W4F50 C25W6F50	三	0.50	189	82	126	653	1384	1.51	5 ~ 7 7.0	33.8	粉煤灰超掺 1.3	底板
T-04	C30W6F50	二	0.43	251	109	144	618	1269	2.68	7 ~ 9 8.5	39.6	粉煤灰超掺 1.3	消力墩
T-05	HFC30W6F50	三	0.43	230	26	110	714	1397	5.12	5 ~ 7 6.5	40.1	—	护坦
T-06	C40W6F50	三	0.37	308	71	134	561	1365	2.90	7 ~ 9 9.5	52.2	粉煤灰超掺 1.3	闸墩
T-07	HFC40W6F50	二	0.40	293	32	130	730	1252	6.50	7 ~ 9 9.0	51.4	—	耐磨层
T-08	HFC40W6F50	三	0.36	275	31	110	658	1409	6.12	5 ~ 7 7.5	51.3	—	闸墩
T-09	C45W6F50	二	0.32	404	93	152	527	1240	3.80	7 ~ 9 8.5	55.8	粉煤灰超掺 1.3	闸墩

12.1.2　冲沙闸施工

护坦、铺盖、闸室底板混凝土入仓采用长臂挖机,闸墩混凝土采用 TC7052 行走塔机入仓,

50t 履带吊辅助。混凝土水平运输选用 10t 自卸汽车运输。对于 150m² 以下的仓面采用平铺法施工，如果浇筑仓面大于 150m²，则采用分阶式浇筑，铺料厚度为 50cm，台阶长度 2m。闸墩及底板分层浇筑如图 12-1 所示，护坦及铺盖分层浇筑如图 12-2 所示。

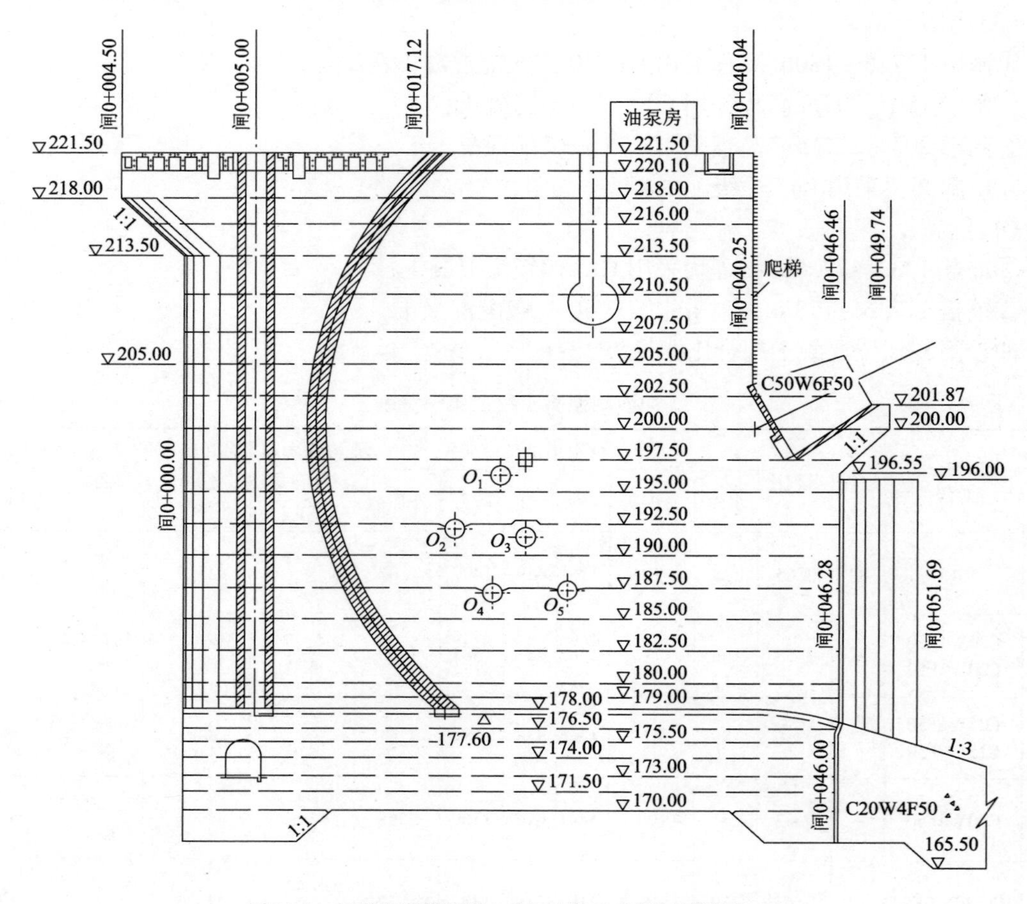

图 12-1　闸墩及底板混凝土分层浇筑示意图(高程单位:m)

12.1.3　闸址的地质和气候条件

草街枢纽工程位于嘉陵江合川区老草街镇上游 1.8km 的中碛坝(求门滩)，嘉陵江由北经坝址向南东向流出。枢纽区河道较顺畅，河谷呈不对称“U”形谷，左岸地形平缓，坡度约 15°，右岸地形较陡，坡度 40°～50°。

地层岩性较单一，为侏罗系中统沙溪庙组砂岩与砂质黏土岩；地层产状平缓，总体倾右岸偏下游，倾角 7°～15°。沙溪庙组在枢纽区分为八层，单数层以长石细砂岩为主，双数层以砂质黏土岩为主。

草街航电枢纽工程处无气象观察站，上游 26.8km 处和下游 7.6km 处分别设有合川区气象站和北碚气象站，其观测时间较长，本阶段可应用于工程地点气象分析。

北碚气象站多年平均气温 18.2℃，极端最高气温 42.1℃，极端最低气温 -3.1℃，多年平均相对湿度 80%。多年平均蒸发量 802.4mm(20cm 口径蒸发皿观测值，下同)，多年平均年降水量 1124. 3mm，降水日数 156. 1d，历年最大风速 15. 0m³/s，相应风向西南西（WSW）。多年月平均气温、水温见表 12-2。

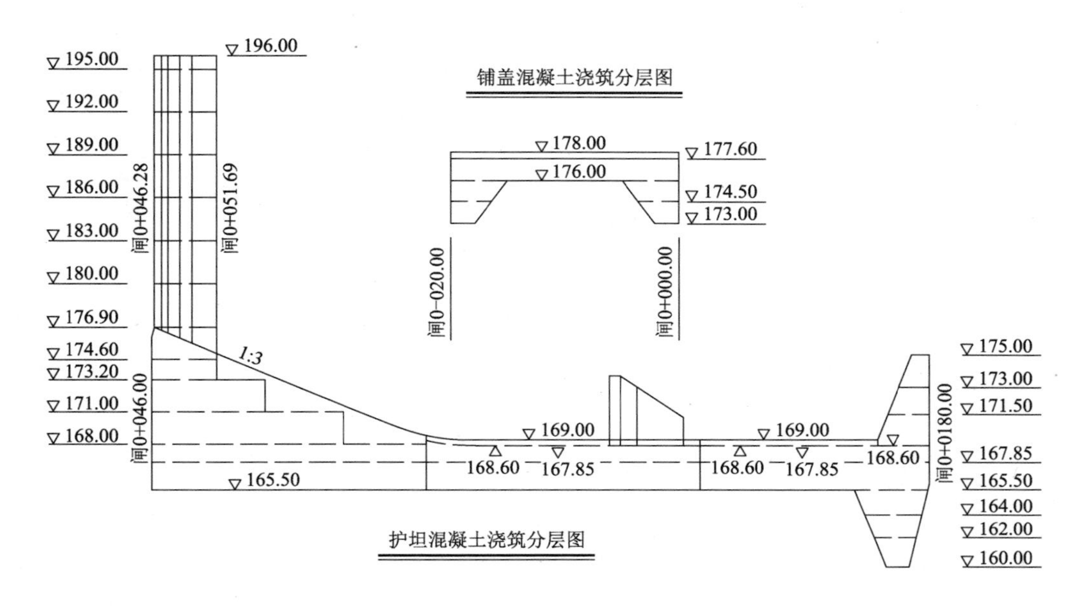

图 12-2　护坦及铺盖混凝土分层浇筑示意图（高程单位：m）

多年月平均气温和水温　　表 12-2

月份	1	2	3	4	5	6	7	8	9	10	11	12
气温（℃）	7. 6	9. 2	13. 8	18. 5	22. 4	25. 0	28. 4	28. 6	23. 5	18. 5	13. 7	9. 2
水温（℃）	8. 8	9. 9	14. 1	19. 1	22. 5	25. 2	26. 7	27. 7	23. 3	19. 6	15. 6	11. 2

12. 2　冲沙闸底板和闸墩裂缝产生情况

（1）闸室 1 号底板裂缝

1 号底板在 171. 5m 高程处发现 3 条裂缝；在廊道上游侧 172. 09m 高程（廊道底高程）处发现 1 条裂缝，但该裂缝并未进入廊道内；在 1 号底板（厂 0 +0. 01）侧墙发现 167 ~171. 5m 高程处闸 0 +30. 5 位置有 1 条竖向裂缝。

（2）闸室 2 号底板裂缝

2 号底板在 2008 年 4 月底已经施工完成，施工过程中没有发现裂缝，直至 10 月 30 日才发现在闸 0 +23 左右位置有 1 条水平裂缝穿越整个 2 号底板；侧墙（厂 0 +31. 6）有 3 条竖向裂缝。

（3）闸室 3 号底板裂缝

3 号底板 171. 5m 高程处第一次出现裂缝，在 174. 8m 高程处出现了大面积的裂缝，裂缝达 20 条以上。冲沙闸闸室底板裂缝汇总如表 12-3 和表 12-4 所列。

冲沙闸闸室底板水平裂缝观测表　　表 12-3

部　位	桩　号	高程(m)	裂缝时间(年-月-日)	裂缝宽度(mm)	观测时间(年-月-日)
1 号底板	闸 0 +15	171.5	2008-11-14	0.20	2008-11-15
	闸 0 +29	171.5	2008-11-14	0.25	2008-11-15
	闸 0 +39	171.5	2008-11-13	0.15 ~ 0.20	2008-11-15
	厂 0 +23	172.09	2008-12-05	0.15	2008-12-06
2 号底板(3 号闸墩内)	闸 0 +6.5	178.0	2008-11-11	0.15 ~ 0.25	2008-11-12
	闸 0 +9.5	178.0	2008-11-11	0.20	2008-11-12
	闸 0 +14.8	178.0	2008-11-11	0.25 ~ 0.30	2008-11-12
	闸 0 +23	178.0	2008-10-31	0.40 ~ 0.50	2008-11-01
	闸 0 +31	178.0	2008-11-11	0.15	2008-11-12
3 号底板	闸 0 +23	178.0	2008-10-31	0.30 ~ 0.45	2008-11-01

冲沙闸闸室底板竖向裂缝观测表　　表 12-4

部　位	桩　号	高程(m)	裂缝时间(年-月-日)	裂缝宽度(mm)	观测时间(年-月-日)
1 号底板	闸 0 +30.5	167 ~ 171.5	2008-12-05	0.15 ~ 0.25	2008-12-06
2 号底板	闸 0 +11.5	172 ~ 178	2008-11-13	0.25 ~ 0.30	2008-11-14
	闸 0 +23	170 ~ 178	2008-10-31	1.25 ~ 1.50	2008-11-14
	闸 0 +36	172 ~ 178	2008-11-13	0.20 ~ 0.30	2008-11-14
4 号底板	闸 0 +23.2	173 ~ 178	2008-06-16	0.30 ~ 0.35	2008-6-18
4 号闸墩	闸 0 +23	178 ~ 180	2008-11-16	0.25	2008-11-16
	闸 0 +14.5	180 ~ 182.5	2008-12-09	0.15 ~ 0.20	2008-12-10
	闸 0 +14.5	182.5 ~ 185	2008-12-09	0.15	2008-12-10

(4)3 号闸墩

3 号闸墩在 178m 高程处有 5 条裂缝,属底板裂缝,因被覆盖,不能判断其长度。

(5)4 号闸墩

4 号闸墩在 178m 高程处闸 0 +23 位置有裂缝,属底板裂缝,发现时间为 2008 年 11 月 16 日;180 ~185m 高程处 2 仓各有 1 条裂缝,位置在闸 0 +14.5,发现时间为 2008 年 12 月 09 日。

图 12-3 为冲沙闸闸室底板裂缝平面位置示意图,图 12-4 为 4 号闸墩裂缝侧面图。

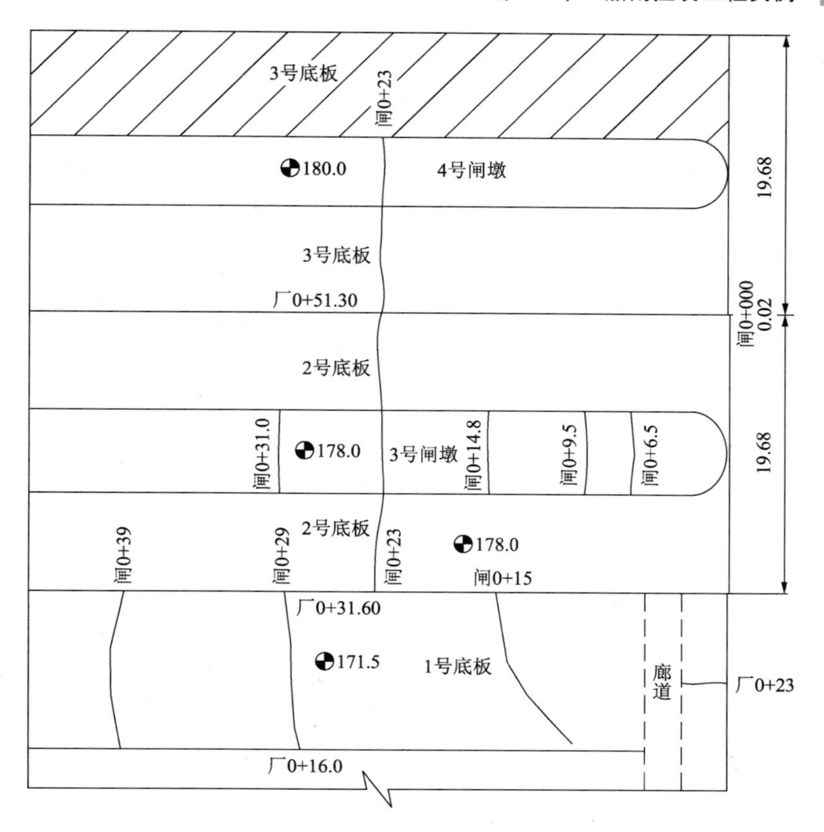

图12-3 闸室底板裂缝位置平面图(尺寸单位:m)

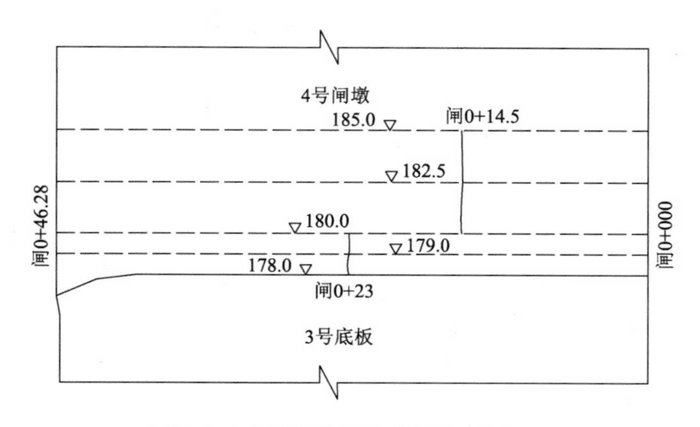

图12-4 4号闸墩裂缝侧面图(尺寸单位:m)

12.3 冲沙闸温度应力仿真计算

冲沙闸的铺盖、闸室底板、闸墩和护坦均为大体积混凝土结构,在施工前应进行温度应力计算,并根据计算结果制定防裂技术措施。本次分别选取闸室底板、闸墩和护坦进行计算。

12.3.1 闸室底板温度应力仿真计算

(1)闸室底板有限元计算模型的建立

闸室底板分4块进行施工,本次选取裂缝比较典型的3号底板进行温度应力仿真计算。根据3号底板的实际结构尺寸,建立有限元模型如图12-5所示。

图12-5 闸室3号底板有限元模型

(2)闸室3号底板有限元计算参数的选择

闸室底板顶部40cm采用HFC40二级配混凝土,以下部位均采用C25三级配混凝土。根据表12-1所列配合比的水泥和粉煤灰的用量,C40混凝土胶凝材料水化热折减系数取0.90,折算后水泥用量当量值为340.6kg;C25混凝土胶凝材料水化热折减系数取0.87,折算后水泥用量当量值为235.7kg。

本工程水泥采用P.O42.5水泥,水泥水化热按经验值取,3d:248.3kJ/kg,7d:305.6kJ/kg。本次闸室3号底板有限元仿真所使用的主要计算参数值如表12-5所列。

闸室3号底板有限元仿真计算参数的取值　　表12-5

物理特性 \ 底板混凝土强度等级	HFC40	C25
比热容[kJ/(kg·℃)]	1.045	1.045
密度(kg/m³)	2443	2434
热导率[kJ/(m·h·℃)]	9.614	9.614
对流系数[kJ/(m²·h·℃)]	41.8	41.8
大气温度(℃)	28	28
浇筑温度(℃)	28	—
28d抗压强度(N/mm²)	40	25
强度进展系数	$a=4.5, b=0.95$	$a=4.5, b=0.95$
28d弹性模量(N/mm²)	3.250×10^5	2.8×10^5
热膨胀系数	1.0×10^{-5}	1.0×10^{-5}
泊松比	0.18	0.18
单位体积水泥含量(当量,kg/m³)	340.6	235.7
放热系数函数	$K=45.2, a=1.3$	$K=35.1, a=1.2$

(3)闸室 3 号底板温度场有限元仿真计算结果

闸室 3 号底板温度应力仿真分析计算时长为 40d,温度场计算结果如图 12-6 ~ 图 12-14 所示。

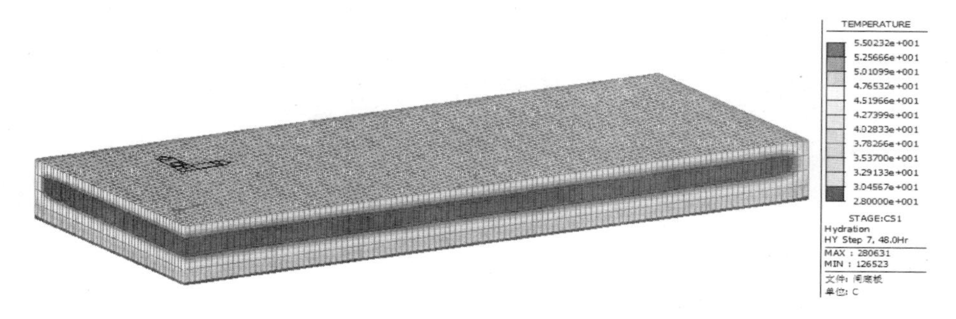

图 12-6　闸室 3 号底板第一层浇筑完成后,第 48h 温度场剖面图

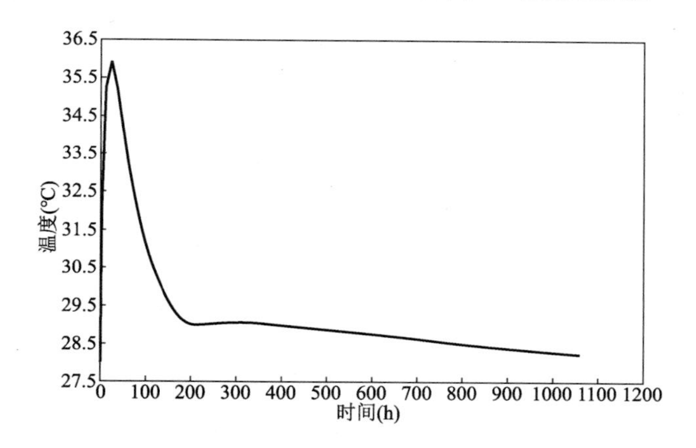

图 12-7　闸室 3 号底板第一层表面节点温度随时间变化图

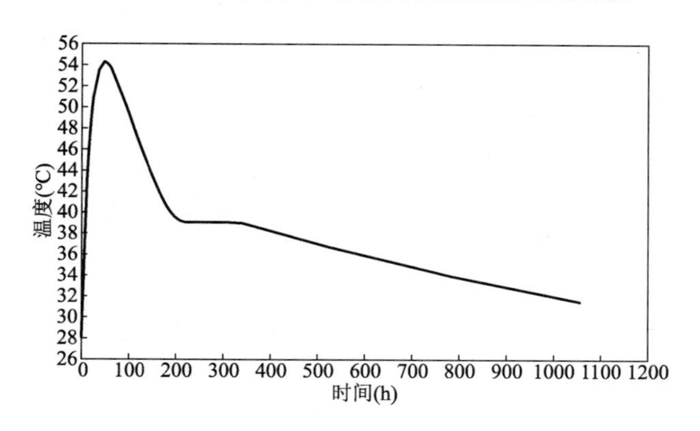

图 12-8　闸室 3 号底板第一层中心节点温度随时间变化图

由图 12-7 可以看出,闸室 3 号底板第一层表面节点温度在混凝土浇筑完成后,第 24h 时温度达到最高值 35.9℃;由图 12-8 可以看出,3 号底板第一层内部最高温度节点在第 48h 时温度达到峰值,最高为 54.3℃;3 号底板第一层的内表温差在混凝土浇筑完成后,第 48h 时达到最大值 20.1℃,符合相关规范允许值。

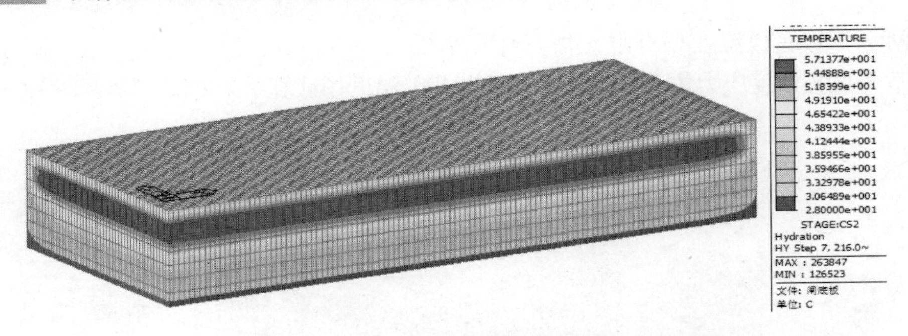

图 12-9　闸室 3 号底板第二层浇筑完成后第 216h 温度场剖面图

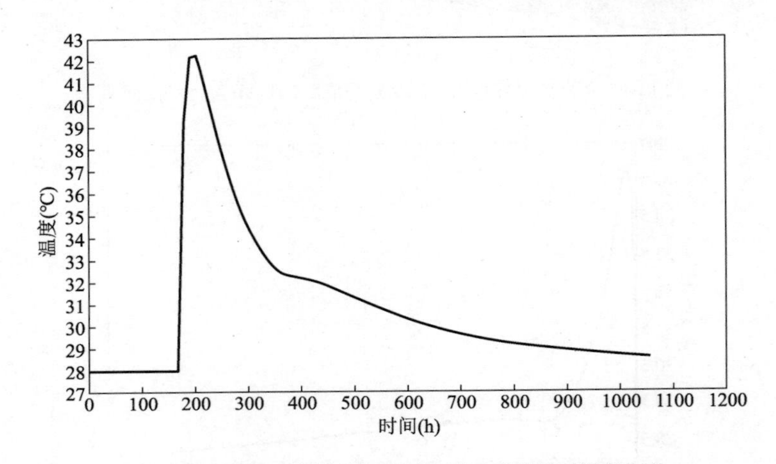

图 12-10　闸室 3 号底板第二层表面节点温度随时间变化图

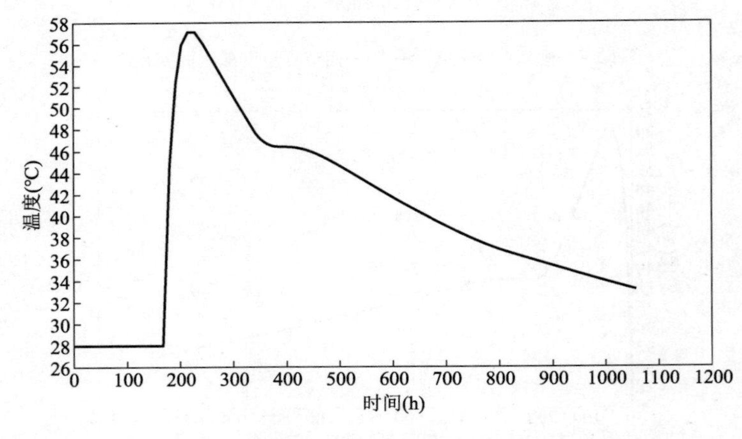

图 12-11　闸室 3 号底板第二层中心节点温度随时间变化图

由图 12-10 可以看出，闸室 3 号底板第二层表面节点温度在混凝土浇筑完成后第 204h（底板第一层与第二层浇筑间隔 168h，下同）时温度达到最高值 42.3℃；由图 12-11 可以看出，3 号底板第二层内部最高温度节点在第 216h 时温度达到峰值，最高为 57.3℃；3 号底板第二层的内表温差在混凝土浇筑完成后第 216h 时达到最大值 16.1℃，符合相关规范允许值。

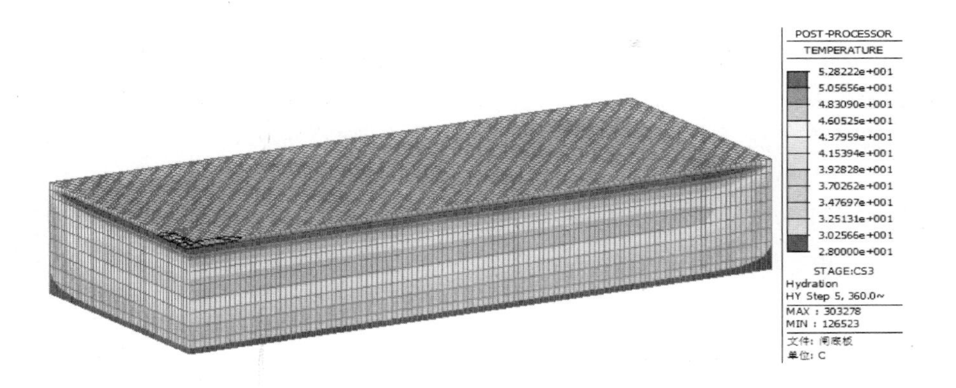

图 12-12　闸室 3 号底板磨耗层浇筑完成后第 360h 温度场剖面图

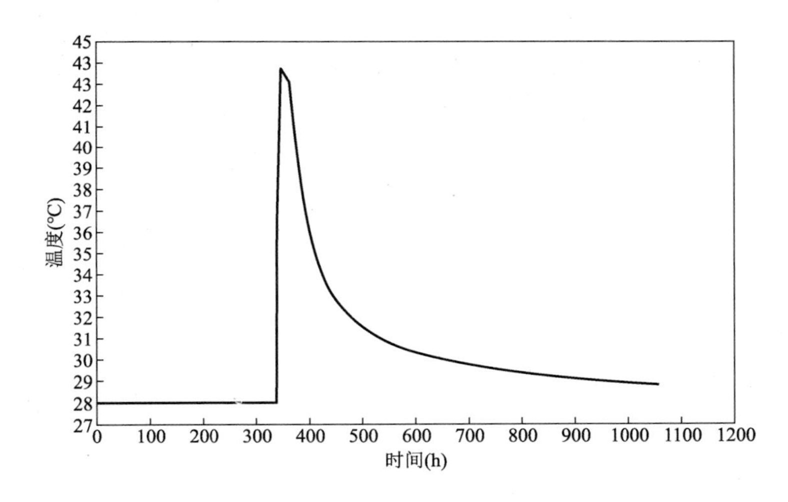

图 12-13　闸室 3 号底板磨耗层表面节点温度随时间变化图

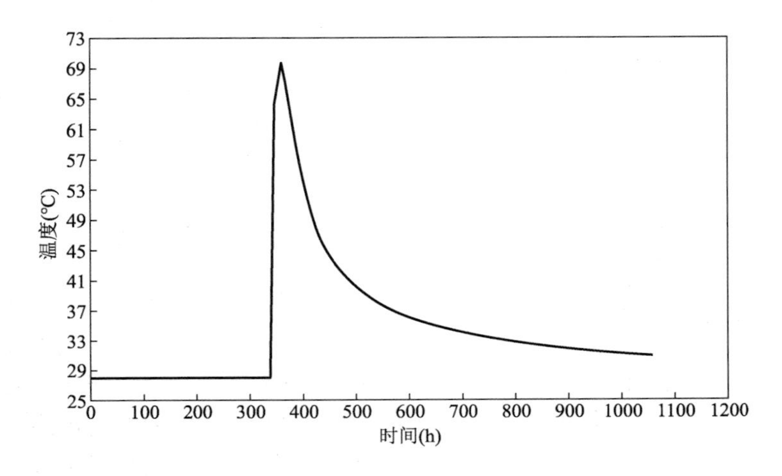

图 12-14　闸室 3 号底板磨耗层中心节点温度随时间变化图

由图 12-13 可以看出，闸室 3 号底板磨耗层表面节点温度在混凝土浇筑完成后第 348h（底板第二层与磨耗层浇筑间隔 168h，下同）时温度达到最高值 42.3℃；由图 12-14 可以看出，3 号底板磨耗层内部最高温度节点在第 360h 时温度达到峰值，最高为 69.7℃；3 号底板磨耗层的内表温差在混凝土浇筑完成后第 360h 时达到最大值 26.5℃，超过了相关规范允许值。

（4）闸室 3 号底板温度应力场有限元仿真计算结果

闸室 3 号底板温度应力仿真分析计算时长为 40d，应力场计算结果如图 12-15 ~ 图 12-29 所示。

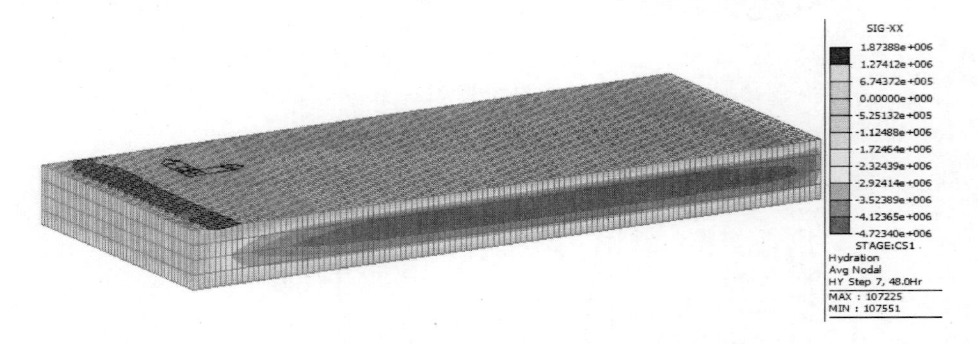

图 12-15　闸室 3 号底板第一层浇筑完成后第 48h 应力场剖面图

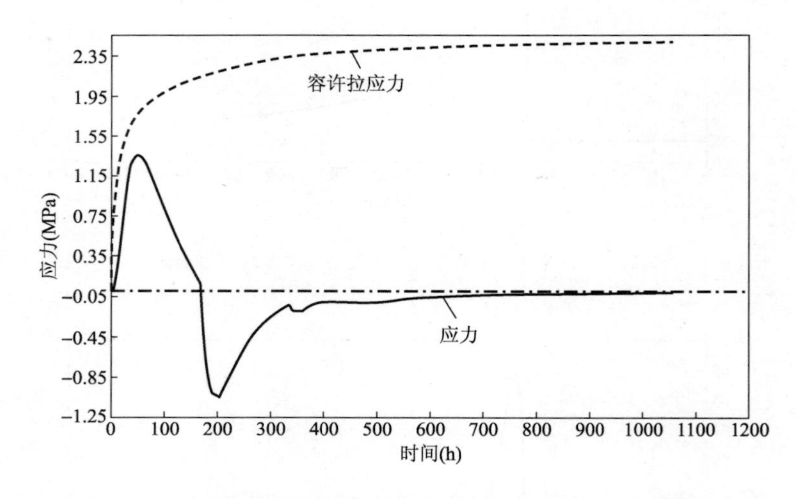

图 12-16　闸室 3 号底板第一层表面应力最大节点应力随时间变化图

由上述仿真计算结果简要分析如下：

（1）由图 12-9 ~ 图 12-24 可知，闸室 3 号底板一、二层表面应力和中心应力始终小于容许拉应力，拉应力比最小值为 1.3，由此可见闸室 3 号底板一、二层理论上不会产生裂缝。

（2）由图 12-26 可知，闸室 3 号底板磨耗层混凝土浇筑完成后第 350h 时，表面应力开始大于容许拉应力，拉应力比最小值为 0.84；由图 12-28 可知，3 号底板磨耗层混凝土浇筑完成后第 650h 时，内部应力开始大容许拉应力，拉应力比最小值为 0.83。由此可见，如不采取防裂技术措施，闸室 3 号底板磨耗层理论上会产生裂缝。

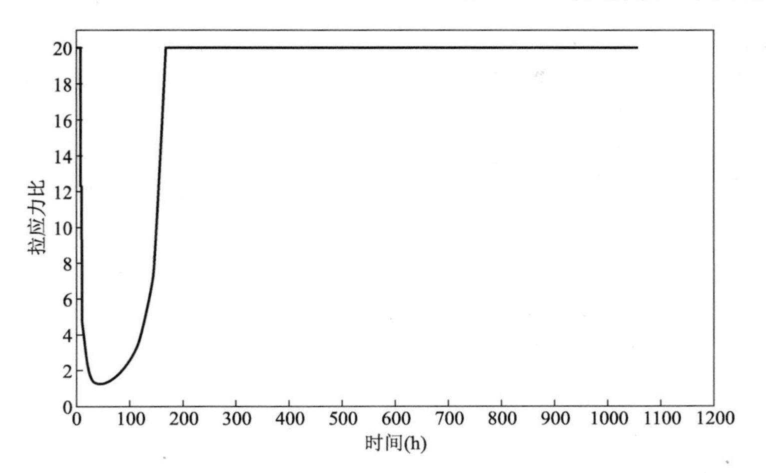

图 12-17　闸室 3 号底板第一层表面应力最大节点拉应力比

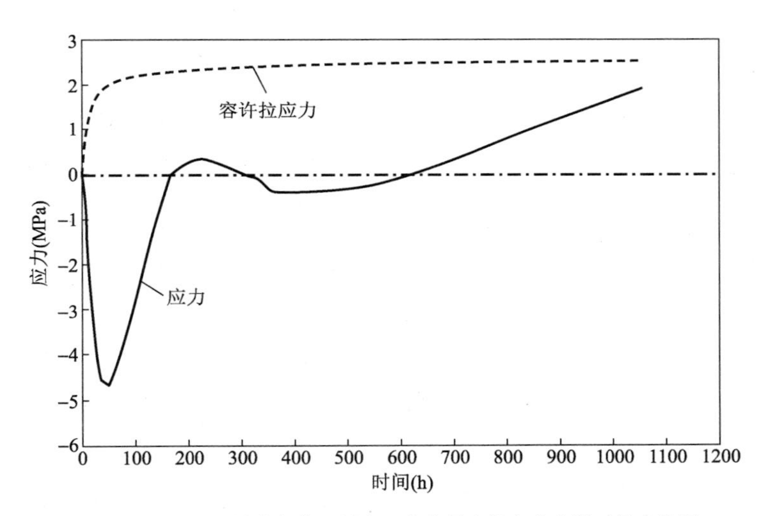

图 12-18　闸室 3 号底板第一层中心应力最大节点应力随时间变化图

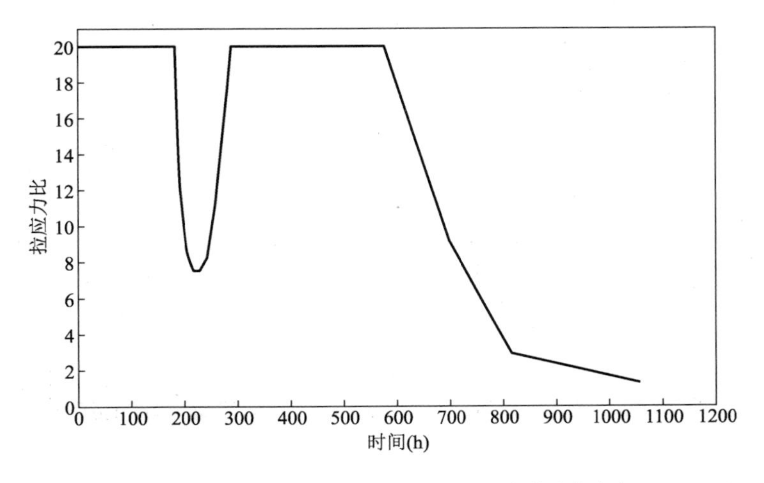

图 12-19　闸室 3 号底板第一层中心应力最大节点拉应力比

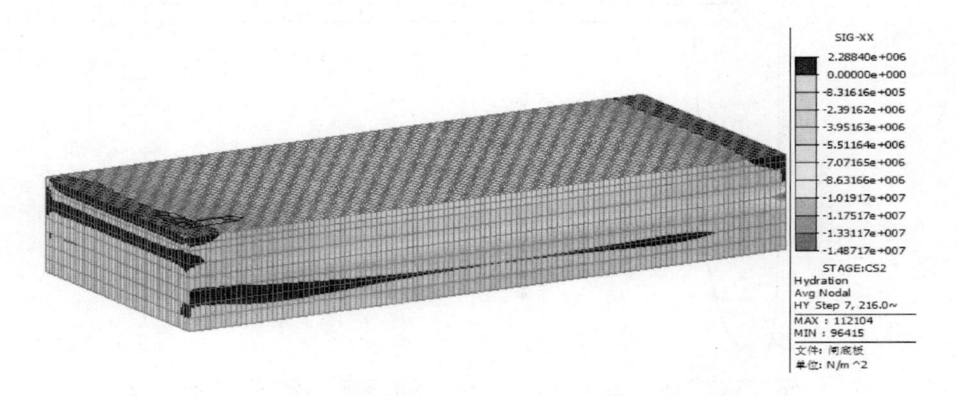

图 12-20　闸室 3 号底板第二层浇筑完成后第 216h 应力场剖面图

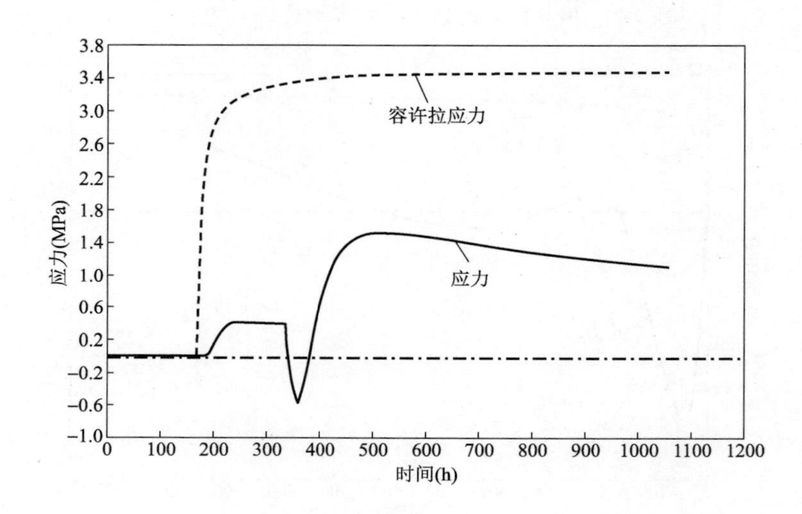

图 12-21　闸室 3 号底板第二层表面应力最大节点应力随时间变化图

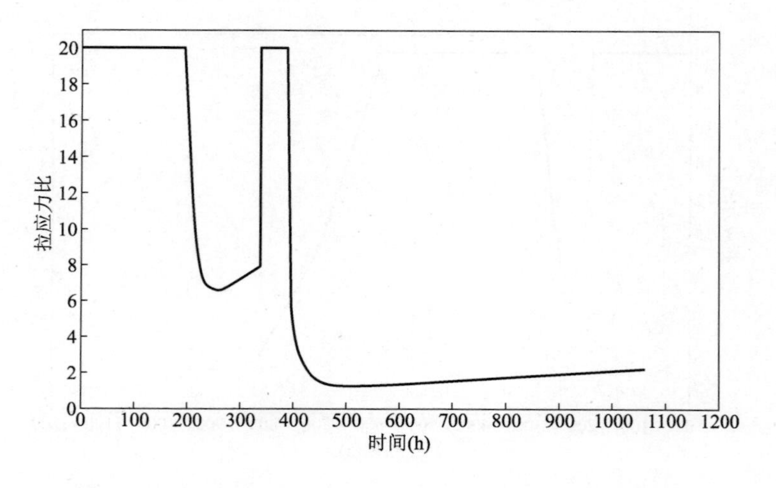

图 12-22　闸室 3 号底板第二层表面应力最大节点拉应力比

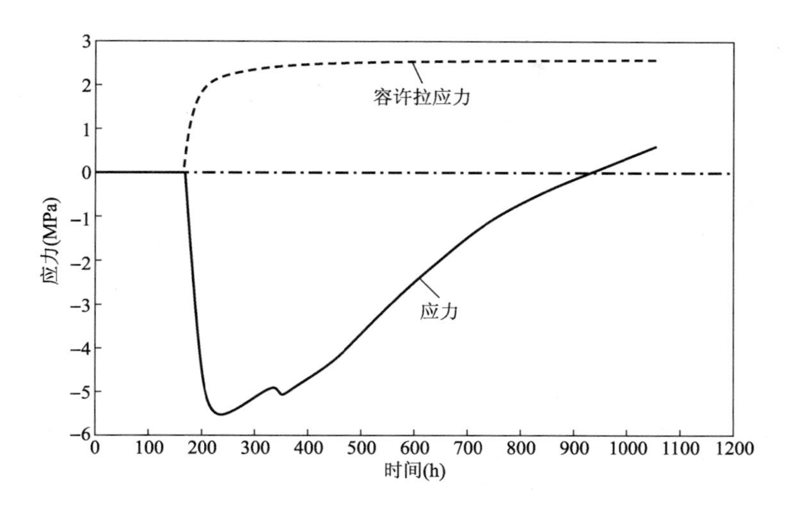

图 12-23　闸室 3 号底板第二层中心应力最大节点应力随时间变化图

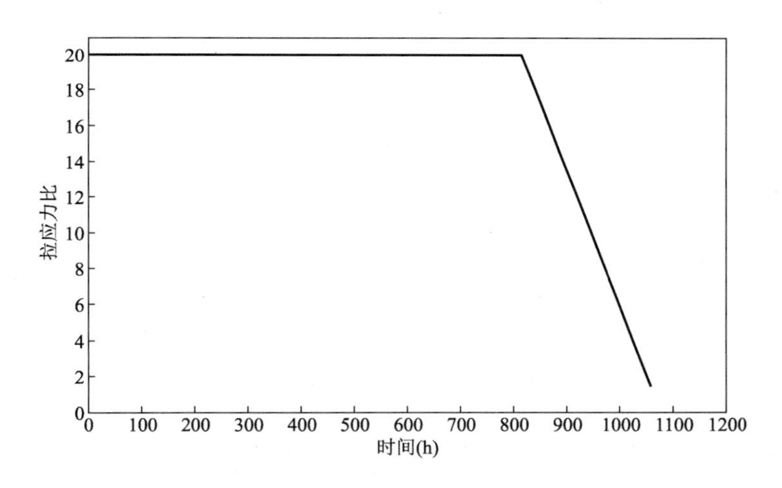

图 12-24　闸室 3 号底板第二层中心应力最大节点拉应力比

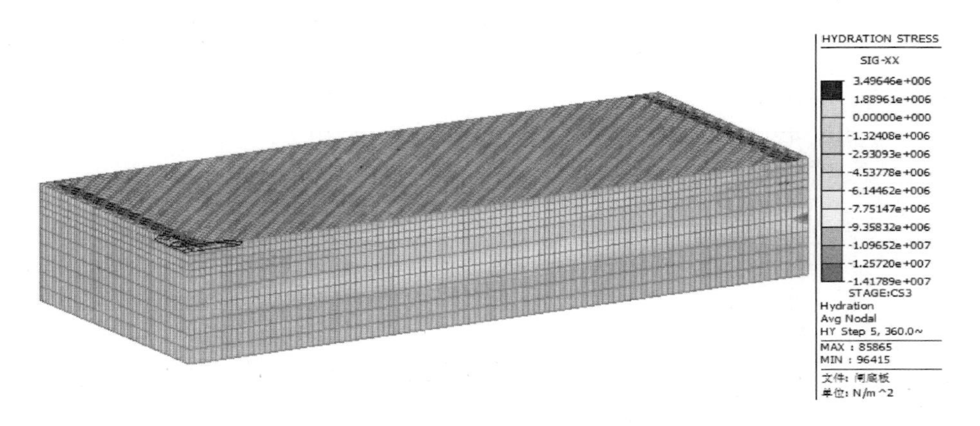

图 12-25　闸室 3 号底板磨耗层浇筑完成后第 360h 应力场剖面图

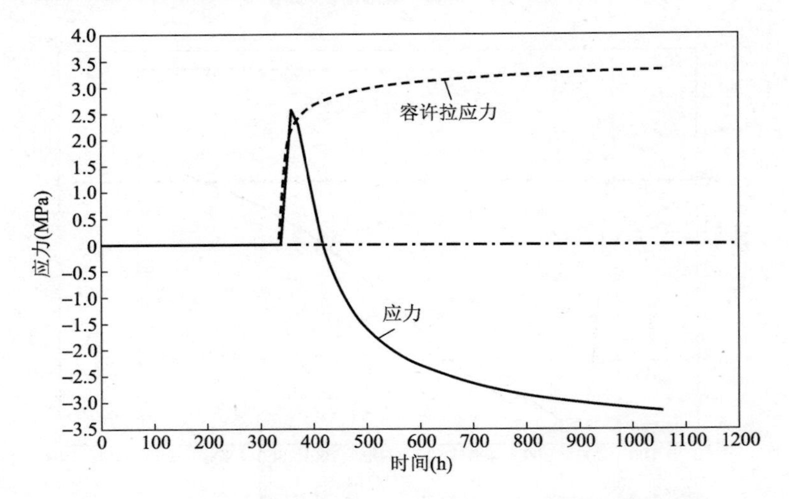

图 12-26　闸室 3 号底板磨耗层表面应力最大节点应力随时间变化图

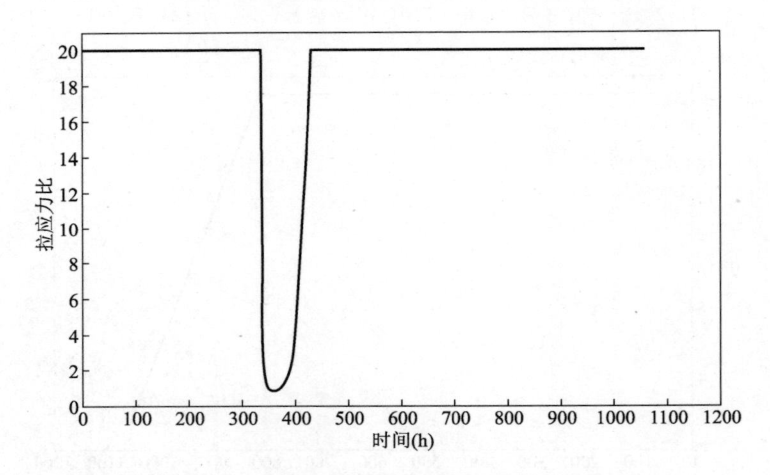

图 12-27　闸室 3 号底板磨耗层表面应力最大节点拉应力比

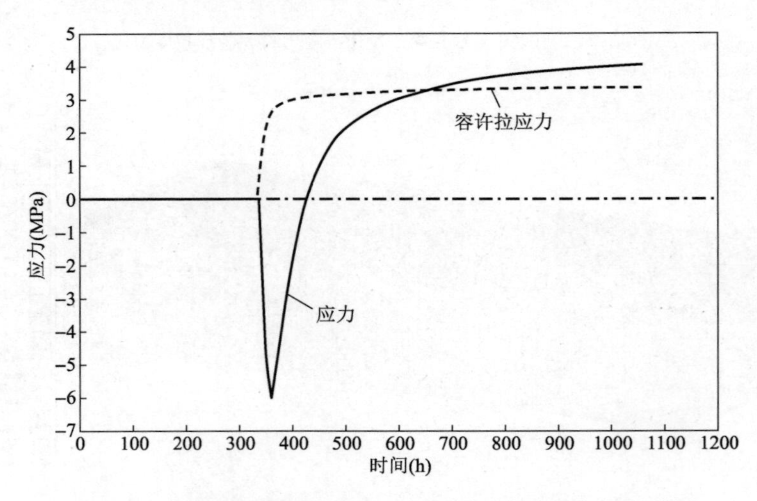

图 12-28　闸室 3 号底板磨耗层中心应力最大节点应力随时间变化图

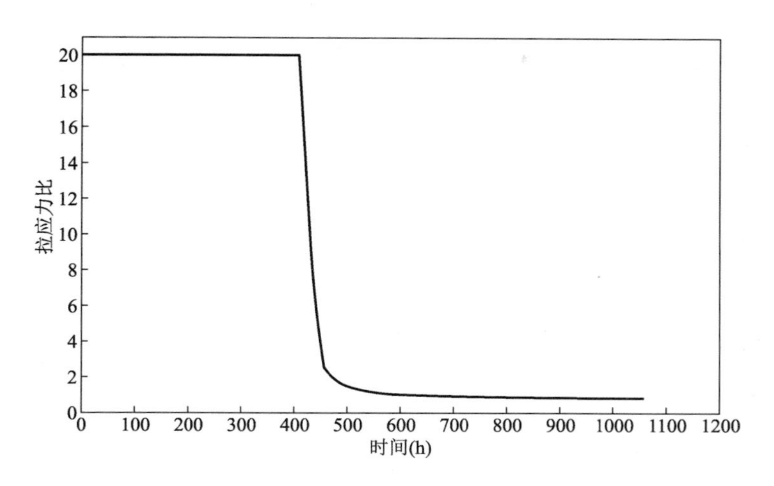

图 12-29　闸室 3 号底板磨耗层中心应力最大节点拉应力比

12.3.2　闸墩温度应力仿真计算

(1)闸墩有限元计算模型的建立

本次选取裂缝比较典型的 4 号闸墩进行温度应力仿真分析。根据 4 号闸墩的实际结构尺寸及施工组织设计，为了节省计算时间，对 4 号闸墩的有限元模型进行了简化处理，简化后的 4 号闸墩有限元模型如图 12-30 所示。

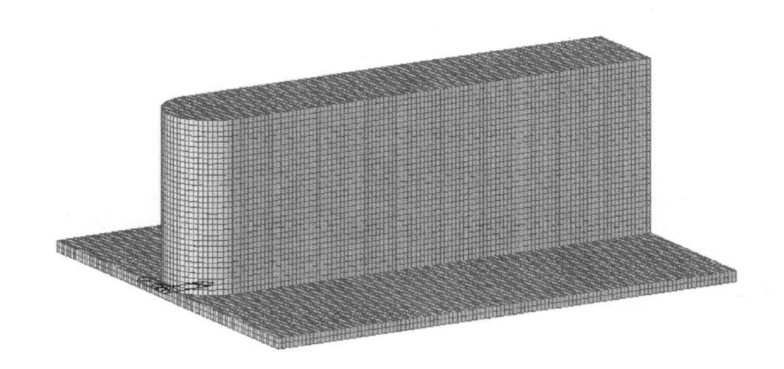

图 12-30　4 号闸墩有限元模型

(2)4 号闸墩有限元计算参数的选择

4 号闸墩顶部 16.5m 高度采用 C25 三级配混凝土，中部 25m 高度采用 C40 三级配混凝土，下部 2.4m 高度采用 HFC40 三级配混凝土。根据表 12-1 所列配合比的水泥和粉煤灰的用量，C25 混凝土胶凝材料水化热折减系数取 0.87，折算后水泥用量当量值为 235.7kg；C40 混凝土胶凝材料水化热折减系数取 0.90，折算后水泥用量当量值为 340.6kg；HFC40 混凝土胶凝材料水化热折减系数取 0.92，折算后水泥用量当量值为 281.5kg。本次 4 号闸墩有限元仿真所使用的主要计算参数值如表 12-6 所列。

(3)4 号闸墩温度场有限元仿真计算结果

4 号闸墩温度应力仿真分析计算时长为 40d，温度场计算结果如图 12-31 ~ 图 12-39 所示。

4号闸墩有限元仿真计算参数的取值 表12-6

物理特性 \ 底板混凝土强度等级	C25	C40	HFC40
比热容[kJ/(kg·℃)]	1.045	1.045	1.045
密度(kg/m^3)	2434	2440	2489
热导率[kJ/(m·h·℃)]	9.614	9.614	9.614
对流系数[$kJ/(m^2 \cdot h \cdot ℃)$]	41.8	41.8	41.8
大气温度(℃)	28	28	28
浇筑温度(℃)	28	28	28
28d抗压强度(N/mm^2)	25	40	40
强度进展系数	$a=4.5, b=0.95$	$a=4.5, b=0.95$	$a=4.5, b=0.95$
28d弹性模量(N/mm^2)	2.8×10^5	3.250×10^5	3.250×10^5
热膨胀系数	1.0×10^{-5}	1.0×10^{-5}	1.0×10^{-5}
泊松比	0.18	0.18	0.18
单位体积水泥含量(当量,kg/m^3)	235.7	340.6	281.5
放热系数函数	$K=35.1, a=1.2$	$K=45.2, a=1.3$	$K=42.9, a=1.3$

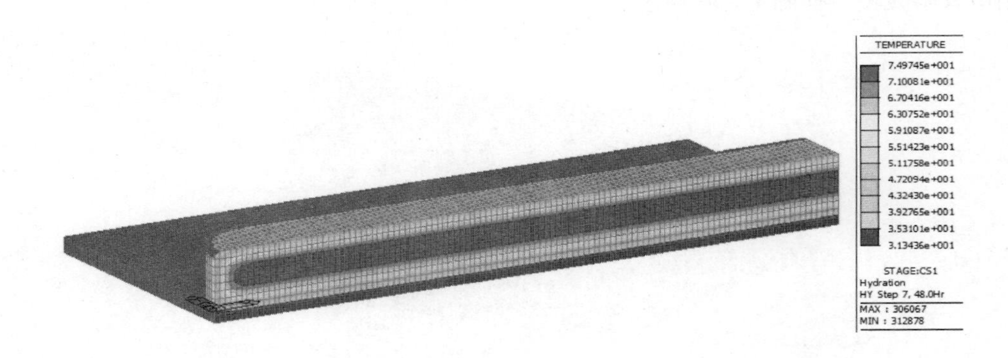

图12-31 4号闸墩下部浇筑完成后第48h温度场剖面图

由图12-32和图12-33可以看出,4号闸墩下部中心节点温度在混凝土浇筑完成后第48h时温度达到最高值75.1℃,此时表面温度为40.0℃,内表温差为25.1℃,超过了相关规范允许值。

由图12-35和图12-36可以看出,4号闸墩中部中心节点温度在混凝土浇筑完成后第264h(闸墩下部与中部浇筑间隔168h,下同)时温度达到最高值72.5℃,此时表面温度为32.8℃,内表温差为39.7℃,超过了相关规范允许值。

由图12-38可以看出,4号闸墩上部中心节点温度在混凝土浇筑完成后第396h(闸墩上部与下部浇筑间隔336h,下同)时温度达到最高值58.8℃,此时表面温度为34.8℃,内表温差为24.0℃,符合相关规范允许值。

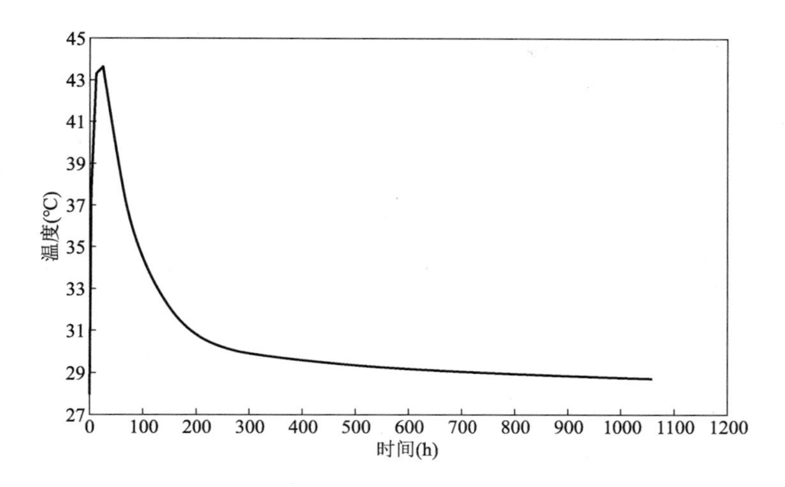

图 12-32　4 号闸墩下部表面节点温度随时间变化图

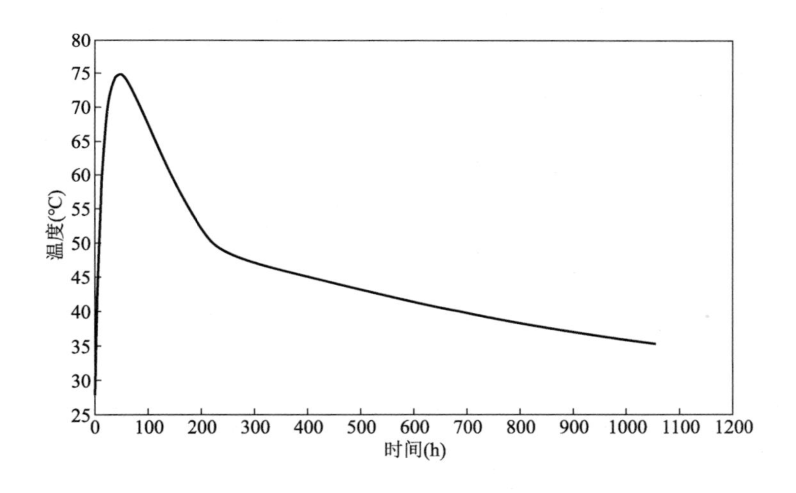

图 12-33　4 号闸墩下部中心节点温度随时间变化图

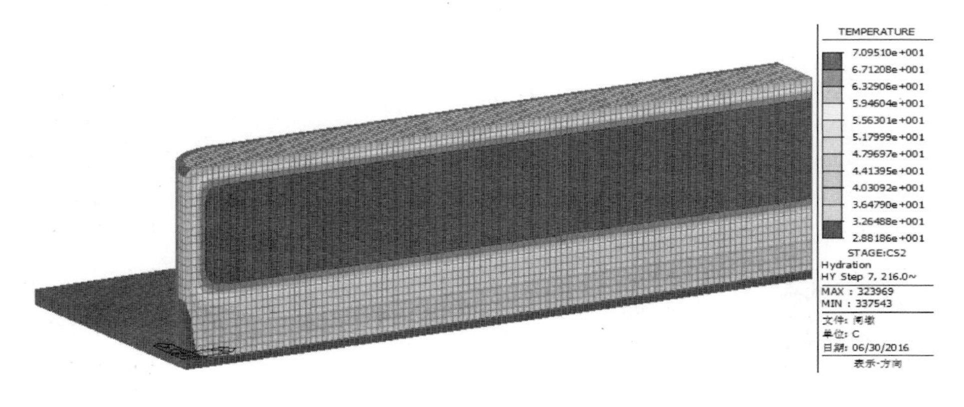

图 12-34　4 号闸墩中部浇筑完成后第 216h 温度场剖面图

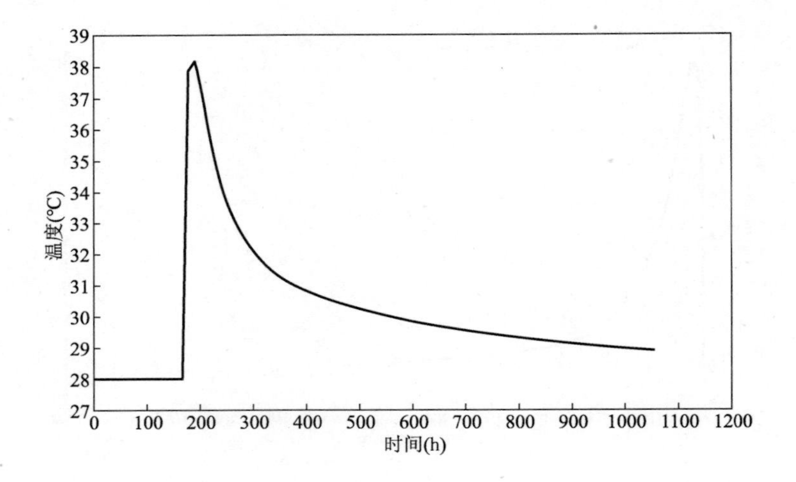

图 12-35　4 号闸墩中部表面节点温度随时间变化图

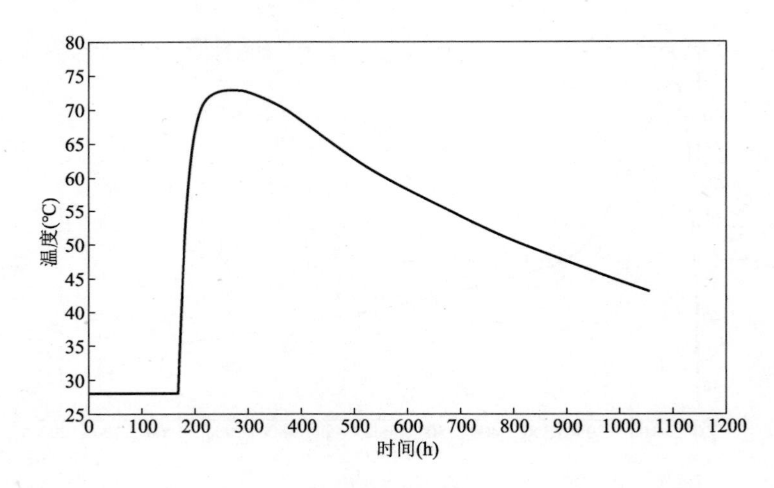

图 12-36　4 号闸墩中部中心节点温度随时间变化图

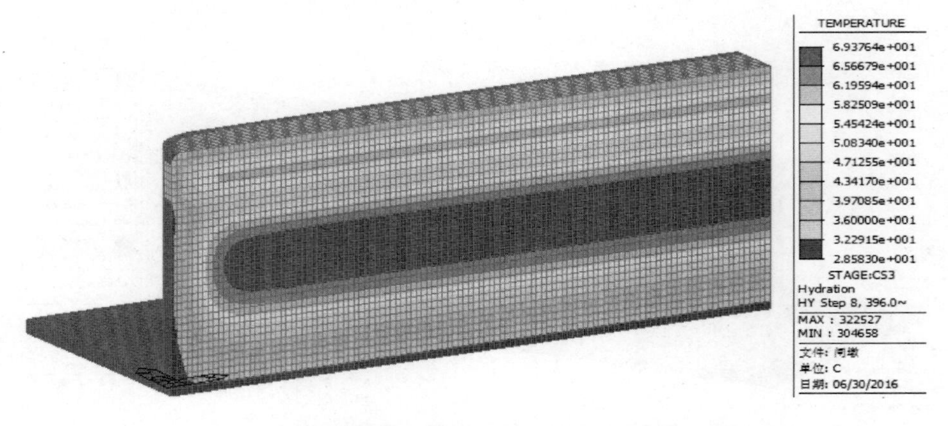

图 12-37　4 号闸墩上部浇筑完成后第 396h 温度场剖面图

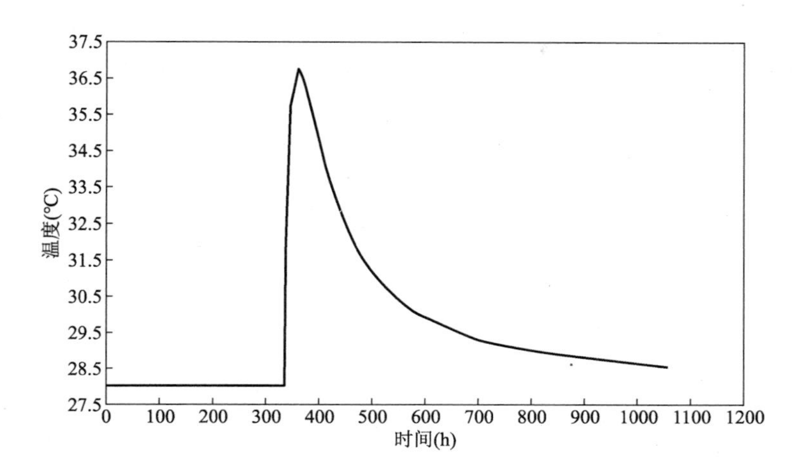

图 12-38　4 号闸墩上部表面节点温度随时间变化图

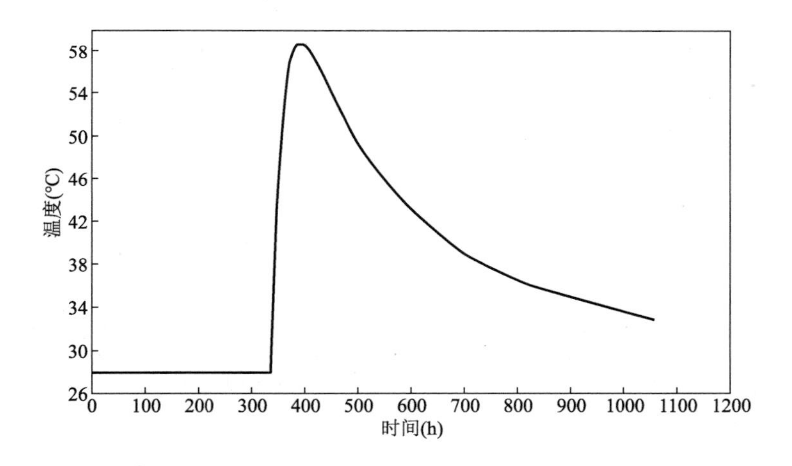

图 12-39　4 号闸墩上部中心节点温度随时间变化图

(4)4 号闸墩温度应力场有限元仿真计算结果

4 号闸墩温度应力仿真分析计算时长为 40d,应力场计算结果如图 12-40 ~ 图 12-54 所示。

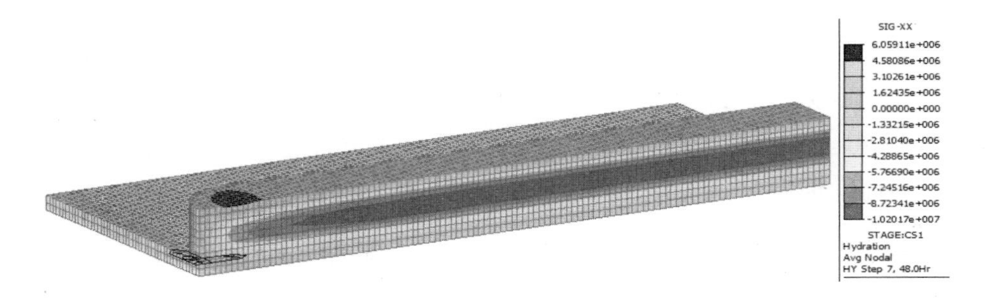

图 12-40　4 号闸墩下部浇筑完成后第 48h 应力场剖面图

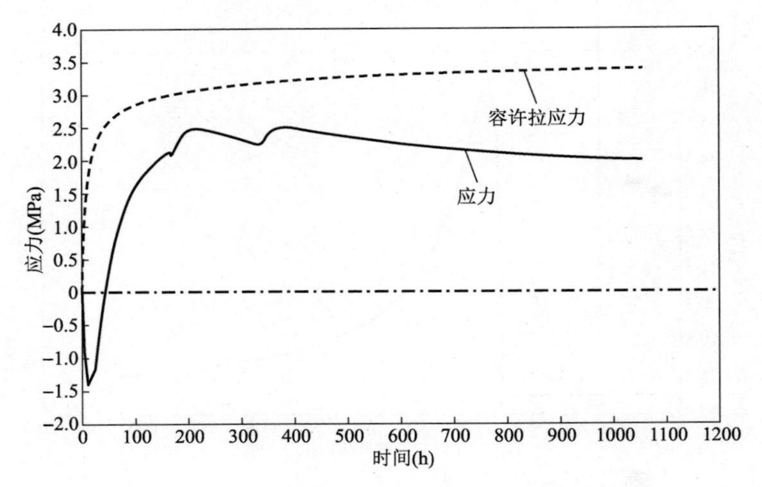

图 12-41 4 号闸墩下部表面应力最大节点应力随时间变化图

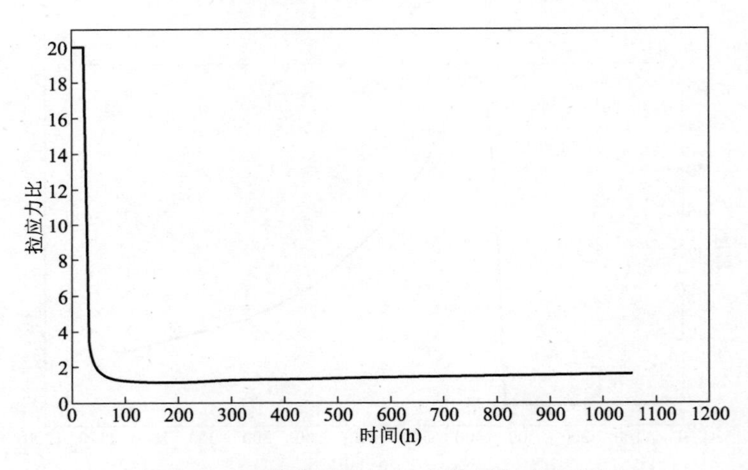

图 12-42 4 号闸墩下部表面应力最大节点拉应力比

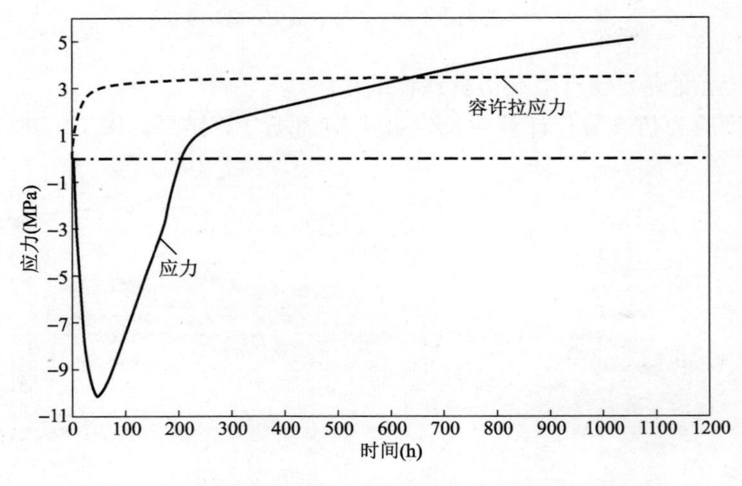

图 12-43 4 号闸墩下部中心应力最大节点应力随时间变化图

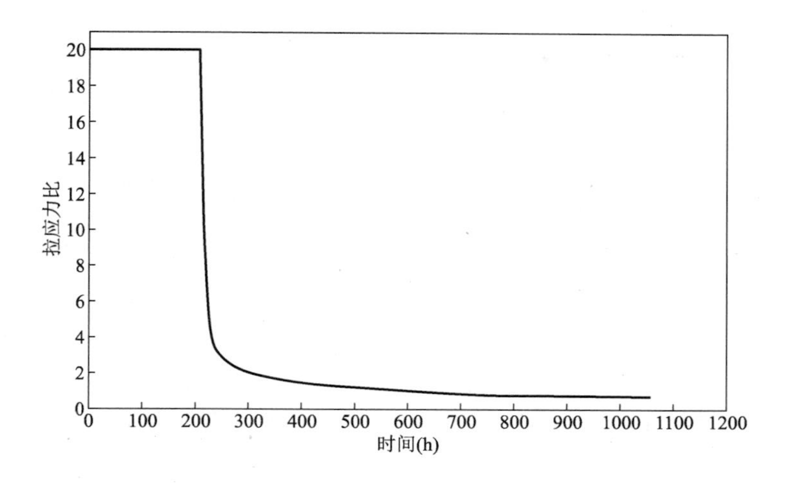

图 12-44　4 号闸墩下部中心应力最大节点拉应力比

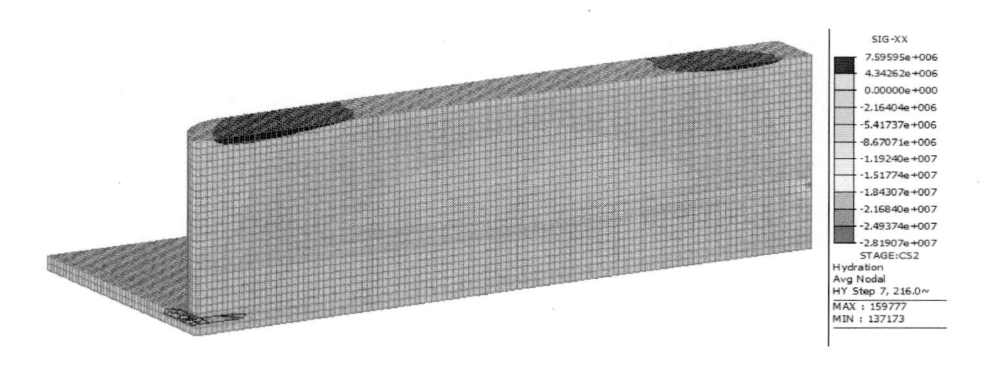

图 12-45　4 号闸墩中部浇筑完成后第 216h 应力场剖面图

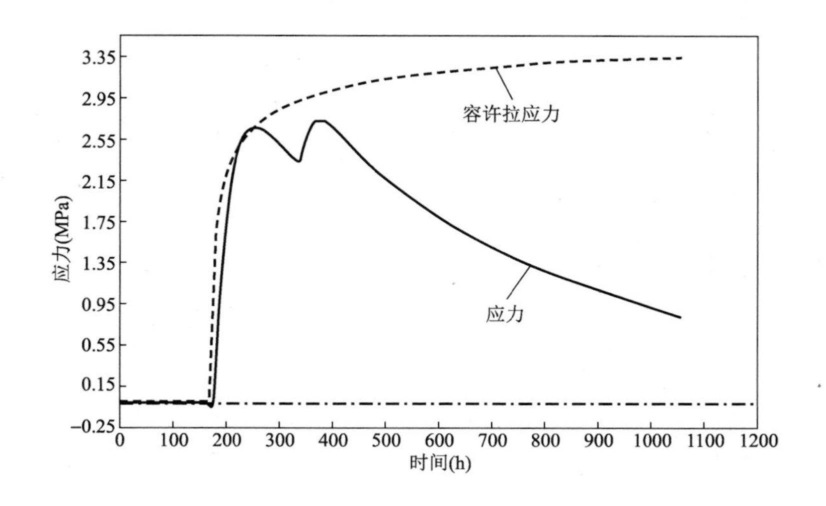

图 12-46　4 号闸墩中部表面应力最大节点应力随时间变化图

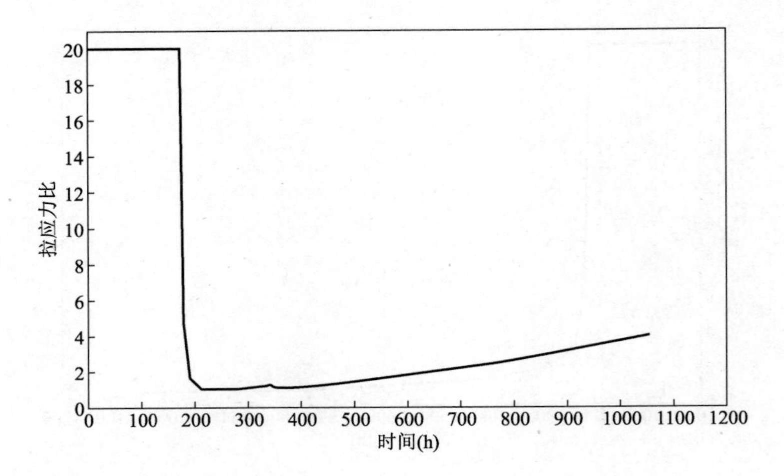

图 12-47　4 号闸墩中部表面应力最大节点拉应力比

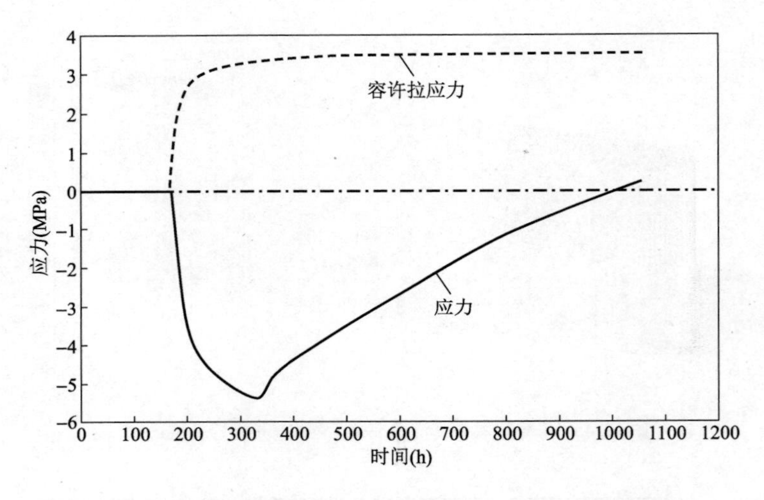

图 12-48　4 号闸墩中部中心应力最大节点应力随时间变化图

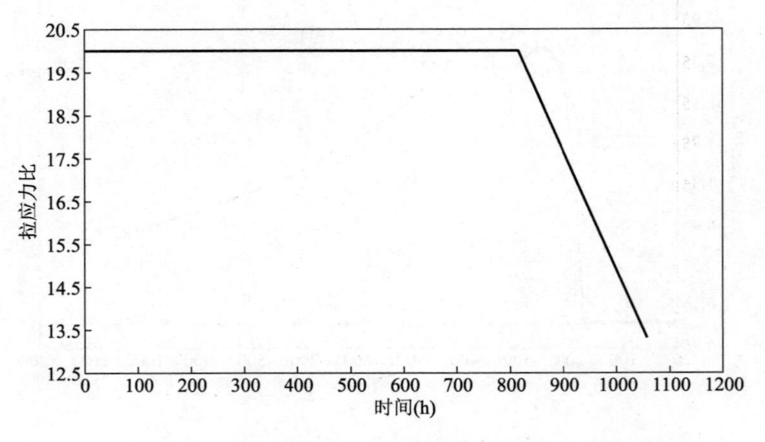

图 12-49　4 号闸墩中部中心应力最大节点拉应力比

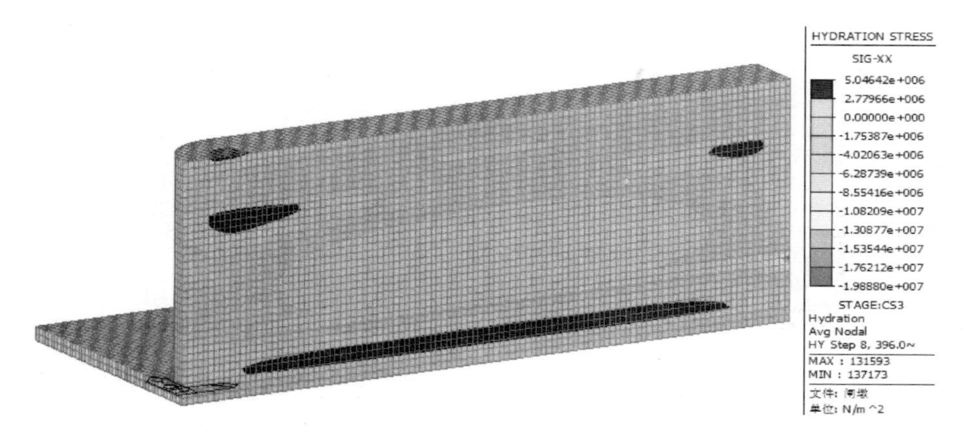

图 12-50　4 号闸墩上部浇筑完成后第 396h 应力场剖面图

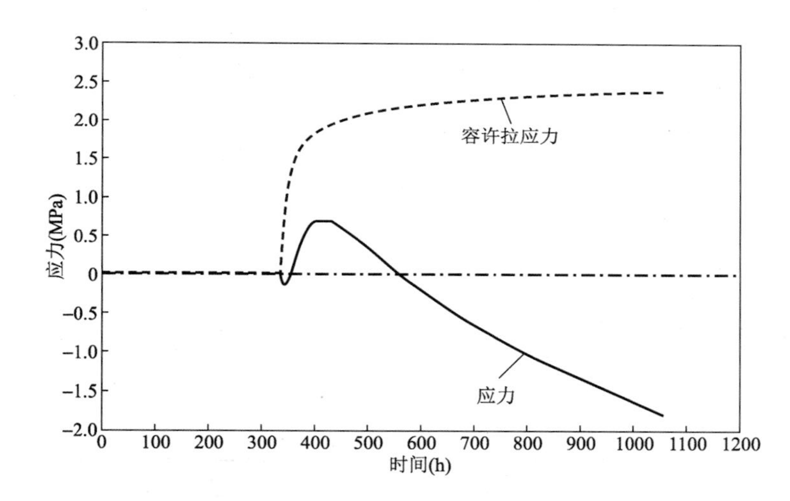

图 12-51　4 号闸墩上部表面应力最大节点应力随时间变化图

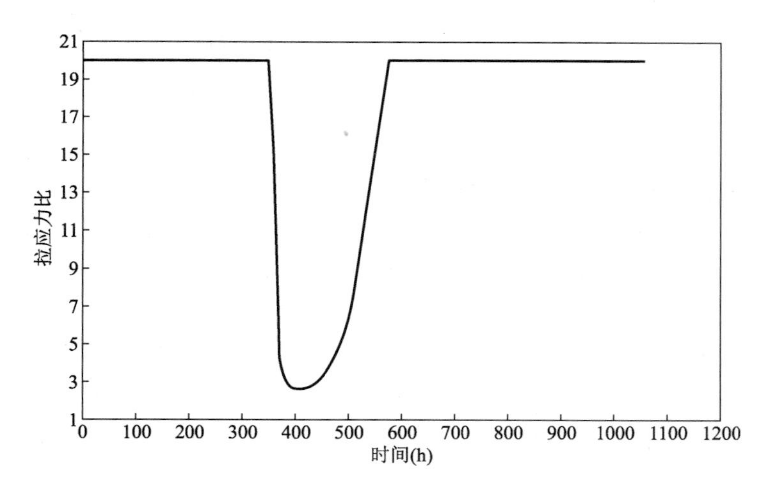

图 12-52　4 号闸墩上部表面应力最大节点拉应力比

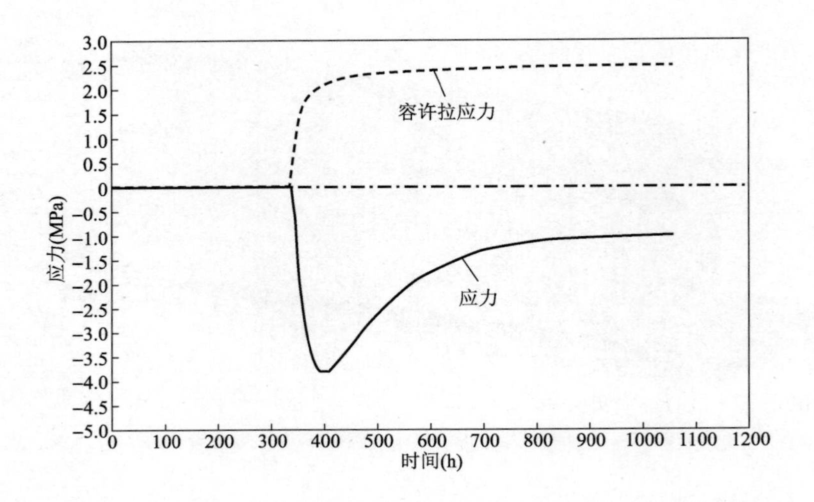

图 12-53　4 号闸墩上部中心应力最大节点应力随时间变化图

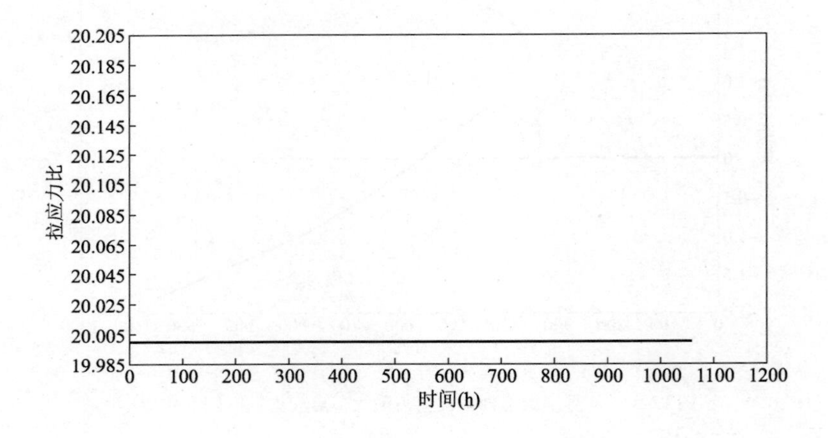

图 12-54　4 号闸墩上部中心应力最大节点拉应力比

由上述温度应力仿真计算结果简要分析如下：

由图 12-41 和图 12-42 可知，闸墩下部混凝土浇筑完成后第 200h 左右时，表面应力开始接近容许拉应力，拉应力比最小值为 1.08；由图 12-43 和图 12-44 可知，闸墩下部混凝土浇筑完成后第 650h 左右时，内部拉应力开始大于容许拉应力，拉应力比最小值为 0.68。由此可知，如不采取防裂技术措施，闸墩下部理论上会产生裂缝。

由图 12-46 和图 12-47 可知，闸墩中部混凝土浇筑完成后第 216h 左右时，表面应力开始大于容许拉应力，拉应力比最小值为 0.98，由此可见，如不采取防裂技术措施，闸墩中部表面理论上会产生裂缝；由图 12-48 可知，闸墩中部混凝土浇筑完成后，内部拉应力始终远小于容许拉应力。由此可知，闸墩内部理论上不会产生裂缝。

由图 12-51 ~ 图 12-54 可知，闸墩上部表面应力和中心应力始终小容许拉应力，由此可见闸墩上部理论上不会产生裂缝。

12.4　冲沙闸裂缝产生原因分析

12.4.1　闸室底板裂缝产生原因分析

由于闸室底板裂缝主要分布在磨耗层部位，而磨耗层以下混凝土未出现裂缝，由此首先可以排除底板基础不均匀沉降引起的裂缝。综合温度场及应力场有限元仿真分析计算结果和现场裂缝实际特点，闸室底板裂缝产生的原因主要有以下三方面：

(1)闸室底板磨耗层部位采用HFC40混凝土，每立方米混凝土胶凝材料用量达到了325kg。较大的胶凝材料用量使磨耗层混凝土内部水化热温升较高、内表温差超过25℃，这是表面裂缝产生的主要原因之一。另外，闸室底板磨耗层以下部位采用C25混凝土，每立方米混凝土胶凝材料为271kg，较磨耗层少54kg，从而使混凝土内部温升小于磨耗层混凝土，内表温差也小于25℃，这是磨耗层以下混凝土未开裂的根本原因。

(2)闸室底板分层进行浇筑施工，每层浇筑时间间隔在7d左右。经过7d的时间，先浇筑的底板混凝土温度已经开始下降，即完成了一部分降温收缩，与此同时自生收缩和干缩也完成一部分，并且具有一定的刚度。因此，后浇筑的底板磨耗层混凝土的降温收缩、自生收缩和干缩必然会受到先浇筑混凝土的约束，从而在混凝土内部出现拉应力，当这些拉应力超出混凝土的抗裂能力时，即会出现裂缝。这也是混凝土深层内部产生裂缝的最主要因素。同样是由于胶凝材料用量较少的原因，闸室底板磨耗层以下混凝土的降温收缩、自生收缩和干缩也较小，所产生的拉应力也小于混凝土容许拉应力，所以未产生深层裂缝。

(3)混凝土的内部水分不易散失，湿度变化较慢，但表面水分容易蒸发，湿度变化可能会较大。闸室底板磨耗层上表面面积很大，如养护不到位时，水分蒸发会很快，表面干缩形变受到内部混凝土的约束，也会导致开裂。

12.4.2　闸墩裂缝产生原因分析

由于闸墩浇筑在闸室底板上，同样首先可以排除不均匀沉降引起的裂缝。综合闸墩温度场及应力场有限元仿真分析计算结果和现场裂缝实际特点，闸墩裂缝产生的原因主要有以下两方面：

(1)闸墩下部靠近底板部位采用HFC40混凝土，每立方米混凝土胶凝材料用量为306kg；闸墩中部采用C40混凝土，每立方米混凝土胶凝材料用量达到了378kg。与闸室底板磨耗层混凝土开裂相似，闸墩下部和中部大的胶凝材料用量使混凝土内部水化热温升较高，内表温差超过了25℃，这是表面裂缝产生的主要原因之一。另外，闸墩中部混凝土胶凝材料用量较下部多出了72kg，这是闸墩中部开裂较下部严重的根本原因。而闸墩上部采用C25混凝土，每立方米混凝土胶凝材料用量较少，这是闸墩上部混凝土未开裂的根本原因。

(2)闸墩同样分层进行浇筑施工，每层浇筑时间间隔也在7d左右。同样的原因，先浇筑的混凝土约束了后浇筑的混凝土的降温收缩、自生收缩和干缩，从而使闸墩中下部出现深层裂缝。而闸墩上采用C25混凝土，同样是胶凝材料用量少的原因而未出现裂缝。

12.5 冲沙闸裂缝控制技术措施

根据上述闸室底板和闸墩裂缝产生的原因,可采取如下防裂技术措施。

12.5.1 优化配合比

(1)降低水泥用量

由前面的裂缝产生原因可以知道,单位体积混凝土胶凝材料用量较多是裂缝产生的最主要原因。因此,通过优化配合比来尽可能降低胶凝材料用量。另外粉煤灰的水化热较水泥低很多,而且其自生收缩是膨胀变形,因此在胶凝材料总量不能降低的情况下,可采取适当提高粉煤灰在胶凝材料中所占比例,这对于混凝土抗裂是有益的。

(2)合理使用外加剂

选用优质聚羧酸类缓凝型高性能减水剂。缓凝型聚羧酸高性能减水剂,同时具有减水、引气和缓凝效果,可以推迟水化热峰值出现时间、改善混凝土的和易性、降低水胶比,以达到减小水化热温升和混凝土干缩的目的。

12.5.2 降低混凝土的浇筑温度

混凝土的浇筑温度在现场施工条件允许的情况下应尽可能地降低,可采用下列方法:

(1)混凝土拌和用水加冰

将配合比中混凝土部分拌和水用相同重量冰来代替,可降低混凝土原材料温度。经过试拌,C25 混凝土拌和用水中最多可加冰 63kg,闸墩 C40 混凝土拌和用水中最多可加冰 67kg,耐磨层 HFC40 混凝土拌和用水中最多可加冰 65kg,闸墩 HFC40 混凝土拌和用水中最多可加冰 55kg。

(2)降低混凝土原材料温度

降低混凝土原材料温度,特别是降低粗集料温度能够显著降低混凝土的浇筑温度。因此,项目部在砂石料仓及料斗上方设置遮阴棚的基础止,采用大功率风机向石料吹冷风的方法进一步降低石料温度。

(3)混凝土的运输遮阳与保温

在混凝土运输车罐体上设置遮阳与保温层,减少混凝土在运输过程中与外界热量交换。

(4)仓面降温

主要是采用喷雾化水降温,在仓面周围设置了两台大功率矿山喷雾机喷出雾化水降低仓面范围的局部温度。

(5)仓面保温

采取台阶状浇筑,已下料和未作业部位采用高泡聚乙烯卷材覆盖保温。

(6)选取合适的气温浇筑

夏天尽量避开高温天气和高温时段浇筑,选择阴天和温度较低时段浇筑。特别要避开白天 11:00 ~ 17:00 的高温时段。

12.5.3　改善施工工艺

改善施工工艺，严格规范施工。船闸工程结构复杂，施工难度大，因此要十分注意施工的工艺流程，混凝土平仓、振捣严格按规范施工，避免漏振和过振，确保混凝土强度和均匀性。

在施工时，严格控制配料比例，当集料含水率有变化时，应及时调整。在运输及施工过程中应确保混凝土不发生离析、漏浆、泌水等现象。

12.5.4　加强混凝土的保温保湿养护

混凝土早期因水化热而引起的干缩和温度变化都很大，因此早期的保温保湿养护显得特别重要。拆模时间不宜过早，特别是夏季高温、昼夜温差较大或冬季低温时期更应该注意，适宜的拆模时间应根据混凝土内部温度监测结果加以确定。拆模后应立即对混凝土进行保温保湿养护，这样一方面可使混凝土避免因环境温度大幅变化而形成冷击裂缝；另一方面可使胶凝材料水化反应顺利进行，并达到设计强度。项目部针对船闸不同部位和不同构件采用不同的养护措施，除闸室墙身夏季采用喷淋保湿养护外，闸室底板、闸室倒角、闸墩、廊道、护坦全年及闸室墙身冬季采用保温保湿养护，混凝土养护时间不少于 21d。

(1) 闸室底板和护坦

闸室底板混凝土拆模后，首先将一层充分润湿的土工布覆盖在底板上表面，然后覆盖一层塑料薄膜，最后再覆盖一层土工布。底板侧面涂刷养护液，并覆盖一层塑料薄膜、3cm 厚聚苯保温板，最外层再覆盖一层土工布并用重物压牢。

护坦的保温保湿养护与底板类似。

(2) 闸室倒角

闸室倒角拆模后立即充分洒水润湿，然后在倒角上口覆盖一层塑料薄膜、两层土工布，最上面覆盖一层彩条布，插筋位置采用铁丝将养护材料绑扎结实。倒角侧面养护与底板侧面相同。

(3) 廊道

廊道模板拆除后立即将进出口用彩条布封堵，在廊道内加热水产生蒸汽保证内部的温度和湿度，并设置温度和湿度计，以保证保温保湿效果。廊道外侧养护同底板侧面。

(4) 闸墩

闸墩的保温保湿养护也与与底板侧面相同。

12.5.5　提高混凝土抗裂性能技术措施

(1) 优化混凝土搅拌工艺

改变现有混凝土搅拌时的投料程序，采取将粉煤灰、矿粉、砂和 70% 的冰水，充分搅拌后再投放石子及剩余 30% 的冰水进行搅拌的新工艺，这种搅拌工艺也称“二次投料法”。

(2) 采用二次振捣工艺

二次振捣是在第一次振捣后，于凝结前的适当时间再重复进行二次振捣的一项新工艺。二次振捣能减少混凝土的内部裂缝，增强混凝土的密实性，从而提高混凝土的抗裂性。

12.5.6 混凝土温度现场监测

在船闸混凝土浇筑过程中,采用测温仪器对现场环境温度、原材料温度、出机温度、浇筑温度及混凝土内部温度进行实时监测,并根据监测结果及时采取相应防裂技术措施。

12.6 本 章 小 结

船闸属于一种复杂的大体积结构,具有混凝土浇筑量大、施工周期长、施工技术水平要求高等特点。如果在施工过程中控制不得当,防裂技术措施不到位,就很容易出现裂缝。裂缝的存在不仅会降低船闸的抗渗能力,危害结构物的耐久性,甚至影响船闸的使用功能。因此,在开始施工前应结合工程特点,对温度应力进行详细验算,并根据验算结果制定相应的控裂技术措施。对已经出现混凝土裂缝的要进行认真研究、总结,在施工过程不断完善改进防裂措施,以确保船闸的施工质量。

在船闸的后续施工中采取了以上一系列控裂技术措施后,裂缝控制的效果非常明显,整个船闸中未发现贯穿性有害裂缝,仅发现少量表面收缩裂纹,说明本次裂缝控制技术措施是有效的。

第 13 章

重力式码头方块控裂工程实例

13.1 工 程 概 况

营口鲅鱼圈港区 70 号、71 号泊位为 7 万 t 级钢材泊位，码头岸线总长 500.02m，码头顶面高程为 +5.5m，前沿设计地面高程为 -15.5m。

码头采用带卸荷板的重力式方块结构，方块共有四层，顶层方块上安放钢筋混凝土卸荷板，胸墙和卸荷板下面的方块连成一个整体，方块后有抛石棱体，码头后方有回填砂（其他公司施工），抛石棱体与回填砂之间设二片石、混合倒滤层和土工布倒滤层结构。码头基础采用 10 ~ 100kg 抛石基床，基床厚度 4 ~ 6m。码头两轨之间为 400mm 厚的混凝土大板，码头前沿布设两鼓一板锥形护舷、D 形护舷和 1500kN 系船柱。

码头采用带卸荷板的重力式方块结构，方块共有四层，顶层方块上安放钢筋混凝土卸荷板，胸墙和卸荷板下面的方块连成一个整体，方块后有抛石棱体，码头后方有回填砂（其他公司施工），抛石棱体与回填砂之间设二片石、混合倒滤层和土工布倒滤层结构。码头基础采用 10 ~ 100kg 抛石基床，基床厚度 4 ~ 6m。码头两轨之间为 400mm 厚的混凝土大板，码头前沿布设两鼓一板锥形护舷、D 形护舷和 1500kN 系船柱。本工程方块为实心结构，采用 C30 素混凝土，码头方块结构典型尺寸如图 13-1 所示。由于方块尺寸较大，属大体积混凝土结构；另外，方块截面存在变截面位置，容易在变截面位置出现应力集中现象，方块很可能会产生裂缝。

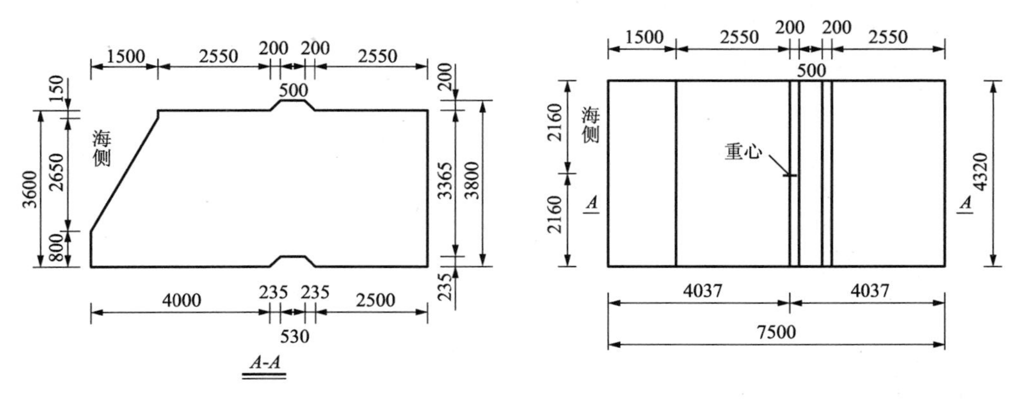

图 13-1　码头方块结构典型尺寸（尺寸单位：mm）

13.2 码头方块裂缝产生情况

方块混凝土浇筑完成后3d进行模板拆除施工。拆模后即发现混凝土表面有裂缝,且裂缝数量与宽度随混凝土龄期的增长而增加。裂缝多从两侧底面开始,向上竖向扩展,在临水面呈交叉的十字形分布。裂缝长度、宽度不等,短的只有0.4m左右,长的可达1.6m左右,裂缝宽度一般为0.1~0.2mm范围内。方块裂缝分布情况如图13-2所示。

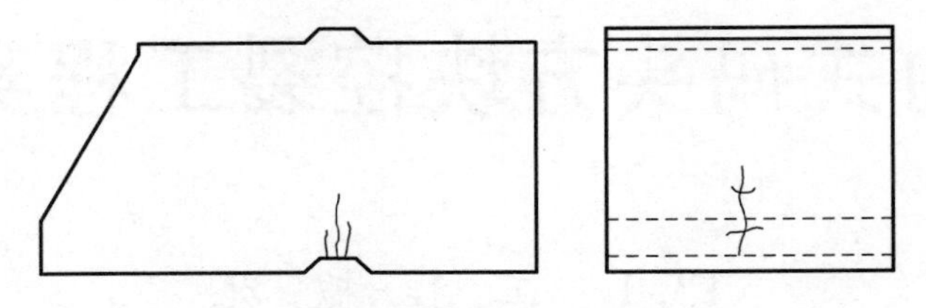

图13-2 方块裂缝分布示意图

13.3 码头方块温度应力有限元分析

为了首先在理论上弄清楚方块裂缝产生的原因,为制定防裂技术措施提供理论依据,应用有限元软件建立模型,模拟分析方块混凝土浇筑完成后内部温度及应力随时间发展变化情况。

13.3.1 有限元分析参数的选择

根据码头方块混凝土配合比的水泥、粉煤灰和矿粉的用量,胶凝材料水化热折减系数取0.8,折算后水泥用量当量值为386kg。水泥采用P.O42.5水泥,水泥水化热按经验值取:3d,248.3kJ/kg;7d,305.6kJ/kg。

本次码头方块混凝土温度应力有限元仿真计算所使用的参数如表13-1所列。

码头方块混凝土有限元仿真计算参数的取值　　表13-1

物理特性 \ 构件位置	码头方块	基　底
比热容[kJ/(kg·℃)]	1.045	1.045
密度(kg/m^3)	2403	2403
热导率[kJ/(m·h·℃)]	9.614	9.614
对流系数[$kJ/(m^2·h·℃)$]	41.8	—
大气温度(℃)	32	32
浇筑温度(℃)	30	—
28d抗压强度(MPa)	30	20
强度进展系数	$a=4.5, b=0.95$	—
28d弹性模量(MPa)	3.35×10^4	2.2×10^4

续上表

物理特性 \ 构件位置	码 头 方 块	基　　底
热膨胀系数	1.0×10^{-5}	1.0×10^{-5}
泊松比	0.2	0.18
单位体积水泥含量(当量,kg/m^3)	386	—
放热系数函数	$K=55.1,a=1.6$	—

13.3.2　有限元分析模型的建立

根据本工程码头方块实际结构尺寸建立有限元模型如图 13-3 所示。

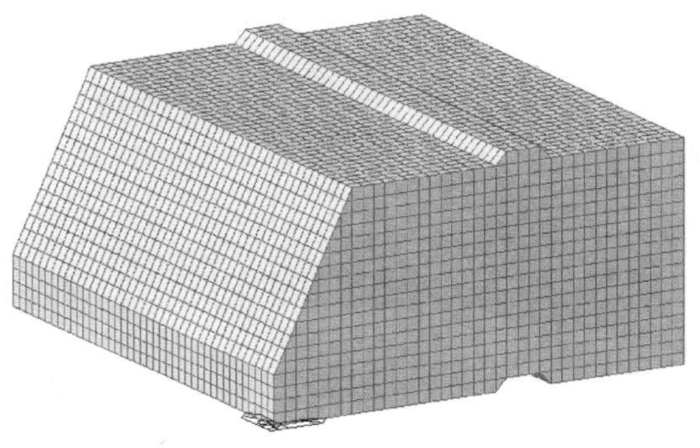

图 13-3　码头方块有限元模型

13.3.3　温度场有限元分析结果

码头方块温度应力仿真分析计算时长为 40d,温度场计算结果如图 13-4 ~ 图 13-6 所示。

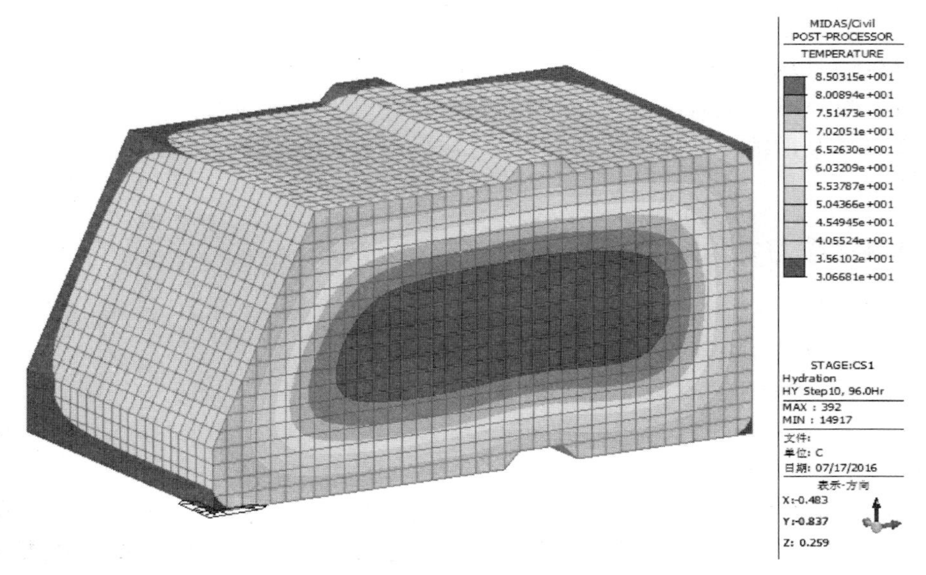

图 13-4　码头方块混凝土浇筑完成后第 96h 温度场剖面图

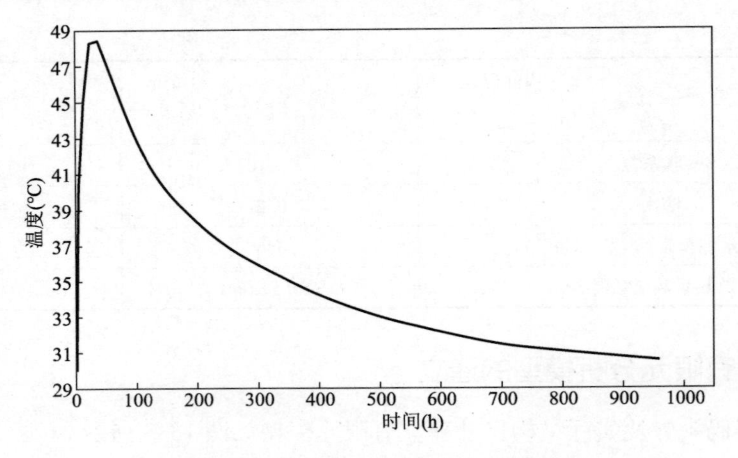

图 13-5　码头方块表面节点温度随时间变化图

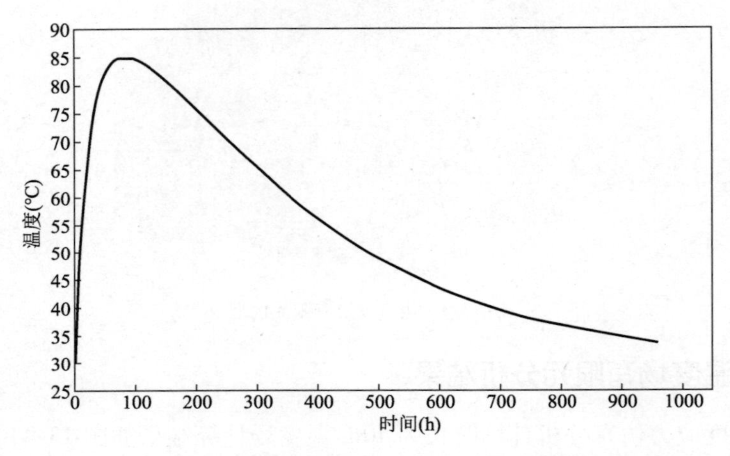

图 13-6　码头方块中心温度最高节点温度随时间变化图

由图 13-5 可以看出,码头方块表面节点温度在混凝土浇筑完成后第 36h 时温度达到最高值 48.5℃;由图 13-6 可以看出,码头方块内部最高温度节点在第 96h 时温度达到峰值,最高为 84.9℃。码头方块的内表温差在混凝土浇筑完成后第 96h 时达到最大值 41.8℃,远远超过相关规范允许值。

13.3.4　应力场有限元分析结果

码头方块温度应力仿真分析计算时长为 40d,应力场计算结果如图 13-7 ~ 图 13-11 所示。

由上述仿真计算结果简要分析如下:

(1)由图 13-8 可知,码头方块表面应力最大节点在混凝土浇筑完成后在第 24h 左右拉应力开始超过容许拉应力;由图 13-9 可知,拉应力比最小值为 0.23,由此可见,如不采取防裂技术措施,码头方块表面理论上会产生裂缝。

(2)由图 13-10 可知,码头方块混凝土浇筑完成后内部拉应力最大节点始终小于容许拉应力;由图 13-11 可知,拉应力比最小值为 5.6,由此可见,如不采取防裂技术措施,码头方块混凝土内部理论上不会产生裂缝。

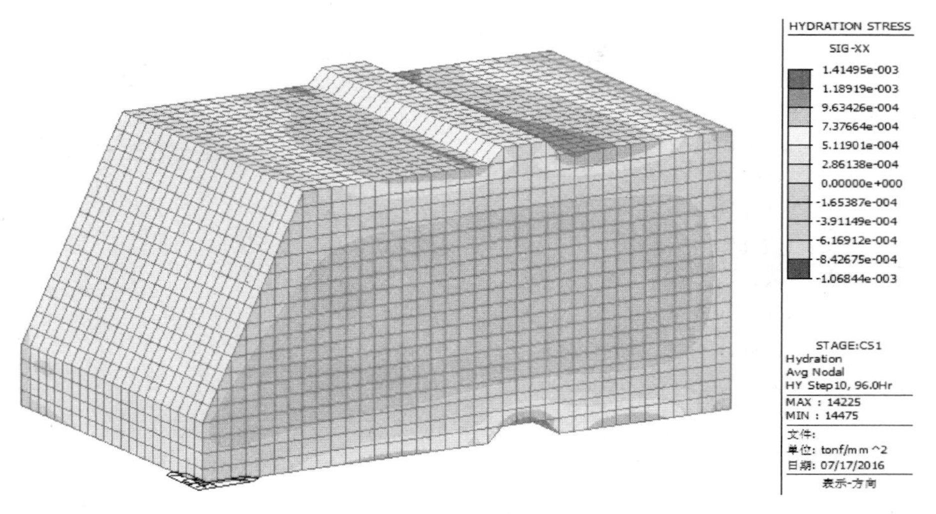

图 13-7　码头方块混凝土浇筑完成后第 96h 应力场剖面图

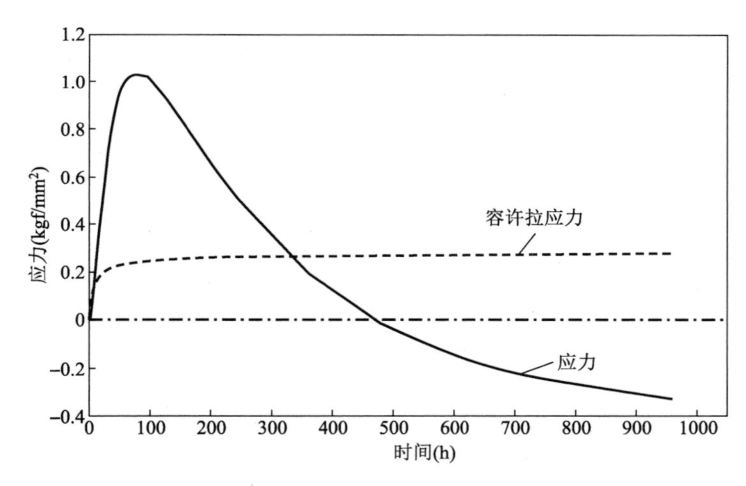

图 13-8　码头方块表面应力最大节点应力随时间变化图

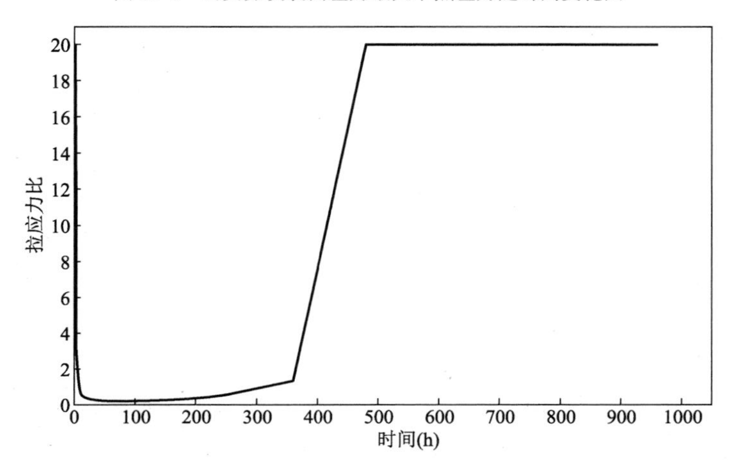

图 13-9　码头方块表面应力最大节点拉应力比

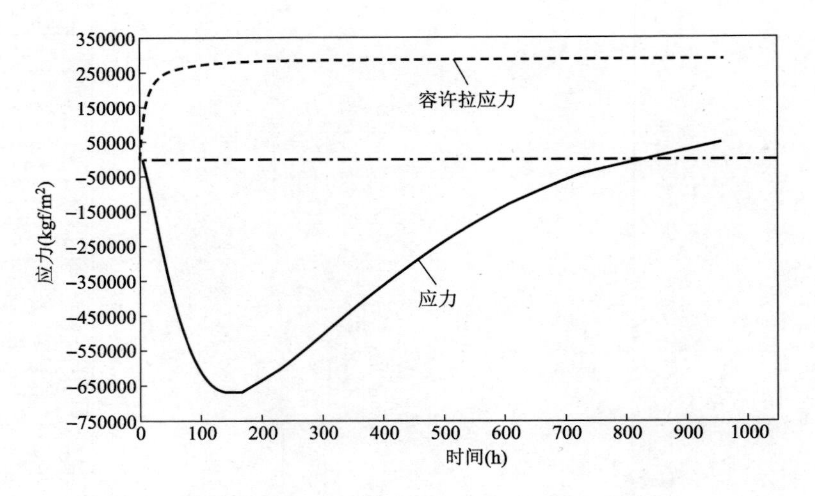

图 13-10 码头方块中心应力最大节点应力随时间变化图

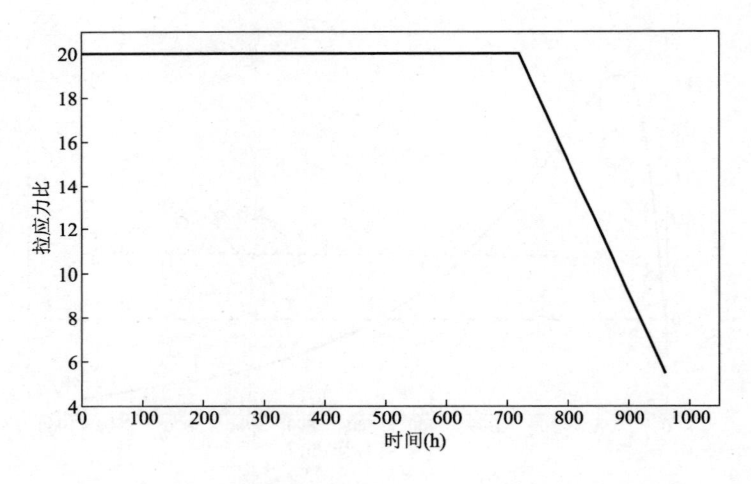

图 13-11 码头方块中心应力最大节点拉应力比

13.4 码头方块产生裂缝的原因分析

由前面码头方块温度及应力仿真分析结果及对方块现场施工过程进行分析，码头方块产生裂缝的原因主要有以下三个方面：

(1)混凝土内表温差过大

由码头方块温度场仿真分析结果可看出，在混凝土浇筑完成后第96h时，混凝土的内表温差达到了41.8℃，远远超过相关规范允许值。过大的内表温度极易造成方块表面裂缝。

(2)变截面位置应力集中

由码头方块应力场仿真分析结果可看出，在码头方块变截面位置确实出现了应力集中现象。方块变截面位置应力较其他部位明显偏大，这就是变截面位置裂缝在宽度上比其他部位宽、在数量上比其他部位多的原因。

(3)养护不良

方块混凝土浇筑完成后,由于表面没有及时进行保温保湿养护,混凝土表面水分在日光暴晒下迅速蒸发,方块表面混凝土由于失水而引起收缩,从而产生表面干缩裂缝。

13.5 码头方块裂缝控制技术措施

根据上述码头方块裂缝产生原因,主要可采取如下防裂技术措施。

13.5.1 优化配合比

(1)降低胶凝材料用量

由前面的裂缝产生原因可知,码头方块内表温差过大,是产生表面裂缝的主要原因。因此,可通过优化配合比来尽可能降低单位体积混凝土胶凝材料用量;另外粉煤灰的水化热较低,而且其自生收缩是膨胀变形,因此在胶凝材料总量不能降低的情况下,适当提高粉煤灰在胶凝材料中所占比例,可降低混凝土内部温升、减小混凝土内表温差,从而达到减少裂缝的目的。

(2)合理使用外加剂

选用优质聚羧酸类缓凝型高性能减水剂,同时具有减水和缓凝效果。减水剂的主要作用是改善混凝土的和易性、降低水灰比,减小混凝土的干缩。缓凝剂的主要作用是延缓混凝土放热峰值出现的时间,降低混凝土内表温差,从而减少裂缝的出现。

13.5.2 降低混凝土的浇筑温度

混凝土的浇筑温度在现场施工条件允许的情况下应尽可能地降低,可采取混凝土拌和用水加冰、降低混凝土原材料温度、混凝土的运输遮阳与保温、仓面降温、选取合适的气温浇筑等措施。

13.5.3 加强混凝土的保温保湿养护

混凝土早期因水化热而引起的干缩和温度变化都很大,因此早期的保温保湿养护显得特别重要。拆模时间不宜过早,特别是夏季高温、昼夜温差较大或冬季低温时期更应该注意,适宜的拆模时间应根据混凝土内部温度监测结果加以确定。拆模后应立即对混凝土进行保温保湿养护,这样,一方面,可使混凝土避免因环境温度大幅变化而形成冷击裂缝;另一方面,可使胶凝材料水化反应顺利进行,并达到设计强度。

方块拆模后,由专人负责养护。表面充分润湿后由内至外覆盖一层塑料薄膜和一层无纺布进行保温保湿养护,养护时间不少于21d。

13.5.4 提高混凝土抗裂性能技术措施

(1)优化混凝土搅拌工艺

改变现有混凝土搅拌时的投料程序,采取将粉煤灰、矿粉、砂和70%的冰水,充分搅拌后再投放石子及剩余30%的冰水进行搅拌的新工艺,这种搅拌工艺也称“二次投料法”。

(2)采用二次振捣工艺

二次振捣是在第一次振捣后,于凝结前的适当时间再重复进行二次振捣的一项新工艺。二次振捣能减少混凝土的内部裂缝,增强混凝土的密实性,从而提高混凝土的抗裂性。

13.5.5 减小阴榫部位应力集中的技术措施

为了减小阴榫部位的应力集中,将方块阴榫部位截面形式,由原设计的梯形,改为圆弧形。同时,还可以在阴榫部位及附件区域增布细而密的钢筋,来提高阴榫部位混凝土的极限拉伸,从而达到减少裂缝的目的。

13.6 本章小结

本工程码头方块具有结构尺寸大、单位体积混凝土胶凝材料用量大和存在阴榫变截面等特点。裂缝产生原因主要是混凝土内表温差过大和阴榫变截面位置产生应力集中,裂缝控制难度较大。针对裂缝产生的原因,经过一系列研究,制定了相应的裂缝控制技术措施。在码头方块的后续施工中采取了以上一系列控裂技术措施后,裂缝数量明显减少,控裂的效果非常明显,说明裂缝控制技术措施是有效的。

第 14 章

船坞控裂工程实例

14.1 工程概况

本工程位于山海关船厂厂区西侧，船坞主体规模为 440m×100m×12m，西坞墙距厂区西侧边线约 100m，10 号码头总长 380m，靠近港区西侧防波堤，东坞墩与小港池相邻，小港池位于 1 号码头西部。

14.1.1 船坞主要结构及施工

船坞主体划分为坞口、坞壁、坞底板、水泵房、减压排水、止水帷幕等几部分。

(1)坞口

坞口结构沿船坞轴线方向长度 28m，宽 100m，西坞墩宽 11.5m，东坞墩宽 10m。坞墩及坞口底板底高程为 -11.7m，底板门槽段长 13m，顶高程 -8.8m；门槛段长 5m，顶高程 -7.7m；坞室段长 10m，顶高程 -8.5 ~ -8.72m，坞墩顶高程 3.5m。坞口混凝土总方量 17215m^3。混凝土强度等级：高程 +0.0m 以上为 C35F300；高程 +0.0m 以下为 C30。底板下设 100mm 厚素混凝土垫层。底板与垫层施工时间间隔为 15d 左右。坞墩及坞门槛与坞门接触面为花岗岩镶嵌结构。坞口平面图如图 14-1 所示，坞口断面图如图 14-2 所示。

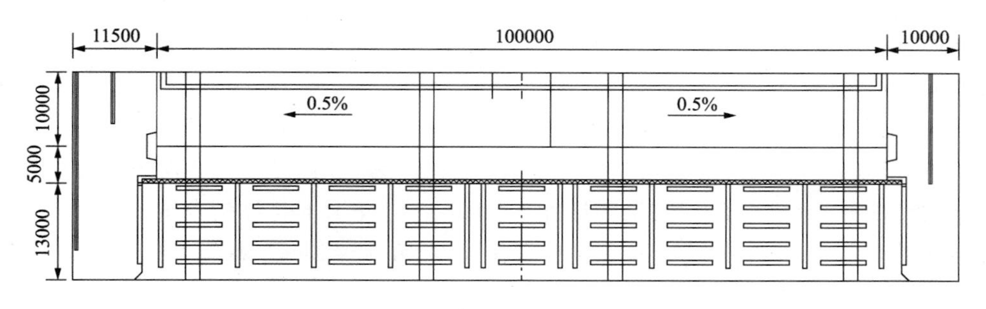

图 14-1　坞口平面图(尺寸单位：mm)

坞口底板横向分块施工，共设 4 个闭合块，最大块平面尺寸 30m×28m，混凝土量 2645m^3。坞口采用 C30 混凝土，配合比如表 14-1 所列。

坞墩分 5 层进行施工，第一层 -11.7 ~ -7.6m，层高 4.1m(含坞口底板厚度)；第二、三、四层层高均统一为3.6m,顶高程依次为-4.0m、-0.4m、+3.2m;第五层3.2~3.8m,墩顶布置有0.3m高护轮槛、工艺管沟、轨道槽和系船柱等。坞墩各层施工时间间隔为7d左右。

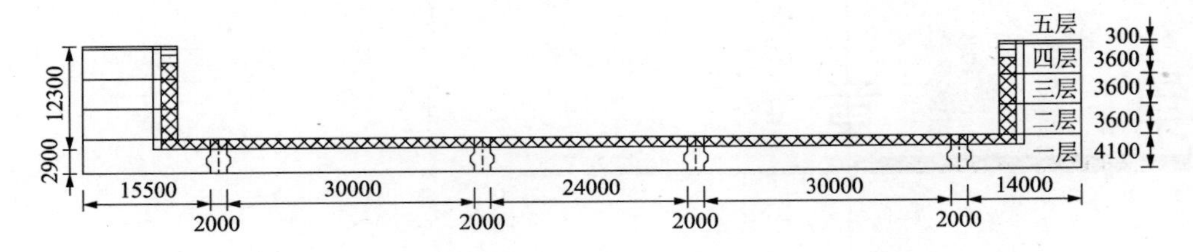

图14-2 坞口断面及分层施工图(尺寸单位:mm)

船坞不同部位混凝土配合比(kg/m³) 表14-1

使用部位	强度等级	水泥	砂	碎石		粉煤灰	矿粉	外加剂		水	膨胀粉
				5~16	16~31.5			RH-9	AE		
坞墩	C35F300	262	709	510	510	78.6	59.0	7.385	0.056	167	34.8
水泵房	C30F300S8	250	717	516	516	75.0	56.2	7.457	0.054	167	33.1
水泵房	C30S8	202	812	538	538	62.4	50.5	6.298	—	181	35.0
坞口底板、坞墩、坞壁	C30	202	812	538	538	62.4	50.5	6.298	—	181	35.0
坞底板	C30	212	800	530	530	73	83	9.2	0.011	191	—
闭合块	C30	208	800	530	530	64	52	9.2	0.011	191	44
坞墩	C30	212	799	530	530	66	53	9.18	0.011	191	36
平台板	C30	212	800	530	530	73	83	9.2	0.011	191	—

(2)坞壁

坞壁顶高程+3.5m,趾板顶面高程-8.72m,宽度11.0m,其中趾板宽2.0m,设有0.6m×0.7m排水沟。坞壁分段长度一般为15m,坞壁结构采用上部扶壁下部衬砌式的混合结构,衬砌段坞墙厚度为1.3m,扶壁底板厚0.6m,立板厚0.4m,肋板厚0.4m,间距4m。船坞两侧坞壁结构上部设置电气和动力公用廊道,廊道总宽6.4m,净空高度2.3m,顶板厚0.6m,前沿设有护轮槛、引船小车等,底板厚0.5m;坞艉只设置动力公用廊道。坞壁采用C30混凝土,配合比如表14-1所列。

坞壁分5层进行施工。第一层-10.22~-7.1m,层高3.12m,包括趾板和1.62m衬砌墙;第二层-7.1~-3.5m,层高3.6m,主要为衬砌墙;第三层-3.5~+0.1m,层高3.6m,主要为衬砌墙(扶壁),至廊道板底;第四层0.1~1.2m,层高1.1m,包括廊道底板和0.6m廊道侧墙;第五层1.2~3.5m,层高2.3m,包括廊道立墙和廊道顶板,廊道顶板上布置有护轮槛(0.3m高)、工艺管沟、轨道槽、系船柱及引船小车埋件等。坞壁断面及分层施工,如图14-3所示。坞壁各层施工时间间隔为7d左右。

(3)水泵房

水泵房由主体、集水池及沉砂槽等组成,采用天然岩基上的钢筋混凝土箱形结构,平面尺寸为24.0m×19.75m。水泵房结构自上而下共分为电机层、水泵层和流道层。其中:电机层,

顶高程为 -2.70m，板厚 0.6m；水泵层，顶高程为 -8.70m，板厚 1.0m；流道层，底板底高程 -14.70m、底板顶高程 -12.70m，局部 -13.7m，底板厚度为 2.0m，局部厚度为 1.0m。泵房南北外墙厚 1.6m，东墙厚 1.5m，西墙厚 1.15m。集水池和沉砂槽伸入船坞 9.0m。泵房顶板厚度为 600mm，上面开 6 个设备吊装孔和 4 个排风孔。水泵房内侧船坞底板设有沉砂槽（底高程 -10.2m）和前池（底高程 -12.7m）与水泵房流道层相连。船坞底板两侧的排水明沟与沉砂槽相通。泵房混凝土总体积量 $4704m^3$，混凝土强度等级：高程 +0.0m 以上为 C30F300S8；高程 +0.0m 以下为 C30S8。

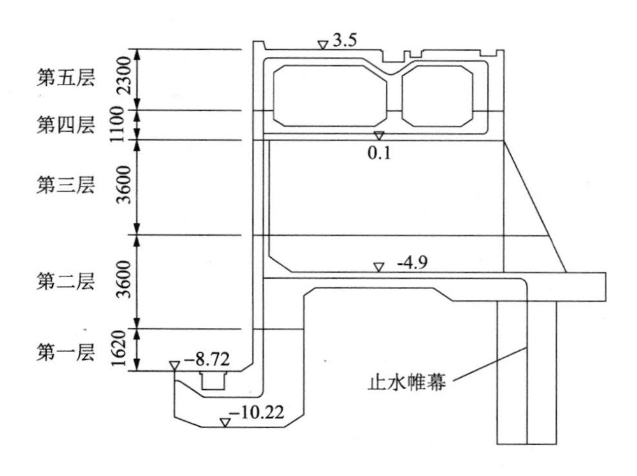

图 14-3　坞壁断面及分层施工图（尺寸单位：mm；高程单位：m）

水泵房直接坐落在岩基上，下设帷幕灌浆止水结构，侧面与坞墩及坞墙连接处设 Z9-30 型橡胶止水带。

水泵房分 6 层进行施工。从下到上依次为 -14.7 ~ -11.2m、-11.2 ~ -7.6m、-7.6 ~ -4.0m、-4.0 ~ -1.3m、-1.3 ~ +1.4m、+1.4 ~ +3.5m。水泵房断面及分层施工，如图 14-4所示。水泵房各层施工时间间隔为 7d 左右。

（4）坞底板

坞底板均为现浇钢筋混凝土结构，持力层为强风化岩。根据工艺布墩荷载范围不同，底板横向分块宽度为：(19 +20 +18 +20 +19)m，其中 19m 板厚 0.6m，20m 和 18m 板厚 0.8m，其中均含 70mm 厚磨耗层。底板面设横坡，横向向坞边设 0.5% 排水坡度（中间 8m 宽为水平段），中板面高程 -8.5m。底板纵向分块长度为 20m，板缝间设橡胶止水带止水。坞底板采用 C30 混凝土，配合比如表 14-1 所列。

底板下垫层采用 C15 透水性无砂混凝土，为变厚度，从而形成底板坡度。垫层厚度最低不小于 0.2m。

14.1.2　气象条件

山海关地区气温年差较大，一般在每年 7、8 月气温最高，平均气温约 24.5℃，历年最高气温约 39.2℃，而一般在每年的 1、2 月气温最低，气温 -5.0 ~ -3.7℃，历年最低气温为 -19.2℃。

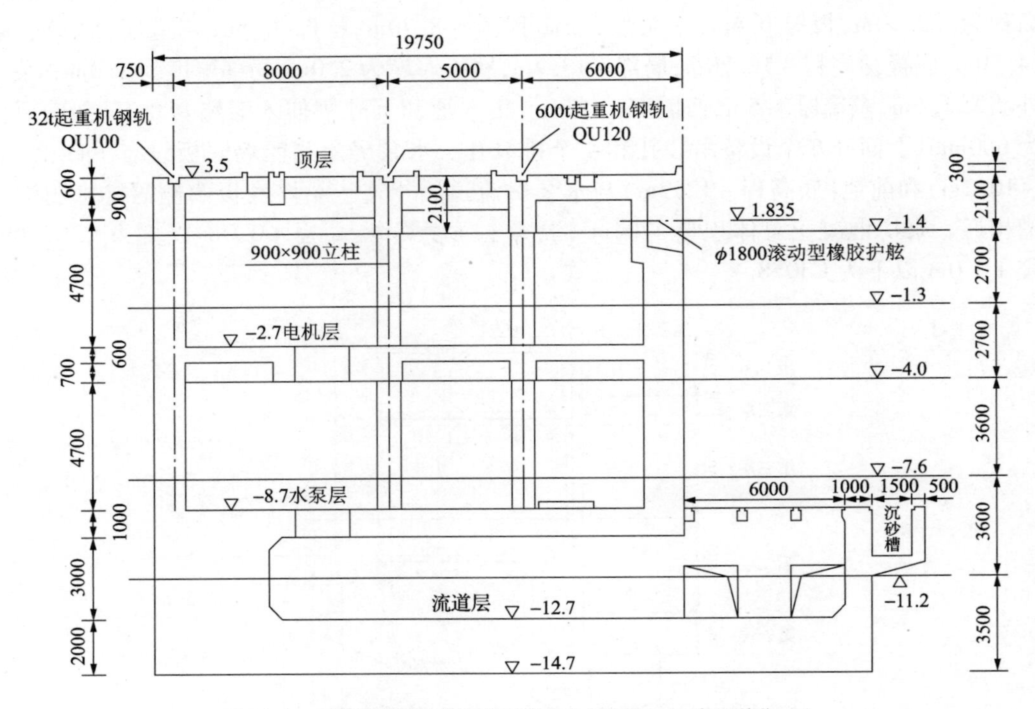

图 14-4　水泵房断面及分层施工图(尺寸单位:mm;高程单位:m)

根据相关资料统计,山海关地区的常风向多为西南西(WSW)及北东(NE),强风向为西南西－西(WSW－W)及北东－东北东(NE－ENE)。平均最大风速 17～18m/s,极限最大风速可达 29m/s。全年中以 3～5 月大风天较多;7～9 月大风天较少。

14.2　船坞温度应力有限元分析

船坞主体划分为坞口、坞壁、坞底板、水泵房、减压排水、止水帷幕等几部分。坞口、坞壁、坞底板、水泵房均为大体积混凝土结构,在施工前应进行温度应力计算,并根据计算结果制定防裂技术措施。本次分别选取坞口、坞壁、坞底板、水泵房进行温度应力计算。

14.2.1　坞口温度应力仿真计算

坞口从结构形式上分为坞墩和坞口底板,下面分别进行温度应力仿真计算。

(1)坞墩温度应力仿真计算

①坞墩有限元计算模型的建立

坞墩分 5 层进行施工,本次选取尺寸较大的西坞墩进行温度应力仿真计算。根据西坞墩的实际结构尺寸,建立有限元模型如图 14-5 所示。

②坞口有限元计算参数的选择

坞口高程＋0.0m 以上采用 C35F300 混凝土,高程＋0.0m 以下为 C30 混凝土,底板下设 100mm 厚素混凝土垫层。根据表 14-1 所列配合比中的 C35F300 混凝土水泥、粉煤灰和矿粉用量,混凝土胶凝材料 7d 水化热折减系数取 0.855,折算后水泥用量当量值为 341.6kg;同样,

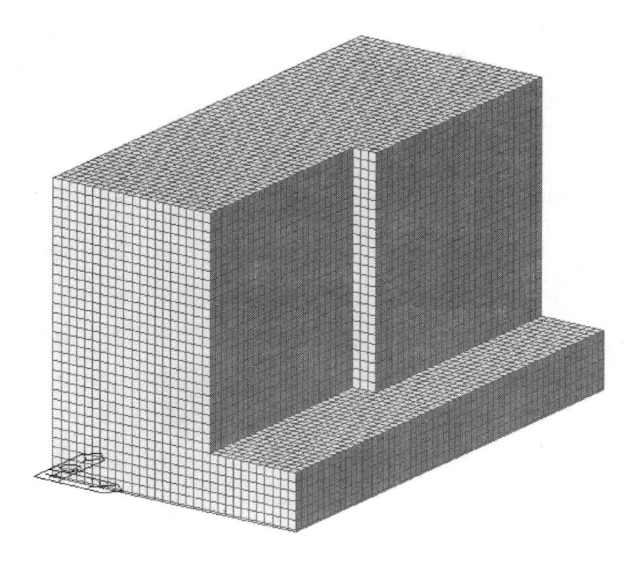

图 14-5　西坞墩有限元模型

C30 混凝土胶凝材料水化热折减系数取 0.86，折算后水泥用量当量值为 284.7kg。

本工程水泥采用 P.O42.5 水泥，水泥水化热按经验值取：3d，248.3kJ/kg；7d，305.6kJ/kg。本次坞口有限元仿真所使用的主要计算参数值如表 14-2 所列。

坞口有限元仿真计算参数的取值　　表 14-2

结构名称 物理特性	西坞墩 (C35F300)	西坞墩坞口底板 (C30)	垫　层
比热容[kJ/(kg·℃)]	1.045	1.045	1.045
密度(kg/m^3)	2337.8	2426.2	2400
热导率[kJ/(m·h·℃)]	-9.614	-9.614	-9.614
对流系数[$kJ/(m^2 \cdot h \cdot ℃)$]	41.8	41.8	41.8
大气温度(℃)	28	28	28
浇筑温度(℃)	28	28	28
28d 抗压强度(MPa)	35	30	30
28d 弹性模量(MPa)	3.15×10^4	3.00×10^4	3.00×10^4
热膨胀系数	1.0×10^{-5}	1.0×10^{-5}	1.0×10^{-5}
泊松比	0.18	0.18	0.18
单位体积水泥含量(当量，kg/m^3)	341.6	284.7	—
放热系数函数	$K=49.2, a=1.5$	$K=43.8, a=1.4$	—

③西坞墩温度场有限元仿真计算结果

西坞墩温度应力仿真分析计算时长为 40d，温度场计算结果如图 14-6～图 14-9 所示。

由图 14-8 可以看出，西坞墩第一层中心节点温度在混凝土浇筑完成后第 72h 时温度达到最高值 71.3℃；由图 14-9 可以看出，西坞墩第一层表面温度在混凝土浇筑完成后第 24h 时达

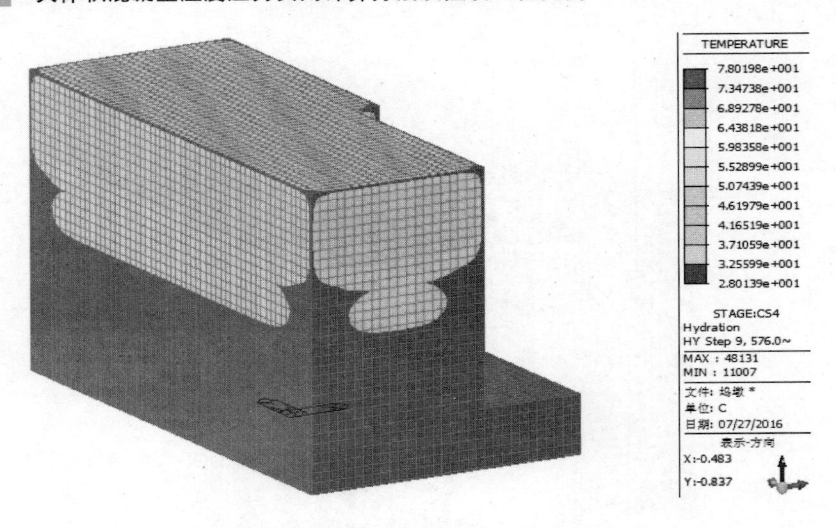

图 14-6　西坞墩浇筑完成后第 72h 温度场

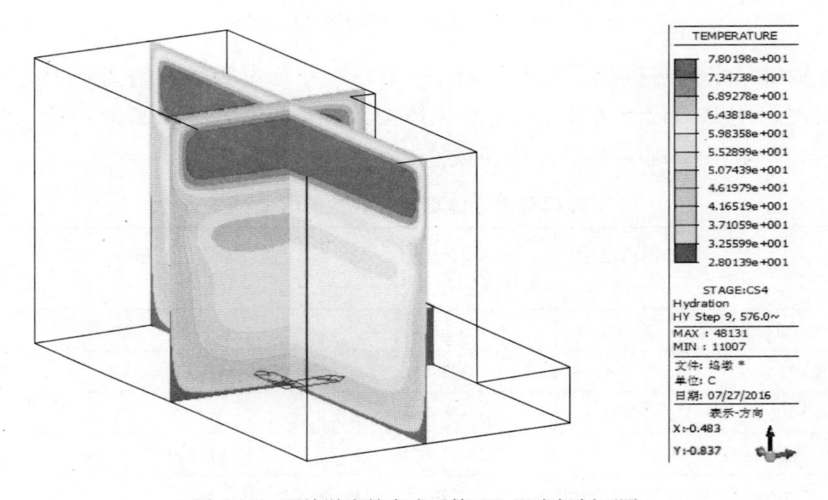

图 14-7　西坞墩浇筑完成后第 72h 温度场剖面图

到最高值 45.1℃，内表温差在混凝土浇筑完成后第 72h 时达到最大值 33.1℃，超过了相关规范允许值。

西坞墩第二～第五层温度场计算结果与第一层类似，此处略。

④西坞墩温度应力场有限元仿真计算结果

西坞墩温度应力仿真分析计算时长为 40d，应力场计算结果如图 14-10～图 14-14 所示。

由上述仿真计算结果简要分析如下：

由图 14-11 可知，西坞墩一层混凝土浇筑完成后第 48h 时，表面应力开始大于容许拉应力，拉应力比最小值为 0.69；由图 14-13 可知，西坞墩一层混凝土浇筑完成后第 850h 时，内部应力开始大于容许拉应力，拉应力比最小值为 0.85。由此可见，如不采取防裂技术措施，西坞墩一层混凝土理论上会产生裂缝。

西坞墩第二～第五层应力场计算结果与第一层类似，此处略。

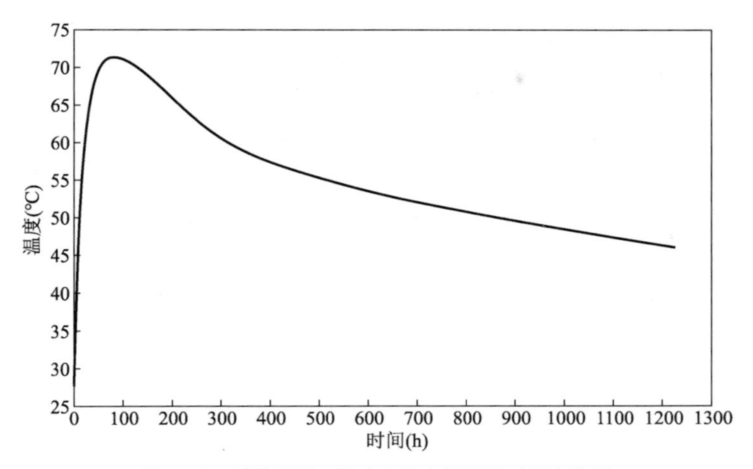

图 14-8　西坞墩第一层中心节点温度随时间变化图

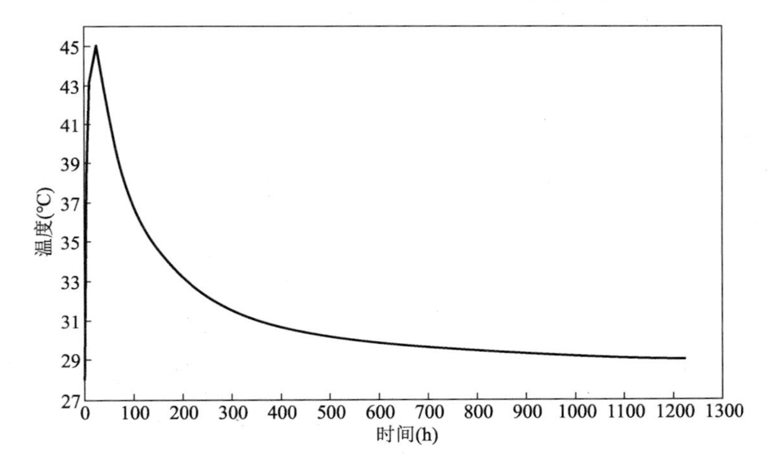

图 14-9　西坞墩第一层表面节点温度随时间变化图

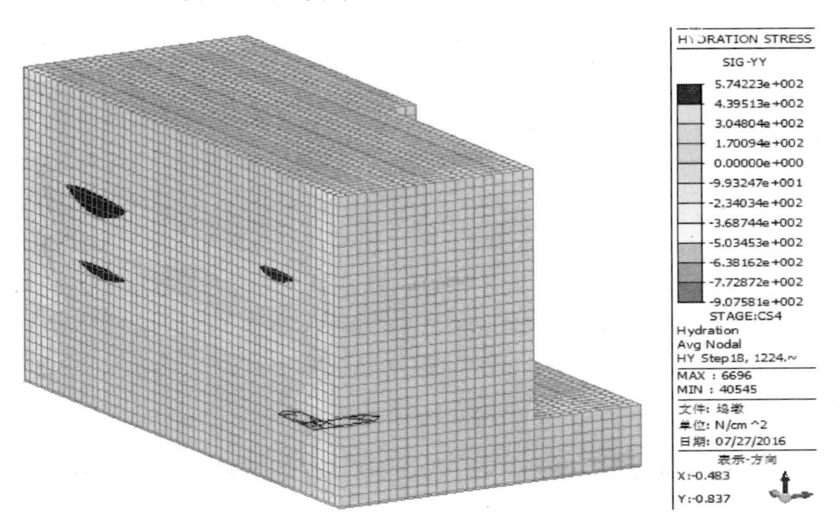

图 14-10　西坞墩全部浇筑完成后第 30d 应力场

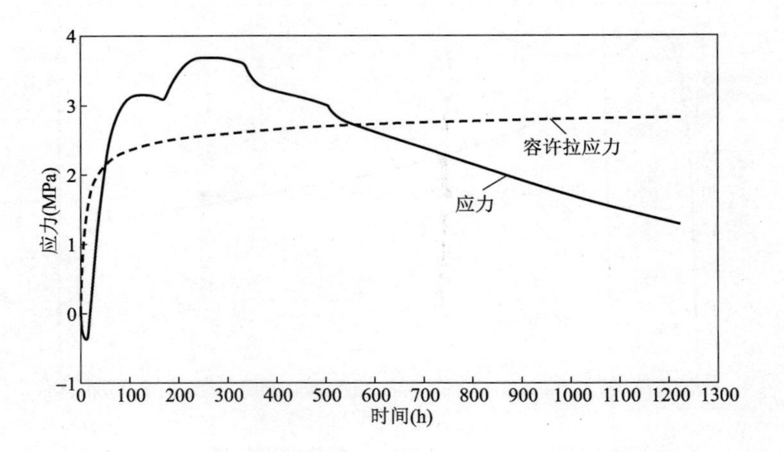

图 14-11 西坞墩第一层表面应力最大节点应力随时间变化图

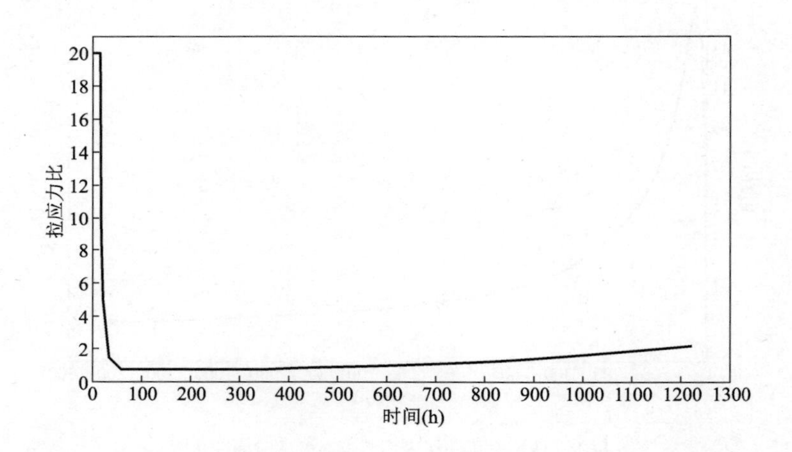

图 14-12 西坞墩第一层表面应力最大节点拉应力比

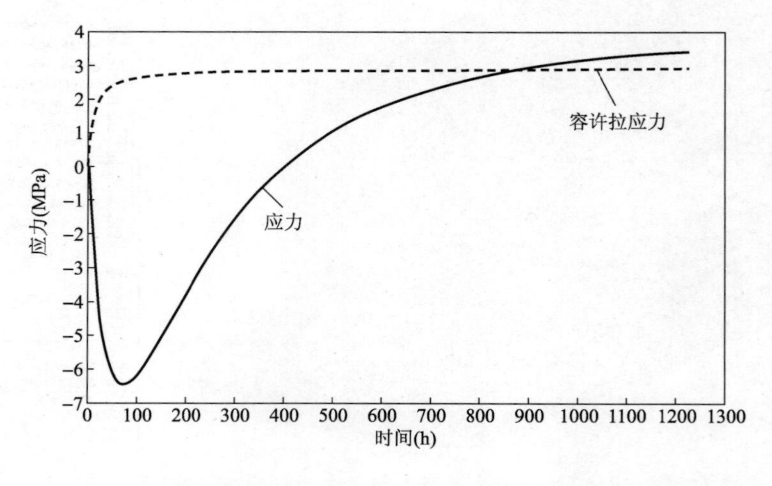

图 14-13 西坞墩第一层中心应力最大节点应力随时间变化图

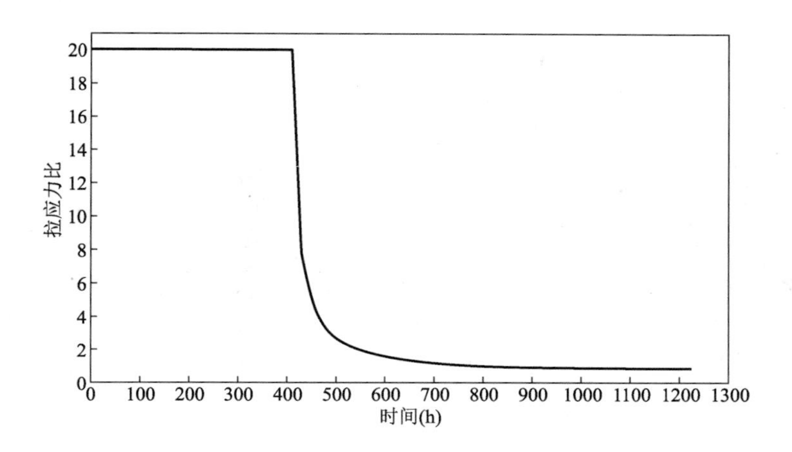

图 14-14　西坞墩第一层中心应力最大节点拉应力比

(2)坞口底板温度应力仿真计算

①坞口底板有限元计算模型的建立

坞口底板横向分块施工,共设 4 个闭合块,最大块平面尺寸 30m × 28m。本次最大块选取进行温度应力仿真计算。根据坞口底板最大块平面尺寸,建立有限元模型如图 14-15 所示。坞口底板采用 C30 混凝土,有限元计算参数见表 14-2。

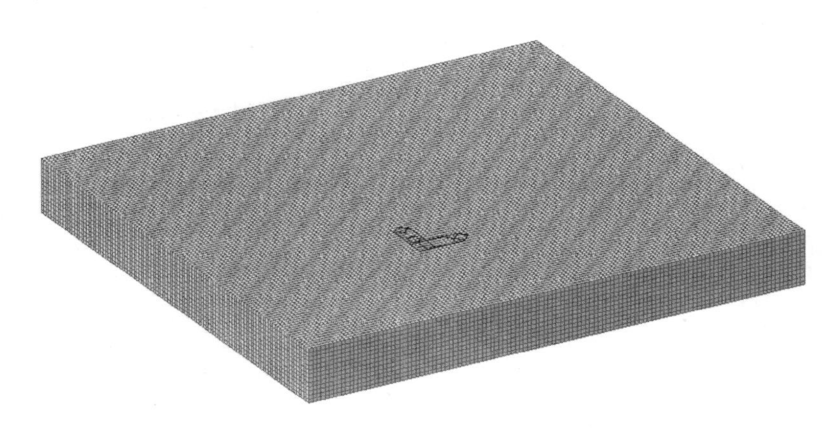

图 14-15　坞口底板最大块最大块有限元模型

②坞口底板最大块温度场有限元仿真计算结果

坞口底板最大块温度应力仿真分析计算时长为 40d,温度场计算结果如图 14-16 ~ 图 14-19所示。

由图 14-17 可以看出,坞口底板最大块中心节点温度在混凝土浇筑完成后第 72h 时温度达到最高值 68.9℃;由图 14-18 可以看出,坞口底板最大块表面温度在混凝土浇筑完成后第 36h 时达到最高值 49.6℃,内表温差在混凝土浇筑完成后第 72h 时达到最大值 22.8℃,符合相关规范允许值。

③坞口底板最大块温度应力场有限元仿真计算结果

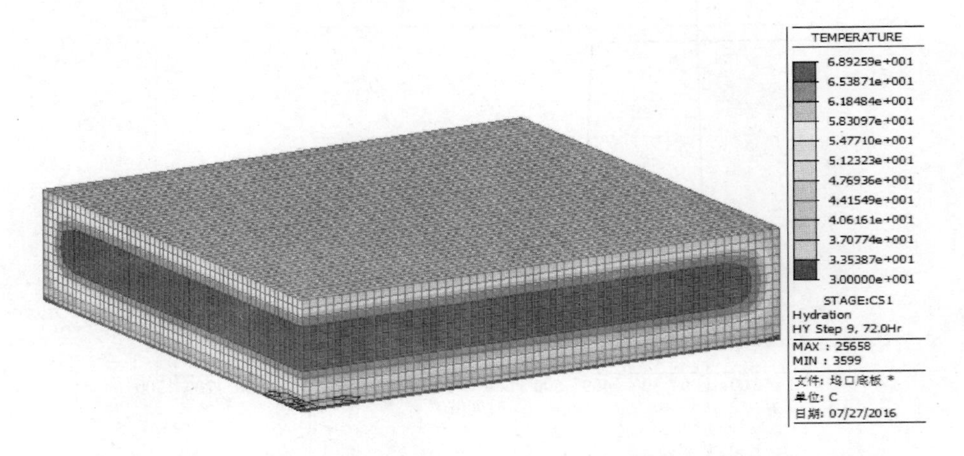

图 14-16　坞口底板最大块浇筑完成后第 72h 温度场场剖面图

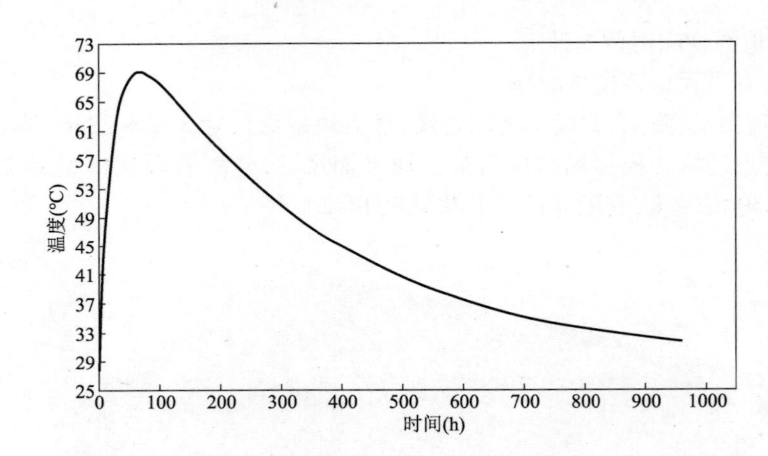

图 14-17　坞口底板最大块中心节点温度随时间变化图

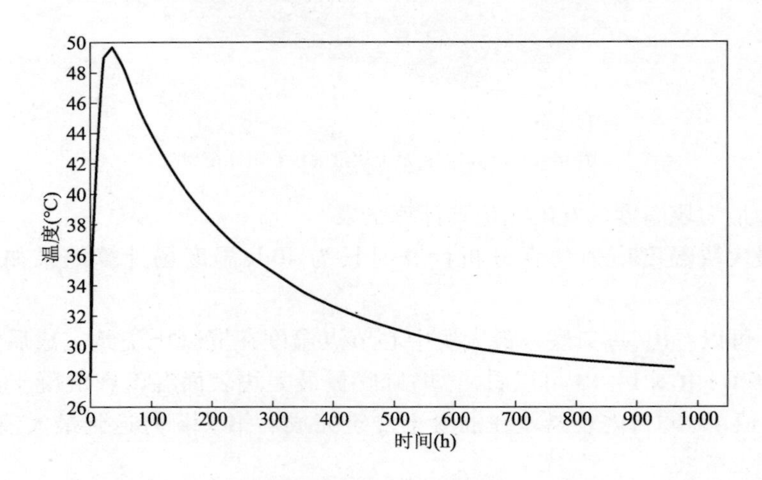

图 14-18　坞口底板最大块表面节点温度随时间变化图

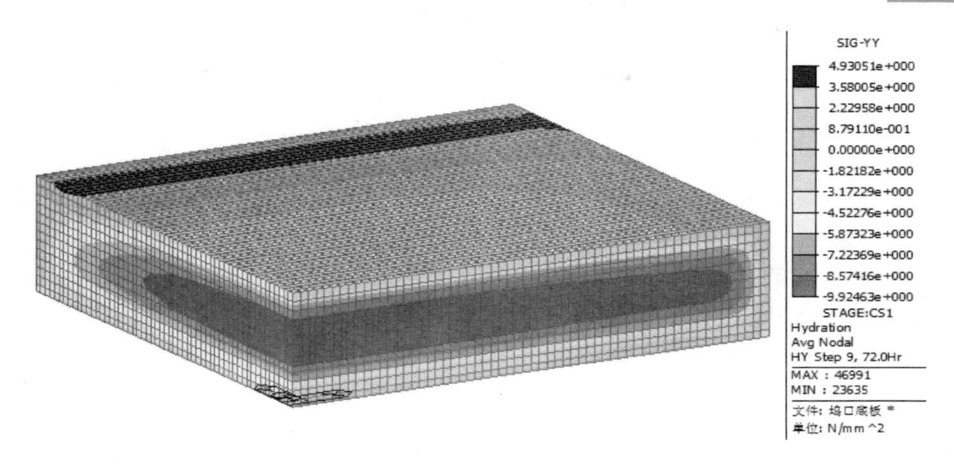

图 14-19　坞口底板最大块浇筑完成后第 72h 应力场剖面

坞口底板最大块温度应力仿真分析计算时长为 40d,应力场计算结果如图 14-19 ~ 图 14-23所示。

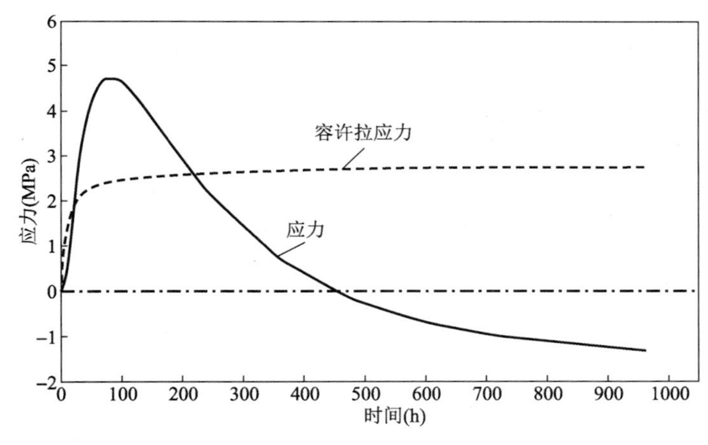

图 14-20　坞口底板最大块表面应力最大节点应力随时间变化图

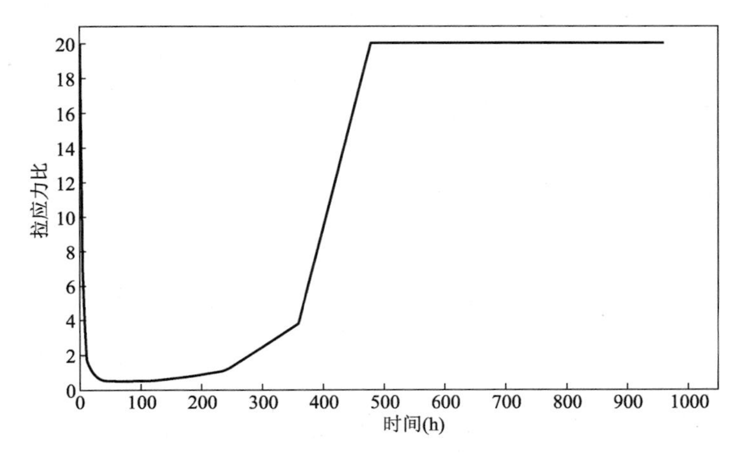

图 14-21　坞口底板最大块表面应力最大节点拉应力比

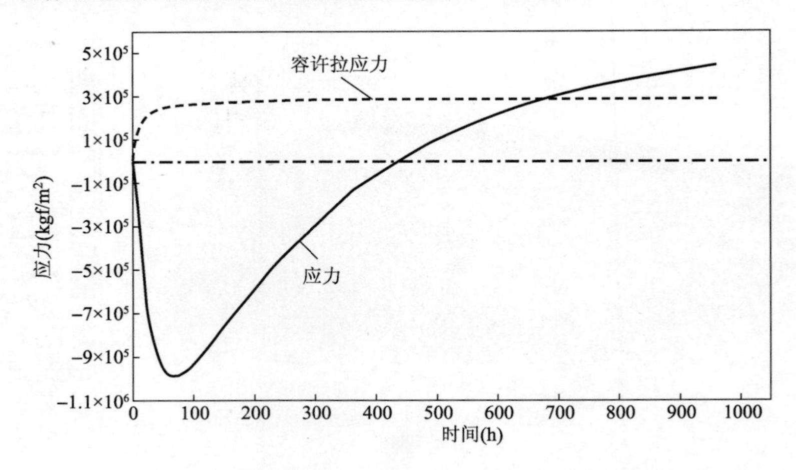

图 14-22 坞口底板最大块中心应力最大节点应力随时间变化图

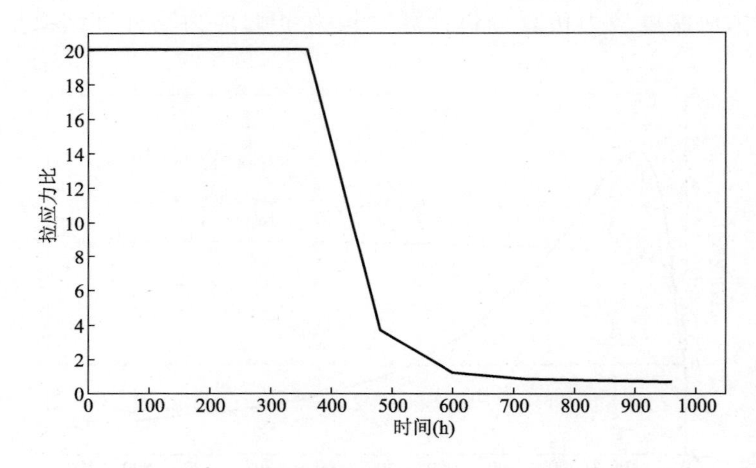

图 14-23 坞口底板最大块中心应力最大节点拉应力比

由上述仿真计算结果简要分析如下：

由图 14-20 可知，坞口底板最大块混凝土浇筑完成后第 24h 时，表面应力开始大于容许拉应力，拉应力比最小值为 0.51；由图 14-22 可知，坞口底板最大块混凝土浇筑完成后第 675h 时，内部应力开始大于容许拉应力，拉应力比最小值为 0.65。由此可见，如不采取防裂技术措施，坞口底板最大块混凝土会产生裂缝。

14.2.2 坞壁温度应力仿真计算

(1)坞壁有限元计算模型的建立

根据施工组织设计，坞壁分 5 层进行施工。根据坞壁的实际结构尺寸，建立有限元模型如图 14-24 所示。

(2)坞壁有限元计算参数的选择

坞壁采用 C30 混凝土，根据表 14-1 所列配合比中的 C30 混凝土水泥、粉煤灰和矿粉用量，混凝土胶凝材料水化热折减系数取 0.86，折算后水泥用量当量值为 284.7kg。

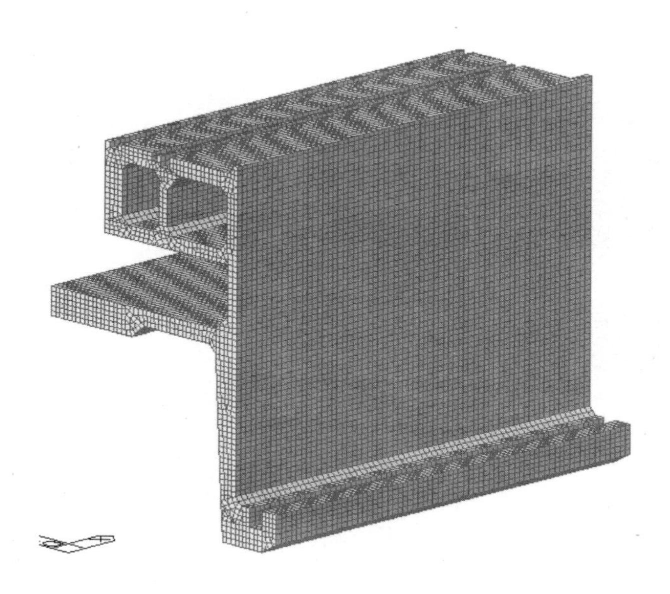

图 14-24　坞壁有限元模型

本工程水泥采用 P. O42. 5 水泥，水泥水化热按经验值取：3d，248. 3kJ/kg；7d，305. 6kJ/kg。本次坞壁有限元仿真所使用的主要计算参数值如表 14-3 所列。

坞壁有限元仿真计算参数的取值　　表 14-3

物理特性 \ 结构名称	坞　壁	垫　层
比热容[kJ/(kg·℃)]	1. 045	1. 045
密度(kg/m^3)	2337. 8	2400
热导率[kJ/(m·h·℃)]	9. 614	9. 614
对流系数[kJ/(m^2·h·℃)]	41. 8	41. 8
大气温度(℃)	28	28
浇筑温度(℃)	28	28
28d 抗压强度(MPa)	30	30
28d 弹性模量(MPa)	3.00×10^4	3.00×10^4
热膨胀系数	1.0×10^{-5}	1.0×10^{-5}
泊松比	0. 18	0. 18
单位体积水泥含量(当量，kg/m^3)	284. 7	—
放热系数函数	$K = 49.2, a = 1.4$	—

(3)坞壁温度场有限元仿真计算结果

坞壁温度应力仿真分析计算时长为 40d，温度场计算结果如图 14-25 ~ 图 14-27 所示。

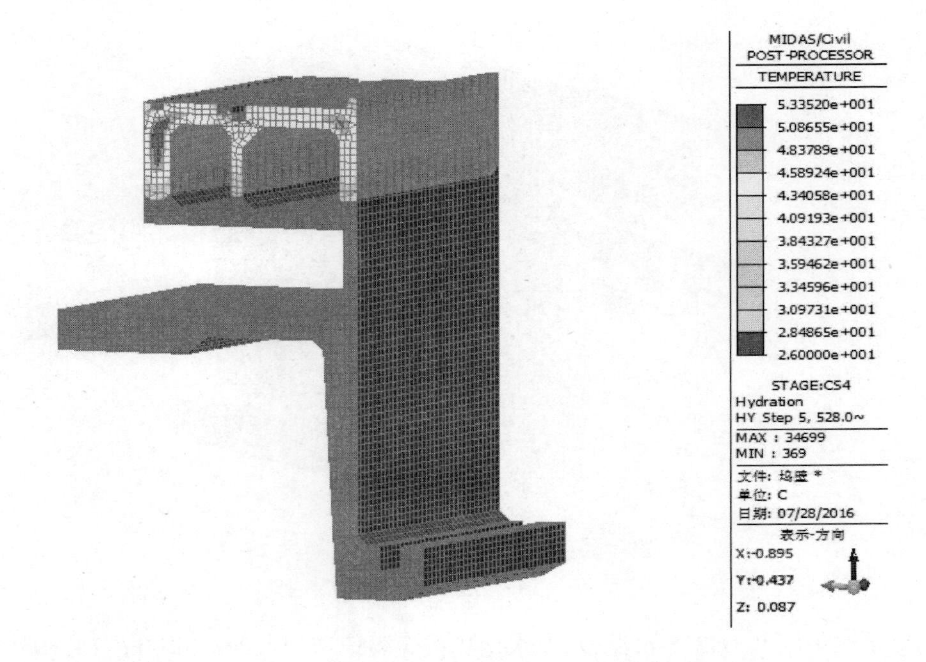

图 14-25　坞壁浇筑完成后第 72h 温度场剖面图

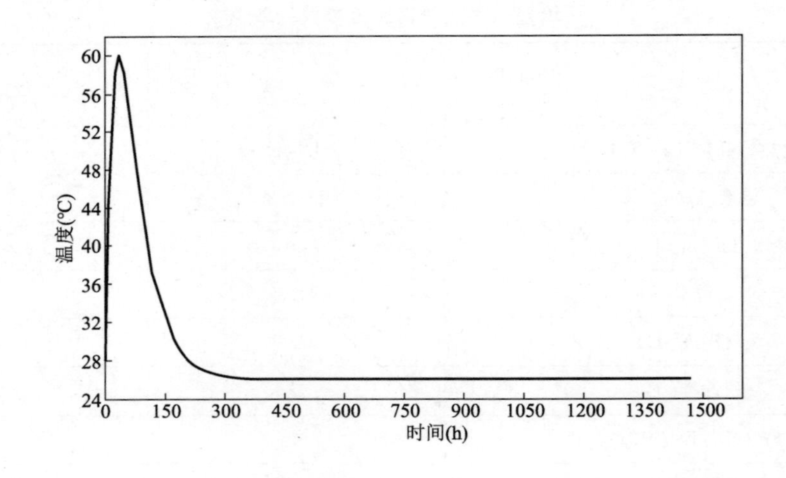

图 14-26　坞壁第一层中心节点温度随时间变化图

由图 14-26 可以看出，坞壁第一层中心节点温度在混凝土浇筑完成后第 36h 时，温度达到最高值 60.0℃；由图 14-27 可以看出，坞壁第一层表面温度在混凝土浇筑完成后第 24h 时达到最高值 38.0℃，内表温差在混凝土浇筑完成后第 36h 时达到最大值 24.1℃，符合相关规范允许值。

坞壁第二至五层温度场计算结果与第一层类似，此处略。

(4)坞壁温度应力场有限元仿真计算结果

坞壁温度应力仿真分析计算时长为 40d，应力场计算结果如图 14-28 ~ 图 14-32 所示。

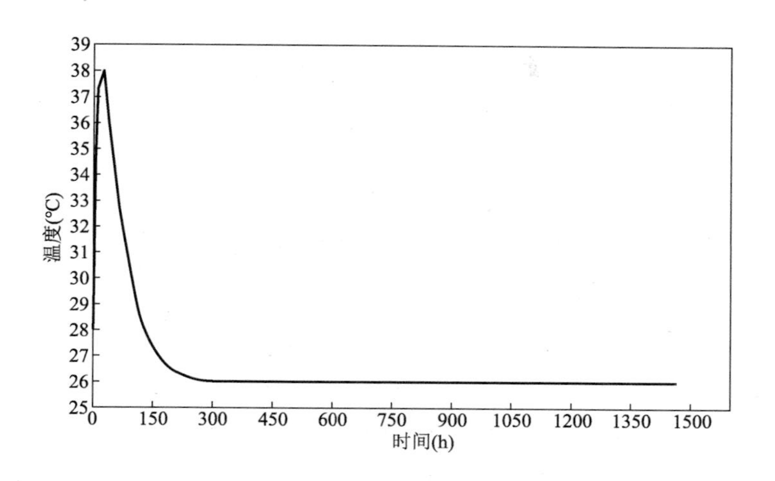

图 14-27　坞壁第一层表面节点温度随时间变化图

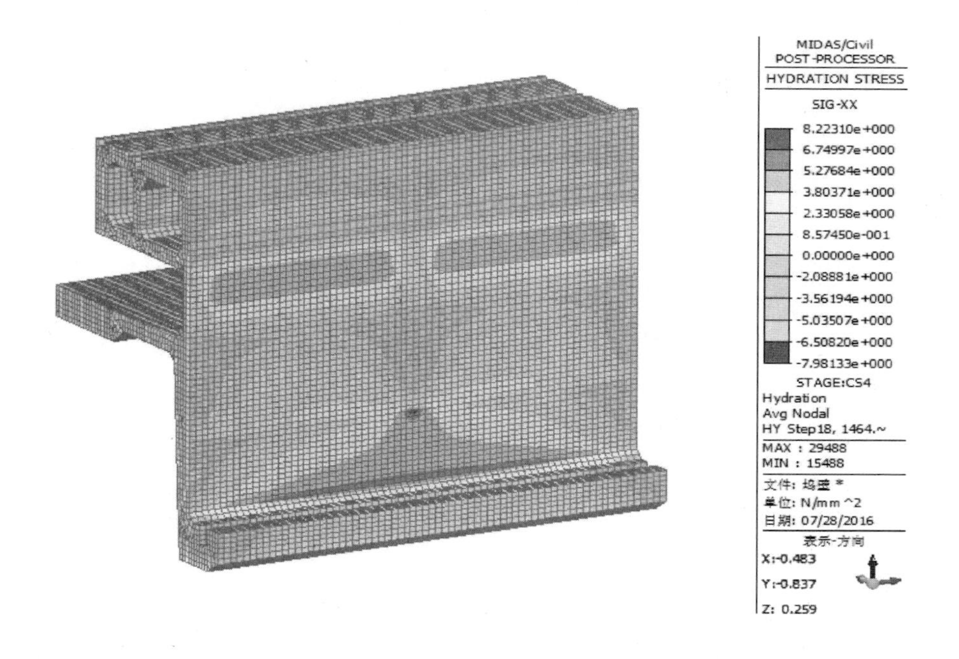

图 14-28　坞壁全部浇筑完成后第 30d 应力场

由上述仿真计算结果简要分析如下：

由图 14-29 可知，坞壁一层混凝土浇筑完成后第 24h 时，表面应力开始大于容许拉应力，拉应力比最小值为 0.86；由图 14-31 可知，坞壁一层混凝土浇筑完成后第 168h 时，内部应力开始大于容许拉应力，拉应力比最小值为 0.64。由此可见，如不采取防裂技术措施，坞壁一层混凝土理论上会产生裂缝。

坞壁第二至第五层应力场计算结果与第一层类似，此处略。

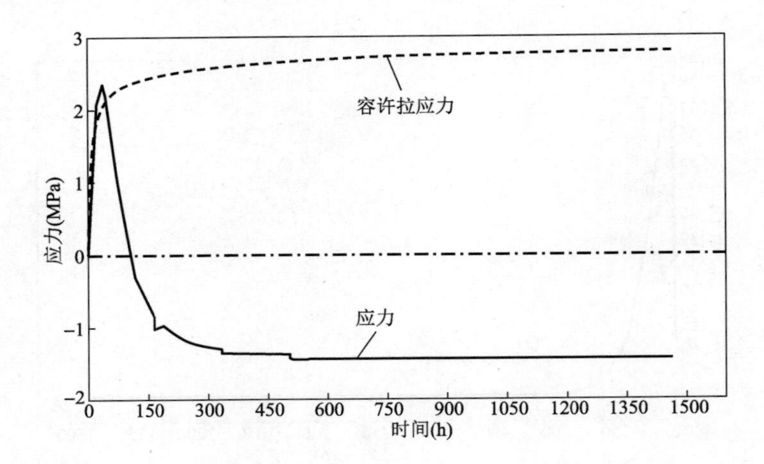

图 14-29　坞壁第一层表面应力最大节点应力随时间变化图

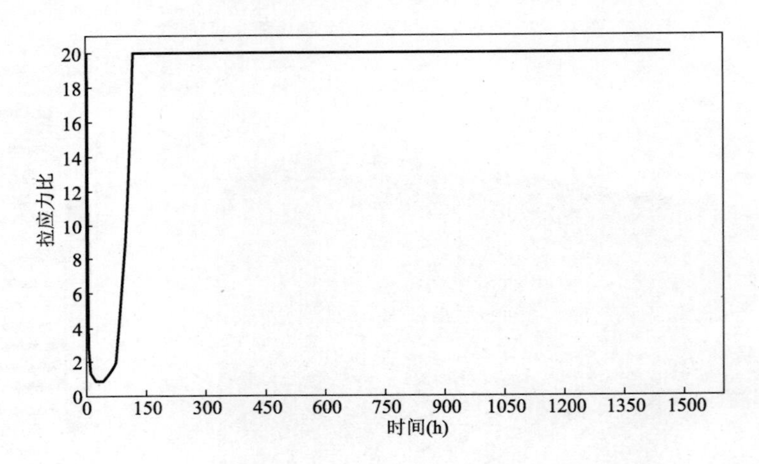

图 14-30　坞壁第一层表面应力最大节点拉应力比

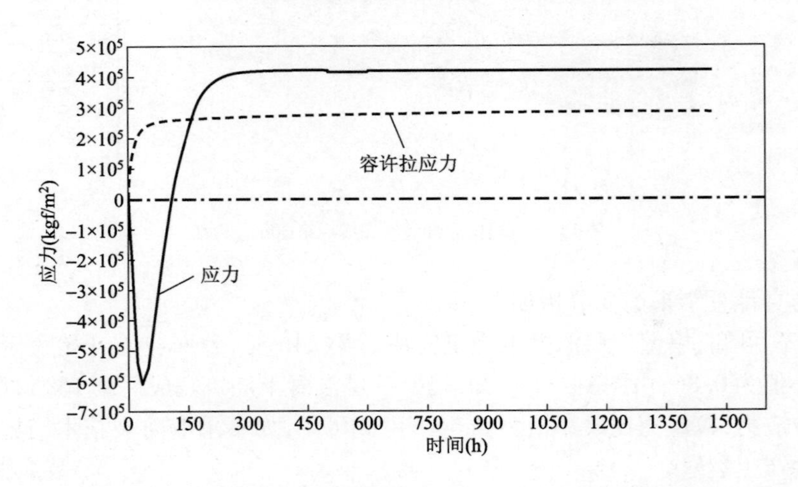

图 14-31　坞壁第一层中心应力最大节点应力随时间变化图

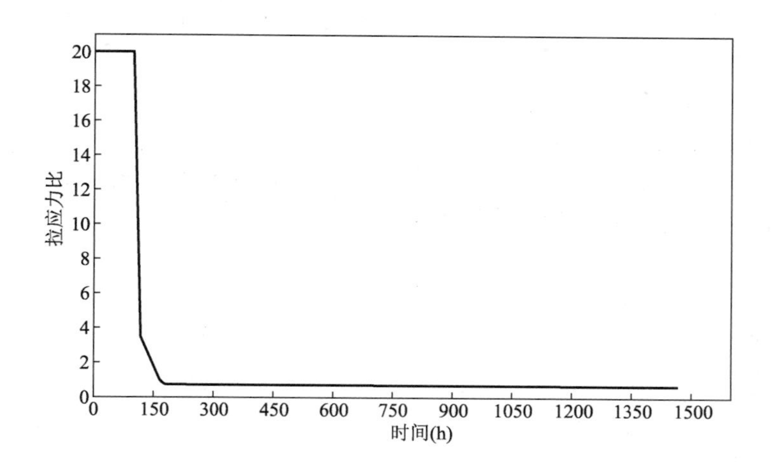

图14-32　坞壁第一层中心应力最大节点拉应力比

14.2.3　水泵房温度应力仿真计算

水泵房温度应力仿真计算与坞壁类似,此处略。

14.3　船坞裂缝产生原因分析

根据船坞温度应力有限元分析结果,并结合本工程的结构形式及其特点,进行科学分析,认为裂缝产生的原因主要有以下几点:

(1)混凝土的收缩受到强约束

混凝土的收缩受到约束主要有两方面:一是岩基对坞室、泵房和坞口等结构底板混凝土收缩的约束,将产生较大的约束应力,是使被约束结构产生贯穿裂缝的主要原因,所以预防直接浇筑在岩基上的底板的温度应力裂缝是本工程防裂的重点之一;二是坞壁、泵房等分层进行浇筑施工,施工间歇期偏长,先浇筑的混凝土约束了后浇筑的混凝土。施工间歇期越长,约束作用就越强,产生裂缝的可能性就越大。这里的混凝土收缩包括降温收缩、自生收缩和干缩等。

(2)存在对控裂不利的结构形式

船坞结构复杂,断面尺寸相差悬殊。坞室和泵房墙的厚度为0.4m、0.6m和0.8m,其底板厚度为0.6m、0.8m、1.2m等多种,并且在同一结构中各部分的断面又不相同。这就使得船坞各结构的温度场和温度应力变化规律有较大差异,混凝土的干缩影响也各异,加大了结构变形的不协调,容易产生应力集中,所以变断面处容易开裂。

坞口底板和坞墩分段长度为14~30m。船坞规范建议,对坞墙、坞墩及岩基上的底板,分段长度不宜大于15m。泵房的纵向尺寸为24.0m,横向尺寸为19.75m,超过了《水运工程质量检验标准》(JTS 257—2008)、《混凝土结构设计规范》(GB 50010—2010)对现浇钢筋混凝土最大间距为20m的规定。

坞室和泵房的底板与墙均比较薄,例如0.4m、0.6m等薄墙,虽水化热温升低,但降温速度快,干缩较大,致使最大拉应力出现在早期,不能充分利用混凝土徐变和强度性能,容易开裂。

(3)水化热温升引起的开裂

船坞的大体积混凝土结构在升温阶段,可能由于内表温差过大而引起表面裂缝,并且表面裂缝有可能发展为贯穿裂缝;在降温阶段也可能产生贯穿裂缝。

14.4 船坞裂缝控制技术措施

根据船坞裂缝产生的原因,并结合现场施工实际,研究制定了如下几方面的裂缝控制技术措施。

(1)改善约束条件

本工程新浇筑混凝土受到的约束主要有两种:一是基岩的约束,二是新老混凝土之间的约束。为了减小上述两方面的约束作用,在施工过程采取了如下措施:

①合理设置施工缝

坞口底板长度为100m,加上两侧坞墩共121.5m,无论是结构长度,还是基础刚度都偏大,很容易产生贯穿裂缝。原设计坞壁和坞口底板的结构分段最长达30m,为了减少有害裂缝的出现机会,施工中建议设计单位修改为15m以内。结构分段浇筑长度在15m以内时出现裂缝的可能性大大减小。

②缩短混凝土浇筑间歇期

混凝土浇筑初期呈塑性状态,混凝土的弹性模量很小,由变形引起的应力也很小。施工间歇期越长,混凝土的弹性模量越大,对新浇混凝土的约束越大,为了预防裂缝,在施工过程中通过增加模板数量、合理组织生产,安排流水作业,尽量缩短船坞各部位分层浇筑的间歇时间,以减小约束应力。

③减小基底约束

坞口和泵房在垫层混凝土浇筑前满铺一层油毡来减少岩基对底板的约束;垫层表面进行压光处理。坞口底板、坞墩与岩基接触的立面砌筑砖模,在砖模内侧铺一层油毡,也能起到减小约束的作用。

(2)提高混凝土的抗裂能力

①采用微膨胀混凝土

将UEA膨胀剂掺入混凝土中,在混凝土内部产生一定的预应力,它能抵消或部分抵消由混凝土干缩、蠕变及温度等因素引起的拉应力。在水泵房、坞口闭合块混凝土施工时掺加UEA膨胀剂,以补偿部分混凝土收缩,提高了混凝土的抗裂能力。因为闭合块属填充性混凝土,而且船坞主体混凝土已掺粉煤灰,水泥用量偏低,考虑到混凝土耐久性的要求,膨胀剂均采用外掺法。膨胀剂的掺量根据结构的配筋情况确定,泵房掺量为13%,闭合块掺量为15%。

②加强混凝土的养护

混凝土的水化需要潮湿的环境,充分保湿养护可以提高混凝土的早期抗拉强度,防止早期干缩，提高抗裂能力。特别是对掺加粉煤灰和膨胀剂的混凝土，更需要充分保湿养护。混凝土拆模后，立即充分洒水润湿，并用塑料薄膜覆盖，防止水分散失，然后在薄膜上覆盖两层土工布。侧面在拆模后先均匀涂刷一层养护液，然后外挂一层土工布进行洒水潮湿养护。在现场条件允许的情况下，应尽量延长保湿养护时间，对掺加粉煤灰的混凝土潮湿养护至少21d。

(3)提高混凝土施工质量

①严格控制原材料的质量

在施工前对混凝土各种原材料进行验证或检测，以确保混凝土的各项技术指标达到设计及相关规范要求。在控制好砂石进料质量的同时，提高碎石进场后的筛洗质量；水泥要尽量控制入仓温度，控制其温度在50℃以下，可设置备用水泥仓采取自然冷却或风冷措施。

②做好施工缝接茬处理

浇筑上层混凝土前，对已浇筑老混凝土施工缝面采用空压机带风镐进行凿毛，凿毛后用空压机吹净，并预先用水充分润湿。施工时预先铺一层同配合比去石砂浆，避免接茬处出现干缩裂缝。对于水泵房外墙水平施工缝，设置腻子型遇水膨胀橡胶止水条起到防渗的效果。

③分块分层浇筑

水泵房和坞口底板属超大体积混凝土，混凝土浇筑按"自然斜坡分层法"进行，采用"一个坡度、薄层浇筑，循序渐进，一次到顶"的大体积泵送混凝土浇筑方法进行。混凝土浇筑过程中控制好布料，保证混凝土浇筑均匀、同步进行，避免混凝土拌和物堆积过多，防止水化热的积聚，降低温度应力。

④混凝土振捣和二次抹面

为了确保混凝土均匀密实，消除混凝土的内部缺陷，提高混凝土抗裂能力，混凝土振捣遵循"快插慢拔，插点均匀"的原则施工。振捣棒插点间距在20~30cm，不漏振。另外在混凝土初凝前进行二次抹面，针对混凝土面的不同要求分别用木抹子或铁抹子反复抹压，使混凝土表面密实，防止出现因表面水分散失引起的干缩裂缝。

⑤及时回填

在结构浇筑完成后及时回填土，避免混凝土侧面长期暴露在空气中。

(4)减小应力集中

在结构变断面处设置构造筋或模板网，可加强结构的整体性，减小约束裂缝发生。坞口底板闭合块、施工缝等采用免拆金属模板网处理缝面，提高混凝土的抗拉能力。

对一些平面凹进处的部位，如泵房流道层和与之相邻的坞底板，施工过程中在这些部位增设加强角过渡，减少因形状突变而产生的应力集中。

(5)控制混凝土的内表温差

①降低水化热温升

a. 减少单位体积混凝土的水泥用量。

水泥水化反应放热是混凝土内部产生温升的根本原因。因此，通过优化配合比设计，减少水泥用量是一项经济有效的防裂措施。坞口和水泵房大体积混凝土均采用"三掺"配合比，混凝土中掺入粉煤灰、粒化高炉矿渣粉和膨胀剂，大大降低了水泥用量。

b. 掺加粉煤灰。

在保证混凝土强度、耐久性的前提下，在混凝土中掺加一定量的粉煤灰，以降低水泥用量，推迟水化热温峰的出现时间。

c. 埋放块石。

针对坞墩及坞口底板混凝土浇筑量大，内部温度较高的特点，采取在混凝土中掺加块石的方法，以减少单位体积混凝土中的胶凝材料含量，从而达到减小水化热温升的目的。在混凝土浇筑施工过程中，根据构件类型掺加8% ~15%的块石。块石选用形状大致方正、最大边与最小边之比不大于2，块石埋放前用淡水冲洗干净并保持湿润。块石与结构表面的距离不小于10cm。在混凝土分层处，使埋入的块石外露一半，增强上下层混凝土的结合。因坞口底板上下层均有配筋，掺加块石较为困难。在底层钢筋绑扎完成后，其上码放了约占总方量5%的块石。浇筑时从两侧下灰，先浇筑一层50cm厚混凝土，振捣密实后人工均匀码放一层块石，重复此过程，直至块石均匀掺入。

d. 使用缓凝型泵送剂。

在船坞混凝土中掺入RH－9缓凝型泵送剂，既可以减少混凝土的单位体积用水量，减小混凝土的干缩，又能提高混凝土的可泵性，延缓混凝土的凝结时间，降低水化热。缓凝型泵送剂的用量根据气温选用水泥的2% ~3%。

②降低混凝土浇筑温度

a. 控制部分原材料的温度。

搅拌后的混凝土的热量与搅拌前原材料所含的热量是相等的，要想控制混凝土的出机温度就要从控制原材料的温度入手。

蓄水池加盖板，防止日晒，在供水强度满足时，直接将自来水引到搅拌机，炎热季节出机温度较高时，可采用在拌和水中加冰屑冷却拌和水的方法降低混凝土的入模温度。

b. 混凝土浇筑尽量配备足够的水泥罐，水泥进场后经过储存，降至自然温度以后再使用。

夏季施工，结构的关键部位（离约束体0.5 ~1.5m的范围内），设法安排在夜间浇筑，这样可使浇筑温度比白天低3℃左右。

c. 控制混凝土运输和入模过程的升温。

在夏季施工时，加强组织、协调，缩短混凝土出机与入模的时间。

③设置降温孔

由于坞墩的厚度最大，在坞墩施工时，为进一步降低混凝土内部温度，在坞墩内设置直径为1m、间距3 ~5m的降温孔。降温孔采用钢板加工而成，根据结构施工分层设置，坞墩分层之间错开布置。浇筑混凝土前，在降温孔内注入自来水，在浇筑上层混凝土时将下层降温孔填充。东坞墩设置5个降温孔、西坞墩设置6个，坞墩降温孔布置如图14-33所示。降温孔能够有效降低混凝土的内部温度，从而达到减小内表温差，减少混凝土开裂的目的。

（6）船坞混凝土内部温度监测

①温度监测目的

在大体积混凝土的浇筑过程中应对混凝土浇筑温度、施工现场环境温度的进行监测；在养护过程中应对混凝土浇筑块体的内部升降温、内表温差、降温速率及环境温度等进行监测。这些温度监测结果能及时反映大体积混凝土浇筑块内部温度场变化的实际情况，以及所采取的防裂技术措施效果。温度监测结果还能为工程技术人员确定拆模时间、覆盖保温层时间及何时解除保温等提供科学依据。

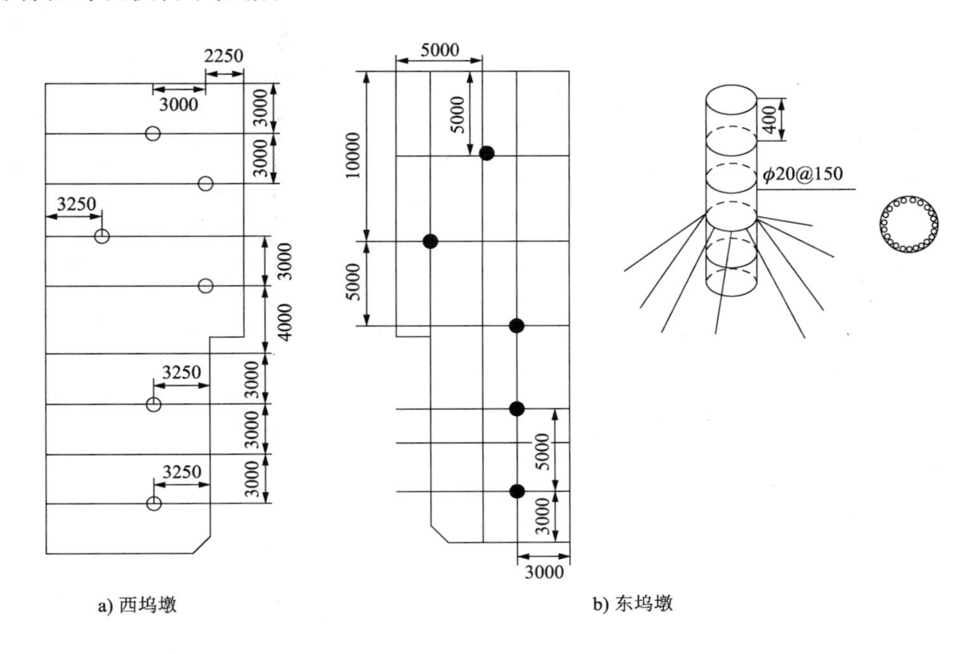

图 14-33　坞墩散热孔位置图（尺寸单位：mm）

注：1. 散热孔距钢筋底 50cm；

2. 散热孔采用筛网，加固筋采用带肋 20 钢筋；

3. 架立筋 8 个方向布置，每根长 3m；

4. 东坞墩各 5 个散热孔，西坞墩设 6 个散热孔，每个散热孔总高 13.8m。

②温度监测点布置依据

由于本工程船坞具有结构尺寸大、施工周期长、各部位结构形式复杂等特点。因此，根据船坞各部位大体积混凝土温度场仿真计算结果，所反映出来的结构温度场分布特点和规律来布置温度监测点，能够做到高效准确地监测混凝土内部温度场的各项技术指标，又不造成温度监测点的漏布和重复布置。

③东坞墩一层温度监测点布置

根据东坞墩一层大体积混凝土温度场仿真计算结果，所反映出来的结构温度场分布特点和规律，东坞墩一层共布置 4 个温度监测点，每个温度监测点在混凝土厚度方向上埋设 3 ~ 4 个温度传感器，如图 14-34 所示。

④水泵房一层温度监测点布置

根据水泵房一层大体积混凝土温度场仿真计算结果，所反映出来的结构温度场分布特点和规律，东水泵房一层共布置 5 个温度监测点，如图 14-35 所示。每个温度监测点在混凝土厚度方向上同样埋设 3 ~ 4 个温度传感器，如图 14-36 所示。

船坞其他结构温度监测点布置与东坞墩一层和水泵房一层类似，不再赘述。

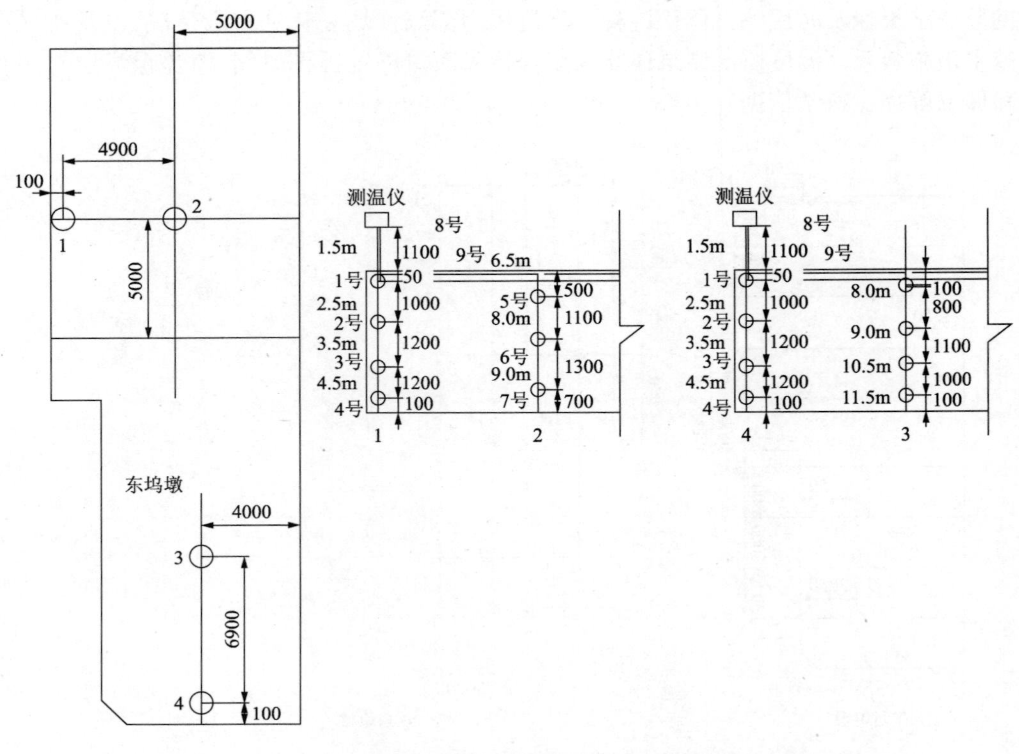

图 14-34　东坞墩第一层温度监测点布置图(尺寸单位:mm)

注:1. 8 号、9 号测温头待混凝土浇筑完成后放置于养护层下;

　2. 9 号、10 号测温头为大气温度。

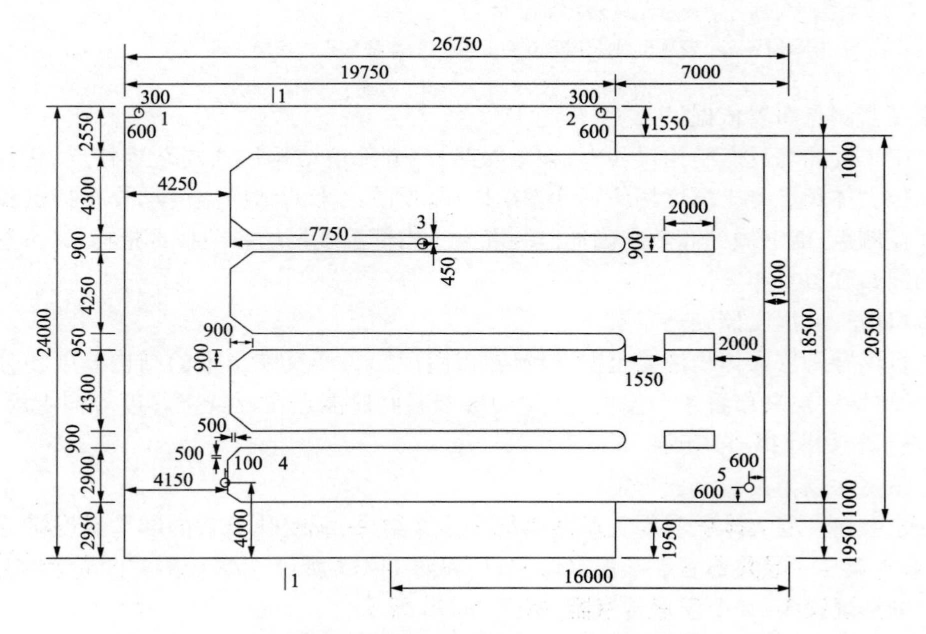

图 14-35　水泵房一层温度监测点布置平面图(尺寸单位:mm)

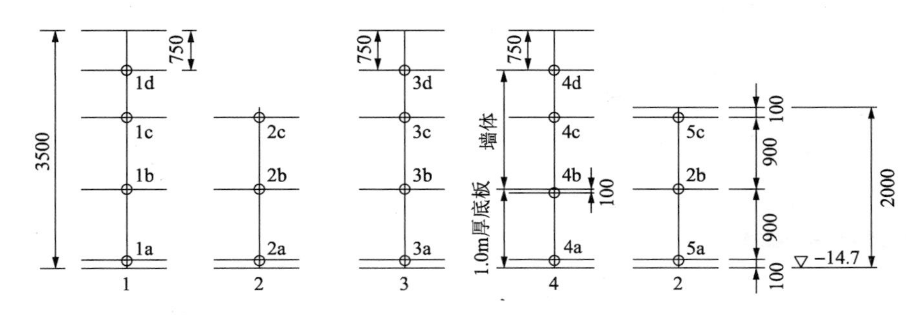

图 14-36 水泵房一层温度监测点布置立面图(尺寸单位:mm;高程单位:m)

14.5 本 章 小 结

由于船坞工程具有结构尺寸大、施工周期长、各部位结构形式复杂等特点,裂缝产生的原因也很复杂,控裂难度较大。为了避免或减少裂缝的出现,在施工前应对船坞各部位分别进行详细的温度应力验算分析,根据验算结果分析裂缝产生原因,并结合工程实际,研究制定相应的防裂技术措施。

船坞主体工程自 2008 年 4 月浇筑泵房一层开始,至 2009 年 5 月工程全部结束,历时 1 年有余。施工过程中经历了夏季、冬季,根据不同的工程部位、不同的施工条件分别采取了有针对性的防裂措施,使工程质量得到了较好的控制,船坞各部位结构均未产生有害裂缝。

第15章

筒仓控裂工程实例

15.1 工 程 概 况

15.1.1 筒仓主要结构及施工

某工程筒仓采用圆形的现浇钢筋混凝土结构,筒仓内直径40m,高度43m,由基础、筒壁、仓底、仓壁、仓顶、仓顶廊道、卸料小车钢轨及其固定系统组成,共计24座筒仓。筒仓采用独立布置,共设置2部垂直电梯。其基础采用Φ1000后压浆(端压浆和复式压浆)钻孔灌注桩,桩长约50m;筒壁和仓壁厚500mm,部分区域采用后张预应力钢筋;仓底采用锥壳平板组合仓底结构,筒仓仓壁与仓底结构采用非整体连接连接方式;筒仓平面布置如图15-1所示。

筒仓承台尺寸为42m×42m(图15-2),筒仓承台板厚为2.0m(中心区域),局部为0.6m(梁上板),板顶高程+5.8m,仓壁下环向地梁与中心板采用横纵梁连接成整体。承台基础垫层采用C10素混凝土、厚100mm,每边宽出基础外沿100mm。垫层施工完成约10d后进行承台施工;承台施工完成后约20d后进行筒壁施工。筒仓承台采用C35混凝土,配合比如表15-1所列。承台属于大体积混凝土范畴,应采取相应措施防止出现温度裂缝。

筒仓承台C35混凝土配合比(kg/m^3)　　表15-1

水泥	砂	碎石	粉煤灰	复合型防腐阻锈剂	水
305	840	1071	105	12.5	150

15.1.2 气象条件

黄骅地区多年平均气温12.2℃,多年平均最高气温17.3℃,多年平均最低气温7.8℃,历年极端最高气温40.0℃,历年极端最低气温-19.5℃,年日平均气温低于-5℃的天数为71d,低于-10℃的天数为23.8d。最热月室外计算相对湿度78%。常风向:南南西(SSW),出现频率为11.1%。强风向:东北东(ENE),出现频率为0.4%。瞬时极大风速:大于40m/s。

15.1.3 地质条件

根据该区域相关勘察地质资料,本工程区域为滨海滩涂,属海湾滨海地貌单元,表层土质

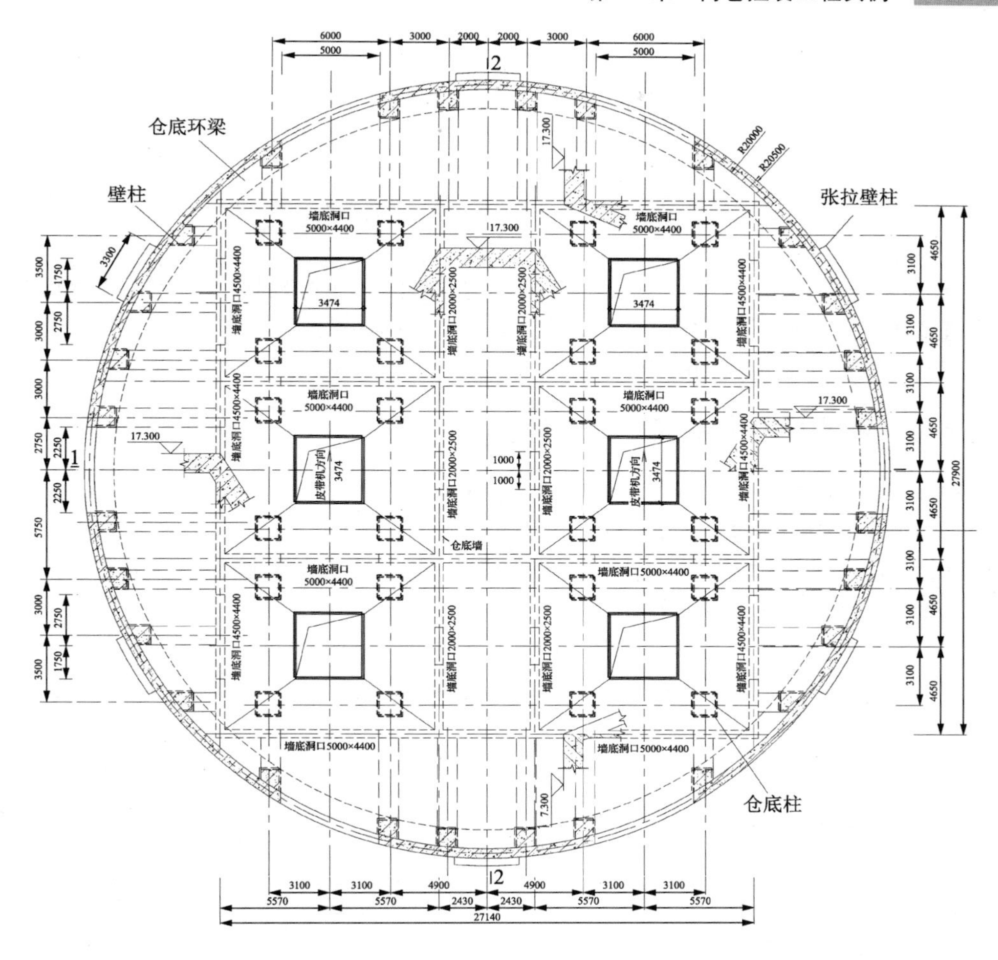

图15-1　筒仓平面布置图(尺寸单位:mm;高程单位:m)

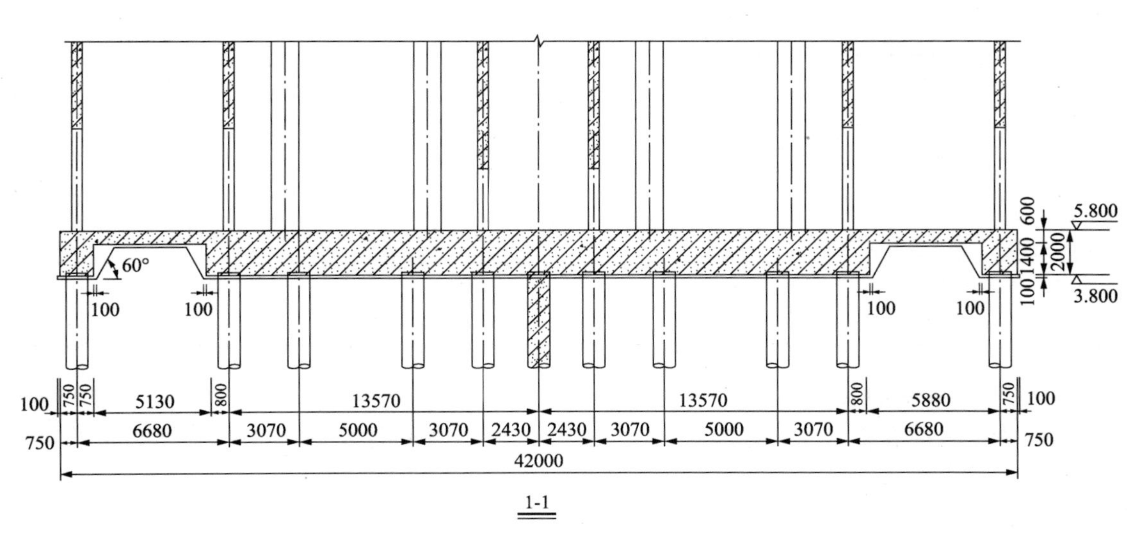

图15-2　筒仓承台结构剖面图(尺寸单位:mm)

以淤泥和淤泥质土为主。原始水底泥面总体由西南到东北逐渐加深,呈缓慢倾斜状态。

勘察结果表明,勘探深度内土层分布较有规律,根据成因及工程地质性质,将地层自上而下分为海相沉积层和海陆交互相沉积层。

15.2 筒仓温度应力有限元分析

本工程筒仓承台为大体积混凝土结构,而筒仓仓壁为大面积混凝土结构,两者均容易开裂,因此在施工前应详细验算温度应力,并根据验算结果制定防裂技术措施。下面分别对筒仓承台和筒仓仓壁进行温度应力仿真计算分析。

15.2.1 筒仓承台温度应力仿真计算

(1)有限元分析参数的选择

根据筒仓承台混凝土配合比的水泥、粉煤灰和矿粉的用量,胶凝材料水化热折减系数取0.8,折算后水泥用量当量值为386kg。水泥采用P. O42.5水泥,水泥水化热按经验值取:3d,248.3kJ/kg;7d,305.6kJ/kg。

本次筒仓承台混凝土温度应力有限元仿真计算所使用的参数如表15-2所列。

筒仓温度应力仿真计算参数的取值　　表15-2

物理特性 \ 构件位置	筒仓承台筒壁仓壁	垫　　层
比热容[kJ/(kg·℃)]	1.045	1.045
密度(kg/m^3)	2403	2403
热导率[kJ/(m·h·℃)]	9.614	9.614
对流系数[kJ/(m^2·h·℃)]	41.8	—
大气温度(℃)	32	32
浇筑温度(℃)	30	—
28d抗压强度(MPa)	35	10
强度进展系数	$a=4.5, b=0.95$	—
28d弹性模量(MPa)	3.15×10^4	1.75×10^4
热膨胀系数	1.0×10^{-5}	1.0×10^{-5}
泊松比	0.2	0.18
单位体积水泥含量(当量,kg/m^3)	386	—
放热系数函数	$K=42.1, a=1.6$	—

(2)有限元分析模型的建立

根据本工程筒仓承台为对称结构,因此有限元分析模型只计算一半即可,根据实际筒仓承台结构尺寸建立有限元模型如图15-3所示(1/2模型)。

(3)温度场有限元分析结果

筒仓承台温度应力仿真分析计算时长为30d,温度场计算结果如图15-4~图15-6所示。

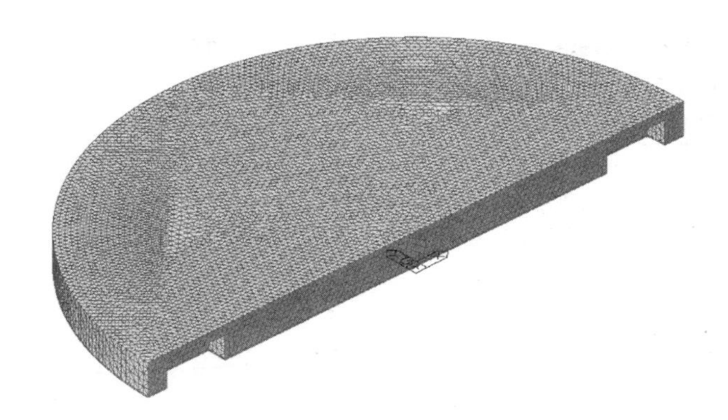

图 15-3　筒仓承台有限元模型(1/2 模型)

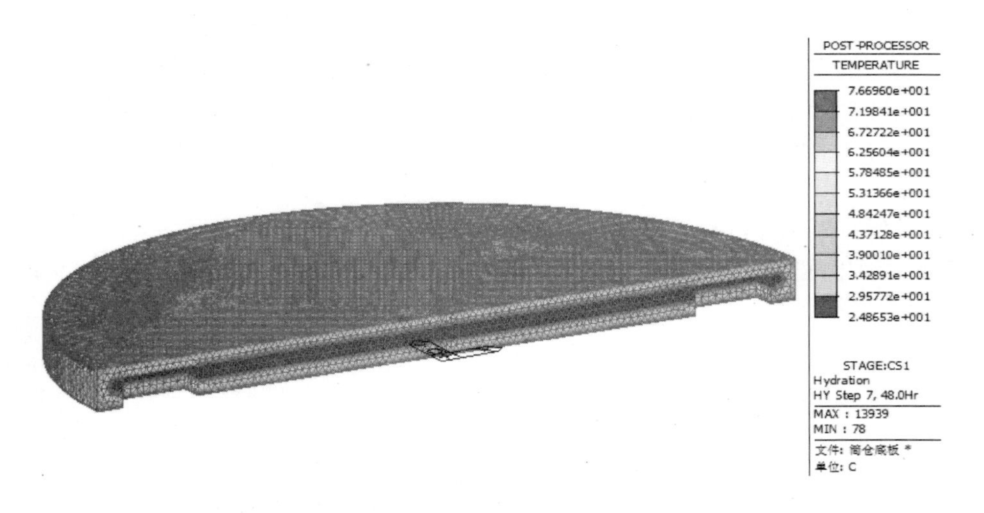

图 15-4　筒仓承台混凝土浇筑完成后第 48h 温度场剖面图

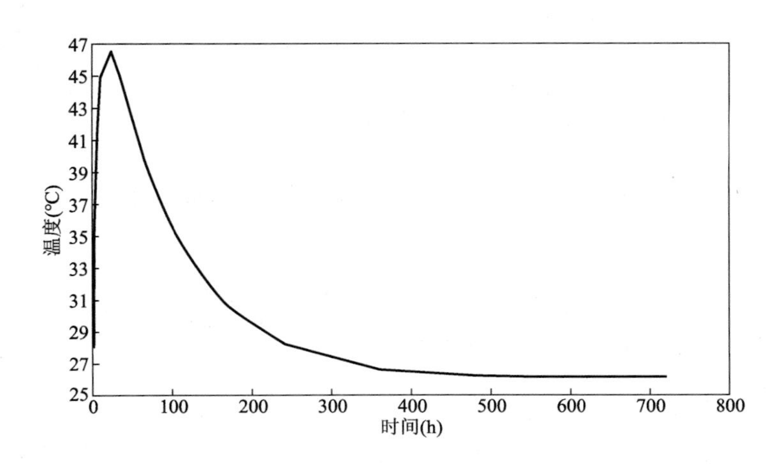

图 15-5　筒仓承台表面节点温度随时间变化图

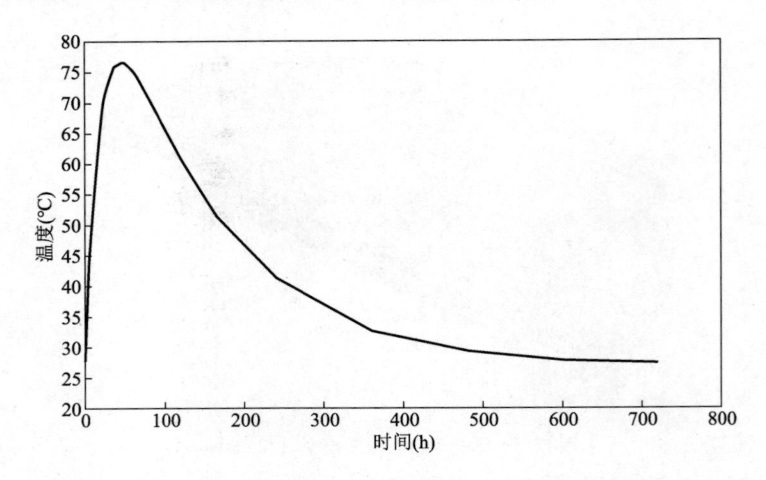

图 15-6 筒仓承台中心温度最高节点温度随时间变化图

由图 15-5 可以看出，筒仓承台表面节点温度在混凝土浇筑完成后第 24h 时温度达到最高值 46.5℃；由图 15-6 可以看出，筒仓承台内部最高温度节点在第 48h 时温度达到峰值，最高为 76.7℃。筒仓承台的内表温差在混凝土浇筑完成后第 48h 时达到最大值 33.2℃，超过相关规范允许值。

(4)应力场有限元分析结果

筒仓承台温度应力仿真分析计算时长为 30d，应力场计算结果如图 15-7 ~ 图 15-11 所示。

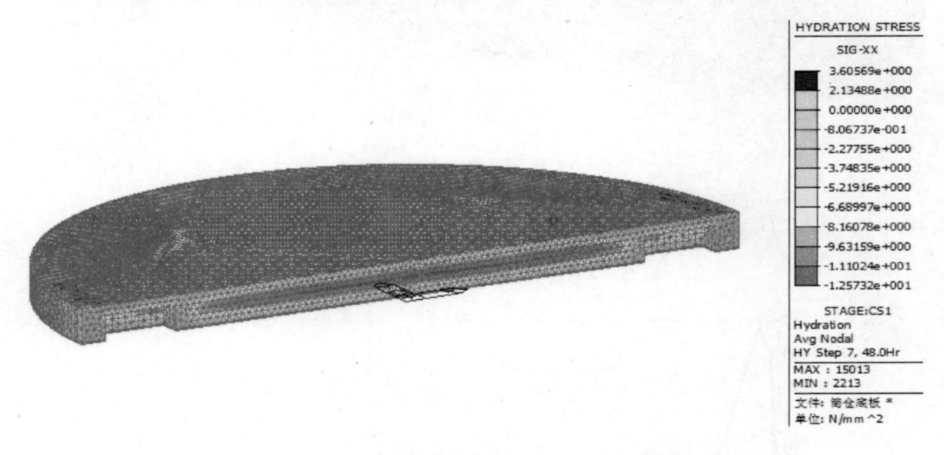

图 15-7 筒仓承台混凝土浇筑完成后第 48h 应力场剖面图

由上述仿真计算结果简要分析如下：

①由图 15-8 可知，筒仓承台表面应力最大节点在混凝土浇筑完成后第 20h 左右拉应力开始超过容许拉应力；由图 15-9 可知，拉应力比最小值为 0.73，由此可见，如不采取防裂技术措施，筒仓承台表面理论上会产生裂缝。

②由图 15-10 可知，筒仓承台内部应力最大节点在混凝土浇筑完成后第 480h 左右拉应力开始超过容许拉应力；由图 15-11 可知，拉应力比最小值为 0.43，由此可见，如不采取防裂技术措施，筒仓承台内部理论上会产生裂缝。

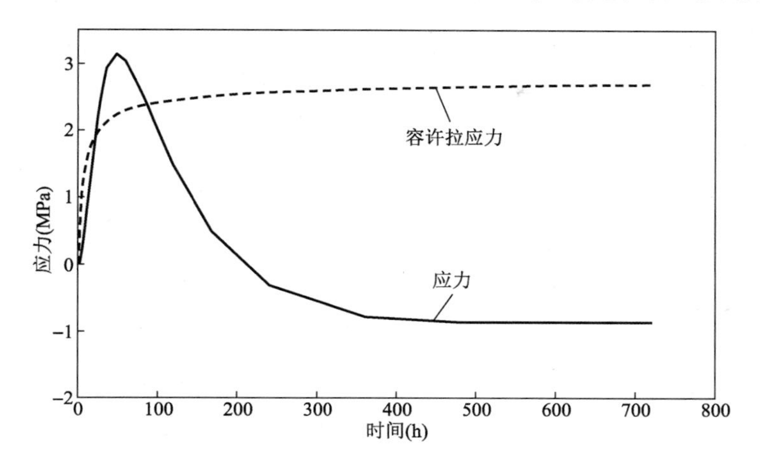

图 15-8　筒仓承台表面应力最大节点应力随时间变化图

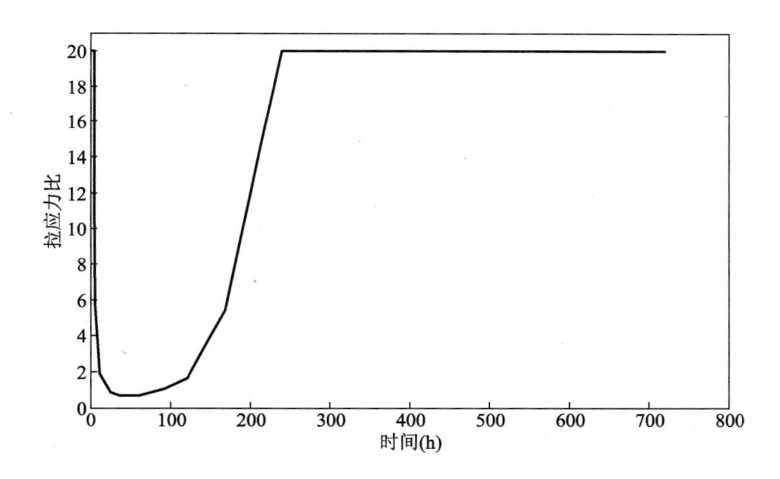

图 15-9　筒仓承台表面应力最大节点拉应力比

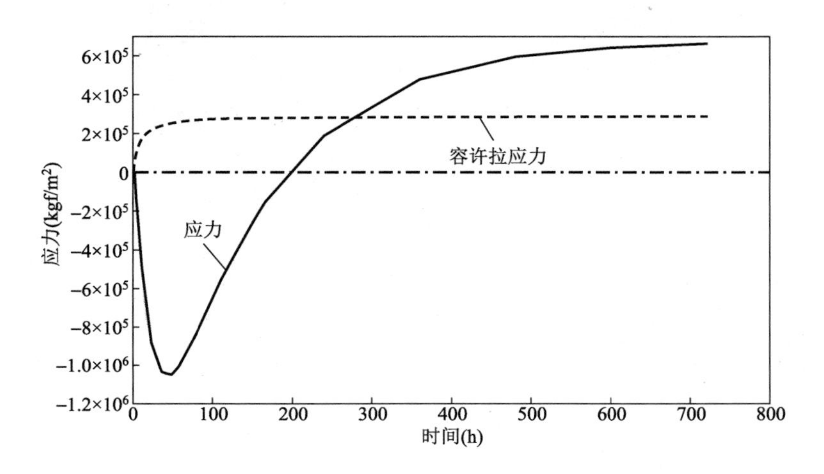

图 15-10　筒仓承台中心应力最大节点应力随时间变化图

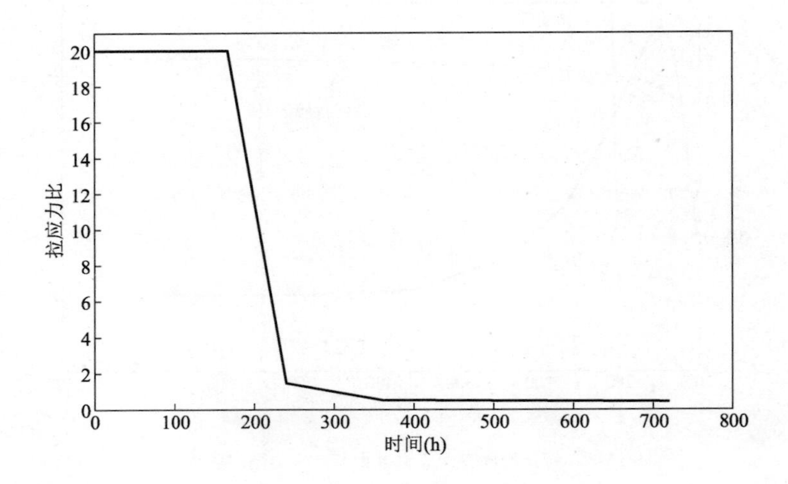

图 15-11　筒仓承台中心应力最大节点拉应力比

15. 2. 2　筒壁仓壁温度应力仿真计算

(1)有限元分析参数的选择

本次筒壁仓壁混凝土温度应力有限元仿真计算所使用的参数如表 15-2 所列。

(2)有限元分析模型的建立

根据实际筒壁仓壁结构尺寸建立有限元模型如图 15-12 所示。

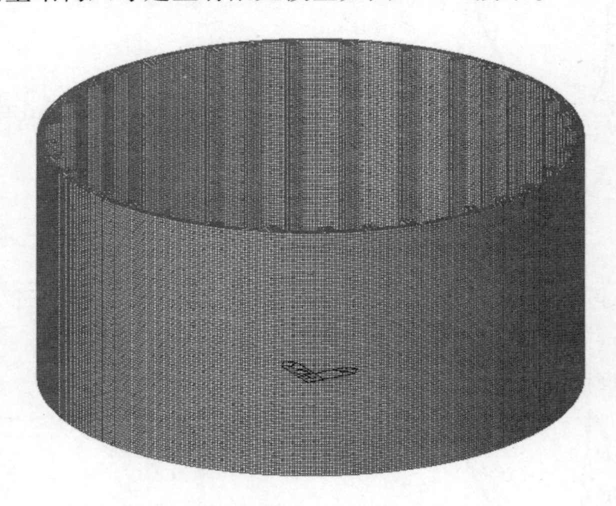

图 15-12　筒壁仓壁有限元模型

(3)温度场有限元分析结果

筒壁仓壁温度应力仿真分析计算时长为 30d,温度场计算结果如图 15-13 ~ 图 15-15 所示。

由图 15-14 可以看出,筒壁仓壁表面节点温度在混凝土浇筑完成后第 12h 时温度达到最高值 43. 6℃;由图 15-15 可以看出,筒壁仓壁内部最高温度节点在第 24h 时温度达到峰值,最

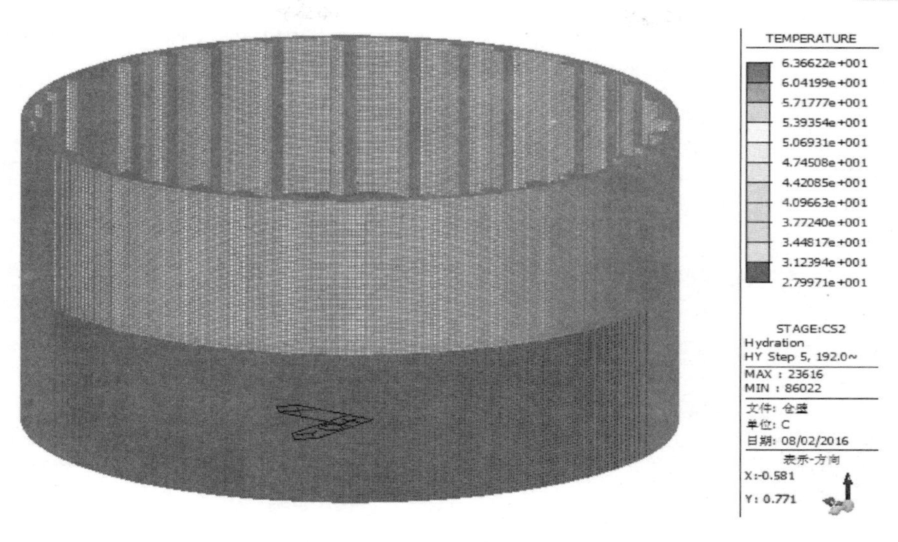

图 15-13　筒壁仓壁混凝土浇筑完成后第 24h 温度场

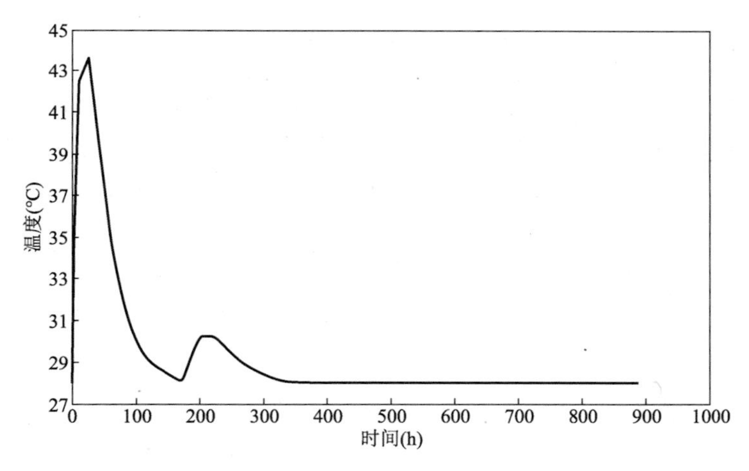

图 15-14　筒壁仓壁表面节点温度随时间变化图

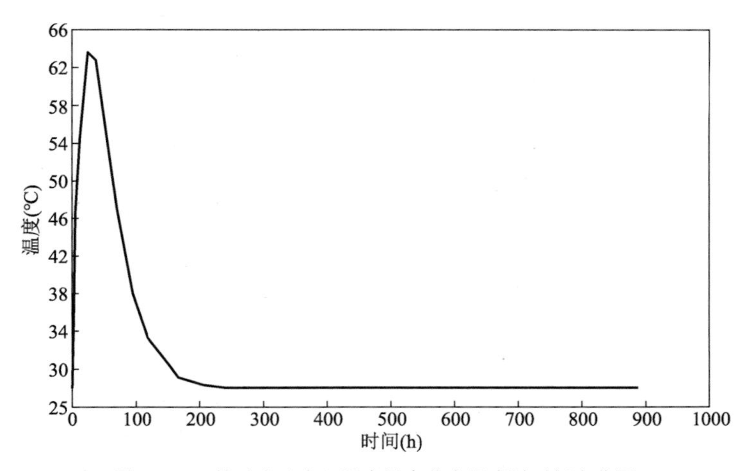

图 15-15　筒壁仓壁中心温度最高节点温度随时间变化图

高为 63.7℃。筒壁仓壁的内表温差在混凝土浇筑完成后第 36h 时达到最大值 21.5℃,符合相关规范允许值。

(4)应力场有限元分析结果

筒壁仓壁温度应力仿真分析计算时长为 30d,应力场计算结果如图 15-16 ~ 图 15-20 所示。

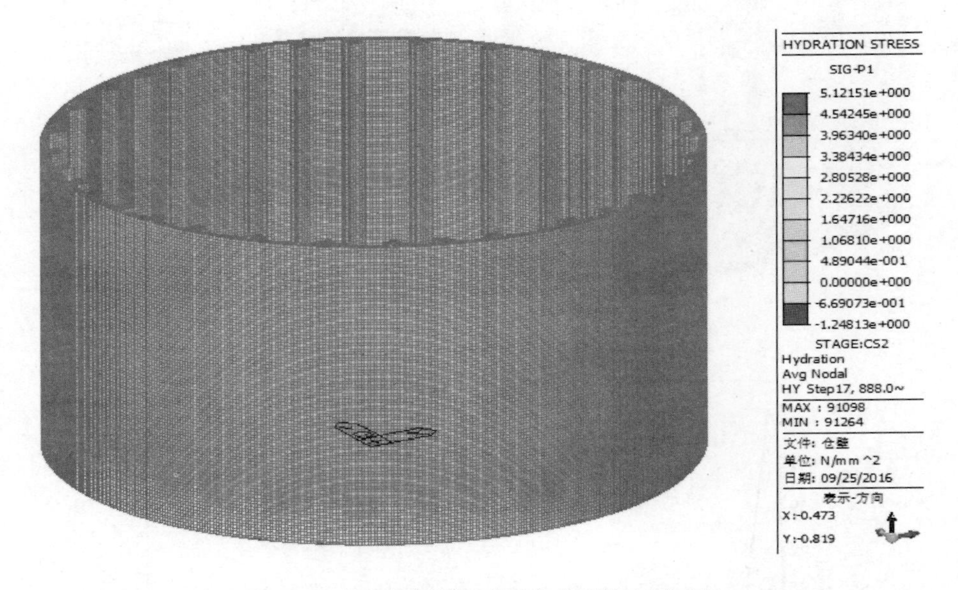

图 15-16　筒壁仓壁混凝土浇筑完成后第 30d 应力场

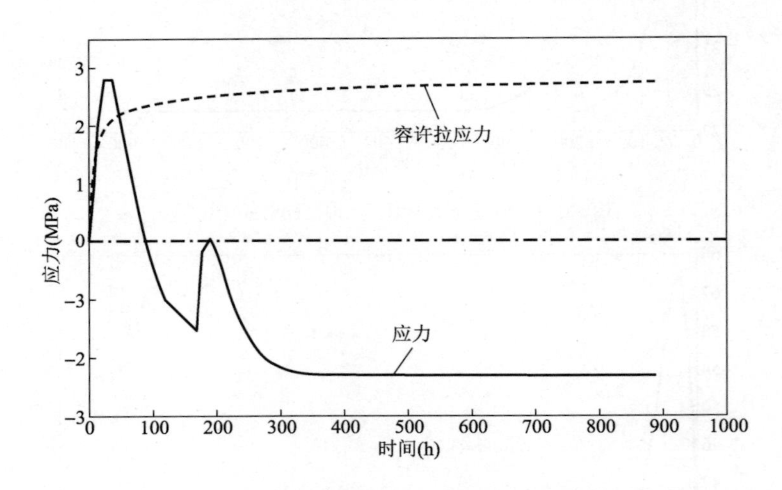

图 15-17　筒壁仓壁表面应力最大节点应力随时间变化图

由上述仿真计算结果简要分析如下:

①由图 15-17 可知,筒壁仓壁表面应力最大节点在混凝土浇筑完成后第 12h 左右拉应力开始大于容许拉应力;由图 15-18 可知,拉应力比最小值为 0.69,由此可见,如不采取防裂技术措施,筒壁仓壁表面理论上会产生裂缝。根据前面的温度场计算结果,筒壁仓壁最大内表温差

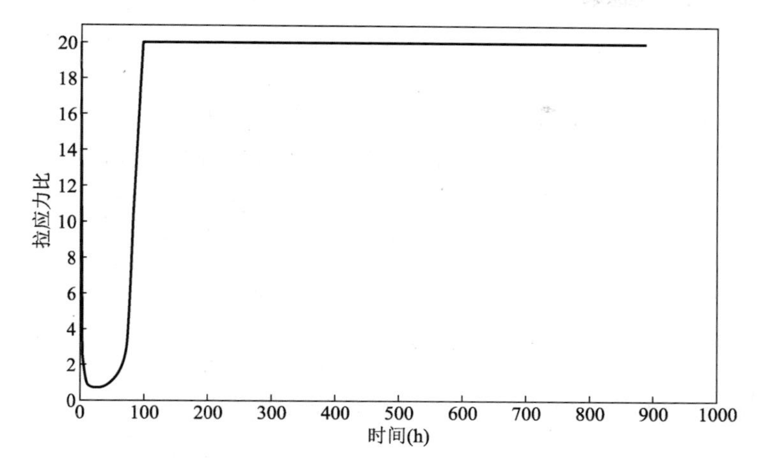

图 15-18　筒壁仓壁表面应力最大节点拉应力比

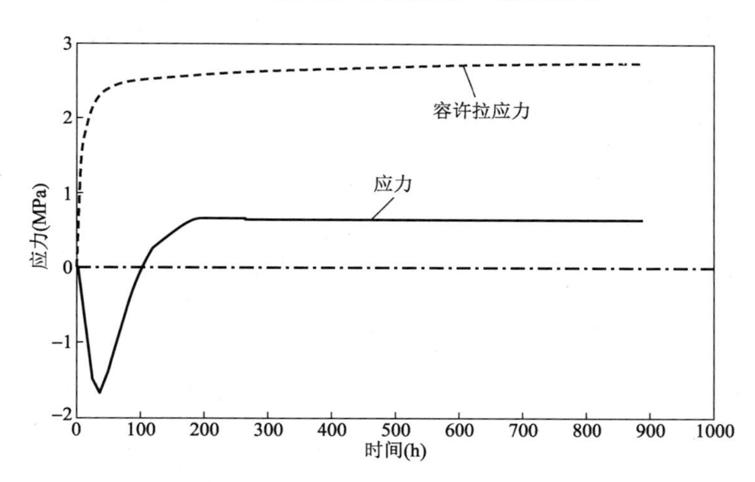

图 15-19　筒壁仓壁中心应力最大节点应力随时间变化图

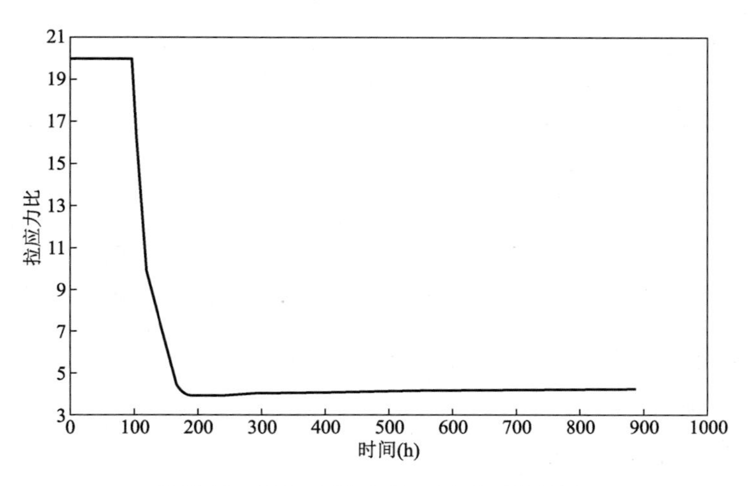

图 15-20　筒壁仓壁中心应力最大节点拉应力比

为21.5℃,由此可见,单纯的内表温差不足以使筒壁仓壁表面产生裂缝。筒壁仓壁表面裂缝是由混凝土内表温差和干缩共同作用结果。

②由图15-19可知,筒壁仓壁混凝土浇筑完成后内部拉应力最大节点始终小于容许拉应力;由图15-20可知,拉应力比最小值为3.89,由此可见,筒壁仓壁混凝土内部理论上不会产生裂缝。

15.3 筒仓裂缝产生原因分析

15.3.1 筒仓承台裂缝产生原因分析

根据筒仓承台有限元仿真分析结果,并结合施工组织设计,承台裂缝产生原因主要为以下两方面:

(1)筒仓承台混凝土结构内表温差偏大,这是产生表面裂缝的主要原因。

(2)基础垫层施工完成约10d后才进行承台混凝土的浇筑施工,垫层混凝土会对承台混凝土的收缩形成强约束,从而可能导致贯通裂缝的产生。

15.3.2 筒壁仓壁裂缝产生原因分析

根据筒壁仓壁有限元仿真分析结果,并结合施工组织设计,筒壁仓壁裂缝产生原因主要为以下几方面:

(1)筒仓承台施工完成约20d后才进行筒壁混凝土的浇筑施工,承台混凝土会对筒壁混凝土的收缩形成强约束,从而可能导致贯通裂缝的产生。

(2)本工程筒仓直径达到了40m,筒壁仓壁采用滑模施工工艺,混凝土浇筑5~6h即开始进行滑模施工,模板滑走后混凝土表面无法进行十分有效的养护,致使筒壁仓壁表面直接暴露在空气中,混凝土表面水分蒸发较快,从而导致表面干缩裂缝的产生。

(3)在筒壁仓壁内表面设计有扶壁柱结构,由于扶壁柱结构的存在,使筒壁仓壁水平截面存在突变,因而混凝土收缩应力会在扶壁柱结构附近出现集中应力现象,从而导致混凝土开裂。

(4)由施工原因造成的裂缝。由于筒壁仓壁为滑模施工,所以如果滑模质量控制不好会使筒壁仓壁出现裂缝。因为滑模施工是靠埋设在侧墙中导杆受力带动模板和平台上升,此时如果模板在原地停留时间过长,模板与混凝土之间的摩擦力就会变大,当模板滑动时可能将已施工完的混凝土拉动,在筒壁仓壁圆周引起环向裂缝。

15.4 筒仓裂缝控制技术措施

15.4.1 筒仓承台裂缝控制技术措施

根据筒仓承台裂缝产生的原因,结合现场施工,研究制定如下裂缝控制技术措施:

(1)合理优化混凝土配合比

在保证强度要求的前提下,合理优化配合比,尽量减少水泥用量。可适当加入缓凝剂,延长混凝土终凝时间，利用其强度发展变慢这一特点，控制胶凝材料水化反应速度，减小混凝土内表温差。严格把好材料质量关，严格控制水灰比。粗集料要选择良好的级配，含泥量≤1%，其中，泥块含量≤0.5%。细集料采用级配稳定的中粗砂，含泥量≤3%。

（2）降低混凝土的浇筑温度

①降低拌和水温度

在蓄水池内加入碎冰，形成冰水，将拌和用水温度控制在5～10℃。此外，每立方米混凝土的部分拌和用水用40～50kg冰屑来代替，进一步降低混凝土的出机温度。

②降低集料温度

集料采用"防晒布"进行遮盖，施工时将表面800～1000mm温度较高的砂石料推走，尽量使用深埋在1000mm以下的集料以降低浇筑温度。必要时还可以采用喷淋冷水的方法进行集料预冷，但拌和站集料堆场需要有良好的排水措施，以保证集料含水率稳定。

③混凝土运输过程中的保温

当夏季环境温度较高时，混凝土运输罐车上要进行覆盖等并经常喷水保持湿润，以减少混凝土拌和物因运输而造成的温度回升。

④夜间浇筑混凝土

可充分利用夜间进行浇筑以降低浇筑温度，在夏季温度较高时日间要加快混凝土的浇筑速度以缩短混凝土的暴晒时间，减少暴露面积降低混凝土拌和物因吸收太阳能而造成的温度升高，夜间在不形成冷缝的前提下尽可能延缓混凝土的浇筑速度以利于早期水化热的散发。

（3）提高混凝土的抗裂性能

①优化混凝土的搅拌

采用二次投料的砂浆裹石搅拌工艺，提高混凝土的抗拉强度和极限拉伸值。试验室应定时检查混凝土坍落度、出机温度、浇筑温度、有无泌水等。混凝土在运输过程中应保持其均质性，做到不分层、不离析、不漏浆，如发生离析或初凝现象，必须在浇筑前进行二次搅拌。

②优化混凝土浇筑

为了确保承台混凝土不出现施工冷缝，每区域混凝土由承台中心向四周倒退作业，各泵车浇筑的区域相互错开，形成区域式分层退打的施工方式，提高泵送功效，确保承台混凝土上下层及整体性结合良好。图15-21为混凝土浇筑方向示意图。

采用自然分层法进行混凝土浇筑施工，这种方法适用于泵送的混凝土坍落度大、浇筑面积广的工程。自然分层法是利用混凝土自然流淌形成的斜坡进行分层，循序渐进一次到顶的浇筑方法。振捣时一般布置三道振动棒，第一道在混凝土坡顶，第二道在混凝土斜坡中间，第三道在混凝土坡脚，三道振动棒相互配合，确保覆盖整个坡面不漏振。随着混凝土浇筑工作的向前推进，振动棒也相应跟上，以确保整个高度混凝土的浇筑质量。操作时采用"行列式"振捣，振捣时要做到"快插慢拔"、"棒棒相接"，振捣时间以混凝土表面不再呈现浮浆或不再沉落、气泡不再上浮来控制，避免振捣时间过短或过长。振捣棒在振捣上层混凝土时，应插入下层混凝土5cm左右，消除两层之间接缝，严禁漏振、过振现象发生。振捣过程中应注意振捣棒与模板的距离，避免碰撞模板。混凝土浇筑过程中，钢筋工要经常检查钢筋的位置，如有移动，应立即调位。自然分层法混凝土浇筑，如图15-22所示。

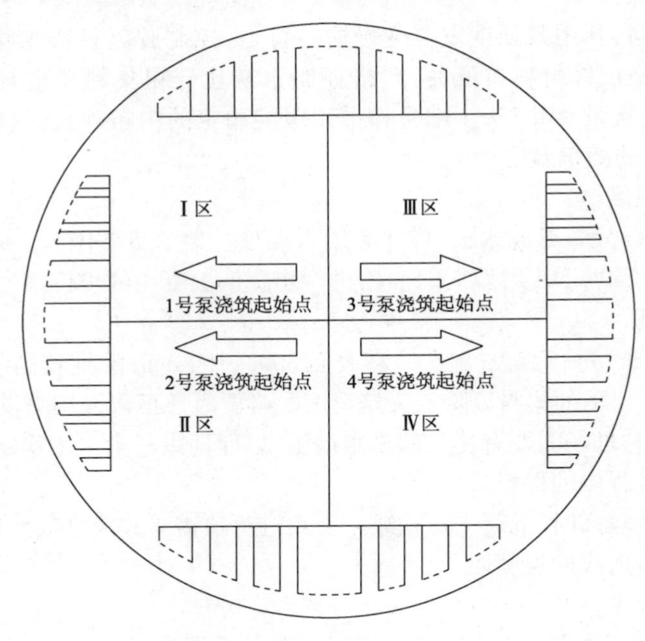

图15-21　混凝土浇筑方向示意图

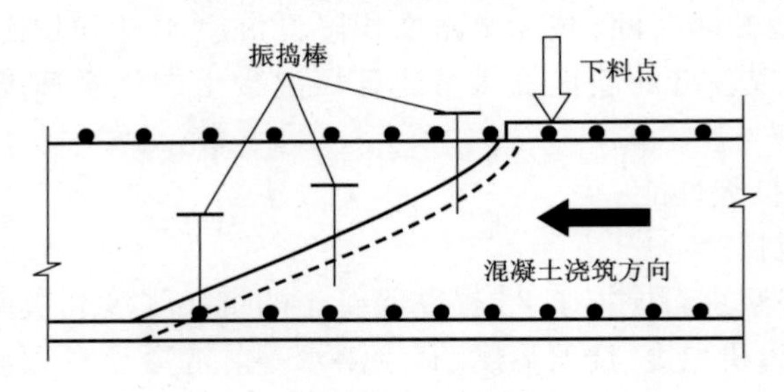

图15-22　自然分层法混凝土浇筑

③混凝土的二次振捣

对浇筑后的混凝土进行二次振捣，能排除混凝土因泌水在粗集料、水平钢筋下部生成的水分和空隙，提高混凝土与钢筋的握裹力，防止因混凝土沉落而出现的裂缝，减少内部微裂缝，增加混凝土密实度，使混凝土的抗拉强度提高10%～20%，从而提高抗裂性。

混凝土二次振捣有严格的时间标准，二次振捣的恰当时间是指混凝土振捣后尚能恢复到塑性状态的时间，这是二次振捣的关键，又称为振动界限。掌握二次振捣恰当时间的方法是将运转着的振捣棒靠其自身的重力逐渐插入混凝土中进行振捣，混凝土在振捣棒慢慢拔出时能自行闭合，不会在混凝土中留下孔穴，则可以认为此时施加二次振捣是适宜的。

④及时排除混凝土泌水

大体积混凝土施工中，浇筑层易产生泌水现象，特别是泵送混凝土。在浇筑筒仓承台大体积混凝土时，可在四周侧模的底部开设排水孔或利用集水坑将大部分泌水用软轴泵或隔膜泵排出。少量不及时排出的泌水随着浇筑的向前推进而被赶至侧模边上，通过在侧模开设的排水孔排出。当浇筑的混凝土大坡面接近侧模时，可改变混凝土的浇筑方向即由侧边模板处往回浇筑与原斜坡相交形成一个集水坑，另外有意识地加快两侧混凝土的浇筑速度，使集水坑慢慢缩成一个小水洼用软轴泵及时将泌水排出，这种方法基本上能排出最后阶段的泌水。

⑤混凝土表面处理

混凝土浇筑后初凝前应按高程用长刮尺刮平，初凝后终凝前再用木抹子反复搓平、压实，以控制混凝土表面龟裂并及时用塑料薄膜覆盖。

(4)对承台混凝土内部温度进行实时监测

在筒仓承台混凝土的浇筑过程中应对浇筑温度、施工现场环境温度等进行实时监测；在养护过程中应对混凝土浇筑块体的内部升降温、内表温差、降温速率及环境温度等进行监测。这些温度监测结果能及时反映大体积混凝土浇筑块内部温度场变化的实际情况，以及所采取的防裂技术措施效果。温度监测结果还能为工程技术人员确定拆模时间、覆盖保温层时间及何时解除保温等提供科学依据。

本工程筒仓承台共布置 6 个温度监测点，其中测温点 1 ~ 5 监测混凝土温度变化情况，测温点 6 监测施工现场大气温度。图 15-23 为筒仓承台温度监测点平面布置图。测温点 1 ~ 5 在混凝土厚度方向上布置 4 个温度传感器，如图 15-24 所示。

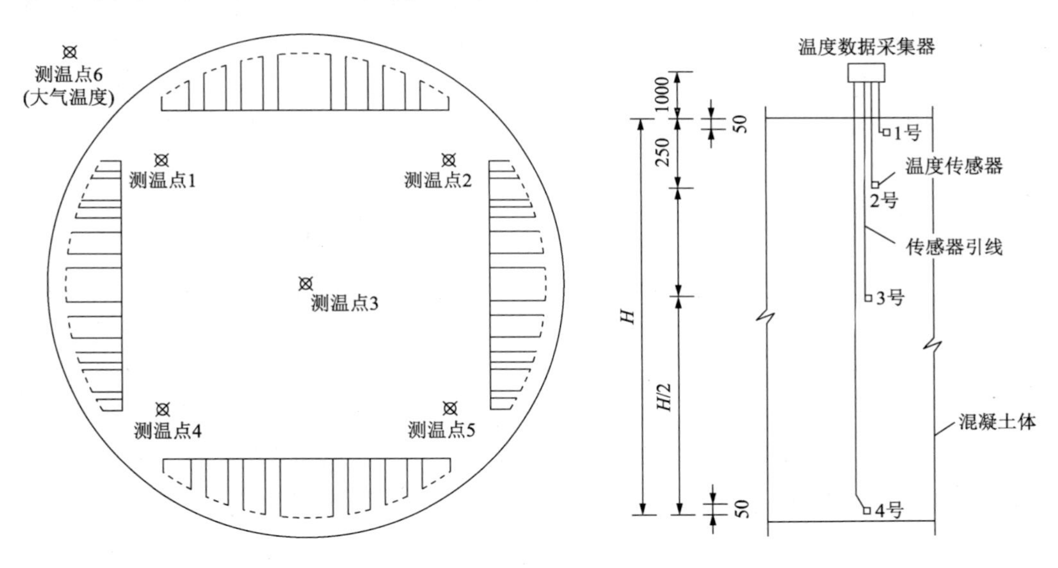

图 15-23　筒仓承台温度监测点平面布置图

图 15-24　筒仓承台温度监测点传感器立面布置图(尺寸单位：mm)

(5)混凝土的保温保湿养护

①大体积混凝土浇筑完毕待其收水后，混凝土表面以手指轻按无指印时即可在外露表面覆盖塑料薄膜养护。塑料薄膜不仅可保住混凝土中的水分，而且能使混凝土表面水分均匀分布，避免由于水分流淌而使混凝土表面产生斑纹。同时又可防止混凝土表面因水分蒸发而产生干缩裂纹，同时又可以避免因草席吸水受潮而降低保温性能。

②保湿层铺设完毕后，根据温度监测情况采用草帘麻袋等保温材料作为保温层进行覆盖，保温层的总厚度应通过计算来确定。

③根据温度监测的结果，若混凝土内部升温较快表面保温效果不好，混凝土内部与表面温

度之差有可能超过25℃时,应及时增加保温层厚度。

④当昼夜温差较大或天气预报将有暴雨袭击时,现场应准备足够的保温材料,并根据气温变化趋势及混凝土内温度监测结果及时调整保温层厚度,避免产生冷击裂缝。

⑤通常当混凝土内部与表面温度之差不超过25℃且混凝土表面与环境温度之差不超过15℃时即可逐层拆除保温层。一般1~2d拆除一层,但要保证混凝土内部与表面温度之差不超过25℃。当混凝土内部与环境温度之差小于25℃时即可撤掉全部保温层。

15.4.2 筒壁仓壁裂缝控制技术措施

筒仓承台的优化配合比、降低混凝土浇筑温度和提高混凝土抗裂性能等裂缝控制技术措施,仍然适合筒壁仓壁的裂缝控制。除此之外,结合筒壁仓壁的特点,研究制定如下裂缝控制技术措施:

(1)缩短混凝土浇筑间歇时间

筒仓承台与筒壁仓壁之间的混凝土浇筑间歇时间越长,承台混凝土的强度就越大,对筒壁仓壁之混凝土收缩的约束作用也就越强。所以,应优化施工组织设计,在现场条件允许的情况下,尽量缩短筒仓承台与筒壁仓壁之间的混凝土浇筑间歇时间,从而减少约束裂缝的产生。

(2)采用纤维混凝土

可在混凝土中掺入聚丙烯短纤维来提高混凝土的抗拉强度和极限拉伸,从而减少混凝土开裂。

(3)采用补偿收缩混凝土

由于筒壁仓壁的厚度较薄,不属于大体积混凝土结构,可考虑在混凝土中加入膨胀剂来制成补偿收缩混凝土,从而达到补偿混凝土收缩、减少开裂的目的。但混凝土的补偿收缩作用是在充分保湿养护的条件下才能获得的,若保湿养护不到位,可能会引起更大的收缩。

(4)筒壁仓壁混凝土的保湿养护

由于筒仓的直径达到了40m,筒壁仓壁混凝土面积很大,采用传统的覆盖保湿养护材料的方法难度较大。因此考虑在筒壁仓壁周围设置环形喷水管(图15-25),模板滑走后立即对混凝土表面进行喷水养护,并且24h不间断喷水。

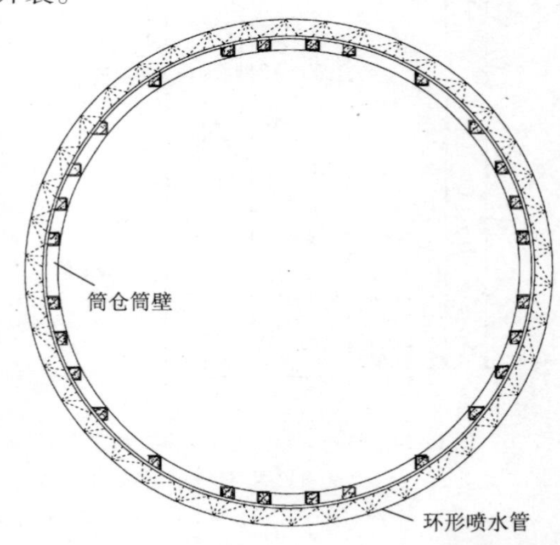

图15-25 筒仓筒壁采用环形水管喷水养护示意图

15.5 本 章 小 结

筒仓承台为大体积混凝土结构,而筒仓仓壁为大面积混凝土结构,两者均容易开裂,裂缝控制难度较大。在对筒仓承台、仓壁温度应力有限元分析的基础上,结合现场施工实际,分析了裂缝产生原因,并经过一系列研究,制定了相应的裂缝控制技术措施。在筒仓的施工中采取了控裂技术措施后,裂缝数量明显减少,控裂的效果非常明显。

第 16 章

翻车机房控裂工程实例

16.1　工 程 概 况

京唐港区 36 号至 40 号煤炭泊位翻车机房为两线四翻式，其功能是由将铁路运输的煤炭通过翻车机翻卸，经皮带机运输至码头后方堆场储存，然后再装船外运。

翻车机基础围护结构为现浇钢筋混凝土圆形地下连续墙结构，内径 72m，地连墙起挡土、截水作用。基坑开挖至设计高程 -15.10m，地基土质为细砂。其上铺设 450mm 厚碎石垫层和 150mm 厚 C15 素混凝土垫层。

翻车机房主体地下构筑物采用现浇钢筋混凝土结构，混凝土强度等级为 C40 S10，如表 16-1 所列。

翻车机房 C40 S10 混凝土配合比（kg/m^3）　　表 16-1

名称	水泥	砂	碎石	引气剂	泵送剂	阻锈剂	粉煤灰	膨胀剂	水
规格	P. O42. 5	中砂	5 ~ 31. 5mm	AE	HSA	RI - IIC	Ⅱ级	UEA	
掺量	308	679	1108	0. 014	11. 3	13. 56	108	36	180

主体结构平面尺寸为 61. 2m × 44. 4m，底高程 -14. 50m，顶高程 +5. 292m，总高 19. 792m。根据工艺布置，翻车机基础分为三层。顶层顶高程 +5. 292m，主要由顶层梁板及其以下侧墙和扶壁组成；中间层顶高程 -1. 042m，主要由平台板和漏斗梁组成；底层顶高程 -12. 50m，主要为底板，厚 2. 0m。翻车机房主体结构沿南北向设 20mm 宽结构缝一道，将整个结构分为东西两部分。东段底板混凝土体积量为 $2740m^3$，西段底板 $2550m^3$。

考虑到结构的抗渗防裂要求、均衡生产、吊机设备投入等因素，翻车机房在平面上采取分区分块施工（图 16-1），设置施工缝、防渗墙闭合块及后浇带。翻车机房主体一层平面分区如图 16-2 所示。

以往翻车机房地下结构混凝土设计强度大多为 C30S10，本工程依据 2011 年 7 月 1 日起施行的《混凝土结构设计规范》（GB 50010—2010）中三 b 类环境混凝土耐久性基本要求的规定，混凝土强度等级取为 C40。这在同等规模翻车机房地下结构中尚属首次，进一步加大了混凝土裂缝控制难度。

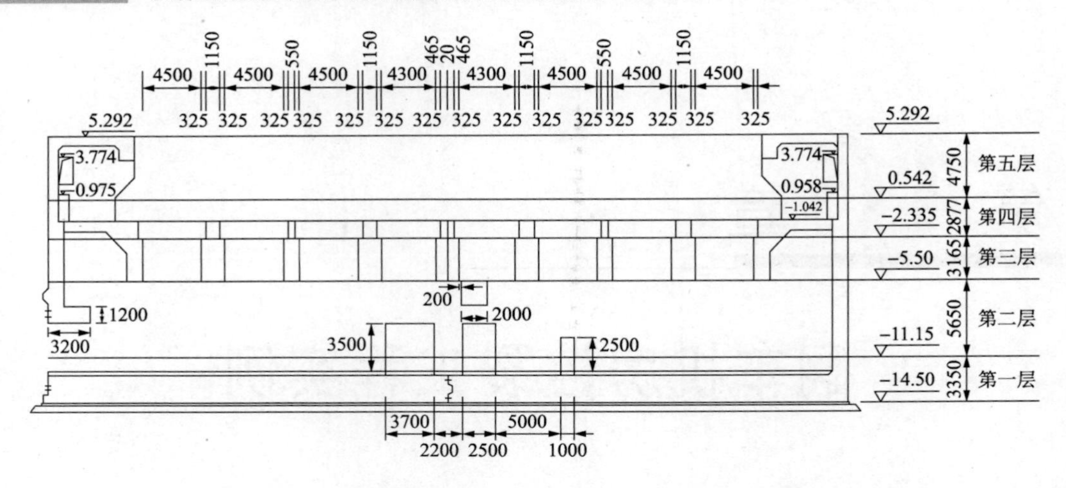

图 16-1　翻车机房主体结构分层施工示意图(尺寸单位:mm;高程单位:m)

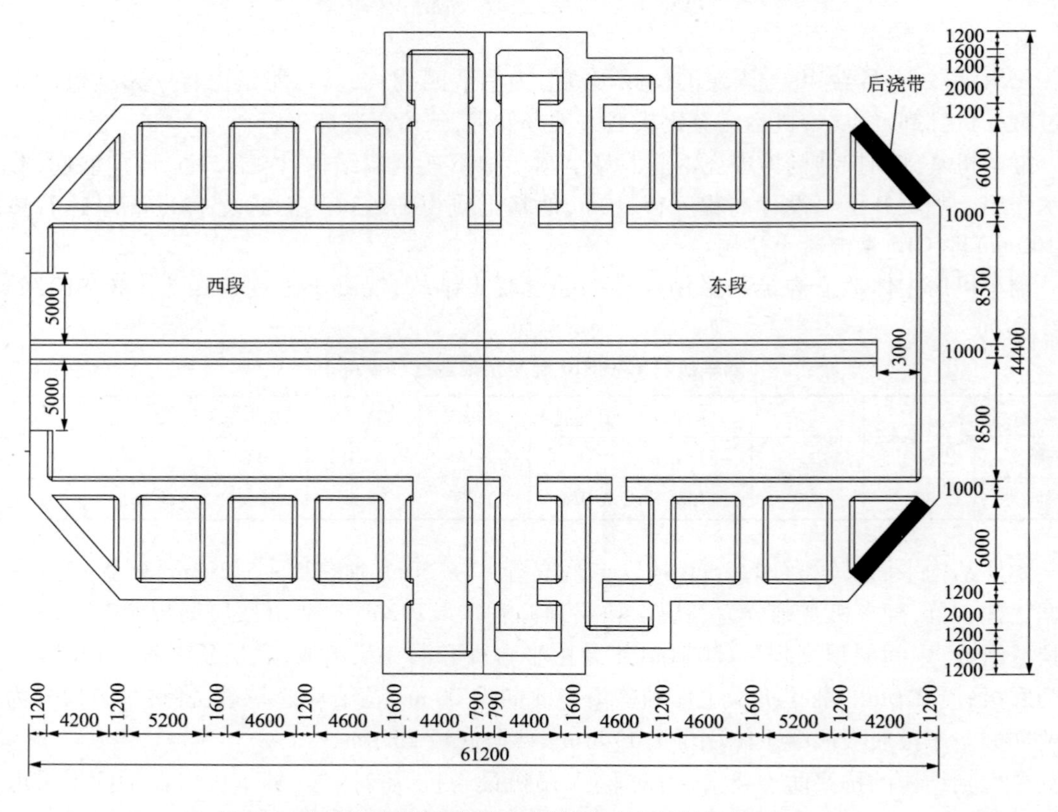

图 16-2　翻车机房主体结构第一层分块施工示意图(尺寸单位:mm)

16.2　翻车机房温度应力仿真计算

本工程为大体积混凝土结构,且存在大量变截面结构,容易开裂,因此在施工前应详细验算温度应力,并根据验算结果制定防裂技术措施。

(1)有限元分析参数的选择

根据翻车机房混凝土配合比的水泥、粉煤灰和矿粉的用量,胶凝材料水化热折减系数取0.87,折算后水泥用量当量值为393.2kg。水泥采用P.O42.5水泥,水泥水化热按经验值取:3d,248.3kJ/kg;7d,305.6kJ/kg。

本次翻车机房混凝土温度应力有限元仿真计算所使用的参数如表16-2所列。

翻车机房混凝土有限元仿真计算参数的取值　　表16-2

物理特性 \ 构件位置	翻车机房	垫层
比热容[kJ/(kg·℃)]	1.045	1.045
密度(kg/m³)	2443	2400
热导率[kJ/(m·h·℃)]	9.614	9.614
对流系数[kJ/(m²·h·℃)]	41.8	—
大气温度(℃)	28	28
浇筑温度(℃)	20	—
28d抗压强度(MPa)	40	15
28d弹性模量(MPa)	3.35×10^4	2.2×10^4
热膨胀系数	1.0×10^{-5}	1.0×10^{-5}
泊松比	0.2	0.18
单位体积水泥含量(当量,kg/m³)	393.2	—
放热系数函数	$K=48.1, a=1.6$	—

(2)有限元分析模型的建立

根据本工程翻车机房的结构特点,取有代表性的一层和二层进行有限元分析即可,根据翻车机房一层和二层结构尺寸建立有限元模型如图16-3所示。

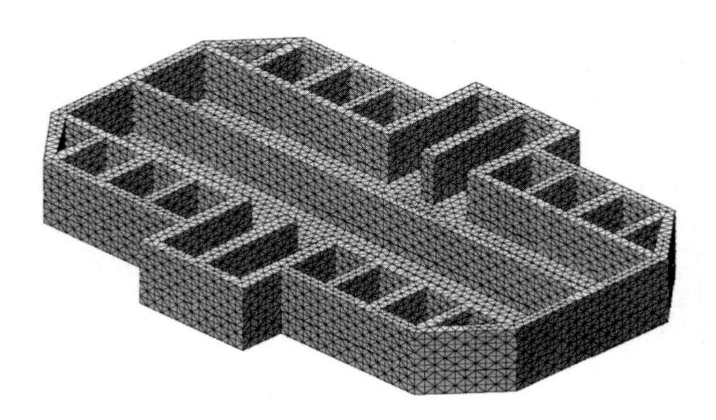

图16-3　翻车机房一层、二层有限元模型

(3)温度场有限元分析结果

翻车机房温度应力仿真分析计算时长为40d,温度场计算结果如图16-4~图16-6所示。

由图16-5可以看出,翻车机房表面节点温度在混凝土浇筑完成后第12h时温度达到最高

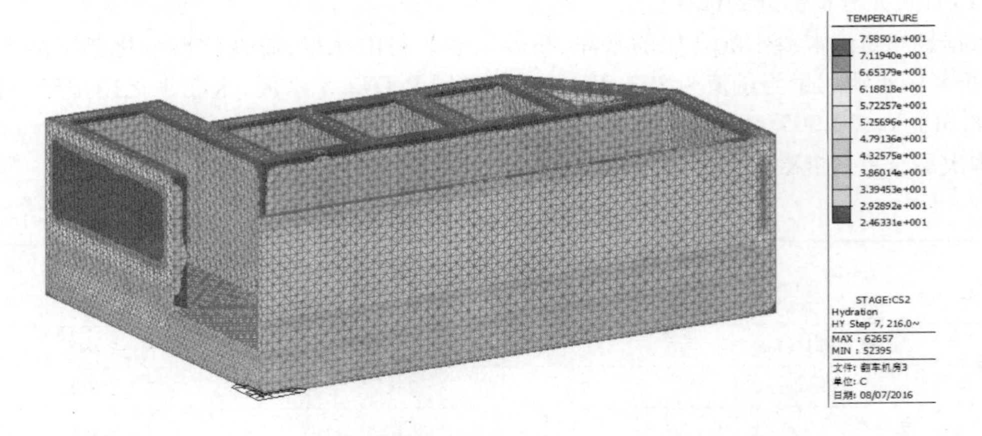

图 16-4　翻车机房混凝土浇筑完成后第 48h 温度场剖面图

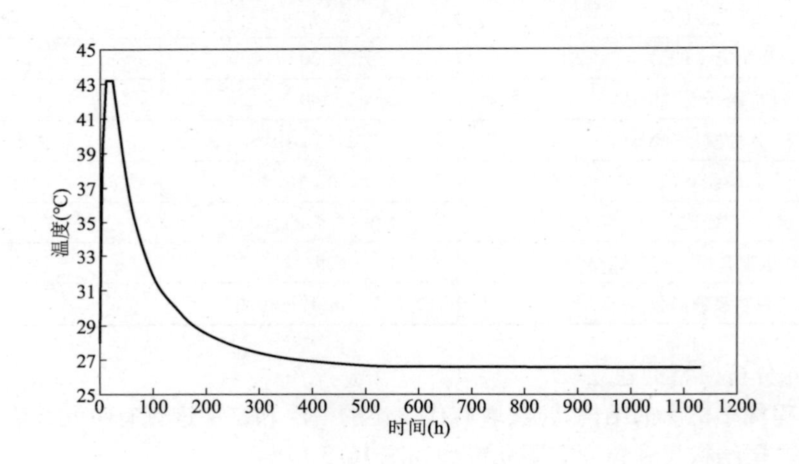

图 16-5　翻车机房表面节点温度随时间变化图

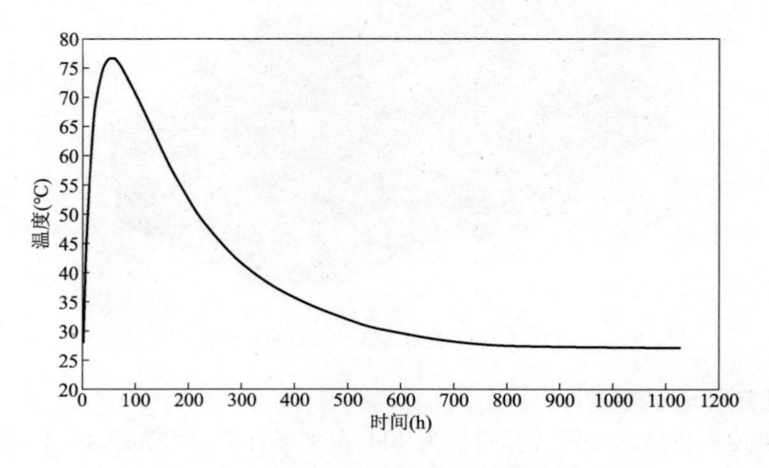

图 16-6　翻车机房中心温度最高节点温度随时间变化图

值 43.2℃；由图 16-6 可以看出，翻车机房内部最高温度节点在第 48h 时温度达到峰值，最高为 76.5℃。翻车机房的内表温差在混凝土浇筑完成后第 48h 时达到最大值 38.5℃，超过相关规范允许值。

（4）应力场有限元分析结果

翻车机房温度应力仿真分析计算时长为 40d，应力场计算结果如图 16-7 ~ 图 16-11 所示。

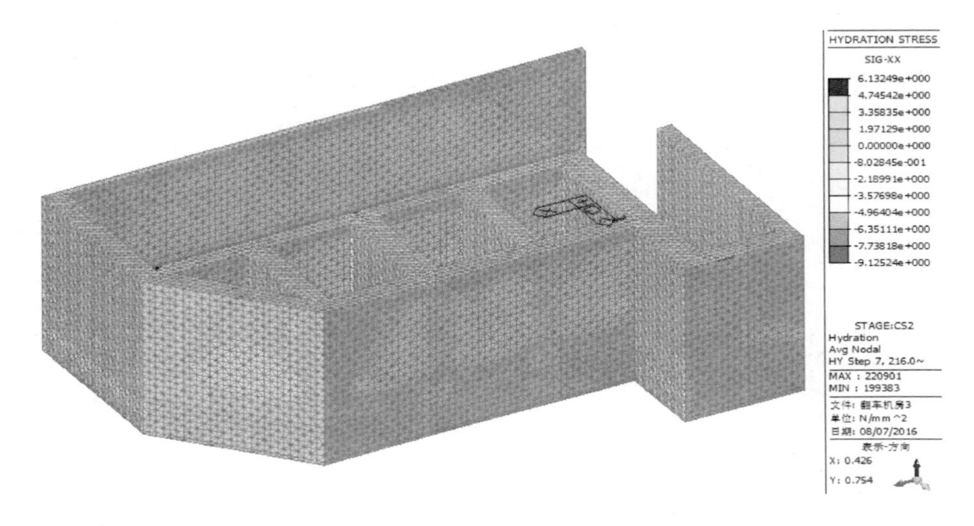

图 16-7　翻车机房混凝土浇筑完成后第 48h 应力场剖面图

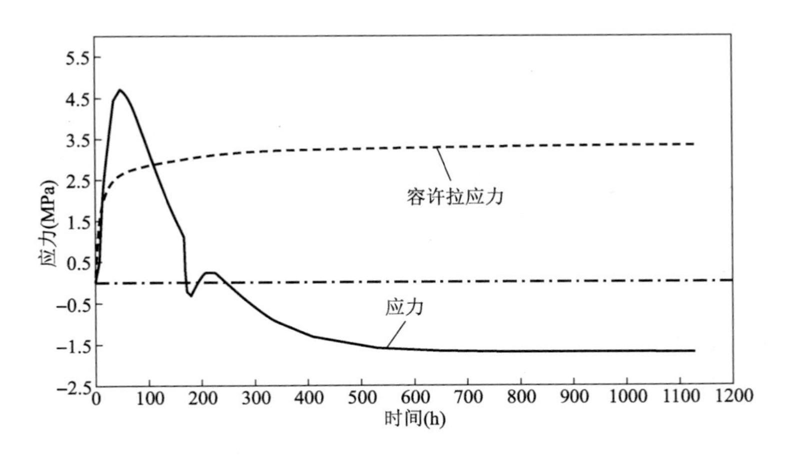

图 16-8　翻车机房表面应力最大节点应力随时间变化图

由上述仿真计算结果简要分析如下：

①由图 16-8 可知，翻车机房表面应力最大节点在混凝土浇筑完成后第 12h 左右拉应力开始超过容许拉应力；由图 16-9 可知，拉应力比最小值为 0.56，由此可见，如不采取防裂技术措施，翻车机房表面理论上会产生裂缝。

②由图 16-10 可知，翻车机房内部应力最大节点在混凝土浇筑完成后在第 350h 左右拉应力开始超过容许拉应力；由图 16-11 可知，拉应力比最小值为 0.48，由此可见，如不采取防裂技术措施，翻车机房内部理论上会产生裂缝。

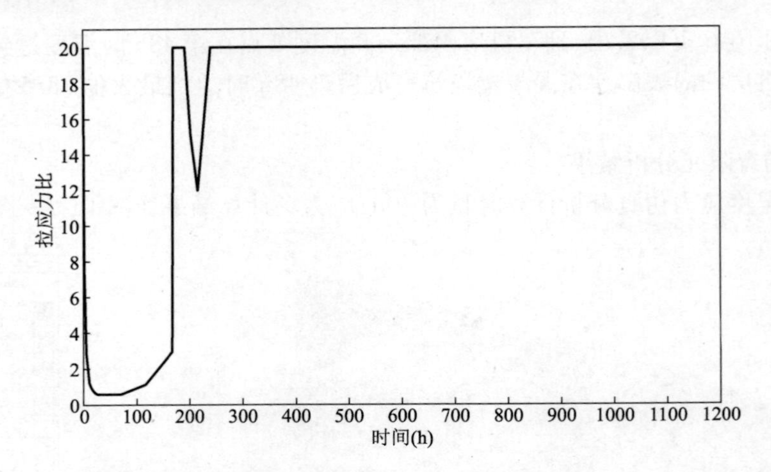

图 16-9　翻车机房表面应力最大节点拉应力比

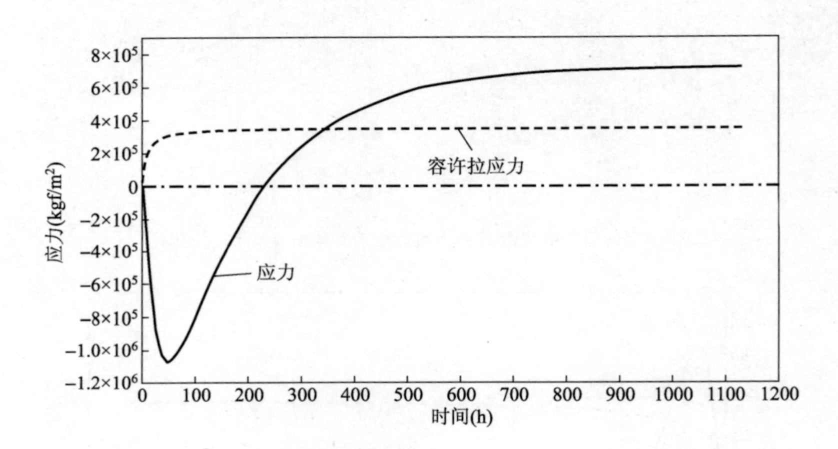

图 16-10　翻车机房中心应力最大节点应力随时间变化图

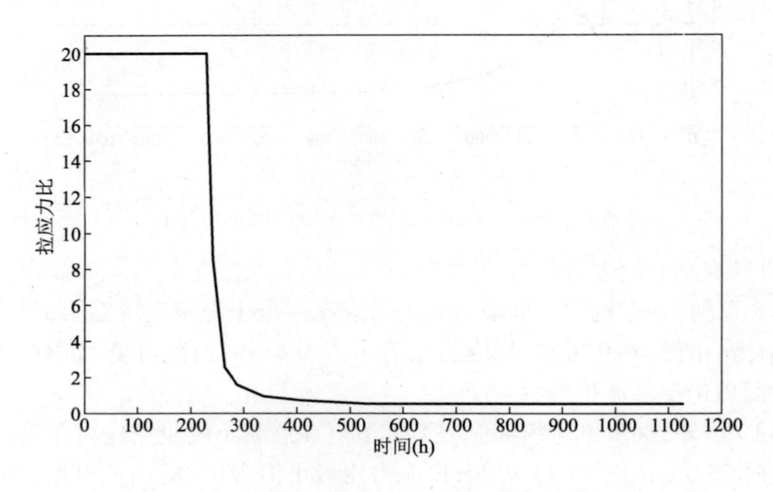

图 16-11　翻车机房中心应力最大节点拉应力比

16.3　翻车机房裂缝产生原因分析

根据温度应力有限元分析结果，并结合翻车机房主体结构形式及特点，经分析研究，认为裂缝产生的原因主要有以下几点：

(1)混凝土的收缩受到强约束

由于混凝土浇筑施工存在间歇期，先浇筑的混凝土会对后浇筑的混凝土形成强约束，主要有两方面：一是垫层对翻车机房底板混凝土收缩的强约束，将产生较大的约束应力，可能会使底板产生贯穿裂缝；二是翻车机房主体分层进行浇筑施工，施工间歇期偏长，先浇筑的混凝土同样约束了后浇筑混凝土的收缩。施工间歇期越长，约束作用就越强，产生裂缝的可能性就越大。这里的混凝土收缩包括降温收缩、自生收缩和干缩等。

(2)存在对控裂不利的结构形式

翻车机房结构复杂，各部位断面尺寸相差悬殊。这就使翻车机房各部位的温度场和温度应力变化规律有较大差异，混凝土的干缩也不尽相同，这就进一步加大了结构变形的不协调，容易产生应力集中，所以变断面处容易开裂。

(3)水化热温升引起的开裂

翻车机房的大体积混凝土结构在升温阶段，可能由于内表温差过大而引起表面裂缝，并且表面裂缝有可能发展为贯穿裂缝，在降温阶段也可能产生贯穿裂缝。

(4)扶壁对侧墙控裂不利

侧墙的侧面有五道扶壁，对侧墙收缩起约束作用。在扶壁墙处，侧墙的断面加大，使侧墙断面不均匀，会引起水化热温升不均匀及应力集中等情况。

16.4　翻车机房裂缝控制技术措施

根据翻车机房裂缝产生的原因，结合现场施工，研究制定如下裂缝控制技术措施：

(1)严格控制混凝土质量

①优选混凝土原材料

大体积混凝土应优先选用低水化热水泥，本工程混凝土强度为 C40S10，综合考虑水化热、混凝土强度和干缩等因素，水泥选用普通硅酸盐水泥 P. O 42.5。

砂采用中粗砂，细度模数在 2.3 ~ 3.0 之间，含泥量不得大于 3%，且不得含有其他有害杂质。

石子采用石灰岩碎石，粒径为 5 ~ 31.5mm，其含泥量控制在 1% 以下，不得选用针状和片状石子，且不得含有其他有害杂质。

混凝土拌和及养护用水采用自来水，指标满足规范要求。

②优化混凝土配合比

为减小混凝土的温度应力，防止出现裂缝，翻车机房混凝土采用“双掺”工艺，即混凝土中掺入粉煤灰和膨胀剂，减少水泥用量。掺加复合型泵送剂，同时具有缓凝作用，混凝土的初凝时间 4 ~ 5h。优化后的混凝土配合比见表 16-1。混凝土泵送入模，坍落度控制在 100 ~ 140mm。

(2)优化混凝土浇筑施工

翻车机房主体结构分为东、西段进行浇筑施工。混凝土浇筑按“自然斜坡分层法”进行,采取“一个坡度、薄层浇筑,循序渐进,一次到顶”的方法进行混凝土浇筑施工。混凝土浇筑自然流淌坡度为1:8~1:7。根据底板平面和断面尺寸,计算出混凝土浇筑强度应不小于$90m^3/h$。

东西两段混凝土浇筑顺序均采用自南向北依次全面推进,其浇筑布料采用泵车直接布料方式,按均衡布料、互相兼顾、全面推进的原则进行。浇筑每段底板时,沿南北方向共分为3个浇筑带,1号46m布料臂泵车负责Ⅰ区浇筑,浇筑宽度为8m,需驻位两次;48m布料臂泵车负责Ⅲ区浇筑,浇筑宽度为9m,需驻位两次;2号46m布料臂泵车负责Ⅱ区浇筑,浇筑宽度为8m,需驻位一次。泵车负责区内因布料臂长限制出现盲区时,可由相邻泵车协助完成。泵车驻位布置如图16-12所示。

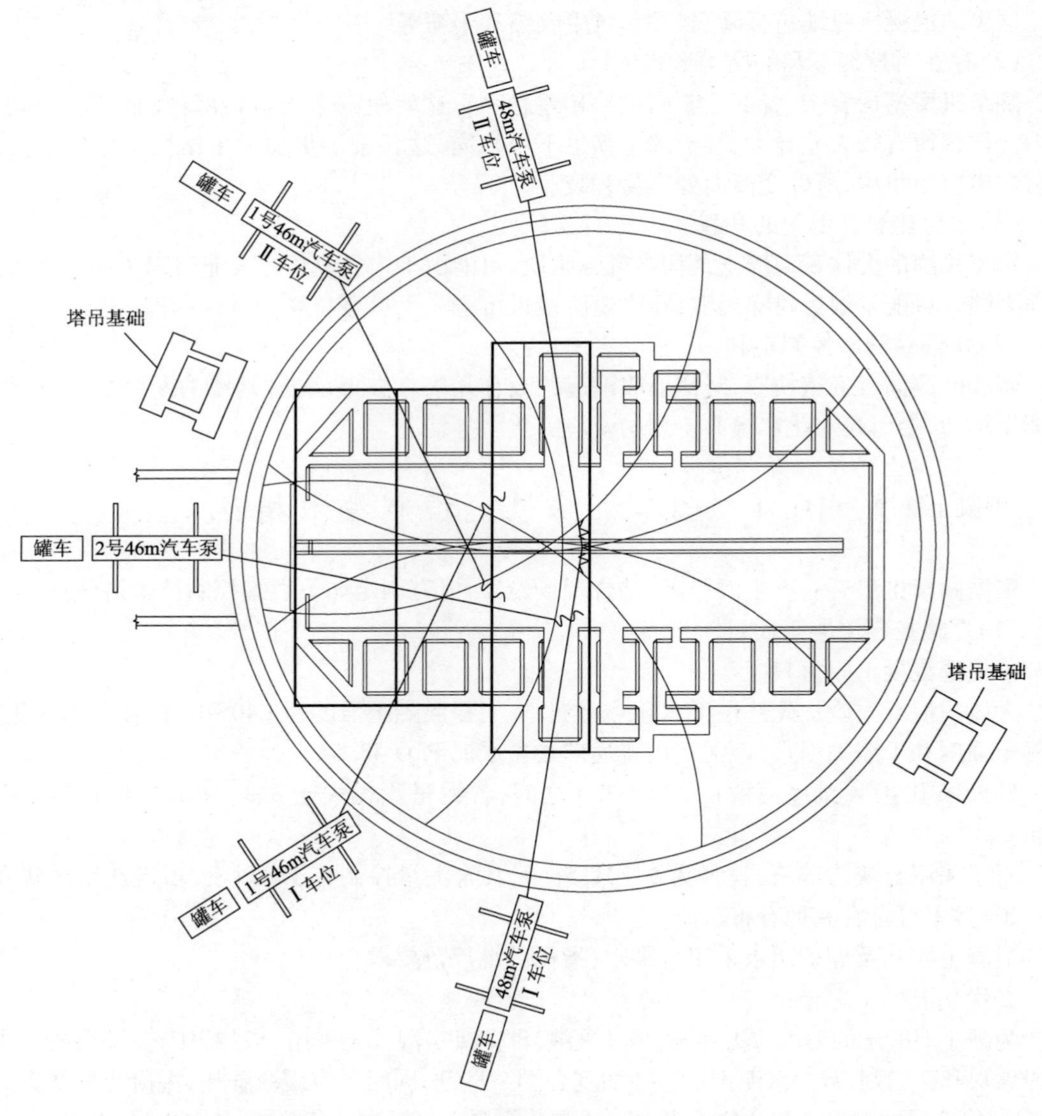

图16-12　翻车机房主体结构一层浇筑施工示意图

为保证在混凝土浇筑过程中的覆盖到位，应设专人经常检查浇筑范围内的混凝土凝固情况，及时调整泵车布料杆的下灰位置，避免产生冷缝。

振捣工人需按已明确责任分区就位，振捣要紧随布料浇筑，按次序分区分层进行振捣，交接部位要相互照应，上下班交接要交代清楚尚未振捣部位，严禁漏振。

混凝土浇筑振捣要分段分层连续进行，因局部钢筋配置密集，分层厚度需根据不同部位钢筋疏密决定，一般为振捣器作用部分长度的1.25倍，最大不超过500mm。振捣采用插入式振捣器，一般部位采用ϕ70mm振捣器，钢筋密集部位采用ϕ50mm振捣器。振捣时快插慢拔，插点要均匀排列，逐点移动，顺序进行，不得遗漏，做到均匀振实，振捣时间泵送混凝土控制在10s左右。移动间距不大于振捣作用半径的1.5倍（一般为300～400mm）。振捣上一层时要插入下层50～100mm，以使上下层间混凝土密实。为了确保混凝土的密实，可进行二次振捣，在二次振捣时，控制好二次振捣的时间很关键，二次振捣后混凝土应仍然能塑性闭合。新老混凝土接缝处及止水带位置适当增加振捣时间。浇筑至顶面时，如出现泌水需及时用土工布或干麻袋等吸干。

（3）混凝土抹面

混凝土浇筑完毕后表面处理是减少表面裂缝的重要措施，因此在浇筑完成时，要及时对混凝土的表面进行处理，刮除表面的泌水、原浆，来防止混凝土出现松顶及表面收缩裂缝。顶面混凝土振捣完毕后，即可进行混凝土的抹面工作。底板顶面、侧墙顶面清除浮浆后，用木抹子抹压两遍，漏斗横梁及其他梁、板顶面铁抹子压光三遍。

（4）减小垫层约束

底板垫层厚150mm，分两层浇筑。先浇筑100mm厚素混凝土垫层，铺设2层油毡作为滑动层，再浇筑50mm厚细石混凝土垫层，以减小垫层对底板的约束。

（5）混凝土的养护

混凝土抹面完成后，及时进行混凝土的保温和保湿养护工作。底板浇筑完终凝后，及时覆盖一层塑料布、一层土工布。侧墙立面刷两遍养护液，同时悬挂一层土工布，防止混凝土内部水分蒸发。

根据混凝土温度监测结果，适当增减覆盖保温材料达到保温保湿养护效果，控制好混凝土的内外温差，防止裂缝发生。

16.5　本章小结

翻车机房是结构形式非常复杂的大体积混凝土结构，裂缝产生原因也是复杂的而且是多方面的。但只要在施工前认真验算温度应力，找出裂缝产生的具体原因，合理制定裂缝控制技术措施，并在施工过程中保证混凝土的施工质量，养护措施得当到位，就能有效控制裂缝的产生。

附　录

相关计算单位换算表

名称	单位名称	单位符号	换 算 公 式
力	牛顿	N	1N = 0.101972kg 1kg = 9.807N ≈ 10N
压力	帕斯卡 巴 标准大气压 工程大气压	Pa bar atm at	$1Pa = 1N/m^2$, $1MPa = 1N/mm^2 = 10.197kg/cm^2$ $1kg/cm^2 = 9.807\times10^4 Pa = 0.09807MPa \approx 0.1MPa$ $1bar = 10^5 Pa = 0.1MPa$ $1atm = 101325Pa \approx 0.1MPa$ $1at = 9.807\times10^4 Pa$
热量	焦耳	J	1J = 0.23846cal 1cal = 4.18J
比热			1kJ/(kg·℃) = 24.36cal/(N·℃)
放热			$1W/m^3 = 0.859845kcal/(m^3\cdot h)$
传热			$1kcal/(m^2\cdot h\cdot ℃) = 5.67826\ W/(m^2\cdot ℃)$
导热			1kcal/(m·h·℃) = 1.163W/(m·℃)
功率	瓦特	W	1W = 1J/s 1kcal/h = 1.163W 1J = 0.101972kg·m = 1N·m
国际单位制词头	微 千 兆 吉	μ k M G	10^{-6} 10^3 10^6 10^9